生活家
化学通识课

（原著第 6 版）

［澳］本·塞林格
［澳］拉塞尔·巴罗 ——— 著

王美艳　田利 ——— 译

苏萌　审定

世界图书出版公司

北京·广州·上海·西安

图书在版编目（CIP）数据

生活家化学通识课 : 原著第6版 / (澳) 本·赛林格, (澳) 拉塞尔·巴罗著 ; 王美艳, 田利译. — 北京 : 世界图书出版有限公司北京分公司, 2024.4
ISBN 978-7-5192-9371-0

Ⅰ.①生… Ⅱ.①本… ②拉… ③王… ④田… Ⅲ.①化学—普及读物 Ⅳ.①06-49

中国国家版本馆CIP数据核字（2024）第085532号

Chemistry in the Marketplace © Ben Selinger and Russell Barrow 2017
Originally published in English by CSIRO Publishing, Australia. This edition published with permission.
The simplified Chinese translation rights arranged through Rightol Media（本书中文简体版权经由锐拓传媒取得 Email: copyright@rightol.com）

书　　名	生活家化学通识课（原著第6版）	
	SHENGHUO JIA HUAXUE TONGSHI KE	
著　　者	［澳］本·赛林格　［澳］拉塞尔·巴罗	
译　　者	王美艳　田　利	
策划编辑	徐国强	
责任编辑	邢蕊峰　夏　丹	
封面设计	守　约	
出版发行	世界图书出版有限公司北京分公司	
地　　址	北京市东城区朝内大街137号	
邮　　编	100010	
电　　话	010-64038355（发行）　64037380（客服）　64033507（总编室）	
网　　址	http://www.wpcbj.com.cn	
邮　　箱	wpcbjst@vip.163.com	
销　　售	各地新华书店	
印　　刷	河北鑫彩博图印刷有限公司	
开　　本	710 mm × 1000 mm　1/16	
印　　张	39.5	
字　　数	586千字	
版　　次	2024年4月第1版	
印　　次	2024年4月第1次印刷	
版权登记	01-2022-1111	
国际书号	ISBN 978-7-5192-9371-0	
定　　价	168.00元	

如有质量或印装问题，请拨打售后服务电话010-82838515

谨以此书献给我的孙辈——贾斯珀（Jasper）、汉娜（Hannah）、埃尔克（Elke）、戴维（David）、弗林（Flynn），以及他们的伙伴，因为他们的生活将比我们更加依赖科学和技术。

来源：Adam Selinger。

序　言

　　1973 年，三瓶经人工着色、人工泡沫稳定、加酶澄清、充气保鲜的琥珀色冷饮，让马尔·拉斯穆森（Mal Rasmussen）、德里·斯科特（Derry Scott）和我意识到，我们应该教给消费者一些与我们的生活相关的真正化学知识，以便他们能够理解媒体上激烈的争论。我们据此开发的课程由澳大利亚国立大学继续教育中心主办，押头韵标题为"关注消费者的化学意识"（Chemical Consciousness for Concerned Consumers）。1973—1975 年的这门课程的笔记演变成了一本书。1975 年，澳大利亚国立大学出版社和英国约翰·默里（John Murray）出版社出版了本书第一版。

　　1988 年，英国开始实施新的国家化学教学指导方针。方针中考虑了本书第一版中所用的方法，这一事实表明了这种参考的必要性。同年，在大西洋彼岸，美国化学学会在西尔维娅·A. 韦尔（Sylvia A. Ware）的项目管理下，以同样的理念为学校编写了本书的第二版。接下来是1994 年出版的第三版。

　　编写最初几版时所面临的问题是用所有"打破常规"的方式获取信息。随后几十年，行业和政府都变得更加开放和人性化。（此书早期版本为读者提供了一个很好的角度去观察社会历史，展示了 40 年来市场上的争论如何演变。别把它们扔掉！）越来越多的为消费者提供化学知识的畅销书在国际上引起了轰动，互联网上的信息也引发了"海啸"。但要评估过剩的情况，去芜存菁，还需要时间和经验。

　　1991 年在欧洲休假期间，我做了名为"游客化学"的巡回演讲。作为一名欧洲游客，我想让其他人利用他们的经验来筛选关于做什么和看什么的所有信息，并向我展示一个可能最有用和最让人感兴趣的案例。

我在后面几版中采用了这种方法——做化学的导游。我们带你游览异国他乡，指出并解释我们希望你感兴趣的地标，同时介绍文化背景，讲一些有趣的故事，帮助你购物，并告诉你（在化工行业的）当地人通常是相当友好的。我们也会提醒你，远离那些试图用伪科学来剥削你钱包的销售人员。导游是一个难做的职业。在描述文化和解释语言时，文化差异也不断地带来一些困难。我们知道，这本书里的源语言——化学，或有不尽如人意之处，敬请谅解。

在修订本书时，我一直遵循着《爱丽丝梦游仙境》（*Alice in Wonderland*）中红心皇后的格言——"先判决，后评审"。也就是说，先给我一个想学化学的理由，然后我可以屈尊花时间和精力去学。对于化学概念，传统的方法是系统处理，然后加以举例说明；而这本书则是通过从相关的消费者体验开始，再提供相关的化学概念，以此逆转这一过程。这种做法承认了非正式学习的力量，就像孩子们学习象棋或使用智能手机一样。

本书也借鉴了理查德·费曼（Richard Feynman）的思想，他说："同样的方程有同样的解。"这也是我的另一本书《苹果电脑傅里叶分析》（*MacFourier*）的灵感来源。我们展示了相同的化学概念是如何在消费者感兴趣的不同领域不断涌现的，而在这些领域它们往往被冠以不同的名称。认识到这些不仅使释义更加有效，而且提高了人们努力去理解某些复杂应用的动力。这些概念在第 1 章中得到了简洁的说明，并在各章中通过交叉引用的方式被指出，其中对同一概念的讨论可能会从不同角度进行。例如表面活性剂，它在洗衣房和厨房中不可或缺，对于化妆品也很重要，并在现代涂料中占主导地位。有专门的附录介绍"对数"（见附录 3），因为它与生活中的许多方面相关，并且整本书中都涉及它。

那么这本书的目的是什么呢？一个目的是激发好奇心，培养人们对学习的更深层次的投入。深入学习化学是很难的，学习体育、表演、音乐和文学写作等也是如此。在许多情况下，从乐趣开始，热情和奉献精神会随之而来。另一个目的是通过生活中的例子来解释难以理解的基础科学。对于化学家来说，消费者方面的问题使这一主题更加明确。对消费者来说，对化学的了解加深了他们对所用物质的欣赏程度。

本书不是一本教科书，也不遵循化学教学大纲。在某种程度上，它更像是学生、教师和一般读者的参考资料。它提供了各个层次的材料，适合从头到尾阅读，也适合随意翻阅。所以，根据喜好随意阅读吧。

每章末尾的拓展阅读只是一个小小的开场白。稳定的网址可能比书籍更容易访问，因此我们要重视这些方面。大多数学术期刊需要付费才能获得，尽管有少数提供免费材料，但数量非常有限。官方政府网站、准政府组织（如 CSIRO、ABC）网站和大学网站往往是免费和可靠的，但可能不会定期更新。博客很有趣，但质量可能存在问题。21 世纪的人们需要的一项主要技能是甄别互联网上的信息。这本书经历了漫长的同行评审过程和严谨的编辑过程，你选对了！

也许有的作者写了六本书，但本书的作者将同一本书写了六遍。为了指导读者选择稳定和可靠的网络参考资料以获得进一步的信息，本书第六版已被重新整合过。它已经全面更新，包括重新绘制的插图、新的附录，以及增添了介绍生物化学（第 7 章）、海滩（第 15 章）、金属和类金属的生物效应（第 16 章）等相关信息的新章节。它还包含一个专门介绍实验内容（第 19 章）的章节，用于说明在文本中涉及的概念。本书其他章节涉及一些简单的实验。当然，我的写作受到了作为物理化学家所经历的训练的影响。幸运的是，本版本是由化学家拉塞尔·巴罗博士润色的。

——本·塞林格（Ben Selinger）

本书是伴随我长大的一本书。作为"X 一代"，在我上学时以及后来我的大学早期，互联网是不存在的。当我需要知道实际情况下的化学知识时，这本书往往是我的第一选择。例如，它告诉我，游泳池出现熟悉的难闻气味时，水中的氯不是太多，而是太少了；它告诉我，使我眼睛变红的原因也不是氯太多，而是太少了。现在我们有了互联网，很多问题都可以通过上网获得答案。这本书的最新版本并没有试图取代互联网；相反，我们可以用互联网来补充这本书。如前所述，许多参考资料会引导你访问网站。所以现在的问题不是找到信息来回答问题，而是知道该问什么问题。这本书会让你开始提问题。希望这本书吊起了你的胃口，阅读它会使你产生更多的问题。

那么我是怎么与这本书产生联系的呢？作为澳大利亚国立大学化学系的一名学者，我的生活被教学和研究填满。我非常幸运，能够探索我周围的世界，发现分子及其在自然界中的作用。作为一名天然产品化学家，我目前的研究着眼于巴布亚新几内亚原住民食用的蘑菇中所含的分子；或者试图理解植物如何诱骗雄性黄蜂，使其相信自己是雌性黄蜂而达到授粉的目的。化学真是太神奇了！在澳大利亚国立大学就读期间，我也有幸见到了本·塞林格。有许多次，常常是在喝咖啡的时候，我会饶有兴致地听着他谈论他近期在我们本地的日报《堪培拉时报》（*The Canberra Times*）科学版或一本流行杂志上发表的文章。为了找到志同道合的听众，我会以我喜欢的交谈方式在讲座中引入一些与现实世界相关的化学知识。我开玩笑说要开设叫作"东拉西扯的化学"的讲座。当我被要求参与这个版本的写作时，本提醒我说这是一个繁重的工作，需要耗费很多时间。事实证明我还是被骗了，它花了我"如山"的精力，并占尽了我的时间！为了撰写这本书中的部分内容，我走遍了五大洲，从我在堪培拉家中舒适的书桌，到秘鲁马丘比丘印加遗址的景色。这是一次令人精疲力尽但收获颇丰的经历。读者朋友们，我希望它能成为你藏书中有用的一本。

——拉塞尔·巴罗（Russell Barrow）

目 录

分子层面的絮语

在接下来的章节中，很明显许多化学概念会反复出现。所以我们认为，对于读者来说，非常有必要去理解其中一些概念。我们先从介绍化学一词和元素大家庭开始，紧随其后的主题还有：命名法、物相、溶解度、软硬酸碱、化学形态、化学活性和自由基等。

长久以来，"化学"（chemistry）这个词的含义已经变化了很多次。最初，它指的是仿造贵金属和宝石时的欺诈行为（希腊语称这种行为是 khemeia）。到了中世纪，它的含义演变成对一种能将普通金属实际转化为黄金的物质上的追求，以及对这一过程中涉及的物质的研究，即所谓的炼金术（阿拉伯语为 alkimia）。在 16 世纪，随着帕拉塞尔苏斯（Paracelsus）将炼金术转向医学研究，这个词开始意味着药物制造。药商便可以称得上是化学家。随着波义耳（Boyle）在 1661 年《怀疑的化学家》（*The Sceptical Chymist*）一书中对炼金术理论的批判，"化学"也意味着开始以科学的方式来研究物质了。

在天文学、生物学、地质学和物理学等科学持续研究自然界的同时，化学的出现很快开始改变自然界。虽然物理、生物和地质科学都有工业分支，但那并不是它们关注的重点。

化学涉及我们生活的方方面面。本书中，我们展示了它是如何保护我们的安全的。从洗衣房到厨房，我们都能发现它。化学不仅可以使我们的运动能力得到增强，保障饮食安全且使烹饪具有趣味性，还为我们提供了化妆品，保证我们在阳光下的皮肤安全。化学能够帮助我们改造花园，并让我们在游泳池中游泳时不受感染。化学提供了用来制造各种消费品所需的塑料和金属，如我们据此制成的种类繁多的布料和易打理的衣服。我们在粉刷墙壁、建造房屋时都会用到化学。化学还提供保证我们健康、长寿所需的药物。

不可否认，化学的发展之路上并不都是正面消息，也有严重的错误。我们不回避这些问题，而且希望你（通过阅读本书）对所接触的化学知识有更好的理解，在将来避免犯这些错误。

由于对原材料的依赖和对其他工业必不可少的材料的供应需求，化学工业在世界贸易和世界政治中扮演着重要角色。各种各样的关于环境的辩论也使化学在政治学中更为重要。

社会交互和化学联系

如果你要定义一个社区的社会结构，就要从对社会交互的分类开始。从强交互开始，你会发现它们的数量比弱交互的要少。一个（核心）家庭单位有很强的互动性，即家庭成员之间的互动时间长，个体之间相互影响很大。而家庭通常是相对较小的单位（2～12个成员），至少最初的建立是高度本地化的。从家庭单位往外发展，下一步将提供互动类别选择。例如，家人圈、朋友圈或同事圈，以及俱乐部等团体。群体越大，相互间作用越弱。这些类别是任意的，但有些类别比其他类别更加明显和有用。它们从来都不是边界分明的，总存在争议。

化学键也会出现同样的问题。在极端的例子（就是那些用来证明论点的例子）中，一切都清晰明确。对于一个氯化氢分子，其中的氢原子和氯原子就像蜜月中的一对夫妇：它们之间那种独特的、稳定的键（共价键），不受其他作用的影响。然而一旦分子溶于水中，键被破坏，"蜜月期"就结束了，所有的相互作用都改变了。

目前已知的元素有118种，但系统化学探求的是那些"寿命"足够长、可供研究和使用的90多种元素的相互联系。化学中最基本的分类依据是化学元素周期表。它是化学的象征，这归功于俄国化学家门捷列夫（Mendeleev，1834—1907）。图 1.1 所示是元素周期表的另一种形式。

随着相对原子质量（后来修正为原子序数）的增加，化学元素表现出周期性，这是早期化学的主要成就之一。在周期表中，元素属性的这些系统变化呈现为沿行和列的缓慢变化。我们面对的不再是 90 多种个体，而是一个允许通过其他元素属性推断出某个元素属性的系统。

缺失的元素是根据它们的预测属性来定义的，这些预测属性在后来元素被发现后得到确认。元素周期表末的新增元素的属性是在人工合成之前从表内推断出来的。周期表的变化就像做算数时从用罗马数字向用阿拉伯数字转变一样具有戏剧性。直到很久以后，人们才从质子、中子和电子的角度理解原子的结构，从而为周期表的变化提供了一个合理的基础。现在，是听汤姆·莱勒（Tom Lehrer）的《元素之歌》（*The Element Song*）的时候了。

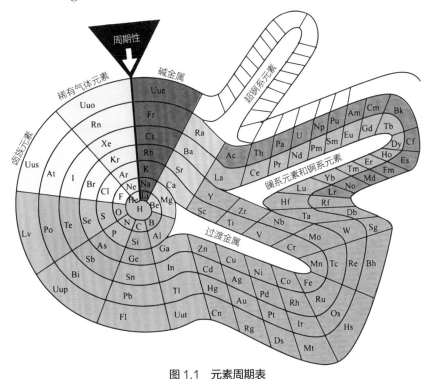

图 1.1　元素周期表

来源：https://en.wikipedia.org/wiki/Theodor_Benfey。

化学名称必须明确

化学物质的命名可能会令人困惑。对于乙炔的命名，纯粹的化学家说"ethyne"，焊工说"acetylene"。林奈（Linnaeus）将双名法引入植物学，如以"*Bellis perennis*"来描述一种普通的雏菊。这种方法又被引入无机化学系统中，因而以硫酸镁来描述泻盐。在这本书中，我们将主要讨论"雏菊"们，但也提供一部分化学命名的相关内容给感兴趣的读者（见附录1）。对待化学及其相关术语要像对待另一种语言一样，并应认识到发展和掌握它们需要一定时间。

为使化学物质有一个明晰而准确的名称，我们设计出一个能够描述任何物质的系统名称的命名系统。这些系统名称根据严格的规则建立。每种化学物质只有一个正确的系统名称，但有多个系统！这个名称传达了包含化学物质详细结构的完整信息，即它是对化学结构的格式化的书面表达。例如，"阿斯普罗"是一个商标名；"阿司匹林"或"乙酰水杨酸"是通用术语；"2-(乙酰氧基)苯甲酸"是国际纯粹与应用化学联合会（IUPAC）系统命名的名称。为了确保在需要时能够追踪到这些化学物质，每种化学物质还被赋予一种类似于"税务文件或社会保险号"的化学文摘服务号——CAS编号。对应于2-(乙酰氧基)苯甲酸的CAS编号是50-78-2。这一点特别重要，因为化学物质的别名多种多样——有些比其他表达更符合逻辑——但CAS编号能将它们联系在一起。正确命名化学物质是非常复杂和困难的，即便对于化学家来说也是如此。

化学式

化学式表示了分子和化合物的组成和结构。根据要传递的信息的种类，对其有各种不同的规定。

一级信息——实验式

最基本的信息是实验式，它只列出了分子中不同原子的比例，而对结构并无表达。例如，对于乙酸，俗称醋酸，用水稀释后得到的物质通常称为醋，其实验式为 CH_2O。

二级信息——分子式

分子式列出了一个分子中不同原子的实际数目，而不是实验式那样的最简比例。例如，乙酸的分子式是 $C_2H_4O_2$。

三级信息——结构简式

结构简式将原子按实际分子中的组合方式放在一起，并使用前缀符号指出基团之间是如何组合在一起的。例如，乙酸的结构简式是 CH_3COOH。

当你越来越熟悉它们时，就可以通过这些结构简式对分子结构做出相当完整的解读。

四级信息——键线式

键线式作为最常见的线图形式，给出了分子三维结构的二维表示。它省略了许多原子，以简化的形式来表示它们的存在。乙酸的键线式如图 1.2 所示。

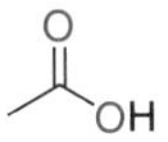

图 1.2　乙酸的键线式

五级信息

乙酸的完整结构式如图 1.3 所示。

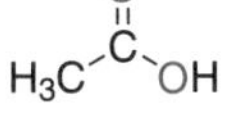

图 1.3　乙酸的完整结构式

注意，每个碳原子（C）和氢原子（H）都被具体描述。而在更常见的键线式中，碳原子隐含在键的末端和交叉处，而氢原子用以填充位置，以满足碳的+4价。本书对分子表述将主要使用键线式，但在需要强调特定特征时，会描述所包括的额外信息。

六级信息

球棒模型有助于描述分子的三维结构。这可能是解释其生理活性所必需的模型。苯甲酸和2-(乙酰氧基)苯甲酸的球棒模型如图1.4所示。

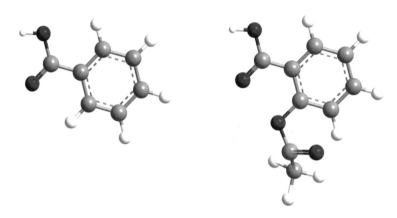

图1.4　（左）苯甲酸和（右）2-(乙酰氧基)苯甲酸的球棒模型图

研究的物质

物质传统上被认为存在固态、液态和气态三种状态，但这三类并不相互排斥。液晶是一种具有一维或二维有序结构的材料，与具有三维有序结构的固体和具有非有序结构的液体不同。实际上，上句话也不完全正确——液体确实能显示出某种有序性，而固体也总是有某种无序性。固体抵抗体积和形状的变化，液体抵抗体积的变化但不抵抗形状的变化，气体既不抵抗体积的变化也不抵抗形状的变化。

两种物质接触时，分开它们的是一个表面。油和水两个液相就是被这样一个表面分开的。这种表面可以被表面活性剂破坏，使得两种液体混合，其中一种液体的液滴悬浮在另一种液体中，该形式被称为乳浊液。形成乳浊液后，用来分离这两种液体的总表面是非常巨大的。固体的形状由固体 - 空气表面界定（见第3章）。

一个基本的问题是：物质是由什么组成的，又是什么使它们结合在一起？我们因此引入了原子和分子、元素和化合物的概念。元素就像代表不同原子的字母。与字母组成单词一样，原子组成分子。字母只有按合理顺序才能形成有意义的单词，原子也只有按合理的原则才能形成有意义的分子。合理的原则是什么？单词是那些在语言中存在时间足够长、可以被赋予明确含义的字母的组合。分子则是那些在环境中存在时间足够长、值得被赋予意义的原子的组合。大多数分子，像大多数单词一样，存在了很长一段时间。但分子不是真的吗？它们就像单词一样仅仅用于将物质世界合理地划分为适合人类语言组块的类别吗？如果空间中有一个被孤立的分子，比如说气体分子，那么它是一个非常真实的类别。但如果它是液体或固体的一部分，那么认为它孤立存在，与其说是现实，不如说是一种便利的理解方式。

作为消费者，我们通常对化学物质的体积特性感兴趣，而不是对其微观结构和相互关系感兴趣。

溶解性

通常，当我们说一种物质可溶时，我们的意思是它在一种溶剂中可溶解到一定程度。这种溶剂通常是水。不过，我们每天也都会使用其他溶剂，如使用干洗液溶解油渍或使用松节油溶解油漆。油脂中的溶解度问题对于药物（包括农药）等的生理作用和洗涤剂的清洗作用具有重要意义。有一个简单的规则，即相似相溶，它可以很好地预测物质在各种溶剂中的溶解性。这意味着离子化合物和极性很强的共价化合物通常可溶于极性溶剂，如水；而非极性共价化合物可溶于非极性溶剂，如甲苯、汽油和干洗液。

异丙醇，通常被称为擦洗用酒精，用于手部的清洗或消毒，与水和油脂都能够很好地混合。所以在清洗窗户时，它是一种方便的清洗剂。

尽管许多物质不溶于水或其他溶剂，但它们通常都可以生成稳定到半稳定的溶质与溶剂的混合物或分散体。这一过程称为溶解作用（被溶解的物质叫溶质，能溶解其他物质的物质叫溶剂）。通过添加另一种物质，如表面活性剂，可以稳定由此产生的分散作用。乳浊液就是这些分散体中重要的一类（见第4章）。

溶解度和蓄意破坏

想使敌人的汽车瘫痪，就应该在油箱里放糖。你听过这个说法吗？据说糖会溶解在汽油中，当汽车发动时，会在气缸中沉积碳，从而损坏发动机。然而，化学打破了这一谬论！糖不溶于汽油，只会无害地溶解于油箱底部的水中。最好再找一个破坏的方法！

是什么把物质聚集在一起？

原子在分子中相互结合的方式以及它们与其他分子相互作用的方式，决定了物质在何种溶剂中溶解，以及溶解至何种程度。这也会影响分子的哪些部分在溶剂中保持在一起，而哪些部分分离。影响分子溶解度的有离子键、共价键、极性分子和非极性分子。

离子键

普通食盐由晶格中的正的钠离子和负的氯离子组成。当其溶解在水中时，离子分离，这一过程就是盐的电离。实际上并没有一个单独的氯化钠分子（可能蒸气中除外），但我们倾向于这样粗略地表达。

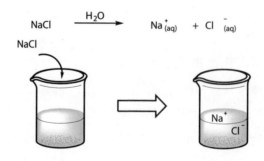

$$NaCl \xrightarrow{H_2O} Na^+_{(aq)} + Cl^-_{(aq)}$$

共价键

醋酸分子（醋的成分之一）是一种共价分子，原子间有不同的键。在水中，部分醋酸分子电离，释放出一些氢离子（质子）进入水中。醋酸中只有约 4% 的醋酸分子能做到这一点。

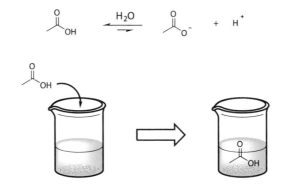

极性分子

极性分子有正电中心和负电中心，类似于磁铁的南北极。水分子是极性分子，因此可溶解离子固体（如食盐）等其他极性分子。

非极性分子

非极性分子不带电，因此，它能溶解在非极性溶剂中。油脂分子是非极性分子，因此能溶解其他非极性分子。

肝脏使毒素可溶

肝脏将许多进入血液的毒素转化为水溶性的形式，这样肾脏就可以通过尿液将它们排出体外。其中一种途径是葡萄糖醛酸化过程，也就是说它将一种叫作葡萄糖醛酸的物质连接到毒素分子上，使其极性分子足以溶解在水中并被运输到体外。例如，当对乙酰氨基酚在肝脏中代谢时，肝脏中的酶会附着一个葡萄糖醛酸分子，抑制其药理活性并使新分子排出（图 1.5）。

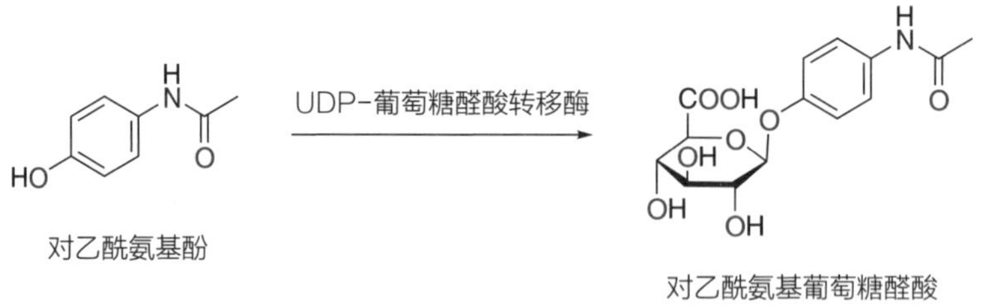

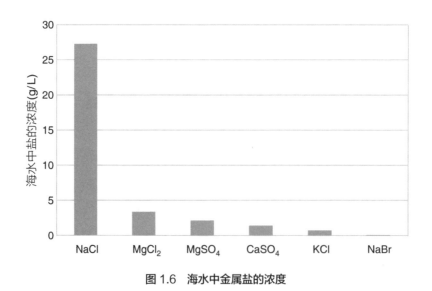

图 1.5　对乙酰氨基酚的葡萄糖醛酸化反应

海水中的溶解度

当你看到海边的岩石区潮池干涸时，可能会认为其边缘结晶出来的白色物质是盐，也就是氯化钠。毕竟海水蒸发后的固体约 96.5% 是氯化钠，所以这不是一个不合理的假设。你只是碰巧错了！

如果让所有海水完全蒸发，那么最终的固体将是约 0.5% 的碳酸盐、3% 的石膏（硫酸钙），其余的也不全是氯化钠。氯化钠在海水中的浓度为 27.3 g/L，而硫酸钙的浓度仅为 1.4 g/L（图 1.6）。

图 1.6　海水中金属盐的浓度

"红粉佳人"

是什么让新的、时尚的粉色盐如此漂亮？是有少许氧化铁（Fe_2O_3）？或者可能是由于在强盐溶液中发现的一种叫作红海束毛藻的蓝藻？这种藻类产生一种红色素，叫作藻红素。正因如此，红海是红色的。

来源：Mara Zemgaliete/Adobe Stock。

实验

在海滩上，试着在一个仍然有很多海水的潮池边的白色沉淀物样本上滴一些醋（它对治疗水母蜇伤也很有用），如果你看到气泡释放出来，那么白色的沉淀物就是碳酸盐。气泡中含有二氧化碳，是碳酸盐和醋酸反应的产物。但是，碳酸盐的含量很低，所以你也有可能得不到这个结果。

蒸晒工业使用经验波美度（°Bé）作为盐浓度的量度。这是工业液体浓度的一般测量单位。根据该标度，海水盐浓度约为 3.5°Bé，碳酸钙（$CaCO_3$）的结晶开始于 4.6°Bé，硫酸钙（$CaSO_4$）的结晶开始于

13.2°Bé。氯化钠（NaCl）在 25.7°Bé 时结晶，而更易溶的镁盐在 30°Bé 时结晶。

在海水中镁虽然比钙更丰富，但也更易溶解。在海水中，钙离子是唯一接近饱和的阳离子。若非如此，海洋生物将很难获得形成贝壳的碳酸钙。

按照波美度，当海水蒸发时，盐的沉淀顺序为：

①碳酸盐：主要是碳酸钙（方解石），也有碳酸镁。

②硫酸盐：二水合硫酸钙（石膏）。

③氯化钠：只有当海水体积下降到约原来的 10% 时，氯化钠才会结晶析出。

④钾镁盐。

这个过程称为分步结晶。

提取镁

海水中镁离子浓度为 1.3 mg/L（5.4×10^{-8} mol/L）。氢氧化镁的溶度积为 $K_{sp} = 1 \times 10^{-11}$，它比氢氧化钙（$K_{sp} = 4 \times 10^{-6}$）难溶。因此，石灰被添加到（浓缩）海水中以"开采"镁。你能计算吗？

剩余水量		沉淀物质
50%	碳酸盐	当海水蒸发量小于 50% 时可能沉淀； 少量的氧化铁沉淀，少量文石、方解石和白云石形成； 仅占固体总量的 0.5% 左右
20%	硫酸钙	当海水蒸发量为 80%～90% 时，沉淀为石膏（小于 42℃ 时）或硬石膏（大于 42℃ 时）； 约占固体的 3%
10%	氯化钠	当海水蒸发量为 85%～95% 时沉淀； 约占固体的 96.5%
5%	钾镁盐	当海水蒸发量大于 95% 时，钾镁盐类的光卤石、钾盐镁矾和钾盐沉淀； 最终溴化钠和氯化钾沉淀

平衡和溶解度

化学平衡是一个重要的概念。在经济学中，利用消费等值可以反映出房屋价格根据供求关系上下波动的形式。如果需求增加，价格上升；供给增加，则价格下降。朝两个方向移动的化学反应表现出与之相似的性质（式1）。当你增加一侧的组分时，会导致反应向另一侧移动以减少所做操作的影响（式2）。当你减少一侧的组分时，反应朝着产生此组分的方向移动（式3）。这个概念被称为化学平衡移动原理。

$$A \; + \; B \; \rightleftharpoons \; C \; + \; D \qquad 式1$$

$$3A \; + \; B \; \rightleftharpoons \; C \; + \; D \qquad 式2$$

$$A \; + \; B \; \rightleftharpoons \; C \; (+ \; D \downarrow) \qquad 式3$$

溶质在溶剂中的溶解是反应向平衡方向移动的一个例子，当溶液饱和时达到平衡（意味着它不能再继续溶解溶质）。溶剂可溶解的溶质的量取决于几个因素，如pH值和温度。这确实又变得复杂了！

小心被对数绊倒

pH值是酸度的度量（通常为0～14）。酸性越强，pH值越低。pH值等于7表示中性。pH标度是科学中许多使用对数的标度之一（见附录3）。它主要通过扩展低值和压缩高值，压缩了巨大的参数范围（这里指氢离子浓度）。pH值可以为负值。所有这些使用对数的标度都很方便，但可能会将人误导。你会在本书的多个章节中发现"对数"。

回到海滩

如果我们现在将这种平衡方法应用于二氧化碳在水（包括海水）中的溶解，一切就会变得更加复杂。原因在于，除了空气中的二氧化碳气体和溶解在水中的二氧化碳气体之间的平衡之外，溶解的二氧化碳和碳酸之间、碳酸和碳酸氢根离子之间，以及碳酸氢根离子和碳酸根离子之间还存在进一步的平衡（图1.7）。

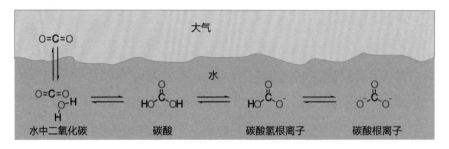

图 1.7 二氧化碳、碳酸、碳酸氢根离子和碳酸根离子之间的平衡

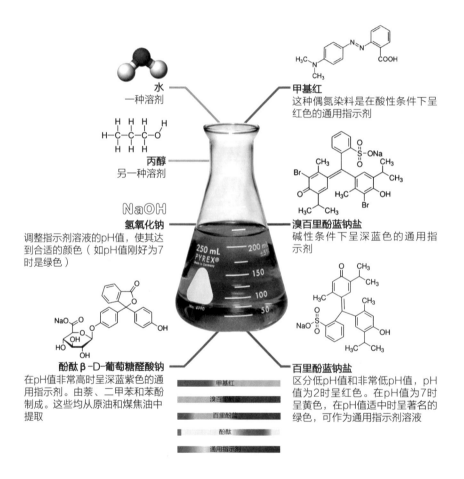

水
一种溶剂

甲基红
这种偶氮染料是在酸性条件下呈红色的通用指示剂

丙醇
另一种溶剂

氢氧化钠
调整指示剂溶液的pH值，使其达到合适的颜色（如pH值刚好为7时是绿色）

溴百里酚蓝钠盐
碱性条件下呈深蓝色的通用指示剂

酚酞 β-D-葡萄糖醛酸钠
在pH值非常高时呈深蓝紫色的通用指示剂。由萘、二甲苯和苯酚制成。这些均从原油和煤焦油中提取

百里酚蓝钠盐
区分低pH值和非常低pH值，pH值为2时呈红色。在pH值为7时呈黄色，在pH值适中时呈著名的绿色，可作为通用指示剂溶液

甲基红
溴百里酚蓝
百里酚蓝
酚酞
通用指示剂

图 1.8 通用指示剂的组成

来源：James Kennedy，http://jameskennedymonash.wordpress.com/。

海水的 pH 值在 7.5 与 8.4 之间变化，溶解的二氧化碳约 90% 以碳酸氢根离子（HCO_3^-）的形式存在。当更多的二氧化碳溶解于海水中时，首先会产生更多的碳酸，从而降低 pH 值，促使平衡向碳酸根离子转化为碳酸氢根离子的方向移动。这可能会威胁到一些海洋生物，因为它们身上由碳酸钙组成的壳将开始溶解。在深海中，pH 值降到 7.5，将增加固体碳酸盐的溶解量。海水等溶液的 pH 值可以通过使用通用指示剂（图 1.8）测定。

消失在深海

当碳酸钙贝壳沉入温度和 pH 值都较低的海洋深处时，它们往往会再次被溶解，这意味着我们在远古海洋隆起的海床中能找到的化石并不像预期的那么多。

另外，浅海的海水 pH 值可以上升到 8.4。这是因为二氧化碳在温暖的水中不易溶解，同时也会被生活在那里的生物通过光合作用从表层海水中除去。然后平衡向生成碳酸根离子方向移动。如果 pH 值高，即使水中的二氧化碳总浓度下降，碳酸根离子的浓度仍然会增加，并且将接近饱和。

这种平衡适用于多种情况，与第 17 章中讨论的大气中二氧化碳增加的作用直接相关，它还与体内血液的 pH 值的缓冲有关。

亨利定律经常与这个平衡一起被提及，但它是不适用的。亨利定律只适用于除气体或溶解气体外没有进一步平衡的情况。亨利定律（见第 4 章）适用于全球循环的持久性有机污染物（POPs）。

碳酸水

碳酸水是由二氧化碳溶解在水中形成的，其 pH 值为 4.3 ～ 5.5。它用碳酸氢钠缓冲可获得苏打水；碳酸水中可能含有碳酸氢钾；它可能只是添加了一点酸来保持酸碱度，比如柠檬酸（酸度调节剂，欧盟食品添加剂代码为 330）。在各种情况下，平衡图都是一样的。

图 1.7 展示出二氧化碳在水中的溶解平衡。图 1.9 展示了 pH 值的变化对化学平衡及各物质的存在形式的影响。为获得最佳碳酸化效果，将 pH 值设置在 4.3 ～ 4.5。

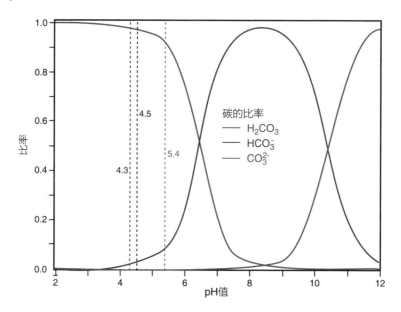

图 1.9　pH 值的变化对化学平衡及各物质的存在形式的影响

来源：http://www.wetnewf.org/pdfs/measuring-alkalinity.html。

软硬酸碱

你相信化学元素会选择一些它们更愿意结合的伙伴吗？这种化学发现的理论依据走过了一条漫长而痛苦的道路。早期的重要贡献在 20 世纪 40 年代得出，在 20 世纪 50 年代得到推进。有些方面是在 20 世纪 60 年代由两次诺贝尔奖（诺贝尔化学奖与诺贝尔和平奖）获得者莱纳斯·鲍林（Linus Pauling）公布的。我们现在要探讨的"硬"和"软"概念是皮尔逊（Pearson）在 1963 年提出的。从那以后，它一直在改进，但是从基本的了解来说，1963 年的理论是最好的。

理论是这样的：如果原子很大，那么它的外层电子很容易失去（在外层轨道上的电子越少,这种情况就越容易发生),我们标记为"软";如果原子很小,那么外层电子就不容易失去(在外层轨道上的电子越多,这种情况就越容易发生),我们标记为"硬"。

简单地说,"硬"原子之间反应形成极性离子键。一些电子转移发生在原子之间,然后产生正电荷和负电荷,生成的化合物通常是水溶性的。"软"原子之间反应形成非极性共价键,正负电荷之间的距离很短,所得化合物通常不溶于水。

硬酸和硬碱

根据这个定义,大多数常见的轻金属,如钠、钙、镁、铝和钛,是"硬"的(硬碱);非金属,如氧和氟,是"硬"的(硬碱)。这里所说的"氧"也包括含氧阴离子,如硫酸根离子、碳酸根离子、硅酸根离子、醋酸根离子等。实际上,在含氧阴离子中与硬碱结合的是氧原子。

软酸和软碱

许多重金属如银、铅、汞和金是"软"的。碳、磷、硫、溴和碘等非金属也是如此。电子本身被认为是最"软"的。

交界酸和交界碱

金属铁、钴、镍和铜都介于"软""硬"之间。铁的外层电子被剥离后(三价铁)很"硬",但留下一个电子而形成二价铁时,便更"软"。

非金属氮和氯也介于"软""硬"之间。

因此,在自然界和优先腐蚀的产物中,你会发现钠和钙的碳酸盐(而不是硫化物)、银和铅的硫化物(而不是碳酸盐),它们都能形成氯化物。除此之外,你还会发现二价铁的硫化物和三价铁的氧化物。事实上,在土壤中,暴露于空气中的二价铁的硫化物会转化为三价铁的氧化物,进而释放出硫酸。其导致环境被破坏，形成"酸性硫酸盐土"（见下文和第 12 章）。

化学关系

银和硫是"情人"

金属银又闪又亮。它暴露在干净的空气中时，不受氧气的影响。然而，即使是烟气（来自燃烧的燃料）中或手指汗液中的微量蛋白质或蛋清中的一点点硫，都会使银变成黑色。硫化银便形成了。黑色的硫化银是正式晚宴主办者的灾难（图 1.10）。

图 1.10　变色餐具

来源：Jodie Johnson/Adobe Stock。

金不易反应，对吗？

银器会失去光泽，为什么黄金不会呢？黄金从早期社会开始就是一种有价值的金属，是由于黄金可以稳定存在。跟银一样，金也与硫反应，但是反应后形成了一层不可见的膜，可避免其进一步被腐蚀（如氧化铝对铝的作用）。黄金上的硫化层实际上很难去除：它牢牢地抓住表面，需要烘烤才能除去。金硫键实际上是范德瓦耳斯力作用形成的。

有一个传统：在瓷器上涂液体黄金，然后烧制装饰层。液体黄金是如何制备的？经硫化处理的植物油可作为金的溶剂。

黄金铺就的街道

有趣的是，在澳大利亚西部的金矿小镇卡尔古利，矿山废料一直被用于筑路，直到人们意识到其中含有大量的天然灰色金化合物，即碲化金（$AuTe_2$，碲金矿）。黄金选择了相对稀有的碲——硫的"老大哥"，将其作为自己在自然界的主要化学伙伴。这足以让当地人再次挖掘道路来提取它了。

为什么淘金者要用氰化物从压碎的矿石中提取黄金呢？好吧，氰化物是一种真正的"软"物质，它很容易与"软"金属（特别是黄金）发生反应。

澳大利亚是世界上主要的氰化钠（NaCN）生产国之一，年产量16万吨，其中三分之一用于当地的黄金开采。用 NaCN 只能从每吨矿石中提取 $1 \sim 2$ g 黄金。将它制成30%的溶液，必须保持碱性（pH=13），以防止氰化氢（HCN）泄漏到酸性土壤中。幸运的是，氰化钠是可以生物降解的。它虽有剧毒，但如果你活下来了，就不会受到任何长期的不良影响，因此很少有事故发生。

修复大画家的名画

17世纪或更早的欧洲画家在创作他们的画作时使用了一种铅颜料。几个世纪以来，由于硫化铅的形成，其中一些铅颜料已经变黑。虽然与氧比起来，铅更容易与硫黄结合，但过量的氧（以过氧化氢的形式）可以恢复这些名画，不过恢复后颜料的成分与原来的颜料的成分不同。恢复的白色是硫酸铅而不是碳酸盐，但两者都是白色的。在自然界中，铅主要以一种硫化矿的形式存在，名为方铅矿。

另外，铜和氧结合会形成一种色彩诱人的铜绿。它是氧化铜、氢氧化物和碳酸盐的混合物。铜也喜欢硫，但如果周围有氧，它会先与氧发生反应。普通铜矿可以是黄铜矿等硫化物，也可以是与碳酸盐相关的物质（如绿色矿物孔雀石）。三价铁在其生锈时也易与氧结合形成几种铁氧化合物。二价铁被发现以硫化物、黄铁矿（"愚人金"）的形式存在（图1.11）。我们也可以在实验中制作"愚人金"（或者本书中的"烹饪金"），在这个实验中，高硫的蔬菜被煮成汤并被铝箔覆盖（见第19章中的"烹饪中的黄金"实验）。

图1.11 （左）孔雀石［Cu₂(OH)₂CO₃］和（右）黄铁矿（FeS₂）

图 1.11 （左）孔雀石 [$Cu_2(OH)_2CO_3$] 和（右）黄铁矿（FeS_2）

来源：（左）michal812/Adobe Stock；（右）goldenangel/Adobe Stock。

地球地质学中的解释

在地球形成过程中，它有点像现代的炼铁高炉。熔化的金属混合并沉入底部（地球的中心），熔渣漂浮到顶部并凝固，从而隆起形成山脉，然后侵蚀周围的熔渣。正是在这种"熔渣"中，我们发现矿物并进行开采。

某些喜欢硫黄的金属最终变成了硫化矿。另一些则被发现为含氧化合物，如碳酸盐、硅酸盐和硫酸盐，因为在这些矿物中与金属结合的是氧原子。

化学形态和氧化数

我们倾向于对文化、国家和人形成模式化的印象，因为我们可以据此更容易地组织我们的感受和反应。当我们遇见某人时会想起另一个人，此时他们处于一个预选的位置，直到被证实。化学物质的处理方法大同小异。从业者在判断时比外行更加谨慎，但他们都倾向于直接下结论。我们都说"铬是致癌物质"，但这一说法需要得到进一步澄清。如果说"汞是一种有毒重金属"，那么我们嘴里的汞合金究竟对我们造成了什么影响呢？汞合金目前很少用于牙科充填，已被一系列塑料材料取代（见第16章）。

在确定一种化学物质是否具有有害性质之前，关键是要准确地定义这种化学物质可在多大程度上"接触"生物体。换句话说，它具有多大的生物效应。

让我们用经济学名词来类比一下。资产有多种形式，具有不同的可用性，即流动性。现金、储蓄账户和透支具有很强的可用性；定期存款的可用性不那么高；信用卡的可用性可能太高了；上市股票比未上市物品更容易流动；不动产缺乏流动性。

化学品就像钱。在某些形式和情况下，它们很容易被调动，而在另一些情况下却并非如此：

·有时候铜会出现在水管中，导致浴缸上形成一个蓝色的环，还会引起人腹泻、金鱼死亡。这种情况发生于没有不溶性表面沉积物保护的新管道中，旧管道中则不会出现。

·番茄汤的浓烈味道是由于罐头内壁的溶解，而不是番茄本身（见第5章）。

·菠菜中的铁不容易被人体吸收，而肉中的铁则容易被吸收。铁在这两种食物中以不同的化学形式存在。

·农民需要定期施过磷酸钙肥，因为土壤的固磷作用会使其很快失去有效性。

·含有拟除虫菊酯的喷雾剂能迅速杀死害虫，如果它流到鱼池里，也会杀死鱼类；但如果水是浑浊的，就不会导致鱼类死亡。原因是浑浊物吸附并固定了这种化学物质，就像过磷酸钙一样，且这个吸附过程更快。

继续我们的类比。"你的价值是什么？""这周你有什么进步？"这类问题不好回答。

"这种化学物质的剂量达到多少会让我生病？"这个问题也不好回答。

"这只龙虾含多少砷？"

砷之所以被描述为类金属，是因为它的性质介于金属和非金属之间。它与氮和磷出现在元素周期表（图 1.1）中同一区域，具有类似的化学性质。无机离子砷酸盐和与其结构相似的磷酸盐同时存在于海水中。在努力吸收必需的磷酸盐时，海藻似乎无意中吸收了潜在的有毒砷酸盐。然后，在它们解毒的过程中产生了砷甜菜碱 $[(CH_3)_3As^+CH_2COO^-]$，这在结构上类似于水生生物在盐度变化的条件下保持渗透平衡（见下文）的基本化合物——甘氨酸甜菜碱 $[(CH_3)_3 N^+CH_2COO^-]$。砷甜菜碱和甘氨酸甜菜碱结构的相似性可以解释为什么海洋动物体内的砷甜菜碱含量要比淡水动物体内的高很多。

一些吃了藻类且富集了砷的龙虾，其体内砷的含量高达 100 mg/kg（干重）。然而，这种形式的砷具有低毒性，因为藻类已经完成了它们的消化工作，砷在通过人体肠道时没有发生变化。

在海藻中的砷可能是另一回事，它能以无机物形式存在，是一种已知的致癌物。在澳大利亚，农业部会检测进口的羊栖菜是否含有砷，褐藻是否含有碘，因为它们被认为是危险食品。根据这一风险类别，会对 100% 的进口羊栖菜进行无机砷检查和测试，对 100% 的进口褐藻进行碘检查和测试。碘是一种必需的营养素，缺碘会导致甲状腺肿，如果不加以治疗，后果将十分严重。但是碘过量会导致另一种疾病。我们在讨论营养时又回到这个主题——平衡，它就是一切。碘浓缩物经常被保健品店作为药丸出售，这有可能是相当不健康的，它会从我们的身体到达污水处理厂，继而污染河流。

元素形态的表达

氮（N）可以是空气中的氮气（N_2）、用作麻醉剂的一氧化二氮（N_2O，即笑气）、食品中的亚硝酸盐（NO_2^-）、地下水中的硝酸盐（NO_3^-）和洗衣房里的氨（NH_3）。在特定情况下，元素的形态可以由其氧化状态来定义。这种方法避免了后续可能遇到的问题，如最外层电子、价态和化学方程式的平衡。

> 我们需要知道的是，元素在共价键中的氧化态（即化合价）是当共用电子完全转移到更易捕获电子（即电负性较大）的原子上从而使后者的最外层充满电子时，所带的电荷。

氧化数是一种可计算的平衡方法，大概与化学理论一致。与所有的计算方法一样，它的规则有些武断。

水分子

一个水分子包含两个氢原子与一个氧原子，因此被写作 H_2O。我们把电荷 +1 赋予氢原子，把电荷 –2 赋予氧原子，再把这些"赋值"按两个氢原子、一个氧原子相加，得到 $2 \times (+1) + 1 \times (-2) = 0$。这与水分子是中性（没有电荷）的说法是一致的。

当 O 和（/或）H 与 N、S 和 C 等其他原子相连时，我们可以计算它们的氧化态。这取决于这些原子在特定分子中的状态。

像浑浊的氨一样清澈

以氨（NH_3）这种中性分子为例。氮原子与三个氢原子结合，必须得到 –3 价态，因为氮的电负性高于氢。

当与氧结合时，如在笑气（N_2O）中，氮的价态必须是 +1。对于一氧化氮（NO），氮的价态必然是 +2；在二氧化氮（NO_2）中，氮的价态是 +4；在亚硝酸根离子（NO_2^-）中，氮的价态必然为 +3。而对于硝酸根离子（NO_3^-），其中氮的价态为 +5。

对于氮气（N_2），两个相同的氮原子相互连接形成一个中性分子。它们具有相等的电负性，因此每个氮原子的价态被指定为 0。

氧化和还原就像爱情和婚姻

分子中原子的价态显示正值增加（或负值减小）被称为氧化或达到更高氧化态；显示较低或更多的负值，被称为还原或达到较低的氧化态。氮的价态从 + 5（硝酸盐）、+ 3（亚硝酸盐）、+ 2（一氧化氮）、0（氮）到 –3（氨）依次向下移动（在有些分子中，氮呈 +4、–1 或 –2 价）。注意，减小对应于还原，而增加则对应于氧化。所以这是半直观的！

硫（S）的价态也随着氧化而变化。在臭鸡蛋气体 H_2S 或矿物硫化物中，它位于 –2 价。在元素硫中，它的价态是 0。在二氧化硫（SO_2）或亚硫酸根离子（SO_3^{2-}）中，硫的价态为 +4。对于三氧化硫（SO_3），或在硫酸根离子（SO_4^{2-}）中，硫的价态是 +6。

对于碳（C）也一样，甲烷（CH_4）中碳位于 –4 价；在一氧化碳（CO）中，碳位于 + 2 价；而对于二氧化碳（CO_2），碳的价态则是 +4。

我们如何使用这个化学"算盘"？

在沼泽、腐烂的堆肥和垃圾填埋场等缺氧的地方，我们总会发现一些元素以还原态的形式存在（氧化数较少）。氮将以氨和亚硝酸盐的形式存在，碳以甲烷形式存在，硫以臭鸡蛋味气体或硫化铁（潜在的酸性硫酸盐土壤，如前所述）的形式存在。这些元素通过被挖掘或农业活动暴露在空气中时，更多的氧化形式将占优势：氮以硝酸盐的形式存在；土壤中的硫化物转化为硫酸盐，然后以硫酸盐形式释放到环境中。

氧化数越低，燃料越好

这些元素的还原形式是燃料，因为通过燃烧提高它们的氧化状态（价态升高）时，大量的能量被释放。甲烷是最好的燃料。

·燃烧垃圾填埋气体或天然气中的甲烷（其中碳为 –4 价）的过程

中产生了二氧化碳（其中碳为 +4 价），碳的价态由 –4 变为 +4。

· 辛烷（C_8H_{18}）是汽油的主要成分。在这里，碳的平均氧化数为 –2.25，它不如甲烷（其中碳为 –4 价）好，也产生二氧化碳和水（注意氢的氧化数不变）。

· 乙醇（C_2H_5OH）是一种比辛烷差的燃料，因为它的分子中已经含有一些氧。总的来讲，氧平均价态为 –2 价，氢为 +1 价，这意味着碳为 –2 价，比辛烷中的 –2.25 价要高。所以，如果你在汽油中加入酒精，那么最终你会得到一种更差但更利于减少污染的燃料。

· 那么煤怎么样呢？煤的主要组成元素是碳，其氧化数为 0。这会使它成为热值最低的化石燃料吗？氢气（H_2），氢的价态也是 0，但它是一种很好的燃料——可以说是最好的。它燃烧的热值很高，而水是它唯一的废物（产物）。

这种化学计量有其局限性。

氧化数越高，燃烧越好

如果低的氧化数"产生"燃料，那么高的氧化数"产生"什么呢？好吧，这些可以提供氧气来支持燃烧。硝酸盐用于火药。硝酸铵是一种肥料，但与柴油混合时也是一种炸药。

肼（N_2H_4）和过氧化氢（H_2O_2）均用于火箭燃料。在肼中，氮是 –2 价；但在过氧化氢中，氧被分配了 –1 价，而不是通常的 –2 价，这保持了氢的稳定。有时，甚至氢也必须改变，就像氢气本身一样！

对于汽车安全气囊中的复合物叠氮化钠（NaN_3），钠是 +1 价，因此氮是 –1/3 价。这在化学上是没有意义的。把电子分配给最能捕获它的原子是为了平衡化学方程式，而这可能与化学现实不符。

关键的化学和生化过程取决于某些元素的氧化态的变化，包括：植物利用光合作用生成富能有机物及释放氧气的过程，人体获取能量的过程（ATP/ADP）（见第 7 章），从矿石中提取金属和相反的过程，化学腐蚀过程，等等。化学的"算盘"使我们能够平衡化学这本"账簿"。

健康与金属毒性

所有的"软"金属离子即使浓度相当低也是有毒的，汞、铅、镉和铊是典型的例子。它们有毒的原因如下：当这些重金属以可溶化合物的形式被摄取时，很容易与硫原子发生反应，而硫原子在蛋白质中形成了支撑三维结构的桥梁。这种结构反过来支撑蛋白质执行其基本的代谢功能。当与金属发生反应时桥梁被破坏，以致蛋白质结构和功能被破坏。

重金属 – 硫键代表了典型的"软"原子之间的结合，所形成的化合物往往不溶于水，因此不易被排出。

镀铬板是相当安全的，因为它含有的铬金属的氧化态为0。+6价铬是危险的，因此要避免接触它。液态汞曾经被用来治疗便秘，只需将其推进肠道。汞单质（0价）在液态形式下是无毒的，尽管其对肠道的影响可能是灾难性的。作为一种吸入的蒸气，汞是有毒的；新鲜的汞合金确实会释放一些蒸气，但它们很快就会变得不活跃了。这恰恰使得牙医遭受痛苦，变得疯狂（见第2章）。+1价汞往往存在于不溶性化合物中，因此这些化合物往往毒性不大；但是，含+2价汞的化合物是可溶的，而且有毒。附着在有机基团上的汞具有极强的毒性，因为这些化合物溶解在体脂中，会导致使人衰弱的水俣病（见第17章中的"水力发电"）。

> "与维纳斯共度一夜，就得与墨丘利（汞）厮守一生"
>
> 在发现青霉素之前，治疗梅毒的方法是用汞，即通常以甘汞（氯化亚汞，Hg_2Cl_2）的形式制作软膏、蒸气浴或药丸。不幸的是，副作用可能和疾病本身一样令人痛苦和恐惧。许多接受治疗的病人遭受了牙齿脱落、溃疡和神经损伤。在很多情况下，人们死于汞中毒。

化学活性

渗透是指一些化学物质穿过对某些化学物质具有渗透性但对其他化学物质不具有渗透性的膜（半透膜），从而在两侧形成平衡的过程（图

1.12）。我们在前文中提到过，海洋藻类这样做是为了保持与周围海水的渗透平衡。而在这个过程中，一些砷加入了进来。

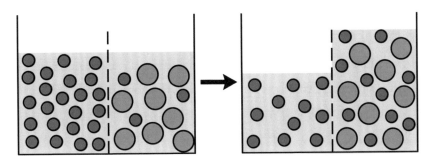

图 1.12　渗透作用

来源：Dreamy Girl/Adobe Stock。

　　当把药物注射到我们的血液中时，我们必须注意所用的溶液是等渗的，这意味着它们与我们的体液是保持渗透平衡的；否则，红细胞和其他细胞会收缩、膨胀或破裂。这取决于溶液的浓度是高于或低于红细胞的浓度。在渗透作用下，水穿过膜自由流动，而溶解在水中的一些化学物质则不会。在反渗透中，施加压力使水通过膜以相反的方向流动，从而提供纯净水，而溶解的物质被留在膜的另一侧。

　　那么渗透平衡到底是什么？是化学物质的浓度吗？但不是以 g/L（克/升）为单位的。不管是分子还是离子，决定渗透效应的是粒子的数量，而不是质量（符合溶液的依数性）。因此浓度以 mol/L（摩尔/升）为单位更合适。

　　即使这样也不完全正确，因为 1 mol 弱酸（如乙酸）分子在水中可以部分电离，所以渗透作用介于 1 mol（完全不电离）和 2 mol（完全电离）之间（图 1.13）。

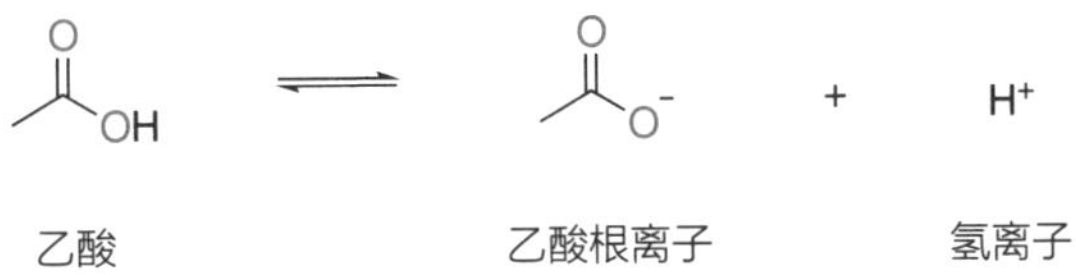

乙酸　　　　　　　　　　　乙酸根离子　　　　　　　氢离子

图 1.13　乙酸分子完全电离（实际上，在 25℃的水中，只有约 4% 发生电离）

离子型物质如盐（NaCl）等在水中完全分解成离子，每个离子单独存在，因而 1 mol NaCl 提供 2 mol 离子。

从渗透效应的角度来看，水中化学物质的有效浓度被称为活度。这可能接近其实际浓度，但通常不是。有两种简单方法来测定活度：一种方法是测量水通过半透膜进入浓溶液所产生的压力，这可以由测量反向运动压力即反渗透压得到；另一种方法是在密闭容器中测量溶液上方的水蒸气压力（在达到平衡后）。在这两种情况下，溶液中溶质的活度都可以被计算出。例如，对于给定浓度的乙酸，可以计算分解为乙酸根离子和氢离子的解离度。

对于我们消费者来讲，用平衡蒸气压测量的渗透效应对保存食物很重要（见第 5 章）。你可以用糖或盐，只要将水的活性（活度）降到足够低，就能防止微生物滋生。

这对于测定纺织品中的含水量很重要（见第 11 章）。有机干洗液需要具有特定的水活性（见第 4 章）。如前所述，生理盐水溶液需要与体液的活性相匹配，运动型饮料也一样（见第 7 章）。反渗透净化的水的活性决定所需的反渗透压，而同样的处理方式也出现在肾脏上，利用血压反渗透废液以实现水循环和浓缩尿液排出。因此，当所患疾病妨碍肾脏对溶液施加足够的压力时，就会发生肾衰竭。这可能是由肾脏疾病或血压问题引起的。

自由基

原子通过电子的转移或共用形成分子。不管怎样，分子中的电子几乎总是成对的。这个规则在自由基（具有不成对电子的原子或原子团）中被打破。自由基是非常活跃的。

自由基是我们依赖氧气生存所付出的代价。我们尝试通过吃富含抗氧化剂的蔬菜和水果来控制它们的负面影响（相当成功）。我们也可以试着用含有抗氧化剂的浓缩药片来代替真正的食物（相当不成功，见第 6 章）或化妆品（见第 8 章）。

自由基是引发和维持链反应的物质。例如，将单体转化为聚合物
（见第10章和第13章）；引发和控制燃烧与爆炸。

燃烧和爆炸

在这里我们进一步讨论燃烧，包括定义爆炸极限、闪点和自燃温度。
调查纵火时也需要这些基本信息。

爆炸极限

据说可以用一整罐汽油扑灭一支正在燃烧的香烟。这可能是真的，
但并不推荐这样做！但是把燃烧的烟头扔进一个"空"的汽油罐里，你
就可以见证一场威力无穷的爆炸。

表 1.1　常温下可燃气体的爆炸极限

可燃气体	爆炸极限（体积分数）/%
甲烷	5.00 ～ 15.00
丙烷	2.12 ～ 9.35
乙炔[①]	2.50 ～ 80.00
丙酮[②]	2.55 ～ 12.80
甲醇	6.72 ～ 36.50
（二乙基）醚	2.00 ～ 10.00
硫化氢[③]	4.30 ～ 45.50
乙醇	3.28 ～ 18.95
一氧化碳[③]	12.50 ～ 74.20
氢气[③]	4.00 ～ 74.20

①乙炔的爆炸极限范围非常大，这使它成为一种非常易燃的气体。乙炔也会在足够
　高的压力下自燃爆炸。乙炔总是和溶剂（丙酮）一起储存在钢瓶底部。

②丙酮的爆炸极限范围比甲醇的小，因此在涉及烟火表演时使用更安全。

③硫化氢、一氧化碳和氢气的爆炸极限范围也非常大，所以非常易燃。

可燃气体和空气的混合物只有在有限的浓度（体积分数）范围内才具有爆炸性，化学家把这一浓度范围定义为爆炸极限。如果空气中可燃气体的浓度在这一范围之外，混合物就不会被点燃。表1.1显示了各种可燃气体的爆炸极限。

不同可燃气体的爆炸极限的范围可能很小也可能很大。例如，戊烷（汽油和液化石油气的一种成分）只有浓度在1.5%～7.5%时，它和空气的混合物才会燃烧；当戊烷含量过高或过低时，火花或火焰不会引起燃烧或爆炸。而氢气和空气的混合物会在氢气浓度为4%～74%的范围内燃烧或爆炸；乙炔的爆炸极限范围更大，为2.5%～80%。乙醚（偶尔用作气雾推进剂）的爆炸极限为2%～48%。

无法解释的内容物

一名新生把一些钢瓶里的乙炔气体引入红外吸收池里，以测定并分析这种气体的红外光谱。这名学生花了一些时间才意识到谱图中多余的波段来自何处。

闪点

闪点是液体产生足够蒸气达到可燃水平低限并在点燃时发生燃烧的温度（表1.2）。如果液体的闪点低于61℃，则称其为易燃液体。

在老式的煤油压力灯中，乙醇（酒精）在连接液体煤油和燃烧器的管子旁的一个杯子中被点燃。酒精的闪点为13℃（因此，在低于13℃的环境温度下，可能需要加温）。酒精燃烧产生的热量使煤油（闪点为40℃～70℃）升温，使其蒸气燃烧。对于灯笼、加热器和蜡烛，只需要很少的燃料就可以提供这种热量；火柴提供的热量可以直接达到燃料的闪点。

表 1.2　几种常见液体的闪点

液体	温度 /℃	液体	温度 /℃
甲醇	11	苯	−11
乙醇	13	正庚烷	−4
环己醇	68	正辛烷	13
乙二醇	111	正癸烷	46
乙醚	−45	硝基甲烷	35
1,4- 二噁烷	12	四氯化碳	不燃
环己酮	44	氯仿	不燃
丙酮	−20	二氯甲烷	不燃
正己烷	−21		

自燃温度

自启动燃烧的温度称为自燃温度。这是当蒸气在没有火焰或火花的情况下，仅仅因为接触到热的东西而自发着火的温度（表 1.3）。

> 固体能否被点燃与其粒度有关。例如，焦炭是不易燃的，但点燃碳粉会发生爆炸。

纵火

火灾只有两种类型：意外火灾和蓄意火灾。意外火灾包括电器着火、壁炉或燃烧加热器损坏造成起火，或闪电引发丛林火灾等。家中最常见的意外火灾发生在晚餐前后的厨房里：炉子上的食用油自燃。每种食用油都有其自燃温度（见第 5 章）。

由蓄意火灾造成损害的行为称为纵火。通常情况下，它们会以一种助燃剂（一种液体）为原料，这种液体被注入后火势发展会快速而强烈。汽油、煤油和矿物油是常用的助燃剂，它们都是从石油中提取的碳氢化合物的混合物。在火灾中，它们会大量燃烧或蒸发，但仍会留下残留物。一般情况下，它们是通过吸附在木炭或其他一些烧焦的残留物上来做到这一点的。（我们服用活性炭片治疗胃部不适，因为它能从胃里吸收少量的不良物质。）

表 1.3　气体自燃温度

气体	温度 /℃	气体	温度 /℃
氢气	580	正戊烷	309
汽油	550	二硫化碳	100
煤气	600～650	乙炔	335
甲醇	470	丙酮	538

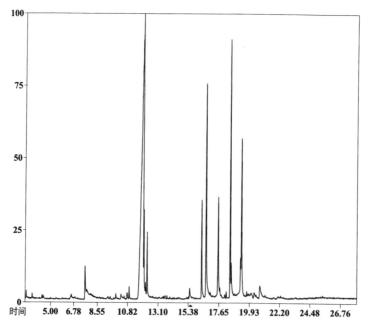

图 1.14　从火灾现场采集的物质的气相色谱图

来源：Dr. Wal Stern。

化学家能检测出极少量的剩余碳氢化合物。使用气相色谱法，他们可以将从火灾现场采集的样品中存在的任何挥发性物质及其组分（汽油含有 200 多种不同的碳氢化合物）分离出来，并测定每种物质的相对含量。因此，气相色谱图具有呈现物证"指纹"（图 1.14）的功能。而且，通过质谱分析，他们可以识别出所发现的每一种成分。因此，他们可以确定是否存在汽油、煤油、矿物油或其他石油烃混合物。其分析结果经常被用作法庭证据，无论是对于控方还是对于辩方。

助燃剂的存在可能有一个无辜的理由，但如果没有，它的存在就是犯罪意图的有力证据。地毯上的燃烧痕迹是又一有力的证据。这些可能是纵火犯为了逃离现场而拖延时间的证据，它们往往非常危险。

汽油的闪点低于 -40℃。相比之下，煤油的闪点高于 40℃，需要加热到高于正常室温的温度才能将其点燃。因此，纵火犯使用汽油更危险。燃烧的碳氢化合物释放二氧化碳和水蒸气。如果有足够的氧气存在，这些将是仅存的产物；但是如果反应很快，并且没有足量的氧存在，就不会反应完全，产生的碳和一氧化碳会形成黑烟和危险烟雾。如果有一辆油罐车着火，就会出现这种情况。若是一辆撞毁的装有柴油（闪点大于 52℃）的油罐车，应该不会爆炸，除非与热表面（如发动机）接触。如果接触温度高于柴油的自燃温度 256℃，并且蒸气量达到爆炸极限，则可能发生燃烧。

催化作用

催化剂是一种为化学反应提供另一种更容易进行的途径的物质。假设某种化学反应就像反应物（原始材料）从山谷翻过一座山脉到达另一边而最终形成产物（产品材料），那么催化剂就提供了一条通过山脉的新的、较低的山路。当然，这条山路也使得从产物谷返回反应物谷变得更容易，因此催化剂不会改变反应的平衡位置。催化剂当然参与了反应，但并没有被消耗掉；而且从化学角度而非物理角度来看，它在反应结束时和开始时是一样的。

催化剂在加速特定化学反应方面的作用是非常重要的，它提供的是一种催化作用，即为特定反应（而不是竞争性反应）提供一条更容易进行的途径。生物系统中的催化剂由称为酶的蛋白质组成。就化学工程而言，金属（特别是过渡金属）及其氧化物常被用作催化剂（见第 19 章的实验"铜催化丙酮"）。这一反应的放热（放出的热量）性质可以通过这样一个事实来证明：铜在开始加热时就会由于反应产生的热量而保持高温，直到丙酮蒸气全部被排出。

催化反应在工业中是非常重要的。例如，按照哈伯制氨法用氮气和氢气生产氨，利用车用尾气净化消声器中的催化转化器分解氮氧化物，以及利用催化反应从原油中提炼汽油，等等。

拓展阅读

命名法

http://goldbook.iupac.org（完整的说明以前是以书籍的形式出现的，但现在网上可查）。

许多解释可以查阅 https://en.wikipedia.org/wiki/Chemical_nomenclature。

周期表

http://en.wikipedia.org/wiki/Alternative_periodic_tables.

休·阿尔德斯莱–威廉斯（Hugh Aldersley-Williams）所著《周期故事：从砷到锌元素的文化史》（*Periodic Tales: A Cultural History of the Elements from Arsenic to Zinc*）。作者是理科研究生和记者，有着独特、迷人的写作风格。

寄藤文平（Bunpei Yorifuji）所著《元素奇妙生活：周期表拟人化》（*Wonderful Life with the Elements: The Periodic Table Personified*）。该书通过另一种文化的视角来观察元素。

软硬酸碱

皮尔逊的研究论文《软硬酸碱》（Hard and Soft Acids and Bases），摘自《美国化学学会杂志》（*Journal of the American Chemical Society*）1963 年第 85 期第 3533 ～ 3539 页。

浓缩海水

吉诺·巴塞吉奥（Gino Bassegio）所著《海水及其浓缩物的组成》（The Composition of Seawater and Its Concentrates），http://www.salt-partners.com/pdf/Baseggio.pdf。

伊恩·A. 麦克斯韦（Ian A. Maxwell）所著《一种非常大的盐粒》（A Very Large Grain of Salt），摘自《澳大利亚化学》（*Chemistry in Australia*）2014 年 12 月刊第 36 页。

浓度测量

H. 阿瑟·克莱因（H. Arthur Klein）所著《测量的世界》（*The World of Measurement*）。这是一本关于单位的有趣而全面的书。

http://www.monashsciefic.com.au/Baume.htm（讨论用折射率分析葡萄酒）。

其他

詹姆斯·欧文·韦瑟罗尔（James Owen Weatherall）所著《华尔街物理学：预测不可预测的简要历史》（*The Physics of Wall Street: A Brief History of Predicting the Unpredictable*）。

2

关于健康与
危险的化学

　　本章的重点放在化学品的健康和安全方面。细节决定成败，因此本章对测定原理及其说明进行了很多讨论。由于公众对化学品的"误解"让化学家们感到头疼，所以我们也对危害（科学）和愤怒（公众反应）进行了相应对比。

　　自 1713 年以来，工作场所健康与安全（WHS）或者可以称为职业健康与安全（OHS）的相关规定，对化学工作者和其他职业工作人员来讲已经有所改进。不会再有因过度暴露在水银（汞）蒸气中而导致的"牙齿滴脓"；那些工作在砷挥发气体环境中的人也不再有胃部痉挛性疼痛、呼吸困难、血尿，以及让人痛苦的腹绞痛和四肢抽搐等职业病。现代职业病的研究发展缓慢，其病源与非职业病源难以区分。

为了公众的利益冒生命危险

　　"化学家们自豪地宣称已经掌握了提炼各种矿物的技术，但他们自己却并没有摆脱其有害影响。他们经常患有和其他从事采矿工作的工人一样的疾病，尽管他们一再否认，但他们的脸色暴露了这一事实……

　　"我认识的卡洛·兰斯洛蒂（Carlo Lancilloti）是一位著名的化学家，也是我的同胞。他身体瘫痪，眼神惺忪，牙齿掉光，呼吸急促，令人作呕。一见到他本人，就足以对他曾经销售的药物，特别是化妆品的声誉产生怀疑。但是，我决不能谴责这种研究于世人是有害的。

化学家们通常值得称赞，因为他们如此热衷于研究深奥的问题，致力于丰富自然科学，以至于毫不犹豫地为了公众的利益而甘冒生命危险。"

文字来源：芬利（Finlay），《澳大利亚化学》1982 年第 49 期第 418 ~ 419 页，引自拉马齐尼（Ramazzini）的《论手工业者的疾病》（*Diseases of Workers*）。

图片来源：马雷特（Marette），《夏洛特观察者报》（*The Charlotte Observer*），1985 年。

人们花了很长时间才意识到长期接触某些物质的危险。一些铅化物尝起来很甜，例如醋酸铅，也被称为铅糖（图 2.1）。适量地摄入它在短期内不会产生影响，所以古罗马人在无意中毒害了他们的大脑和身体。（它要么来自铅水管，要么来自葡萄酒的甜味剂。）

图 2.1　含铅化合物醋酸铅 [$Pb(OAc)_2$] 因其甜味而被称为铅糖

后来几代人花了一些时间才意识到有些工作场所存在危险，如涉及帽坯、玻璃吹制、木工、辐射、石棉的工作场所，以及许多其他危险场所。有没有听过"像个帽匠一样疯狂"这句话，或者想知道《爱丽丝梦游仙境》里的帽匠为什么会发疯吗？在制帽过程中，当汞被用于毡制工艺时，帽匠因长期暴露于汞蒸气中而出现神经毒性反应。

动物（包括人类）的化学工厂

我们说一种化学物质"在"身体里，就是说它必须通过某种屏障。有人争辩，人类这种动物就像是绳子上的一颗细长的珠子，而这根绳子指的是从口开始，经过胃、小肠和大肠，最后到肛门的消化道。消化道在拓扑学上位于身体外部。只有当物质从消化道通过一层膜（在口腔、胃或肠的内层）时，它才会"进入"人体。另一个进入身体的途径是由肺部进入血液，或者化学物质可以通过皮肤进入体内。

你的肝脏是位化学家

大多数物质一旦穿过那层膜进入体内，就会进入血液循环系统，然后被输送到肝脏，而肝脏本质上就是一个化学工厂。在这里，酶将促进外来物质的代谢，使其变成可以通过粪便或尿液被排出的形式。这些变化通常使化学品的危害性降低，但是情况也有可能反过来——有时来自肝脏的产物（称为代谢产物或结合物）的毒性可能比原物质的毒性更大。不同的动物有不同的酶，所以对一个物种有害的物质对另一个物种可能不会有害。臭名昭著的"二噁英"（图2.2）对雌性豚鼠的毒性是对仓鼠的5000倍。

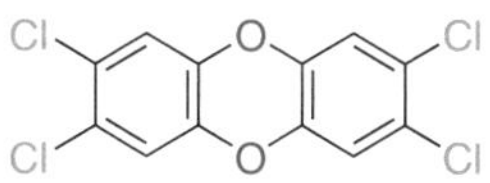

图2.2　通常被称为二噁英（2,3,7,8-四氯二苯并-对-二噁英）的分子结构

你的肾脏：一个反渗透工厂

肾脏过滤血液、浓缩废物，并将产生的尿液储存在膀胱中（肾脏和膀胱在这个过程中可能会受损）。其他出口途径是呼吸道和肺、汗腺，以及含有残留物（如汞和砷）的指甲和头发。

化学品的危害可以立即产生（急性毒性），也可以是长期的（慢性毒性），如下所述。损伤通常是针对某些器官的，称为毒性靶标。诱发癌症或出生缺陷的化学物质是特殊毒性形式的例子（见第 9 章）。

动物试验不可靠

使用健康动物来测试化学物质对不同年龄和健康状态的人（肝和肾功能等）的毒性并不总是可靠的。各种工业化合物的致癌作用的发现主要是通过对人体的医学观察而不是动物试验。通过动物试验的证明常常落后于医学观察几十年——对于 2- 萘胺的确认（医学观察在 1895 年，动物试验在 1938 年）超过 40 年。其他例子还有焦油（1775 年，1918 年）、石棉（1930 年，1941 年）、铬酸盐（1912 年，1958 年）和联苯胺（1940 年，1946 年）等。随着其他方法被证明更加可靠，动物试验正在减少。

毒性

毒性的产生是一种物质的数量或剂量超过身体处理能力，低剂量则不会造成伤害。尽管人们对毒物的敏感程度各不相同，但一般认为，大多数情况下会有一个剂量，低于这个剂量就不会有人受到伤害。通常引用的例子是"天然"毒物，如苦杏仁中的氰化物或土豆中的茄碱（见第 6 章）。在这个问题上有很多争论，但就让我们在现阶段把事情简单化。毒物可以分为两类：

①累积性毒物。这类毒物容易被吸收，但排出缓慢，所以能在体内累积。因此，这种物质很容易被检测出来。

②非累积性毒物。这类毒物被迅速吸收，也被很快排出，然而造成的损害却是累积的。最好的例子之一就是酒精。患有中枢神经系统损害、肝硬化、肾损伤或癌症的酗酒者可能会"戒酒成功"，但这种损害是不

可逆转的。虽然酒精常常被忽视，但它是一种已知的致癌物质。在所有死于癌症的人中，约有1/30的人的癌症是由酒精引起的。

再将毒性效果分为两类：急性毒性和慢性毒性。

急性毒性

急性毒性是在接触单一剂量的毒药后很快发生的效应。这种效应取决于物质的毒性大小和使用毒药的位置。一滴箭毒如果通过皮下注射比抹在皮肤上更加危险，而无机砷化物的毒性通常比钠的毒性更大。一般人们很容易理解急性毒物的作用方式。因此，急性毒物中毒可以被量化，我们也可据此合理地认为：低于一定剂量则该物质无害。

半数致死量（LD_{50}）

参数 LD_{50} 的定义为能杀死一半受试对象的毒物量。同种或种间的受试者体重均有差异，因此 LD_{50} 以毫克每千克体重（mg/kg）表示。举个例子，在比较老鼠和人时，尽管其他特征可能有所不同，但至少要考虑质量比。在人类研究中，研究对象一般是年轻健康的男性。老人和孩子更加敏感，并且女性的药物敏感性与男性的也不同。

注意事项：

· LD_{50} 越小，物质的急性毒性越大。

· 单位 mg/kg 相当于 $\mu g/g$ 或体重的 10^{-6}。

· 在任何物种中，个体成员的敏感性各不相同。

毒性的近似描述是：

LD_{50} <1 mg/kg	极毒
LD_{50}=1 ～ 50 mg/kg	剧毒
LD_{50}=50 ～ 500 mg/kg	中度毒性
LD_{50}=500 ～ 5000 mg/kg	轻微毒性

对数正态分布图

与许多其他生物性可变因素一样，群体内个体成员的敏感性各不相同。如果将变量（如毒物剂量）经对数变换后绘制出来，这种变化基本符合正态（钟形）分布，即所谓的对数正态分布（图2.3）。

这样作图不一定会得到钟形曲线，但我们不要把事情复杂化。钟形对数正态分布图的响应个体数（平均）随浓度对数变化的总体对数正态分布图如图2.4所示。这条曲线的形状是S形。

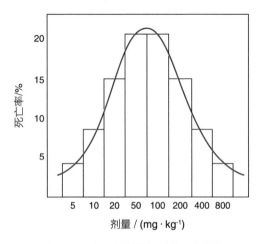

图2.3 死亡率与剂量的对数正态分布

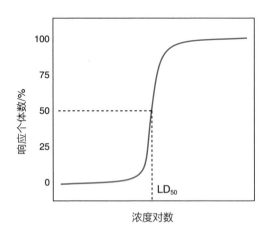

图2.4 总体对数正态分布图

剂量越大，死亡越多

随着剂量对数的增加，更多的动物死亡，并且死亡的速度越来越快，直到达到 50% 死亡的剂量。这时，速度又开始下降。这就是为什么在曲线最灵敏处选择 LD_{50}，而不是 LD_5。如果考虑成本或人道主义，那么 LD 值越低越好。注意，这条 S 形曲线指的是从左到右的正态分布曲线下累积峰面积。

请注意浓度取的是对数，而不是线性的，所以高浓度被压缩，低浓度被放大。关于对数响应问题的进一步讨论、解释，以及与其相关的一些理论，见附录 3。

一个意想不到的反应

俄国声名狼藉的农民出身的僧侣格里戈里·拉斯普京（Grigori Rasputin）是俄国沙皇尼古拉二世（Nicholas Ⅱ）的幕后操纵者，他在第一次世界大战（1914—1918）期间遇刺身亡。当时俄国的情况非常糟糕。事实证明，他很难被杀掉，直到最后才被击毙，并被扔进冰冷的河里。最初的谋杀尝试涉及一些意想不到的化学反应。在尤苏波夫（Yusupov）王子（沙皇的侄子）的宫殿里，拉佐维特（Lazovert）医生在一些蛋糕中掺入了大量的白色粉末，这些粉末是从一个据称装有氰化钾的盒子里拿出来的。这些蛋糕被送给拉斯普京，但他似乎没有受到任何不良影响。原因很可能是：随着时间的推移，密封不良的盒子中的氰化钾与空气中的二氧化碳发生了反应。碳酸（pKa=6.35）是一种比氢氰酸（pKa=9.22）更强的酸，因此如果有机会，它们很容易发生置换反应。有毒的氰化钾可能已转化为无害的碳酸钾了。

慢性毒性

慢性毒性是指反复接触一种非致死的小剂量的潜在有害物质，在很长一段时间内造成的累积损害。吸入石棉纤维引起的石棉沉着病就是一个典型的例子。这些毒物没有一致的剂量依赖性。

慢性毒性经常与致敏物一起出现。这样的例子有很多：眼镜框中使用的镍可导致接触区域的皮炎；环氧树脂可导致约 50% 的产业工人患上皮炎；甲苯二异氰酸酯（TDI）作为制造聚氨酯的一种原料，是一种强效致敏物。

过敏是免疫系统的一种不正常反应。过敏需要时间发展，与致敏物接触时间越长，过敏就越有可能发生。一旦你对一种化学物质过敏，就可能对其他与之结构相似的化学物质过敏（交叉过敏），并且对越来越小剂量的致敏物质变得越来越敏感（见第 6 章）。

风险比较尝试

要使人们了解和比较风险，有一个有趣的方法，那就是使用微死亡（micromort）和微生命（microlife）的概念。

微死亡是百万分之一的死亡风险。因此，微死亡可用于测定和比较不同急性风险（表 2.1）。

表 2.1　各种活动相关风险

死亡原因	微死亡	暴露频率
非自然原因	1	每天
婴儿死亡率（全球）	4300	每次出生
事故（14 岁以下）	18	每年
谋杀	14	每年
麻疹	200	每病一次
分娩	120	每胎
剖宫产	170	每胎
心脏搭桥	16 000	每例手术
在阿富汗服役	47	每天
步行	1	每 43 千米
骑自行车	1	每 45 千米
骑摩托车	1	每 11 千米
开汽车	1	每 536 千米

死亡原因	微死亡	暴露频率
坐火车	1	每 12 070 千米
飞行（商业）	1	每 12 070 千米
戴水肺潜水	5	每次潜水
悬挂式滑翔	8	每次飞行
跳伞	10	每跳一次
跑马拉松	7	每跑一次
吃摇头丸	1.7	每周
所有职业	6	每年

注：本表改编自 M. 布拉斯特兰德（M. Blastland）、D. 斯皮尔格尔哈特（D. Spiegelhalter）所著《一念之差》（*The Norm Chronicles*）。

统计生命的价值

如果一个新的十字路口能够拯救一条生命（也就是 100 万微死亡），那么英国政府将为此支付 160 万英镑（1 英镑 ≈ 8.3 元人民币）。因此，英国政府对 1 微死亡的定价为此价格的百万分之一，也就是 1.60 英镑。

打个比方，如果连续无差别地扔一枚硬币 20 次，而且正面朝上 20 次（约为百万分之一的概率），你愿意花 2 英镑赌自己在此概率下幸免于难吗？如果不愿意，那你就高估了自己的价值——根据英国政府对你的估值，你的价值是 1.60 英镑。

微生命可被用来比较慢性风险。我们略去了未成年时期的情况，原因是儿童不能自主决定，而青少年冲动不理智，风险率异常高。

作为练习，想象一下：一个 22 岁的男性活到 79 岁（也就是 57 年），然后将其一生分成 100 万等份。这样一个微生命约为 30 分钟。虽然女性的平均寿命更长，但我们在这个练习中取更小的微生命的值。因此，以成人的 57 年寿命计算，一个年轻的成年人有 1 000 000 个微生命，其一天的时间便要花费 48 个微生命。最重要的是，你还会额外失去微生命：

·吸 1 支香烟花费 1 个微生命。

·喝 1 品脱（1 品脱约为 0.568 升）浓啤酒花费 1 个微生命。

·看 2 小时电视或多吃 1 个汉堡也要花费 1 个微生命。

虽然慢性病变的影响在衰老的过程中似乎很遥远，但用微生命描述使得慢性风险变得更加真实，同时也表明你加速衰老的速度有多快，这消耗了你的预期寿命。微生命还允许将不同的慢性风险进行比较。

慢性和急性之间、微死亡和微生命之间的最大区别是：如果在一次急性病中幸存下来，你的微生命将一消前愆，于第二天重新开始。但慢性病影响却会累积起来，就像彩票一样：每次发行的彩票（微生命）永远都有效，你中奖的概率也会增加，但在这种情况下，彩票余量（生命）却在减少。

英国国家健康和临床卓越研究所（NICE）建议，如果治疗能使你的预期寿命延长 1 个健康年（约 17 500 个微生命），英国国家卫生服务局将支付 30 000 英镑。那么 1 个微生命的价格约为 1.70 英镑，几乎与交通部所说的为避免 1 微死亡而支付的价格相同。

贴现率

人们对气候变化和其他风险的看法各不相同，这取决于如何看待子孙后代可能付出的代价。

对于现在的 100 美元和将来的 100 美元，大多数人认为将来的 100 美元更不值钱——因为它在将来。在英国，医疗保健的默认"贴现率"是 3.5%，这意味着 20 年后生命的"价值"只相当于现在的一半。医院资源有限，当需要同时治疗老年人和年轻人时，医院可能会争辩说年轻人的未来更长并更重要。然而，随着未来的"贬值"，它有利于老年患者，因为医生对当前年份的赋值更高。"贴现率"越高，老年人受益越多。

对于气候变化，经济学家使用了 0.5% 这一较低的"贴现率"，试图评估公众因对长远未来的担忧而采取的做法。倾倒核废料的"贴现率"要高得多，这就意味着要把核废料倒在附近山洞里面的废料桶里。在我们的有生之年，它可能会没事。

无论是在交通信号灯方面，还是在药品方面，或者是在宣布化学残留物"安全"方面，各国政府都使用这种方法来决定在哪里花钱。

物质相互作用

物质具有相互作用。当两种物质以相同的方式攻击同一目标，并且摧毁路径相同时，就会产生相加效应。例如，假设一个艺术家在工作中使用松脂，白天他会通过肺部将松脂吸入体内。松脂到达大脑后起到神经毒素的作用，引起头晕。不过，它在肝脏中被解毒。如果这个人回家再喝几杯酒，那酒精会起到与松脂类似的神经毒素的作用，直到它被解毒为止。

当一种物质增强另一种物质的作用时，就会产生协同作用。吸烟降低肺部清除灰尘的能力，从而使吸烟的石棉工人因吸烟而患肺癌的概率（据说正常人的 10 倍）和患由石棉引起的肺癌的概率（据说是正常人的 5 倍）增加，患其中一种或两种癌症的概率不是 $10 \times 5 = 50$ 倍，而是 90 倍。

评估混合物是监管的致命弱点，这有两个原因。首先，用于评估混合物的数据很少。其次，一种化学品经过彻底的评估后可以获得授权，数年后，另一种化学品也可以在经过同样严格的检验后获得授权；但是，没有一个过程来评估后者是否可以与前者相互作用。悲哀的是，鉴于授权化学品的数量，这是一个在使用很久后才遇到的问题。没有免费的午餐，进步是有代价的（见附录 4）。

移动中的混合物：一些物理化学效应

没有额外的化学物质的帮助，油和水就不能混合。但是它们可以在一个叫作水蒸气蒸馏的过程中一起蒸发掉（见附录 5）。

水蒸气蒸馏

对于在高温下单独蒸馏就会分解的油，水蒸气蒸馏可以使其在水的沸点以下进行蒸馏。这种温度可以通过抽吸蒸气进一步降低。蒸气中油和水的含量取决于水和油的沸点。油的沸点越高，蒸气中的水含量就越少，因此在一定的蒸馏水量下收集到的水就会越少。

水蒸气蒸馏对于提纯香水、药品和其他方面的精油（香精用油）非常重要（见第 8 章）。

同样的过程在环境温度下发生的概率较小，也慢得多。但这却是一个重要的过程，通过此过程，来自河流和海洋的水蒸气携带着危险废弃化学品在全球各地迁移。

六氯苯

几十年来，六氯苯和其他含氯废弃物一直在污染一个工业场地〔由澳瑞凯（Orica）公司所有，早先称为帝国化学工业公司（ICI），位于悉尼植物学湾〕的土壤和水。六氯苯令人关注，因为它是脂溶性的，可以在生物体内累积。它对人类健康构成威胁，特别是会在母乳中累积——这是一个相当容易引起激烈争论的问题。六氯苯难溶于水，但易由携带着它的土壤颗粒以物理方式输送到制造它的工厂下面的地下水中，然后随着河流和海洋沉积物移动。生活在沉积物中的有机体把它和食物一起吸收。这些有机体继而被吃掉，物质则沿着食物链向上移动。六氯苯的生物降解非常缓慢：在土壤中需要 3 ～ 6 年，在水中需要 30 ～ 300 天。

共同蒸发不需要沸腾

六氯苯是非挥发性的，这意味着它的挥发性很弱，但不可忽略。如果六氯苯进入水中，它的溶解度很低。

然而，在环境温度下，等效的水蒸气蒸馏也会发生，即六氯苯和水一起蒸发。这一过程要慢得多，水蒸气中六氯苯与水的比值很小，但河流和海洋中有大量的水可供蒸发，表面积很大。因此，少量但令人担忧的六氯苯以蒸气的形式随水进入空气，然后在全球范围内移动。这种共同蒸发是国际社会关注其他持久性有机污染物的基础，如多氯联苯

（PCBs）和二氯二苯基三氯乙烷（DDT），它们是在地球上传播和沉积的"十二大危害物"（已扩展）的一部分。

材料安全数据表

材料安全数据表（MSDS）是一个综合性报告，它指出了处理化学品时的有关危险，还提供了所需的预防措施。此表并不适用于消费品中所遇到的少量化学品。尽管如此，它也确实是一个非常有用的总结性报告，在监管不力的环境中，使人们认识到生产消费品的工人所面临的风险。为了理解 MSDS 中的信息，你需要查阅公布的化学品水平的各种单位（见附录 2）。

剂量：只要剂量足，万物皆有毒

化学品并非简单地被分为有毒的和无毒的，剂量通常可以使物质在这两个方面上转换。有机体为了自身的目的会产生诸如氰化氢、硫化氢、一氧化氮和漂白剂等有害物质，尽管数量很少且在特定的位置。一个有机体甚至可以利用这些化学物质通过"化学战"杀死另一个有机体。

一个制药实例

一片常规的阿司匹林含有 325 mg 活性成分。成年人每天口服四片，当日摄取的阿司匹林总量为 1300 mg 或 1.3 g。但质量不是剂量。阿司匹林和大多数化学物质一样，通过溶解在体液中对人体起作用；所以重要的是浓度，而不是绝对质量（同样，血液酒精的法定限度是浓度 0.05 g/100 mL，而不是酒精的绝对质量）。人体中阿司匹林的质量除以人的质量是关键的衡量标准。对于 65 kg 体重的人，四片阿司匹林剂量为 1300 mg/65 kg=20 mg/kg。给药期通常为 1 天，因此此人的日剂量为 20 mg/(kg·d)。

对于一个 20 kg 体重的儿童来说，相同剂量的阿司匹林变成了

1300 mg / (20 kg·d)= 65 mg / (kg·d)。对于同样的摄入量，体重较轻的人摄入的剂量较高。

计算环境化学品的剂量遵循同样的逻辑。

一个环境实例

如果地下水每升水中含有 2 μg 多氯联苯，成年人每天饮用 2 L，儿童每天饮用 1 L，则：

每个成年人每天摄入 4.0 μg，每个孩子每天摄入 2.0 μg。

如果成年人体重为 80 kg，儿童体重为 10 kg，则他们各自的每日剂量如下：

成人	0.05 μg/(kg·d)
儿童	0.20 μg/(kg·d)

还有一个重要因素是确定剂量持续的天数。暴露时间和剂量都很重要。最后，需要确定其是否对健康构成危害。

在空气中，毒性取决于给定体积空气中的物质质量（单位通常为 mg/m^3）和人在每次接触期间呼吸的空气量（单位通常为 m^3/d）。假设加油站的空气中每立方米含有 2 mg 一氧化碳，一名工人每天呼吸 8 小时，那么一个中等活动水平的成年人在 8 小时内会吸入大约 10 m^3 的空气。因此，在每次值班期间，工人吸入 20 mg 一氧化碳。在一天中的非工作时间，工人吸入的量可能更少。

在食物方面，尽管把握不足，但对于摄入量的估算也是以同样的方式进行的。毒理学家关心的是，如何确保那些有异乎寻常的饮食习惯者，暴露在高于平均水平的化学物质中仍然没有危险。

测量结果的置信度

最精确的答案来自直接的化学分析。现在可以检测到非常低水平的化学物质（通常低到无关紧要）。即使有这样的精确度，答案的准确性和最终的有用性仍取决于抽样的代表性有多大。为了得到可靠的结果，样本中必须包括所有不同的情况。因此抽样对分析至关重要。

在工业厂房进行大规模土壤污染采样时，不可能对"所有"土壤进行检测。样品必须具有代表性，这意味着单个样品必须真实可信地反映出整个污染现场的范围和分布情况。然后，统计分析将给出一个"置信区间"，期望在其中可以找到"真实"的结果。

当一种杀虫剂被用于番茄作物时，你吃的番茄上的杀虫剂残留量并不是那么容易计算出来的。这取决于实际喷洒的量、实际落在番茄上的量、风和雨的去除程度、化学物质的生物降解速度，以及从喷洒、采摘、销售到食用番茄所用的时间。如果要制作番茄汁，那么你需要知道化学物质是否汇集于汁液中，如此等等（见附录4）。

有时计算机模型可用来预测化学物质在环境中的行为。对于化学物质在空气（和水）中的运动，专家们通常会建立一个数学模型，并根据实际数据进行验证。如果效果好，当某处不能或不易测定时，可尝试用该模型预测在"假设"情况下的化学动向。模型质量参差不齐，且非常依赖于在建立模型时所做的初始假设。

化学品的安全储存

购买化学产品很容易，但是如何安全地储存它呢？

你应该：

· 阅读标签，看看化学品应该如何储存。

· 确保标签完好无损。

· 检查是否存在警告中提示的"不要同时存放"的化学品。

· 在远离房间的小屋里放置次氯酸钠。

· 定期检查产品是否有包装变坏、破裂，或盖子松脱的情况。

· 将危险化学品放在儿童接触不到的地方。

· 确保易燃化学品远离热源、火焰或火花源。

· 要在通风良好的地方处理化学品。

你不应该：

·过量购买短期需要的药品。

·从原来的容器中转移化学品。

当提到与化学品相关的 MSDS 时，你还记得上面的内容吗？公众可以很容易地获得这些资料，并且大多数家庭都能遵守搬运和储存阶段的规定。例如，可在电脑上搜索"洗衣粉 MSDS""漂白剂 MSDS"或"洗碗粉 MSDS"。虽然化学物质以其学名列出，但普通家庭用品也有为它们创建的 MSDS。

儿童中毒

每年约有 2500 名儿童因意外食用危险化学品中毒而进医院。超过 95% 的此类中毒事件发生在家中。虽然摄入电池、烤箱清洁剂和花园化学品中有毒物质的情况很严重，但在最严重的事件中，药物是所有年龄段的人最常见的中毒源。

儿童中最常见的中毒源是随着其年龄和行动能力的变化而变化的。对于婴儿和幼儿来说，最常见的中毒源位于靠近地面的地方，包括漂白剂和其他家用清洁用品、香烟中的烟草和留在手提包中的化妆品。对于年龄较大的儿童，因发光棒、冰袋和杀虫剂而中毒更为常见（表 2.2）。

表 2.2　新南威尔士州 12 个月内频繁导致儿童中毒的商品及案件数量

案件数量	婴儿（1~12个月）	案件数量	幼儿（1~4岁）	案件数量	年龄较大的儿童（5~14岁）
213	清洁剂：马桶（筐里/旁边）	815	清洁剂：多用途/硬质表面	262	荧光棒/发光玩具
120	干燥剂：硅胶	646	干燥剂：硅胶	82	清洁剂：通用/硬质表面
98	洗手液	627	洗涤剂：洗手液	67	冰袋

案件数量	婴儿（1～12个月）	案件数量	幼儿（1～4岁）	案件数量	年龄较大的儿童（5～14岁）
90	清洁剂：通用 / 硬质表面	605	清洁剂：马桶（筐里 / 旁边）	53	除虫菊酯 /拟除虫菊酯
71	洗洁精	548	免洗消毒洗手液	52	干燥剂：硅胶
69	钢笔 / 墨水（包括印泥、文本）	435	洗衣粉	52	洗涤剂：洗手液
64	香烟和烟草	390	荧光棒 / 发光玩具	48	漂白剂：次氯酸盐

来源：2014 年 6 月至 2015 年 5 月对新南威尔士州毒物信息中心内与消费品相关的电话进行的分析。

化学品处理

做了一次大扫除，发现了很多不需要的家用化学品，该如何处理？首选是把它们送给期望物尽所用的朋友或邻居；或者联系当地服务部门，以安排取件事宜。如果没有合理托收，再考虑查阅 MSDS 的"处置"部分，可以网上预览所有资料或遵循表 2.3 中的建议。

表 2.3　家用化学品安全处置方法

产品	处置方法
气雾剂	室外喷洒完毕后进行垃圾处理
清洁剂和抛光剂	打理地毯、地板和家具的清洁剂和抛光剂含有溶剂，用塑料袋密封后进行垃圾处理
汽车含铅电池	可由当地汽车修理厂、汽车协会或理事会收取
狗狗洗涤用品	含二嗪磷的物品处置困难，不要再用，应返回供应商。过期产品（和经污水处理）性质已变，对动物来说非常危险，应使用替代品
药品（不需要的或过期的）	返还药房

产品	处置方法
油漆	干燥后成固体废物，然后进行垃圾处理，若量大应再利用（体育俱乐部经常用丙烯酸漆画标线）
农药	因为标签上没有告诉你如何清除里面的东西，所以空的容器可用塑料包裹，然后将其扔进垃圾桶。现代杀虫剂一般都是可生物降解的药品，所以澳大利亚环境部允许将其掩埋。污水处理厂含有可进行生物降解的微生物，处理可生物降解的农药应该没问题；但要先查查当地规章制度。因为雨水径流（下水管和街道排水沟）得不到处理，所以千万不要把任何东西倒入里面，这很重要
烟雾探测器	仪器背面的说明告诉你应返还给供应商或当地卫生部门。更现实的是，针对设备中的少量放射性物质，最好用塑料包裹物品并做垃圾处理。分散在顶端可能比集中放置更明智，这样它们就不会显著地提高正常的背景辐射水平（见第 18 章）

风险、危害和愤怒

尽管我们在生活中每天接触到的每一种物质都是某种化学物质，但公众论述中的"化学物质"一词通常具有非常负面的含义。要理解和处理这种非理性的负面认知，需要了解心理学。化学家和公众的观点均合理。此文的目的就是使彼此相互理解。

"风险""危害""愤怒"这三个词有不同的含义。接下来，我们将危害定义为任何可能造成危害的事物（例如化学品、设备、行为、自然事件和人为事件）。然后风险就变成了造成伤害的概率（如果发生，伤害的可能性和危险程度有多大）。科学家尽最大努力量化风险，并将风险等同于风险暴露时间，其中"时间"是象征意义，而不是数字意义。危害（负面）是安全和健康的对立面（伤害或不健康）。

愤怒被定义为由于缺乏对外部决策的控制而引起的震惊、生气和愤慨。愤怒是风险的社会层面表现，在此，风险被认为是按科学方法得到的客观评价。哈佛大学的威廉·洛伦斯（William Lowrance）在 1976

年的一本书——《可接受的风险：科学与安全的确定》（*Of Acceptable Risk: Science and the Determination of Safety*）中首次系统地探讨了这一问题。对于风险感知涉及的因素，他在深思熟虑之后列出了所有主要的社会因素，许多后来的作家已对其进行了扩展和普及。

例如，彼得·桑德曼（Peter Sandman）从愤怒的另一面入手。他指出，要让人们比现在更关心自己是非常必要的，但要让他们愤怒却异常困难。

在美国，每年食物中毒造成的经济损失达 1520 亿美元。它还导致有 325 000 人去医院就诊，其中有 5000 人死亡。但是，公众的愤怒程度相对较小。该事件发生率高的原因包括对抗生素的抗药性，因全球贸易增长和食品统一加工而接触了以前不熟悉的食源性病原体。2013 年，全球有 10.87 亿名游客交叉感染细菌和疾病。

政府把纳税人的钱花在"激起公愤"的活动上，比如涉及交通事故、青年自杀、吸烟、虐待儿童、工人安全无保障、贫穷、家庭暴力、酗酒、水土恶化和汽车造成的空气污染等。

相反，行业公共关系预算花费在"降低愤怒"的活动上，诸如农药残留物、食品接触用塑料、化学品泄漏、水力压裂、污染场地、焚烧炉排放物、二噁英和核电站等。

这两种情况下，对于完全对立的观点，双方都同样反对。

专家风险评估：风险 = 危害 × 暴露。

公共风险评估：风险 = 愤怒 × 暴露。

专家们专注于计算风险，公众则专注于做出愤怒的反应。实际上，愤怒至少和危害一样可以被量化或预测。

桑德曼认为愤怒约有 10 个主要成分，还有 8 个次要成分。他给出了一些幽默的例子来说明他的观点。

在附录 3 的对数应用中，我们建议将风险进行对数变换，以便与感知匹配。然而，计算的处理风险的"支出"数值将会失真。

拓展阅读

M. 布拉斯特兰德、D. 斯皮尔格尔哈特所著《一念之差》是一本 300 多页的书，以有趣且严谨的方式研究日常生活中的风险。

《悉尼植物学湾的六氯苯》（*Hexachlorobenzene at Sydney's Botany Bay*）。

《六氯苯废弃物的背景和议题文件》（*HCB Waste Background and Issues Paper: A Report*），http://trove.nla.gov.au/work/21378788? q=+&versionId=44623173。

工业化学品风险

《咨询法规影响报告——化学品环境风险管理》（*Consultation Regulation Impact Statement—Management of Chemical Environmental Risks*），一份包括该领域中出现的所有术语的前期词汇表的完整报告。

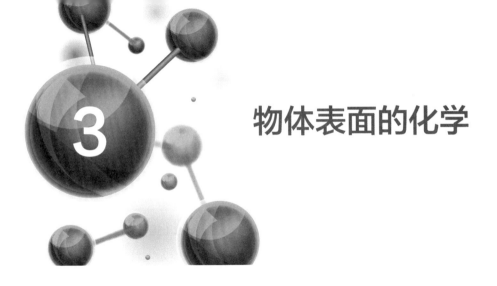

物体表面的化学

表面化学涉及消费科学的许多方面，因此本章与本书中许多其他章节都有联系。例如，表面化学在使用水和表面活性剂清洗衣服上的污垢方面起作用（见第 4 章）；它决定冰激凌等食物的成分（见第 5 章和第 6 章）；它可用于皮肤和头发的护理（见第 8 章）；它可以描述微纤维、戈尔特斯（Gore-Tex™）面料、黏合剂、油漆（见第 11 章和第 13 章），以及土壤、处理游泳池时所需物质或海滩中的颗粒物（见第 12 章、第 14 章和第 15 章）的性质。

把物体由大块分成小块后会增加比表面积，最终表面的性质决定着整个材料的性质。液体和固体都有表面张力，更确切的说法是具有表面能。除表面能之外，表面也会产生电荷。这保证了某些悬浊液的稳定性。分子中亲水和亲油部分之间的平衡称为亲水亲油平衡（HLB）。HLB 对于在一系列消费品中的乳浊液的稳定性至关重要。我们用含有空气的乳浊液（即泡沫）来研究这一问题。

拉普拉斯（Laplace）先生提出了著名的拉普拉斯方程，这对于解释气泡的行为非常重要。最后，我们意识到固体也有表面能，在其他章节中会涉及消费产品的特性和变质。

"表面的"（superficial）是指与表面有关的内容。这或许有些偏颇，因为它意味着忽略表面内部的重要方面。在化学中，表面非常重要，通常决定化学和物理过程。在这本书中，我们可以看到表面化学在消费科学的许多领域有多么重要。

在我们的身体里，肠道需要很大的表面积使食物分子通过它的膜来实现转移。如果小肠是光滑的管子，那么它的表面积会只有 0.5 m^2。然而，它有微小的褶皱或凸起的袋状结构，使表面积增加至 3 m^2。然后其上分布 1 mm 的绒毛，使表面积增加了约 10 倍。绒毛上又覆盖微绒毛（每根绒毛上覆盖 100 根微绒毛），使小肠表面积又增加了约 20 倍（图 3.1）。我们小肠的表面积因此从 0.5 m^2 增加到 600 m^2——大概是网球场的面积！

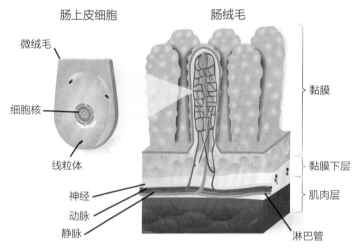

图 3.1　肠绒毛和微绒毛示意图

来源：designua/Adobe Stock。

我们的肺有类似的微小结构，为吸收和交换气体扩展了表面积。因此我们肺部的表面积也相当大。

考虑一个边长为 10 cm 的立方体。它有六个侧面，所以表面积为 0.06 m^2（600 cm^2）。如果你把这个立方体切成边长为 1 cm 的 1000 个小立方体，表面积增加到 0.6 m^2。将小立方体进一步切割为边长为 1 mm 的 1 000 000 个更小的立方体，则表面积增加到 6 m^2。

随着进一步的细分和比表面积的增加，表面的性质决定了整块材料的性质，如材料的化学反应性。一块煤在空气中是不活泼的，但如果你把等量的用作打印机墨粉的细碳粉吸到吸尘器中，就会引发相当大的爆炸。以类似的方式，面粉厂中混入空气的面粉达到一定量后经常引起自燃和爆炸（见第 19 章的实验"粉末燃烧""保险反应"和"醋浸钢丝棉"）。

悬浮物质产生电荷

第 1 章讨论了水在氯化钠等离子化合物溶解过程中作为分离正负离子的溶剂时的性质。值得注意的是，任何与水接触后的物质，其表面都会带电。这有很多原因，但最常见的是水溶液中离子的吸附作用。电荷的正负和大小通常取决于 pH 值，这是一个重要而有趣的研究领域（见第 19 章的实验"跳动的心脏"）。

这些类似电荷之间的排斥力使水中小颗粒的悬浮状态得以稳定，防止它们凝结形成更大的颗粒并在重力作用下沉淀或浮到表面（这一混合物被称为胶体）。

如果我们在刮胡子时不小心划伤自己，可以在伤口处涂上一些明矾［$KAl(SO_4)_2 \cdot 12H_2O$］——铝离子携带的三价正电荷中和了血细胞上的负电荷，使伤口凝结的速度比自然过程要快。醋酸（在醋中发现）使取自橡胶树的天然乳胶悬浊液凝结（见第 10 章）。

悬浊小颗粒

土壤特别是黏土的性质，取决于土壤颗粒的表面。其物理性质受黏土矿物表面吸附的钙、镁、钠和钾的相对比例，以及有机物、氧化物和碳酸盐的量的影响很大（见第 12 章）。

在下雨或浇水后，含钠量高的黏土（苏打土）会分散成细黏土悬浊液，从而渗入裂缝，导致水向下进入土壤。干燥后，这种黏土会变硬、收缩，最后开裂。为了解决这个问题，这种黏土需要用可溶性钙或镁的化合物来处理。

在衣物清洁方面，我们的问题恰恰相反。我们需要分散黏土颗粒并使它们悬浮，所以使用了相反的策略——加入洗涤碱（$Na_2CO_3 \cdot 10H_2O$），以钠离子取代钙离子。洗涤剂使用沸石"捆绑"钙离子，消除其对黏土颗粒的影响（见第 4 章）。

当游泳池里充满了被雨水冲刷过的悬浊黏土时，我们可以用更好的方法使微粒凝结，我们用的是铝（铝离子的电荷是 +3，而钙离子是 +2，钠离子是 +1）。添加的明矾将黏土"絮凝"成大颗粒，并使其被过滤器捕获，因此游泳池中的水又变得澄清。一些用于游泳池维护的阳离子洗涤剂（顺便说一句，最初开发它是为了清除啤酒生产线上的酵母）可能会有问题，因为带正电荷的表面活性剂分子链附着在带负电荷的黏土颗粒上，致使其处于悬浊状态（见第 14 章）。

乳浊液

乳浊液是两种或两种以上互不相溶物质的混合物，它们通常是水包油或油包水的混合物（图 3.2）。因为它们通常不会混合，所以乳浊液的成分被称为分散相（见第 8 章）。乳浊液通过减小两相之间的表面张力（即相互排斥的力），使一种物质悬浮于另一种物质中——它们彼此"润湿"。

乳浊液的种类

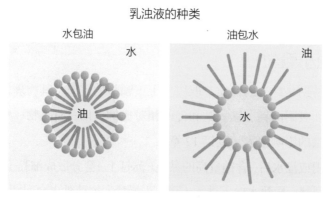

图 3.2　o/w（水包油）型和 w/o（油包水）型乳浊液示意图

来源：Natros/Adobe Stock。

测试黄疸

肝脏能够产生胆汁（一种由胆固醇形成的可溶解脂肪的表面活性剂），它被消化系统用来溶解摄入的脂肪。当肝脏疾病表现为黄疸时，胆汁漏入尿液中。因为胆汁是一种表面活性剂，它会降低尿液的表面张力（或表面能）。

正常尿液的表面张力约为 0.066 N/m，但胆汁混入过多时，其表面张力降至 0.055 N/m。在海氏试验中，硫黄粉被撒在尿液表面。硫黄粉会漂浮在正常的尿液上，但如果胆汁降低了尿液的表面张力，硫黄粉就会沉降。

让我们看一些例子。在用油和醋做蛋黄酱时，蛋黄起到乳化剂的作用。

为什么奶油比黄油更美味，而黄油又比猪油更美味呢？猪油是固体脂肪，块状的猪油很难消化。黄油含有 80% ～ 82% 的乳脂、16% ～ 17% 的水和 1% ～ 2% 的非脂类乳固体（有时被称为凝乳）。它也可能含有盐。而高脂奶油可能含有高达 60% 的脂肪。

黄油是脂肪中含有少量水的乳浊液，这为脂肪与消化液反应提供了较大的表面积；而奶油则相反，它是水包油型乳浊液（纯奶油中脂肪占 35% ～ 56%）。这为脂肪暴露在水中提供了一个更大的表面积。

从奶油中提取黄油涉及将水包油型乳浊液转化为油包水型乳浊液（去除了很多水），方法是使"保护"脂肪液滴并防止其聚结的蛋白质变性。

我们的消化"洗涤剂"——胆汁酸与脂肪形成乳浊液，因此提高了消化的速度。从化妆品到鸡汤，以及许多其他产品都是基于乳浊液而存在的。油包水型乳浊液不导电，而水包油型乳浊液导电。这为区分二者提供了一个简单的测试方法（见第 19 章的实验"乳浊液的电导率"）。

亲水亲油平衡

选择正确的乳化剂是至关重要的。乳化剂的特征与亲水亲油平衡值（HLB 值）相关。在该体系中，乳化剂对油相的相对亲合性以 1 ～ 20 的数值来表示。丙二醇单硬脂酸酯的 HLB 值很低——它在油相中更适合。聚氧乙烯单硬脂酸酯有较长的聚氧乙烯链和大量的极性氧原子，具有较高的 HLB 值，在水相中更适合（图 3.3）。

一般来说，HLB 值为 3～6 的乳化剂会产生水分散在油中的乳浊液，而 HLB 值为 7～17 的乳化剂则会产生油分散在水中的乳浊液（图 3.4）。

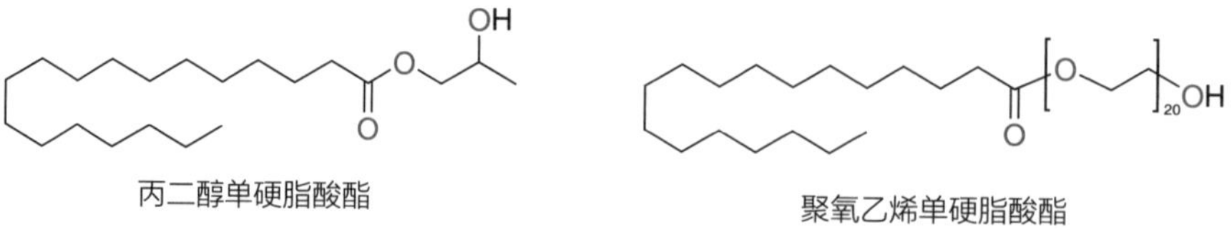

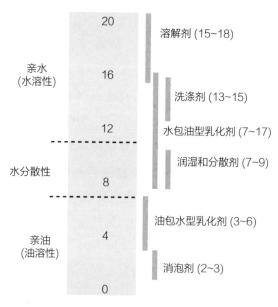

丙二醇单硬脂酸酯   聚氧乙烯单硬脂酸酯

图 3.3 低 HLB 值（丙二醇单硬脂酸酯）和高 HLB 值（聚氧乙烯单硬脂酸酯）乳化剂化合物的结构差异

亲水
(水溶性)

20 — 溶解剂 (15~18)

16 — 洗涤剂 (13~15)

12 — 水包油型乳化剂 (7~17)

润湿和分散剂 (7~9)

水分散性

8

油包水型乳化剂 (3~6)

亲油
(油溶性)

4

消泡剂 (2~3)

0

图 3.4 表面活性剂功能分类与 HLB 值对应图

但事情并没有那么简单。一项跨越了时间、空间和学科的几十年的科学研究提出了一个至关重要的问题，即是什么因素导致了蛋黄酱这种油包水型乳浊液的稳定。研究发现，稳定的乳浊液通常含有两种或两种以上的乳化剂：一种具有亲油性（吸引脂肪），另一种具有亲水性（吸引水）。

有趣的是，蛋黄酱中含有胆固醇和卵磷脂。胆固醇能稳定油包水型乳浊液，卵磷脂能稳定水包油型乳浊液。两者都是必需的，但也必须有完美的平衡。新鲜的鸡蛋就有这样的平衡。但随着鸡蛋的老化，卵磷脂会慢慢变质，而胆固醇却保持不变，因此蛋液也会坍塌。加入额外的卵磷脂（但要注意来源）可以起到"复活"蛋液的作用。

这两种不同类型的乳浊液的效果差异很大。化妆品乳液可以是油在水中的分散体形成的水溶乳霜，也可以是水在油中的分散体形成的非水溶乳霜（图 3.4）。水从水包油型乳浊液的水溶乳霜中蒸发出来，这导致了冷却，之后留下一层油性成分（油、蜡、乳化剂和保湿剂）的膜。但是对于油包水型乳浊液的非水溶乳霜，油相直接与皮肤接触。由于乳化后的水的蒸发过程要缓慢得多，因此没有冷却效果。这些是"温"乳浊液。

高斯（Gauss）提出的几何论证表明，连续相或外相的最小浓度必须至少占总浓度的 26%。在乳浊液中，粒径越小，乳浊液越稳定，其黏度（流动阻力）越高。相反，较大的颗粒会形成低黏度和易流动的乳浊液。较大的粒径也增加了颗粒聚集和乳浊液分离成两相的趋势（见第 8 章）。

生长在树上的乳浊液

最重要的一种乳浊液是由橡胶树产生的，它是橡胶在水中的乳浊液。这种乳浊液会在清晨的时候从树上被采集，因为那时的流速最大。这种流动是由植物激素乙烯刺激产生的。乳胶与醋酸结合后凝固（凝结），而多余的水在之后几个阶段中以晾晒的方式被除去，最终形成橡胶片。这些橡胶片被贸易商买走，带到工厂进行浸软并压成块。这种生产方式是高度劳动密集型的。天然橡胶在许多重要的应用领域中比合成橡胶有优势，例如医用外科手套和避孕套。

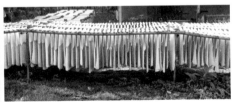

（左）收集乳胶和（右）晾晒凝固的橡胶片
来源：（左）underverse/Adobe Stock；（右）banprik/Adobe Stock。

活跃的泡沫

泡沫是气体在液体中（有时也在固体中）的悬浮状态。常见的泡沫出现在啤酒、泡泡浴、塞满棉花糖的嘴巴和一些灭火器中。

啤酒中的泡沫是稳定的，因为泡沫被一层蛋白质保护着。变性的蛋白质通过覆盖液体和空气的界面来"保护"气泡。顺便说一句，啤酒中的稳定剂是从麦芽类谷物中提取的蛋白质。然而，当大量的辅料（如糖、淀粉或土豆）被用来制作啤酒时，就需要海藻的蛋白质提取物来作为稳定剂。难道是海滩上海藻边缘的泡沫激发了人们发明这项技术的灵感？

说到海藻，有一种理论认为：在臭名昭著的百慕大三角，船只在毫无预兆的情况下沉没，这可能是由海面下腐烂的植被释放出大量的气泡造成的。这种气泡会降低海水的密度，也许会降低船受到的浮力，使其沉下去。

在温室里泡沫被用来防止夜间热量流失。每当晚上，水泡沫被注入温室双层墙壁之间的薄空间中——泡沫减少了易使空气流动并使其冷却的对流。日出时，泡沫破裂。第二天晚上，排出的液体被再次泵入泡沫中。

澳大利亚（或者更准确地说是新西兰）最有名的泡沫可能不是来自啤酒，而是来自巴甫洛娃（Pavlova）蛋糕，这是以芭蕾舞女演员名字命名的蛋糕。在打好的蛋白中加入一小撮盐和一点醋是至关重要的。然而，这两种添加剂中的任何一种过多，都将导致灾难性的后果，比如外皮的塌陷，或者不得不慌忙地去蛋糕店。过多的醋会降低 pH 值，减少保护气泡的蛋白质中的电荷；过多的盐会破坏带电蛋白质周围的反离子层。这两种过剩均消除了使气泡分开从而保持泡沫稳定的斥力。

一个古老的故事中，厨师推荐用铜碗可以把鸡蛋打成更好的奶油状泡沫。事实上，实验表明，在相同的条件下，在玻璃碗中搅拌蛋清 10 分钟后会产生颗粒状的干泡沫，而在铜碗里搅拌蛋清 20 分钟后会产生稳定和光滑的泡沫。一定量的铜会释放出来并与蛋白反应，稳定了构成泡沫的部分变性的蛋白膜。所以如果你的巴甫洛娃蛋糕塌了，你可以用化学原理来解释它。你的客人一定会对此印象深刻，尤其是当你愿意在蛋糕上再加上一层用另一种新西兰奶油制成的泡沫（见第 19 章的实验"泡沫的颜色"和"福克兰泡沫"，也参见第 6 章）时。

泡沫浮选

从经济上讲，澳大利亚最重要的泡沫既不是啤酒沫，也不是巴甫洛娃蛋糕上的泡沫，而是用泡沫浮选法分离在破碎矿石的过程中产生的泡沫。这个方法是由澳大利亚联邦科学与工业研究组织（CSIRO）在 20 世纪 40 年代发展起来的。大多数矿石由几种矿物组成，其中有些有价值，有些没有价值（如脉石）。泡沫浮选法是一种基于颗粒表面的性质不同来分离颗粒的方法。如果一种材料不会被水浸湿（比如细磨的蜡），把它放在水里，当空气以气泡形式通过时，这些气泡就会附着在蜡颗粒上，并把它们带到水面。空气比水更能"润湿"蜡的表面。

有些矿物表面呈蜡状，可以自然漂浮，例如滑石〔$Mg_3(Si_4O_{10})(OH)_2$〕、石墨、硫、辉钼矿（MoS_2）和雌黄（As_2S_3）。大多数矿物质在水中是可润湿的，因此不会漂浮。如果我们能有选择地使某些矿物呈"蜡状"，就能让这些矿物连续地漂浮起来（图 3.5）。

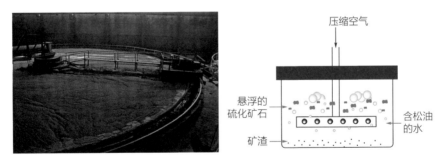

图 3.5　矿物浮选起泡的工业过程和示意图

来源：（左）OlesiaRu/Adobe Stock。

玻璃在水中是带负电荷的，因为玻璃主要是非晶石英（主要成分是二氧化硅），所以地表的二氧化硅和硅酸盐矿物可以使用阳离子洗涤剂浮选。另外，带有正电荷的矿物质可以被制成蜡状，并与带有负电荷的肥皂或（阴离子）洗涤剂一起浮选。

洗塑料盘子时感觉它们油腻腻的

你可以在厨房里看到这种覆盖效应。塑料板在水中带正电荷，所以，如果用普通的阴离子洗碗剂洗塑料盘子的话，会感觉像有蜡一样，洗不干净，因为洗涤剂会吸附在盘子上，而不是去除油脂和食物残渣。相反，如果你用阳离子洗涤剂清洗玻璃或陶瓷餐具（或汽车挡风玻璃），其表面就会变成蜡状，并被水滴覆盖。

泡沫麻烦

吹泡泡背后的方程

表面到底是什么？它是分开两相的东西，相通常是气体（g）、液体（l）或固体（s）。它们两两结合给出了五种类型的表面，即 s/s、s/g、s/l、l/l、l/g。注意所有的气体都是可混溶的（按所有比例混合）。表面的特征之一是它们的产生需要能量。你必须做一些工作来创造一个表面（例如吹肥皂泡）。

或许与我们的直觉相反，泡沫越小，内部压力就越大。实际上，这个精确的关系是由法国数学家拉普拉斯发现的。泡沫内的超压 ΔP 等于 2 倍的表面张力 γ 除以半径 r：

$$\Delta P = 2\gamma/r$$

气泡"较量"

在具有三个阀门的 T 形管上吹肥皂泡，使其中一个气泡比另一个大。输入阀门 A 关闭，另外两个阀门打开，这样空气就可以从一个气泡流入另一个气泡。是大的气泡把小的气泡吹大，直到它们大小相等，还是大的气泡更大，而小的气泡更小？（答案：大的气泡更大！）

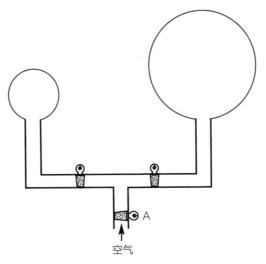

空气

如果你想尝试这个，可以用十二烷基硫酸铵表面活性剂、甘油和食盐（主要成分为氯化钠）制成高稳定性的肥皂泡溶液。

这就引发了一个有趣的问题。在形成一个气泡时，比如说在一个装有沸水的烧杯中，当 $r = 0$ 时所需的初始压力是无穷大的！事实上，烧开用非常干净、没有污点的烧杯盛着的非常纯净的水是非常困难的。微波炉里的沸水证明了这一点（见第 5 章"微波烹饪"）。

如果你仔细观察烧杯里的沸水，就会发现小气泡是从烧杯里的杂质中释放出来的。水蒸气迅速进入这些空气气泡中，形成一个个不断膨胀的蒸汽气泡。同样的缺陷将在一段时间内持续提供气泡核。在一个没有气泡核的完美烧杯里，水会升温，然后一下子离开烧杯，这个过程叫作"暴沸"。为了提供气泡核并防止暴沸现象出现，可在液体还冷却时加入多孔结构的沸石。

"固体气泡"（液滴）也有由小变大的趋势，即小液滴凝聚成大液滴。像小气泡这样的小液滴与大液滴相比有更大的内部压力。因此，它们在较高的蒸气压下处于平衡状态。即使在没有接触的情况下，小液滴也会把水输送到大液滴中。形成云的水滴聚合到足够大便形成降雨。

当固体表面开始变小时，你需要做功来扩展固体表面以释放能量——这不是那么明显，但同样正确。因此，体系中较小的晶体溶解，以使大晶体变得更大。如果要使小的晶体比大的更稳定，就需要做出特别的努力。

泡泡和炸弹

解释核裂变的过程时有一个化学上的类比，将其假设为液滴因表面的电斥力而分裂的过程。在液滴核模型中，原子核被比作在核力作用下凝聚在一起的带电非极性液滴。在最简单的情况下，将其类比为由四氯化碳或异戊烷等非极性分子组成的液滴，它们在范德瓦耳斯力的作用下结合在一起，并且表面电荷不断增加。

在一系列更大的原子核中，带正电的质子间斥力增加，原子核的表面张力减小。最终这种变化克服了起吸引作用的核力，一滴液滴分裂成两滴（裂变产物）。

香槟的泡沫

下次你喝起泡的饮品时，想想泡沫产生的原因。在液体中制造一个全新的气泡非常困难，难到几乎不会成功！一旦一个气泡形成，它就很容易变得更大，因为随着气泡的膨胀，内部压力会下降。

据称，消费者更喜欢起泡酒中较小且移动缓慢的气泡。但这种"气泡质量"标准有点不切实际，尽管它被纳入了针对起泡酒的感官分析表。酒杯的质量是一个关键的因素！

仔细观察葡萄酒或啤酒中的气泡可以发现，气泡只从酒杯中有限数量的特定位置产生，而且每个位置都产生相同大小和相同频率的气泡。不同的位置可能有所不同。气泡在液体中向上移动时膨胀，并迅速达到"终了"速度，因为它们的浮力受到液体的惯性和黏性阻力的阻碍。随着时间的推移，上升气泡膨胀的速度也会降低，因为从周围的液体中进入上升气泡的气体减少了。

起泡酒通常会产生高频气泡流（10～20 个 / 秒），在上升过程中由于溶解气体的耗尽，气泡流几乎没有膨胀。随着液体中气体含量的减少，气泡数量减少，气泡频率（但不是尺寸）也减小。

用清洁剂清洗过的杯子会使汽水变淡。这是真的还是假的？假的！洗涤剂的残留物实际上确保了玻璃中许多形成气泡的缝隙被水"润湿"，因此它不能再充当气泡形成的有利场所。因为形成和释放的气泡更少，所以饮料能更长时间地保持溶解的二氧化碳；也就是说，它不像静置时那么快变淡！在第 6 章里，当你畅饮你的饮料时，想想这一点。

起泡酒起泡的独特外观主要是由于它含有 10%～12% 的乙醇，它降低了液体的表面张力，降低了二氧化碳的溶解度，提高了液体的黏度。

葡萄酒中的泡沫只存在于表面，并且由于酒精的蒸发而遭到破坏，因此寿命很短。此外，二氧化碳极易溶于水，它在气泡之间迅速扩散，破坏泡沫的稳定性。泡沫在封闭容器中保持的时间更长。同样的道理也适用于（敞开的而不是封闭的锅中的）沸水表面的泡沫。啤酒在密闭的容器中起泡更多。空气或氮气溶于水的程度要比二氧化碳低得多，因此会形成更稳定的泡沫（健力士啤酒包装的底部使用了充满氮气的小部件）。

表面活性剂有助于稳定泡沫。产品的加工程度越低，其表面活性剂的自然含量就越高。相反，精制材料可能会添加额外的物质来弥补天然物质的损失。

一个打开的未摇过的起泡酒瓶子在 3～6 个大气压的压力下保有二氧化碳，但它不会被冲出来，因为长时间的压力储存已经彻底"润湿"了其内部的玻璃表面，几乎没有留下形成气泡的余地。当液体被倒入干净且干燥的玻璃杯时，在杯中没有被"润湿"的地方，一串串气泡就会沿着微小的不连续处（划痕）形成。

在不含酒精的起泡饮料中，气泡在脱离前往往变得更大。水的表面张力为 0.07 J/m^2，比葡萄酒（0.05 J/m^2）的高。由于水的黏度比葡萄酒的低，气泡在水中的上升速度更快，较大的气泡在上升过程中往往不稳定甚至会破裂。黏度通常用一种叫厘泊（cP，1 cP=10^{-3} Pa·s）的单位来测量。葡萄酒的黏度约为 1.4 cP，而水在 $25℃$ 时的黏度为 0.89 cP。

气泡和表面

气泡是疏水性的，大多数塑料也是如此。因此，在塑料瓶中，气泡和瓶子之间有很强的吸引力（图 3.6）。附着的气泡在浮力释放之前会变得很大。当它们上升的时候，通常会有点不稳定（即使是在不含酒精的饮料中）。

图 3.6 附着在塑料瓶壁上的气泡

来源：xactive/Adobe Stock。

现在考虑一下普通的自来水。在 $15℃$ 的正常大气压下（1 个大气压，可以用 760 mmHg、1013 hPa、1013 mbar 表示），水在平衡状态下每升可溶解 7 mL 氧气和 13.5 mL 氮气。然而，以一种尚未被正确理解的方式，疏水表面会帮助释放这些溶解的空气以形成气泡。

简单的问题和困难的解释

这是一组非常简单的实验，但解释它却一点也不简单。

将水倒入玻璃杯中，静置整晚，密切观察。通常杯子的侧面会有一个由小气泡组成的图案，除非室温比水温高不了多少。

用气泡释放来解释似乎是正确的。当水从水龙头流出时，温度较低，因此在室温下，空气最初更易溶解。水在管道中受到压力，所以当压力下降至大气压时，空气会从溶液中释放出来。

为了检验这个解释是否正确，接下来试试：你把水烧开以去除大部分溶解的空气，然后观察在水温热时把它倒入干净的杯子里会发生什么。你会发现现在没有（或只有少量）附着的气泡。下一个问题是：为什么它们黏在玻璃杯表面而不是浮在顶部？你可以通过使用冰箱里剩下的更冷的自来水加入沸水中来加速刚才的这一实验，然后在室温下将水倒入玻璃杯中观察。

由于气 – 脂界面表面能（20 mJ/m^2）远低于水 – 脂界面表面能（50 mJ/m^2），所以气泡会附着在玻璃杯上任何油腻的疏水性斑块上。正是这些不同的能量使气泡保持在玻璃杯上。气泡必须足够大，浮力才可以把它们从玻璃杯表面拖走。向上的浮力必须大于这些能量的差值。但这里形成的气泡不够大，而在碳酸饮料和塑料杯中形成的气泡确实可以增大到足以浮起。

气泡：海水淡化的救星

一般来说，水可以通过煮沸和冷凝水蒸气来淡化或净化，以此得到蒸馏水。水也可以通过冷冻来净化，进而得到冰。这在大自然中就是以冰山的形式大规模实现的！在另一个过程中，水可以在压力下透过特殊的膜实现净化，这称为反渗透。所有这些方法都需要很高的成本。有没有比这些方法更便宜的替代方案呢？

气泡在盐水中移动时，会吸收水蒸气。气泡可以通过向系统中泵入空气这个途径来获得，也可以通过将水煮沸在液体中产生水蒸气来获得。我们将如何比较这两个过程？

在相同的温度下，气泡中的水蒸气量是相同的。让我们把水加热到70℃。在一种情况下，将空气鼓入70℃的温水中，以形成含有水蒸气的气泡；在另一种情况下，在较低的压力下将水煮沸，此时水的沸点降低至70℃。要在70℃的温度下烧开水，必须将压力降至正常大气压的30%，即3×10^4 Pa左右。

我们需要比较鼓入空气所需的外部能量与抽出空气所需的能量（为了降低压力和沸点所需的能量）。空气鼓泡法是否更节能？

虽然沸腾产生的气泡总是会被水蒸气饱和，但气泡的饱和程度取决于沸腾过程中水蒸气的传递效率。这取决于一些有趣的空气泡与盐溶液的相互作用。这些领域的研究目前正在进行中，对于答案，敬请期待。

法式的吻

酒发红，在杯中闪烁，你不可观看。

虽然下咽舒畅，终究是咬你如蛇，刺你如毒蛇。

你眼必看见异怪的事。你心必发出乖谬的话。

《箴言》23：31～33

《箴言》第23章32节和33节毫无疑问提供了一些关于过量饮酒影响的建议，而第31节则是关于物理化学的内容。

1855年，对于具有足够浓度的酒精饮料以薄膜的形式在酒杯两侧移动，并形成"亲吻眼泪"的现象，詹姆斯·汤姆孙［James Thomson，开尔文勋爵（Lord Kelvin）的兄弟］给出了基本解释（图3.7）。

水会润湿玻璃杯，表面能会使酒杯一侧的水位略有上升。酒精与水的混合物也会产生同样的效果，但会产生附加效应，即酒精从酒中蒸发的速度比水快。发生在酒杯内薄膜中的蒸发速度比酒中快得多。失去酒精会提高薄膜的表面张力，导致薄膜沿着酒杯的一侧向上攀爬，并将表面张力较低的液体从杯中拖出。在爬升的过程中，薄膜的前端会变得沉重，然后向后倾斜，而其末端会形成手指状的突出物。最后，它们变成了"眼泪"或"腿"。眼泪"亲吻"了酒，但却难以重新进入酒中，因为"眼泪"的表面能高于酒的（"眼泪"中的酒精蒸发得更多）。"眼泪"亲吻着酒杯的"躯体"，抽出更多的酒，又缩回去。

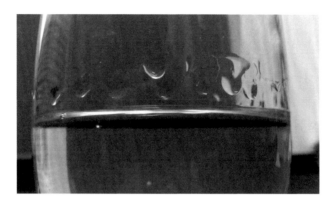

图 3.7 酒"泪"

来源：Russell Barrow。

这种效应称为马兰戈尼效应。但除了上述的引证之外，它同样适用于白葡萄酒和纯酒精 / 水的混合物！

实验

气泡在液体中上升的速度与液体的黏度成反比。用不同的液体（水、葵花籽油、洗洁精、机油或泡泡浴液）填满一组试管或玻璃杯，塞上塞子，将其倒转，这样就开始了一场泡泡竞赛。

气泡和噪声

在电水壶中，加热元件区域的水在过热时会产生蒸汽泡。这些气泡上升到较冷的水中，然后破裂并发出冲击波。这个过程会周期性地重复，导致水壶开始"唱歌"。随着水的温度上升，气泡在破裂前移动得更远，音高也会随之下降。就在水壶的水烧开之前，"歌声"戛然而止。

泡沫和"弯曲"

同样的过程也发生在提供了许多疏水表面以使气泡便于释放的身体组织中。在 10 m 的潜水深度中，压强相当于 2 个大气压，潜水员在一般的潜水时间内不必担心减压病。在更深的地方（因此也有更大的水压），更多的氮气溶解到血液和身体组织中——如果潜水员太快浮出水面，就会有氮气释放到关节处的危险，更危险的是释放到血液中。潜水日志说明了这一点，并显示：潜水员必须保持一定深度才能使气体达到平衡。

固体也有表面能

通过研究液体在固体上形成的接触角，可以测量液体使固体润湿的程度（图 3.8）。表面能低的物质能够湿润表面能高的物质。

  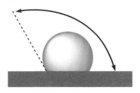

接触角小，润湿程度高   接触角大，润湿程度低

图 3.8 （左）叶子上的水滴和（右）接触角与润湿程度关系的示意图

来源：（左）Pefkos/Adobe Stock。

泄漏的刺激

你有没有想过，为什么当你把一滴咖啡洒在桌面上时，咖啡干后其外缘总是有一圈黑色的东西（图 3.9 中左图）？表面（任何表面）的粗糙度"固定"了液滴的边缘，这样液滴在蒸发时就不会收缩。液滴边缘的曲率越高，意味着表面能越高、蒸气压越高，因此边缘的蒸发速率也就越高。这反过来又使更多的液体和悬浮的固体从中心向边缘扩散。这种流动不断地将固体颗粒移到边缘，当液滴最终干燥时，就会留下一个环。图 3.9 中右图显示了可溶解清漆的液体（可能是白葡萄酒）洒在一张涂过漆的桌子上所造成的污渍，清漆被拖到了污渍的边缘，留下了一个苍白的内部。这张照片提供了一个相比洒出的是咖啡更强烈的对比：为科学做出了牺牲却没有得到表扬！

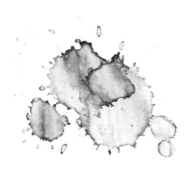 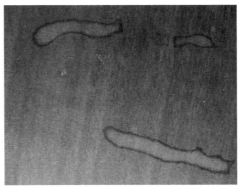

图 3.9　（左）咖啡洒出的环效应和（右）可能是白葡萄酒洒出的环效应

来源：（左）lianella/Adobe Stock；（右）Ben Selinger。

向上移动

把一滴水滴在柔软光滑的疏水性表面如鞋油上，放置几个小时直至水蒸发或脱离表面。拿出放大镜，像夏洛克·福尔摩斯（Sherlock Holmes）一样仔细观察。你将辨认出一个非常精细的凸起的蜡环，它勾勒出了水滴的位置。表面能量的垂直分量可以解释为什么水滴的边缘能被固定，就像咖啡环一样。

这对基于悬浮于液体介质（如油漆）和蛋白质结晶中的固体颗粒的均匀沉淀理论的产业有一定的意义——这是试图理解酶结构的分子生物学家所熟悉的问题。这一现象还可以理解为分散的固体能以一种可控的方式存储，例如，在微小的电子电路或高密度信息存储装备的制造中。

金属的表面能

金属的特征是表面能高，从 0.5 J/m² 到 5 J/m² 不等。而水的表面能为 0.07 J/m²，油的表面能为 0.02 J/m²。油会扩散于水面上，但水不会扩散于油面上。两者都能在干净的金属表面扩散。

烤好的蛋糕粘在金属蛋糕盒上是不是很烦人？金属表面被面团中的水润湿并在烘烤过程中干燥，由此产生的溶解物质沉淀后，将蛋糕粘在金属上，这种情况就发生了。通常用黄油擦拭金属表面，可以防止水润湿表面，从而阻止粘连。商业上，一种卵磷脂／白油混合物被用来涂在铝质烤盘上，以防止这种"黏着"。面包烘焙过程中产生并积聚的油是一个主要问题，因为它会增加面包与烤盘黏着的概率。

第 13 章所讲的"黏合剂"讨论了相反的需要，即湿润表面以增加附着力。

表面张力不仅是水平收缩表面的力，而且还有相当大的垂直分量，特别是在界面处。正是这种分量平衡了昆虫或蜘蛛站在水面上受到的重力（图 3.10）。

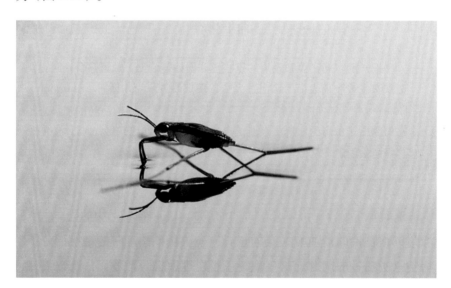

图 3.10　一些昆虫能够"在水上行走"是因为它们的重力小于水的表面张力

来源：Enskanto/Adobe Stock。

凝结在杯中

　　向两个聚苯乙烯（或其他塑料）杯子里加水：一个杯子（杯1）中水面离顶部只有几厘米；另一个杯子（杯2）的水已经溢出来了，水面边缘鼓了起来。将小块（约1cm）聚苯乙烯泡沫放在水的表面上。在杯1中，泡沫移动到了边缘；在杯2中，泡沫则远离边缘。如果用铅笔尖来阻碍它们的自然运动，会遇到强烈的"排斥"。池塘里的小树枝和树叶也以同样的方式聚集在一起。

　　杯1中泡沫移动到边缘的原因是，这减少了塑料泡沫表面与水的接触。而在杯2中，泡沫不能移动到边缘，这意味着其在向下浮动。在这两种情况下，单个泡沫都会聚集在一起，因为这减少了暴露在亲水环境中的疏水（塑料）表面的总量。

神奇的沙子

　　被称为"魔法沙"〔美国加利福尼亚州惠姆－奥（Wham-O）制造公司生产的〕的儿童游戏材料，只是把普通的沙子经过染料处理并涂上了一层疏水性涂层（通常是硅树脂）。由大众机械杂志社于1915年出版的《男孩机械手册2》（*The Boy Mechanic Book 2*）指出：防水沙是由东印度群岛的魔术师发明的，他们把加热的沙和熔化的蜡混合在一起。魔法沙（防水沙）放入水中，可以在水下形成立柱等结构，但取出后是完全干燥的。水中魔法沙的"内聚力"是使水－沙界面表面积减小的一种相分离的形式——与我们试图使用洗涤剂来达到的效果恰恰相反，这样土壤就会被水润湿并分散。这种材料最初是为大规模清除水中油污而开发的。为什么这样做会有效呢？与使用洗涤剂相比，它有什么优势？

制作热巧克力则面临着相反的问题，因为干粉中的油阻碍其被水或牛奶润湿。首先需要用少量的热液体将其变成糊状物，并用力搅拌使粉末润湿，完成后再用更多的液体稀释。

防水透气的衣服

水在具有固体亲水表面（如干净的玻璃）的毛细管中润湿管壁并上升，而在具有疏水表面（如聚四氟乙烯材质）的毛细管中无法润湿管壁并被迫下降。毛细管越窄，移动距离越远（图 3.11）。

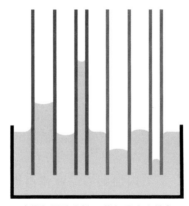

（紫色具疏水性，蓝色具亲水性）

图 3.11 不同宽窄和性质的毛细管中的毛细作用

像在戈尔特斯这样的产品中，覆盖着聚四氟乙烯材质的精细的毛细管可以阻止水分进入，但允许空气通过，使织物能"呼吸"。

环境应力开裂

聚合材料通常会因表面形成的微小裂缝而呈现出龟裂的图案。这种瓦解现象在工程应用中非常重要，但在家用产品（如饮酒器皿）中却令人恼火。

有很多理论解释了这种现象的发生，其中一种说法是化学物质如洗涤剂降低了塑料表面的表面能，因此表面更容易破裂，就像洗涤剂对水的作用一样。丙烯酸塑料水杯就是一个很好的例子（图 3.12）。

图 3.12　环境应力使塑料酒杯破裂（龟裂）

来源：Russell Barrow。

拓展阅读

西里尔·伊森伯格（Cyril Isenberg）所著《肥皂膜和肥皂泡的科学》（*The Science of Soap Films and Soap Bubbles*）。另请参见作者在 YouTube 上的演讲：https://www.youtube.com/watch?v=Np9TuarsoX8。

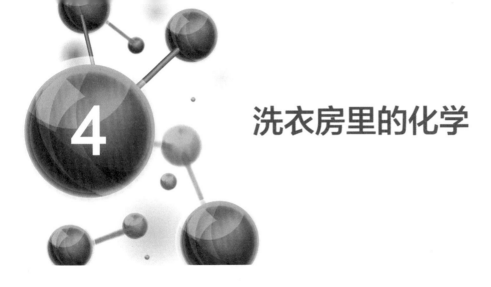

4 洗衣房里的化学

让我们开启在洗衣房里看肥皂泡学习化学知识的旅程。随后我们转向肥皂的替代品——现代洗涤剂，即表面活性剂。

家里的其他清洁剂都是在此基础上被研发出来的，以满足特定需求。我们确实从一只亮晶晶的大鼻涕虫那里得到了一些来自大自然的启发！超细纤维的活性依赖于范德瓦耳斯力。

最后，我们被带到（干）洗衣房。

仅水本身就可以很好地清洁大多数东西。那是因为水的分子是极性的，大多数污渍也是极性的。也就是说，它们有正电荷端和负电荷端，因此相互吸引。水有时被称为万能溶剂，因为它能溶解许多不同的东西。在水本身效果不好时，你可以使用肥皂等化学物质，它们能够附着在污垢和油脂上，使其松动，然后水分子能够很容易将其冲走。

皂荚

原产于尼泊尔和印度的树上的浆果，即无患子属（*Sapindus mukorossi*），因为含有作为表面活性剂的皂苷而被称为皂荚或肥皂草。皂苷分子既有脂溶性端，也有水溶性端，因此处于两种互不溶解的界面上，从而使不溶于水的脂肪分子悬浮起来。

皂苷

皂苷家族有许多成员。皂苷由一个环糖段（亲水）和烃环（亲油）连接而成。它们与水混合时会产生蜂窝状泡沫。皂苷通常对鱼有毒，被用来使鱼失去行动能力和"捕捉"鱼类。一种被称为茄碱的有毒皂苷在发绿或有损伤的土豆皮中被发现（见第6章）。

茄碱

人类使用肥皂已经有4500多年了。在欧洲，肥皂的大量生产开始于15世纪的威尼斯和萨沃纳，以及17世纪的马赛；到了18世纪，它已经遍及欧洲和北美；发展到19世纪，肥皂的生产已经成为一个主要的产业。1884年，在英国出现了一种新型肥皂，由威廉·赫斯基思·利弗（William Hesketh Lever）制造，取名为"阳光"（Sunlight）。这使得这家大型公司得以发展并最终合并成立了跨国公司——联合利华（Unilever）。如今，肥皂仍然占据着大约30%的"洗涤剂"市场。

合成肥皂最早是由油脂（如甘油三酯）与草木灰（烧木头留下的灰烬）一起煮沸制成的。灰分主要由碳酸钾组成。当氢氧化钠（苛性钠）代替碳酸钾与甘油三酯反应时，会得到一系列脂肪酸钠盐以及甘油。"阳光"牌肥皂的成分表中含有棕榈酸钠和棕榈仁油酸钠（或牛脂酸钠和椰油酸钠）。生产肥皂的过程称为皂化。

"阳光"牌肥皂中还含有香料、水软化剂（EDTA）、由色度指数（CI）给定的两种颜色以及少量的残留碱（如氢氧化钾）。钠盐不易溶解，加入氢氧化钾的目的是将其转化成有助于提高溶解度的钾盐。

有史以来，氢氧化钠是通过用固体碳酸钠处理氢氧化钙溶液而生产的，因此碳酸钙会析出并被过滤除去，留下氢氧化钠溶液。碳酸钠最先由食盐经路布兰法工艺制成：先加入硫酸，然后用焦炭和石灰石反应制得（图 4.1）。现代氢氧化钠的制备是由海水电解产生的。

路布兰法工艺：

$$2NaCl \xrightarrow[(-2HCl)]{H_2SO_4} Na_2SO_4 \xrightarrow[(-2CO_2)]{C（焦炭）} Na_2S \xrightarrow[(-CaS)]{CaCO_3（石灰石）} Na_2CO_3$$

氢氧化钠的原始生产工艺：

$$Ca(OH)_2 \quad + \quad Na_2CO_3 \quad \longrightarrow \quad CaCO_3 \quad + \quad 2NaOH$$

（动物或植物）脂肪的皂化反应：

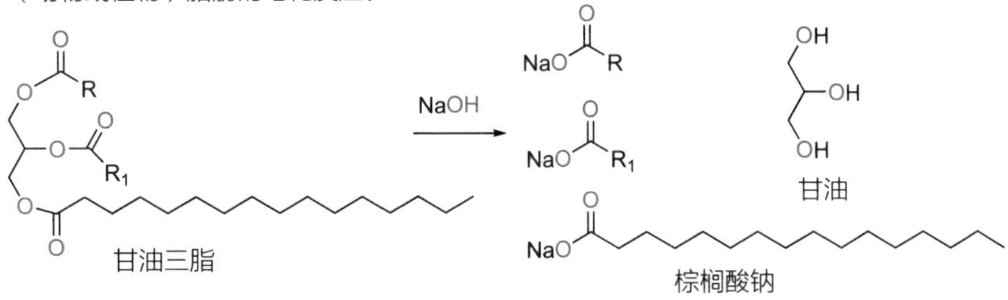

甘油三脂   NaOH   棕榈酸钠   甘油

图 4.1 肥皂生产的化学过程

对于个人卫生来说，肥皂的主要作用是去除为微生物提供食物和住所的污垢和油脂，从而减少它们的数量。肥皂不会杀死它们。有时添加到肥皂中的抗菌剂会杀死较弱的微生物，让较强的微生物存活并繁殖，从而产生抗药性种群。所以滥用这些产品是不负责任的行为。

过硼酸盐 + 硅酸盐 = 洗衣粉

1907 年，德国汉高公司（Henkel & Co）在肥皂中加入过硼酸钠、硅酸钠和碳酸钠，以生产洗衣粉（过硼酸盐 + 硅酸盐）。第一种配方洗涤剂由此面市。利弗接管了这个产品的生产，但它的商标实际上属于一个叫龙凯蒂（Ronchetti）的法国人。

当使用来自洗衣房里的灰水时，记住硼（来自过硼酸盐）对许多植物有毒。如果洗涤剂中含有这种成分，则只回收漂洗水。

金属皂

用其他一些金属代替钠可以得到不溶于水的肥皂，这些肥皂可以用作润滑脂和重润滑油的添加剂。硬脂酸铜已被用作防水着色剂；它能够防水，而且其中铜离子对各种真菌（我们认为是霉菌）具有毒性。重金属硬脂酸盐还被用作聚氯乙烯（PVC）和聚乙烯（PE）等塑料中的稳定剂或脱模剂。

合成表面活性剂

表面活性剂和洗涤剂这两个词往往可以互换使用。我们将（试图）使用表面活性剂来指代表面活性分子，而用洗涤剂指代以表面活性剂为主要成分的清洗衣物和餐具的配方产品。

当肥皂在硬水（具有高溶解矿物含量的水）中使用时，会发生沉淀（浮渣）。钙离子和镁离子赋予水"硬度"，与肥皂中的脂肪酸形成不溶性盐，促使洗涤物上形成沉淀。污水处理前的化粪池和隔油池被这种不溶性油脂堵塞，根据个人经验，把它们清理干净可不是什么好干的活儿！

即使是所谓的软水，也含有一些钙离子和镁离子。衣服里的泥粒也含有钙离子和镁离子，因此，随着肥皂残留物在织物中逐渐堆积，它会使织物产生气味，并导致其变质。

洗涤废物

第一批取代肥皂的表面活性剂的发展，很好地说明了标准的化学哲学。如果一种有用物质具有某种不良特性，则尝试制备另一种类似物质——化学关系相近——以克服其不良特性。

当时，石油工业有一种无用副产品，即燃烧后留下的丙烯复合物。这个过程是让四个丙烯分子（CH₃—CH＝CH₂）结合形成四聚丙烯，并进一步改性生成磺酸钠盐，称为烷基苯磺酸钠（图4.2）。烷基是未指定长度碳链的统称。尽管这种新物质与普通肥皂（如棕榈酸钠）密切相关，但这些表面活性剂及其钙盐和镁盐比肥皂更易溶解，因此在硬水中不会形成浮渣。

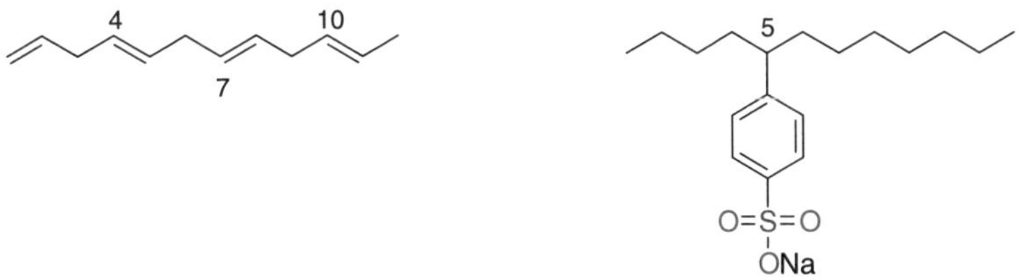

图4.2　四聚丙烯（左），烷基苯磺的钠（右）

如今，丙烯单体被用来制造用途广泛的聚丙烯（见第10章）。其应用中就包括澳大利亚塑料钞票。

抑菌链

然而，这些表面活性剂的缺点是比肥皂更加稳定，并且在使用后很长一段时间内仍能在废水中存在。这使得污水处理厂和河流漂满了大量的泡沫［见本章后文的诗《泡沫之歌》（*Foam*）］。与动物脂肪中的直链碳氢化合物相比，新型表面活性剂的支链不仅具有更高的稳定性，还抑制了细菌的生物降解，因此这些洗涤剂很快又被含有直链的洗涤剂所取代。

洗涤剂的类型

表面活性剂分子的形状通常被描述为蝌蚪状，因为它有一个相当长的"脂肪尾巴"，不溶于水（疏水）。它还有一个通常带电的小的头部——溶于水（亲水）。它有四种可能的组合（图4.3）：

①阴离子表面活性剂，其中表面活性剂是阴离子（带负电荷），电荷集中在亲水性或水溶性的头部。这些是肥皂、厨房清洁剂和洗衣粉中常见的活性成分。

②阳离子表面活性剂（与阴离子表面活性剂相反），其中头部带有正电荷。这是在干洗机里使用的。

③非离子表面活性剂。这些分子没有特定的电荷，但分子的亲水性（水溶性）部分通常是通过加入聚环氧乙烷基团而实现的；因其结合分子后使该部分极化，变为轻微带负电荷。然而，由于每个氧原子的电荷比离子的少，这些分子的亲水部分比离子表面活性剂的亲水部分大。它们的泡沫少，因此在前置式洗衣机和洗碗机中被广泛使用。

④两性表面活性剂，是在同一分子中同时携带正电荷和负电荷的特殊产品。

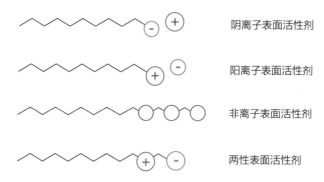

图 4.3　四种主要表面活性剂中分子的形状和电荷的示意图

在家用洗涤剂中，阴离子表面活性剂和非离子表面活性剂占主导地位。干燥剂中使用阳离子表面活性剂。阳离子表面活性剂往往是温和的防腐剂，可以用于化妆品和咽喉含片，也可以作为游泳池的除藻剂使用。表面活性剂将在第 8 章和第 14 章中再次被提及。

异电相吸

玻璃表面通常带有负电荷，塑料表面则带有正电荷。阴离子洗涤剂可以去除玻璃上的污垢；但阳离子表面活性剂对玻璃的吸附力非常强，会导致一层薄膜附着在玻璃上，而长的疏水端（脂肪链）向外，从而使玻璃无法被润湿，表面上看起来很油腻。对于塑料制品，则完全相反，因为它们表面通常具有正电荷。你注意到塑料上的污垢是如何附着的吗？洗涤剂使表面变得油腻，普通的洗涤很难除去污垢。像格拉德保鲜膜（Gladwrap™）这样的塑料食品包装不会粘在塑料板上，因为它们带有相同的电荷；但塑料食品包装会粘在具有相反电荷的玻璃上。

然而，阳离子表面活性剂由于自身的正电荷非常适合用作织物柔软剂，可添加到漂洗环节中或被吸附到干洗机内的床单上。阳离子电荷对带负电荷的湿织物具有很强的亲和力，并在纤维表面形成一个均匀层，从而润滑纤维，减少摩擦和静电。同样的化学物质也适用于护发素（见第 8 章）。

表面活性剂的清洗作用

表面活性剂的分子往往集中在水的表层（因为不溶于水的部分想从水里出来），以致降低水的表面张力，让水湿润"不可湿"的表面。

实验

许多年前，一位研究人员对一只在大玻璃鱼缸中游泳的鹅进行了一项"实验"，结果表明：当添加表面活性剂时，鹅会下沉。这项研究很可能是威廉·曼斯菲尔德（William Mansfield，澳大利亚联邦科学与工业研究组织成员）领导的团队开展的，他正在研究如何在大坝上使用表面活性剂单层膜来减少水分蒸发。

你可以把别针小心地放在一碗水上的薄纸筏上，这样可以替代鹅以省去麻烦。在很短的时间内，纸会湿透并下沉，别针受到水面张力的支撑，漂浮在水面上。这时，把一滴洗洁精滴在远离别针的水面上，它将迅速下沉。

当蜘蛛掉进一碗水（或马桶）中时，类似的现象也能被观察到。你注意到它悬在水面上，这也许会挫败你故意淹死它的企图。但如果你加一点清洁剂，其表面张力就会下降，蜘蛛就会沉到底部被淹死。

洗涤剂分子的长碳氢链尾部可溶于油等非极性物质，而极性羧基或磺酸基可溶于水。因此，这些分子分布在油－水界面上，促进油在水中的溶解。当洗涤剂分子在水中的浓度达到一定值（称为临界胶束浓度）时，这些分子聚集在一起形成胶束，胶束中含有 40～100 个分子。在这些聚集体中，当浓度足够高时，洗涤剂溶液看起来就会很浑浊（因为它们像空气中的灰尘一样散射光），碳氢链的尾部朝向中心，而胶束的表面含有水溶性的极性末端［图 4.4（a）］。胶束的内部实际上是小的油滴，因此它可以溶解油性物质。

在内部可以溶解水性材料（见本章"干洗"一节）的有机溶剂中制备反胶束也成为可能［图 4.4（b）］。表面活性剂在洗涤中的主要作用是促进乳化。

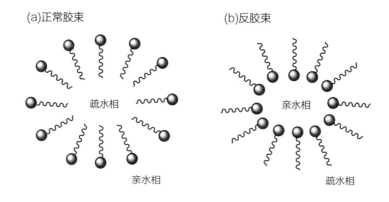

图 4.4　两种不同的胶束示意图

20 世纪 60 年代，肥皂／表面活性剂胶束中有机水不溶性分子的分离概念从洗衣房转移到了科研实验室。在这里，研究各个有机水不溶性分子之间的光化学过程（荧光）成为可能。这在后来促进了用于生物膜研究、囊泡载药的荧光探针，以及准分子激光器的发展。

在第 13 章中，我们能看到，同样的表面活性剂胶束在单体反应中形成高分子聚合物，用于光滑流动的水性乳胶漆。

如果将一些橄榄油分别小心地倒入水中，以及洗涤剂溶液中，并剧烈摇动每个容器，然后静置，你会发现：水中的橄榄油立即上升到水面，但洗涤剂溶液中的橄榄油却仍保持乳化状态并分散其中，因此洗涤剂溶液中的橄榄油可以被冲洗干净。

洗涤剂成分

洗涤剂是用来清洁衣服、盘子，以及其他积聚污垢的物体表面而配制的产品。它的成分包括表面活性剂体系、助洗剂、荧光剂（光学增白剂）及分解蛋白质和脂肪的酶。有时洗涤剂中还会加入漂白剂、填充剂和其他成分。洗碗用的洗涤剂经典配方见表4.1。

表 4.1　液体餐具洗涤剂经典配方

成分	功能
水	溶剂
十二烷基硫酸钠	清洁剂
月桂基胺氧化物	清洁剂
月桂醇聚醚硫酸酯钠	清洁剂
聚丙二醇-26	水性增黏剂
氯化钠	水性增黏剂
聚乙二醇-8 丙基庚醚	清洁剂
苯氧乙醇	溶剂
苯乙烯/丙烯酸酯共聚物	乳浊剂
甲基异噻唑啉酮	防腐剂
蛋白酶	清洁促进剂（酶）
香精	

来源：http://www.pg.com/productsafety/ingredients/household_care/dish_washing/Dawn/Ultra_Dawn_Hand_Renewal.pdf (accessed December 2015)。

表面活性剂

洗衣房中最常见的表面活性剂是月桂基（十二烷基）硫酸钠、月桂基硫酸铵和月桂醇聚醚(月桂基醚)硫酸盐。生产厂家不必坚持用系统名称(见第 1 章)，因为这些分子有许多常用的同义词，其中一些如图 4.5 所示。

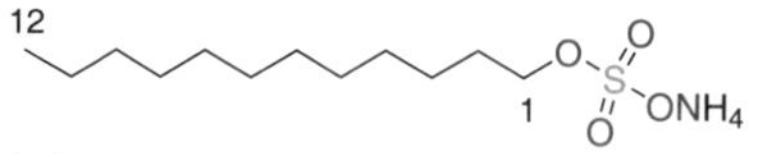

月桂基硫酸铵

同义词
十二烷基硫酸铵盐
十二烷基硫酸铵
硫酸单癸酯铵盐

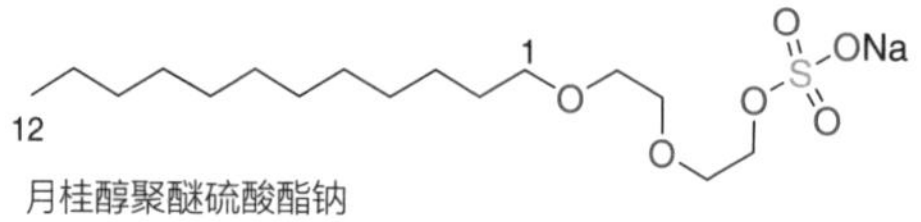

月桂醇聚醚硫酸酯钠

同义词
二甘醇十二烷基醚硫酸钠
十二烷基乙醇醚硫酸钠
月桂醇乙氧基乙基硫酸钠
2-(2-十二烷氧基乙氧基)乙基硫酸钠

图 4.5　月桂基硫酸铵（ALS）和月桂醇聚醚硫酸酯钠（SLES）的结构及一些常见的同义词

无机助洗剂

在家用洗涤剂中加入助洗剂，目的是令其与钙离子和镁离子络合。虽然硬水中的这些矿物质不像在肥皂中那样具有抑制作用，但仍然会降低合成洗涤剂的效率。助洗剂曾经以三聚磷酸钠为基体，但是，由于三聚磷酸钠作为一种肥料会促使水体杂草和藻类生长，因此它被以沸石、碳酸钠或聚羧酸盐为基体的助洗剂所取代。

沸石结构的基本框架是四面体。硅氧四面体与铝氧四面体通过氧原子连接在一起，每一个硅原子和铝原子都是四面体的中心，其中的一些氧原子也成为连接金属原子的桥梁。沸石分子筛的多面体结构如图 4.6 所示。

在复合结构中，每个氧化数为 +4 的硅原子被 4 个氧原子共享；铝原子的氧化数为 +3，被 4 个氧原子共享后，会剩下 1 个负电荷。负电荷与附近的游离钠离子的正电荷相抵消。在三维空间中，框架具有立方体的结构，6 个面中的每个面都有与立方体中心相通的孔，从而形成一个个空腔。

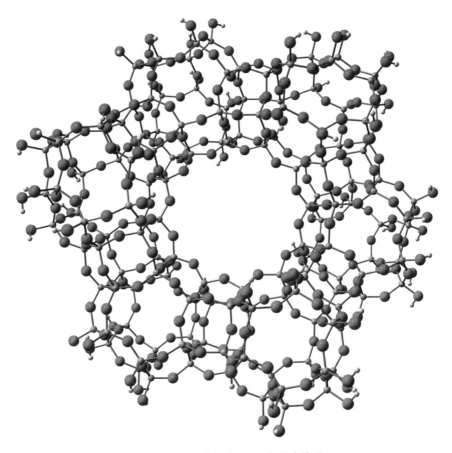

图 4.6　沸石的铝硅酸盐骨架的立体图

　　游离的钠反离子可以迅速（约 1 分钟）与钙离子和少量的镁离子进行交换，这就是沸石软化硬水的原理。因为沸石不溶于水，所以它们需要液态配方产品中的有机聚合物来保持悬浮状态。

抗再沉积剂

　　一种名叫羧甲基纤维素钠的产品，被称为抗再沉积剂。它能增加含棉织物上的负电荷，从而排斥带负电荷的污垢颗粒。配方中的聚丙烯酸和聚丙烯酸酯（含量为 1% ～ 6%）对单一合成物和合成混合物具有相同的功能。

荧光剂：比白色更"白"

在"过去的美好时光"里，当棉织物自然老化变黄时，我们会加入蓝色染料，使衣服重新变白。利洁时（Reckitt）公司的蓝色产品采用合成群青或普鲁士蓝（在第一次世界大战中被称为特恩布尔蓝）与小苏打（碳酸氢钠）。

如今，在洗衣粉中加入了极少量的荧光剂。这些化合物吸收紫外线（不可见光），并重新发射蓝光使衣物恢复白色。由于尼龙带正电荷，棉花带负电荷，因此其洗涤剂中应加入相反电荷的荧光剂。

一个非常温和的环保配方可能含有以下成分：水、烷基多苷、碳酸钠、十二烷基硫酸钠、油酸钾、柠檬酸钠、甘油、柠檬酸、碳酸氢钠、桉树油、苯并异噻唑啉酮和亮蓝铝色淀（CI 42090）。

在网络上搜索，可以很容易地找到 CI 42090 的颜色。它是明亮的蓝色 FCF（用于食物染色）。为什么是蓝色？可能是为了掩盖配方中的黄色。啊，一个利洁时的崇拜者！

泡沫

澳大利亚市场上第一种液体餐具洗涤剂是 Trix。不像肥皂，它是不起泡的，因为泡沫无助于清洁盘子。谁在乎泡沫呢？消费者在乎！结果，它很快被一种发泡产品所取代。

当洗涤剂投入量较少时，泡沫膜确实有助于吸附和控制尘土颗粒，防止它们再次沉积，并使它们能够被清洗掉或刮掉。例如，用洗涤剂清洗地毯和用洗发水洗头。前置式洗衣机的工作原理是使衣服撞击洗衣筒的侧面（这是在石头上敲打衣服的高科技版）。前置式洗衣机比置顶式洗衣机洗得更干净，前提是使用低泡沫洗涤剂，因为泡沫过多会减缓冲击力，降低清洁作用。泡沫也会导致定时开关短路。有关泡沫的更多信息，请参见第 3 章。

泡沫之歌

我们的日子多么艰难！
随心所欲地建，一些堤坝终究塌陷。
有个家庭主妇，穿得干净精致，
却到处散布污垢和危险的种子。
六千年前——你感到高兴的是——
他们用尼罗河里普通的水清洗。
历史学家认为，
直到查理一世或二世，才出现肥皂。
"直到希特勒出现，战争来到"，
水和肥皂才足以满足人类的需要。
我们的肥皂定量供给，油脂很少；
化学家疯狂地寻找新的产物。
现在，没有人"清理"锅或炉。
女人都不"刷"或"洗"，而是"去污"。
水槽里回荡着科学家的喋喋不休，
甚至用"污物"取代了污垢。
我当然可以从头到尾解释一下技术细节，
但我忍住不言，
因为我想你不常接触非离子硫酸盐！
但简而言之，对于新合成物，
肥皂变得次要。
和其他化学物质反应，
生成一点月桂烷基苹果酸。

（我可能漏了一两个音节，
也可能加了一些，但必须这样来。）
这是一种"添加剂"，会产生泡沫，
而且对一个幸福的家庭用处多多。
对于女士们——远不止她们，我想说，
相信泡沫优点有很多，
尽管泡沫加泡沫仍然还是泡沫。
众所周知，泡沫是虚无的。
但事实就是这样。
唉，他们从不想，
泡沫从水槽里掉下去会怎么样。
当泡沫进入下水道，
对下水道工人构成威胁；
然后在可怕的河岸，
使必须照看坦克的勇士打颤——
虽然当大风吹破田野和街道上的有毒泡沫，
情况会改善很多。
泡沫填满了涵洞，遮住了溪流，
在苍白的月光下流过。
还有，更重要的是，我和你，
希望我们的水是纯净供给。
驳船行驶在肮脏的水面，
水手们不敢去甲板上冒险。
船周围的泡沫污染了原始色染；

泡沫给渔夫带来最多的怨气，

尽管证据令人怀疑，

但对鳟鱼有弊无利。

大弊病常有大借口；

但事实上，泡沫一点用处也没有。

"为什么，如果可以肯定的话，"你惊呼，

"为什么不放弃月桂醇——它的名字该如何拼出？"

制造商会告诉你原因：

"如果我们不加它，他们将不会购买。"

哦，智人！让我远离女人的世界！

原子弹爆裂！

A. P. 赫伯特（A. P. Herbert）

注：获得《潘趣》（*Punch*）杂志出版许可，本诗写于 1953 年，远在平等就业机会思潮出现之前。

肥皂泡

来源：Phils Photography/Adobe Stock。

非离子洗涤剂

洗涤剂中常用的其他表面活性剂是非离子型烷基酰胺类物质。它们可能是椰油酰二乙醇胺或合成脂肪醇乙氧基化合物，这两种都是蜡制品。烷基酰胺通常是由从椰子油中获得的脂肪酸与一种叫作单乙醇胺的环氧乙烷衍生物进行反应制得的。反应物经脱水后发生缩合反应，形成蜡状产物（图 4.7）。由于我们处理的是天然脂肪酸的混合物，因此产品的成分各不相同，但月桂酸（一种 C_{12} 脂肪酸）是椰子油的主要成分。

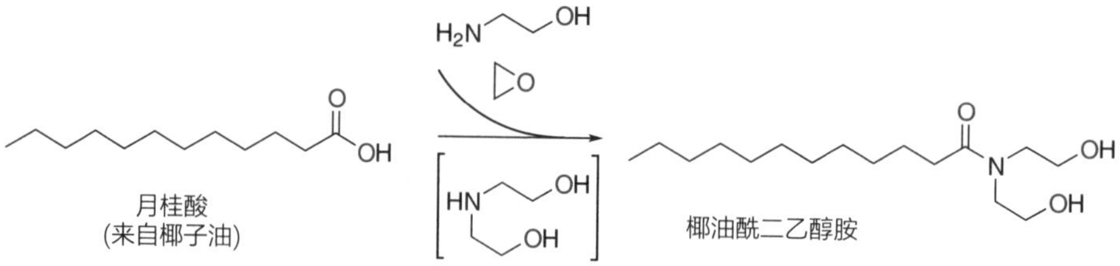

图 4.7　由月桂酸、乙醇胺和环氧乙烷合成椰油酰二乙醇胺

酶

酶大多是蛋白质，在生物系统中充当催化剂，被越来越多地应用到工业和消费者领域中。它们改变化学反应的速率，并在反应完成后得以继续保留。它们经常因酸度和温度的升高而失活。（注意：后缀"酶"被添加到化学名称或过程中，以反映该酶具有的催化活性。）

蛋白酶是可以消化蛋白质类污渍中的其他蛋白质（破坏酰胺键）的酶（功能性蛋白质）。它们也会使人体产生严重的过敏反应，就像蜜蜂叮咬时释放的蛋白质毒液一样。洗衣粉中的蛋白酶被包裹在蜡中，在蜡融化后被释放。

因为羊毛是一种蛋白质纤维，所以不能用含有这种酶的洗涤剂清洗，如图 4.8 中的护理标签所示。

温水机洗羊毛模式
不要使用含酶洗涤剂
不要漂白
勿滚筒烘干
低温熨烫
干洗

图 4.8　衣服上的护理标签

来源：Ben Selinger。

淀粉酶将淀粉降解为水溶性糖。它们能把"淀粉胶"，也就是粘在织物上的污渍进行转化分解。

僵硬、变灰（棉毛巾在反复洗涤后尤其明显），是由纤维素绒毛（微纤维）引起的。纤维素酶可将其分解为可溶性糖。

脂肪酶可降解脂肪污垢，从而将衣服上的脂肪污渍转化为可溶性副产物。Lipolase™ 脂肪酶是第一个基因工程商业化酶。有趣的是，它在洗涤过程中的降解效果很差；但是，在脱水阶段，即衣服中的水分减少时，它就变得活跃了，并且能在下一个循环中去除污垢。这使得它在常规洗涤前几分钟作为预去污剂特别有效。

实验

> 将煮熟的鸡蛋切片（主要是蛋白质）加入不同洗衣粉的温热溶液中，其中一些含有酶，其余的则没有。隔夜放置后，含有蛋白酶的制剂中的鸡蛋切片上出现明显的侵蚀迹象。

血液（以及血渍）中的过氧化物酶在较低的洗涤温度下会分解过氧化氢，从而使过硼酸盐和其他（氧化性）漂白剂无效。因此，需要在较高的温度下洗涤以破坏此酶的催化活性，并使漂白剂再次发挥活性。此化学反应也用于法医鉴定工作。

可能是血吗?

法医科学家将血液中存在的酶作为一个推定指标。这种酶（过氧化物酶）可以非常有效地分解过氧化氢，所以他们将其添加到污点上。现在，他们需要用指示剂来检测反应的产物——氧气，该指示剂在被氧化时会改变颜色（或发光度）。常用的指示剂包括邻甲苯胺（具有致癌性，但曾用于检测游泳池中的氯）或鲁米诺。不幸的是，其他酶（例如植物过氧化物酶）会产生假阳性结果，使无辜者被定罪。希望这项测试能在真实案例中得到证实，而不是在电视剧《犯罪现场调查》（*CSI*）中。

或者，法医科学家用过氧化氢和酚酞啉（酚酞的还原形式）处理污渍。如果该污渍中有血液成分，则过氧化物酶会将酚酞啉氧化为酚酞，使污渍呈碱性并将指示剂变为粉红色/红色。

植物过氧化物酶也会引起同样的反应。在一个非常著名的案例中，O. J. 辛普森（O. J. Simpson）的律师认为塔可（Taco）酱在这次测试中引起了阳性反应。这促成了无罪判决。

如果研究人员对样品进行适度加热，则任何植物酶都会被破坏，而血液中的酶会保持活性。

酚酞啉 　　　　过氧化物酶（血液中）　　　酚酞（酸式体无色）　　　OH^-　　　酚酞（碱式体为粉红色/红色）
　　　　　　　　H_2O_2

干燥剂

多数干燥剂是由一种无纺聚酯材料制成的，该材料涂有一种具有长疏水链特性的柔软剂。把脂肪酸、脂肪醇、醇类聚氧乙烯醚和脂肪酸型季铵盐（阳离子表面活性剂）用作柔软剂，或仅用作普通硬脂酸，如依偎（Snuggle™）品牌。

在转筒烘干过程中，含有柔软剂的涂层熔化，化合物转移到正在被烘干的织物上。新附着的脂肪链使织物表面摸起来有一种爽滑的感觉，消费者将其理解为柔软。这些化合物通过润滑和增加织物纤维的表面导电性来帮助消除静电（见第 8 章中"护发"）。

其他家居清洁剂

洗碗机洗涤剂

一般来说，机洗餐具洗涤剂大约只含有 2% 的表面活性剂，一般起泡较少。这些产品的主要成分是碱盐，如无水偏硅酸钠和无水碳酸钠，其危险程度几乎与烧碱相当。

> 洗碗机洗涤剂是厨房里相当危险的致儿童中毒的危害物品之一！在 2014 年 6 月至 2015 年 5 月期间，新南威尔士州毒物信息中心收到了 500 多个与洗碗机洗涤剂有关的电话。大部分中毒事件发生在 5 岁以下的儿童身上。

含氯粉末会使塑料厨具变质，但是如果没有氯，由茶叶带来的单宁酸污渍是很难去除的。铝制器皿也会受到相当强烈的腐蚀，有色阳极氧化层会迅速消失。铝盐可以起到防腐作用——再次将平衡移回原位！

漂洗剂可能含有 60% 的低泡湿润剂、20% 的丙醇和 20% 的水。

去污粉

去污粉主要由磨砂粉（约 80%）组成，其可选择用硅石、长石、方解石或石灰石磨制过筛。去污粉其余部分往往是碳酸钠或类似的碱性盐，还有约 2% 的表面活性剂，在某些情况下还含有氯漂白剂。

下水道和烤箱清洁剂

排水管清洁剂包含氢氧化钠和铝屑，让它们在水中反应以提供热量来熔化脂肪。然后，氢氧化物使脂肪皂化（图 4.1），因此可以将其当作肥皂使用。铝与氢氧化物反应时释放的气体是氢气。

$$2Al + 2NaOH + 6H_2O \longrightarrow 2Na^+ + 2[Al(OH)_4]^- + 3H_2（气体）$$

烤箱清洁剂的主要成分是氢氧化钠或乙醇胺。乙醇胺是一种强有机碱，但比氢氧化钠的碱性弱。

将少量的氨水（碱性强，有刺激性）放在一个装有热水的盘子里，然后将盘子放置在冷的烤箱里一夜，这样也可以皂化脂肪，让烤箱在第二天早上更容易清洁。

漂白剂

漂白剂有两种：氯漂白剂和氧漂白剂。它们分别含有多种不同的化合物，这些化合物会生成活性分子次氯酸盐或过氧化氢。

次氯酸盐（例如钠盐、钾盐、钙盐和镁盐）可用作消毒剂、漂白剂和除臭剂。具体来说，它们是用来给受污染的餐具、饮用水或泳池水消毒的。液体家用漂白剂通常含 5% 的次氯酸钠。即使游离氯稍多一点，也会产生不稳定的酸性溶液（见第 14 章）。

考拉的致命饮食

漂白剂常被用来"消灭"臭味，但一些制造商想通过向漂白剂中加香料以掩饰其气味！仅有的能够在漂白剂中"存活"的香料是桉树油（1,8-桉叶素；见附录 5 中提及的水蒸气蒸馏法），它在 4% 的漂白剂中是稳定的。关于桉树油的一个离奇事实：5 g 的 1,8-桉叶素（相当于 2 kg 桉树味棒棒糖）会杀死一个成年人。考拉的内脏特殊，含有能降解 1,8-桉叶素毒性的细菌（见第 8 章中"除臭剂和止汗剂""香水"）。

过氧化氢漂白剂包括过硼酸钠、过硫酸钠和过碳酸钠，后者在近来的产品中更为普遍。那皮桑（Napisan™）品牌的产品是由这些漂白剂连续配制而成的（从氯漂白剂开始）。除了几乎被取代的尿布（尿片），它现在基本上可用于任何领域。过碳酸钠分解成过氧化氢与无害的碳酸钠和水。过硫酸钠也可用作引发剂，用于单体的乳液聚合以生产乳胶漆（见第 13 章）。

$$2Na_2CO_3 \cdot 3H_2O_2 \longrightarrow 2Na_2CO_3 + 3H_2O_2$$

过碳酸钠是 2 个碳酸钠和 3 个过氧化氢的加合物。当然，过氧化氢本身可以以纯净物形式存在，但不常用这种形式储存。其与丙酮结合使用，会形成高度不稳定的易爆的化合物，这便是飞机上禁止携带瓶装液体的原因。由这种简单易得的化学品组合而成的炸药曾被用于恐怖袭击，包括 2005 年的伦敦爆炸案、2015 年的巴黎袭击事件和 2016 年的布鲁塞尔袭击事件。

霉菌清除剂

有一首古老的小曲是这样唱的："内心深处，潮湿而寒冷，那是霉菌喜欢的角落。"这是真的。霉菌可能是黑暗和丑陋的，并可能在某些情况下释放更加黑暗且丑陋的化学物质。一些敏感的人会被引发鼻子过敏、咳嗽、哮喘等症状，在极端情况下还会死于曲霉病。

惊人的霉菌

只要周围有一些灰尘或土粒（有机物）提供养分，霉菌就可以寄生在各种死亡和腐烂的物质（例如纺织品、皮革、木材和纸张）上，甚至潮湿的合成物（例如玻璃、油漆、裸露的混凝土、CD 和 DVD）上。霉菌通过不断被我们吸入的空气中的孢子传播。

在某些条件下，霉菌可以产生对人类和动物有害的天然有机化学物质（霉菌毒素）。霉菌也会产生难闻的、对健康有害的、具有发霉气味的挥发性化合物。

霉菌需要水分，所以防止房子周围霉菌滋生的最好方法是修复漏水的管道、窗户或屋顶，将雨水或排水管引离外墙，增加阻隔，并对潮湿的地方加强通风，如浴室、洗衣房和厨房。

病态建筑综合征的产生常被归咎于"合成"建筑材料释放的气体，但这往往是由霉菌引起的。节能听起来是一个伟大的设计目标，但在建筑内部，它也意味着通风减少，从而令霉菌问题更加严重。

霉菌快餐

与传统的固体木材相比，现代的复合建筑材料（例如纤维板）是由切碎的、受破坏的木纤维和黏合剂黏合而成的。这是一道一流的、易消化的霉菌快餐。

一决雌雄！

某些园子里的鼻涕虫（蛞蝓）也是很好的食霉动物（图4.9）。澳大利亚博物馆的博物学家马丁·罗宾逊（Martyn Robinson）在10年前就发现了这一点。如果为鼻涕虫提供舒适、凉爽的栖息地，比如带洞的陶瓷香水罐，它们会在夜间发起对霉菌的突袭，然后通常会在黎明前回家。

图4.9　某些鼻涕虫被当作去除霉菌的宠物

来源：Andi Taranczuk /Adobe Stock。

鼻涕虫是很好的劳动者，它们的探索范围很广，所以它们在夜间可能会出现在你的脚下。某些鼻涕虫喜欢霉菌，而其他的如红三角蛞蝓虫等只适合处理浴帘。

然而，花园里黏糊糊的食霉冠军却是一种普通大小的、胖乎乎的灰色大鼻涕虫，即大蛞蝓——一种从欧洲来到澳大利亚的移民。它的长度可以达到 9 cm。因为太大了，它往往 "行动迟缓"，覆盖不了太多面积，但它确实吃霉菌！大蛞蝓实际上有好几种颜色，如果喂食它们植物染料，颜色种类可以更多。

在花园里，尽管它们以吃植物的幼苗而闻名，但也可以被用来做一些有用的事情。可将带有难以清除的烧焦食物残骸的耐高温玻璃器皿放在室外，让鼻涕虫吃掉其中的残骸（但这项工作需要几周时间才能完成，使用前别忘了清洗玻璃器皿，也别告诉任何人你是如何把它弄得如此闪亮、干净的！）。

化学处理

对于那些坚持使用非自然方法的人来说，使用漂白剂是去除霉菌的最佳方法。使用氯漂白剂或其等效物，如游泳池氯粒，混入少量清洁剂以获得良好的渗透性，并在其工作时保持区域良好通风。霉菌消失后，清洗该区域并擦干水。

浑浊的氨

当最初利用煤焦油制得氨气（NH_3）时，溶液非常浑浊。后来，利用哈伯法通过 "固定" 空气中的氮气制得了非常纯净的氨气产品；到了此时，人们发现自己已经习惯了 "浑浊的氨"。由于这个原因，人们在纯净、透明的氨中添加肥皂，从而使溶液呈现浑浊状态。新制家用氨气的浓度高达纯氨气的 10%。实际上，瓶子里是氢氧化铵，但如下面方程式所示，该平衡确保了难闻的氨气始终存在。氨气具有强烈的刺激性，其溶液腐蚀性强。

$$NH_3 + H_2O \rightleftharpoons NH_4OH（液体）$$

去污

在很大程度上，去污程序是基于溶解模式或化学反应的。由脂肪物质（如巧克力、黄油或油脂）引起的污渍可用有机溶剂清除。去除铁渍（例如铁锈和一些墨水）涉及一种化学反应——用草酸（有毒！）处理会与铁形成可溶性络合物。大多数去污过程是利用上面讨论的漂白剂的氧化反应进行的。漂白剂不能用在羊毛上，因为它会破坏把羊毛连接在一起的"纽带"。

你不能吃大黄的叶子，因为它们含有草酸。草酸会与体内的铁形成络合物，使人体无法利用这一基本矿物质。这也是菠菜叶中的铁不易被吸收的原因（见第6章）。

大黄的叶　　　　　　草酸

来源：（左）Fotogal /Adobe Stock。

范德瓦耳斯力和超细纤维布

普通的清洁布由棉或尼龙纤维制成。超细纤维布有许多更小的纤维。在没有离子键和共价键等其他作用力的情况下，范德瓦耳斯力仍然存在。范德瓦耳斯力是以它们的发现者、诺贝尔奖获得者、荷兰物理学家约翰尼斯·迪德里克·范德瓦耳斯（Johannes Diderik van der Waals，1837—1923）的名字命名的。它们的作用距离很短，且随着双方的接近，吸引力会大大增加。

磁性类比

让我们用一个不严谨但有用的磁性类比来解释。放置在一块软铁旁边的永磁体会使软铁磁化，而这种磁化较弱，并且与之极性相反。然后，当相反的磁极相互吸引时，磁铁吸引软铁块并将其拉向自己。它们很难分开，但一旦分开，软铁就不再有磁性了。

电荷也会发生类似（但不完全相同）的情况。甚至电中性材料也会暂时产生波动的电荷，然后这些电荷在附近的物体中感应出相反的电荷，从而产生吸引力。这些力在非常近的范围内起作用，并且随着距离的增加迅速减小。

水中纤维产生电荷

在范德瓦耳斯力的基础上，尼龙聚酯混合纤维可以在水中带电，并能够在污垢中诱导以至产生短程相反的电荷。这些电荷也可以在最初带电时增加附着力。纤维越小，越接近污垢，吸引力就越强。表面积越大，整体吸引力也就越大。

亲密接触（近距离和个人）

范德瓦耳斯力解释了为什么壁虎能用脚趾上的无数细毛把自己"粘"在天花板上（图 4.10）。它还解释了为什么像聚乙烯这样的由卷曲的长链（中性非极性分子）组成的聚合物，实际上却能够"粘"在一起形成固体！范德瓦耳斯力将各个分子链固定在一起。甚至固体材料本身也会被范德瓦耳斯力吸引到附近的其他固体碎片上，任何试图打开超市里的薄塑料袋的人都可以证明这一点！

图 4.10　壁虎通过范德瓦耳斯力"粘"在物体表面上

来源：Lomography4/Adobe Stock。

难以清洁的超细纤维

现在污垢粘得紧紧的，你怎么把它弄下来？这确实困难重重。这就是为什么你必须在超细纤维衣服弄脏后要彻底清洗它们。一般来说，最好把超细纤维布放在平底锅里煮沸，并避免用普通洗涤剂清洗。或者干脆把它扔掉吧！

范德瓦耳斯洗衣机

在这一章的开头，我们就说道："仅水本身就可以很好地清洁大多数东西。那是因为水的分子是极性的，大多数污渍也是极性的……水有时被称为万能溶剂，因为它能溶解许多不同的东西。"

那么，前文讨论的关于洗涤剂的重要化学成分，会产生如此巨大的影响吗？会，但也不会。想想澳大利亚消费者协会对洗衣液所做的定期调查。前文中讨论的内容涉及置顶式洗衣机和前置式洗衣机、洗衣粉和液体洗涤剂，以及全面去除污垢和清除特定的污渍，如家庭灰尘、橄榄油、番茄、化妆品、婴儿食品、机油、血液和汗水（不是眼泪）等。虽然肯定有些出入，但整体去污效率范围大致从普通水的 40% ～ 50% 到高性能洗衣粉的 73% 左右。这难道不令人印象深刻吗？

更为有趣的是，在最近的"选择"调查中，经过测试的对生态和动物友好的产品的性能，评分仅略高于普通水。因此，只用水清洗，仅仅依靠范德瓦耳斯力，又把我们带回到最初情景：在溪流边的岩石上捶打衣服，也许加了一点皂荚（非常天然）。（但最好不要这样说，因为洗涤剂行业雇用了许多化学专业的毕业生！）

干洗

"干洗"一词指用有机溶剂而非水清洗纺织品。当用水清洗时，泥土中的水溶性成分会自动溶解，因此去除它们不是问题，但去除油溶性物质就成问题了。

在干洗中，情况正好相反。油腻的污垢会溶解，但水溶性污垢如盐和糖则不会溶解。为了去除这些，通常在干洗槽中加水。

然而，有机溶剂，例如最常用的四氯乙烯、三氯乙烯，只能溶解极少量的水。因此，加入表面活性剂，它们会形成反胶束。在溶剂相中，极性基团位于内部，而碳氢链尾部位于外部［图 4.4（b）］。每个表面活性剂分子约有 1.5 个水分子溶解在反胶束中。然而，过多的水分会使纺织材料收缩、起皱或起毛。

由于直接测定干洗液中的水量非常困难，因此要使用替代方法。流体上方的水的蒸气压，可以反映出溶剂中水的浓度。这种方法可以度量水的有效浓度或活度，但其与实际浓度并不总是一致的。化学活度是一个极其重要的概念，无处不在（有关水的活性这一最重要主题的更多信息，请参见第 1 章、第 5 章和第 10 章）。

在澳大利亚干洗协会于 2012 年举办的一场研讨会上，协会成员通过现场演示，比较了三种溶剂对不同类型的纺织品的污渍的去除效果。对于客户送到干洗店的各种服装，每种溶剂都有其优缺点。

好的干洗店需要了解洗涤物的化学成分

当一些去污预处理、好的洗涤剂和灵活的洗涤程序都没有时，任何单一溶剂都不可能发挥出好的洗涤效果。例如，测试结果发现，三氯乙烯是比任何其他溶剂更有效的鞋油清洗剂，并且不用提前预处理。而当处理皮革、皮革装饰、珠子、聚乙烯树脂和亮片时，结果发现使用"绿色地球"（GreenEarth）品牌洗涤剂效果最好。这是因为该品牌产品含有一种液态有机物——十甲基环五硅氧烷（D5，一种化学品，见图 4.11）。

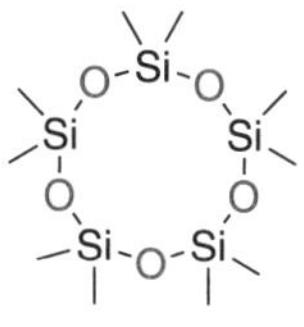

图 4.11　"绿色地球"公司产品中的十甲基环五硅氧烷的结构

烃类洗涤剂效果中等，其清洁效果良好，但修饰和亮色效果较差。总体来说，替代溶剂比之前想象的有效得多。普通的湿洗仍然是干洗的重要辅助手段。

拓展阅读

P. H. A. 斯特拉瑟（P. H. A. Strasser）所著的《为妇女服务的表面活性剂》（Surface Activity in the Service of Women），作为增刊于 1974 年 4 月在《澳大利亚皇家化学研究所学报》（*Proceedings of the Royal Australian Chemical Institute*）上发表。该文章是本章的原始资料。此外，我非常感谢已故的彼得·斯特拉瑟，因为他对于此书的所有早期版本在许多方面都提供了帮助。

乌里·佐勒（Uri Zoller）所编的《洗涤剂手册，E 部分：应用》（*Handbook of Detergents. Part E: Applications*），摘自科学研究协作委员会出版社出版的"表面活性剂科学系列"（Surfactant Science Series）第 141 卷。这是原本专为技术人员设计的书。

5 厨房里的化学

这一章,我们来探索厨房。我们先来看看厨台——厨房中最昂贵的东西。我们将讨论不同类型台面的优缺点。我们依然可以在厨台上找到传统的锅碗瓢盆,但上面也有一些其他材料。不锈钢器皿上的锈斑引发了一个关于腐蚀的普遍问题——每年修复锈斑需要花费数百万澳元。被遗忘的订书钉上隐藏的锈斑提供了答案。

我们的超市购物车里装有很多新鲜水果和蔬菜,还有一罐番茄酱、一些冷冻薯条和一桶人造黄油。是的,雅乐思(TimTam)甜品在做特价促销。但媒体上报道的反式脂肪酸(现在则是令人害怕的氢化油)又是怎么回事呢?

关于咖啡中的抗氧化剂和胆固醇的传言是否可信?在吃过速食燕麦早餐之后,我们会探究微波炉的内部,担心它是否会有微波泄漏。最后我们会冷静且仔细地观察冰箱。

我们可以在厨房的厨台上找到什么

像防晒霜这种 1 澳元的商品都有澳大利亚标准,但是像厨房的厨台这种上千澳元且不可退货的商品却没有标准。那么好的厨台评价标准是什么?

厨台几乎都是由以下九种材料制成的。

1. 木材

传统的砧板是木制的，而老式的家庭厨房里有意大利香肠式的混凝土骨料。木材是天然的，但是需要定期上油和清洗。砧板受损的表面可以用砂纸打磨和修整；木材含有多酚，与合成台面相比具有抗菌作用。然而，木制砧板最好留给屠夫使用！

2. 混凝土

混凝土骨料（20 世纪 40 年代看起来像意大利香肠式的多孔厨房水槽）被重新制成水磨石，虽然耐热，但易裂。它是多孔的，容易藏匿虫子，也易染色，所以必须用硅胶密封剂、丙烯酸面漆等来保护。

3. 不锈钢

不锈钢是最理想的厨房材料。它会被划坏或弄脏（如果不保持清洁），但也很容易清洗和抛光。它传热性好，不会藏匿虫子（因为没有孔洞），但看起来有点像停尸房的板子！如果你选择不锈钢，需要注意质量可能会因制造工艺而不同，即使材料成分相同。

4. 花岗岩

花岗岩是一种含有石英（莫氏硬度为 7）和长石（莫氏硬度为 6）的天然岩石，不易被不锈钢刀（莫氏硬度为 6）划伤。花岗岩可以承受 500℃高温——你可以直接把热锅放在上面。然而，花岗岩是多孔的，易藏匿虫子和被污染，所以必须加以密封保护。花岗岩一旦破裂就很难修复。

5. 大理石

大理石是一种在自然加热和压力的作用下重结晶的石灰石（碳酸

钙）。它是软的，莫氏硬度为 3 ~ 4。因为其成分是碳酸钙，所以它对酸非常敏感。它更多地用于垂直表面。其中皂石主要是滑石（莫氏硬度为 1），非常软，必须密封。

6. 层压板

层压板是将三聚氰胺（一种"交联"塑料，见第 10 章）浸渍到多孔黏合剂中。几十年前的层压厨台用 1.2 mm 的压板，目前厨台的弯曲边缘处的压板为 0.8 mm 厚。层压板没有孔洞（不会藏匿虫子，也不易弄脏），可耐受一定的温度（黏合剂保存完好的前提下可以耐受 155℃ 高温），但是易被划伤（莫氏硬度为 3.5 ~ 4）且很难修复。层压板的连接处是其潜在的隐患——水进入后，下面的重组木材会分层。层压板已经被使用很长时间了，最接近它的化学制品是三聚氰胺陶器。

7. 填充丙烯酸树脂

合成台面的固体表面是均匀的,这意味着内部填料是被精细打磨的,产品始终是均匀的，不需要密封。它由丙烯酸（如有机玻璃，莫氏硬度为 3.5）填充三水合铝（水合氧化铝）制成，莫氏硬度为 2.5 ~ 3.5,且防火。

固体合成材料容易被刮伤，但质地均匀，可以用洗涤垫、320 号 ~ 400 号砂纸或钢丝棉修补。它不能承受超过 100℃（沸水）或者低于 0℃（冰水）的温度。它需要远离电热平底锅和克罗克电锅等发热器具，否则表面会膨胀或破裂。由于其无孔，这种材料耐污且防虫。

从设计角度来看，固体合成表面脱颖而出。它可以被塑造成各种形状（包括集成水槽和防溅挡板）且无缝隙，也能够被无缝修补（尽管老化后表面可能会显示出微弱的线条）。

最接近的自然近亲是珍珠母（珍珠质），它是一种天然的高填充复合材料。

8. 人造石（铸型聚合物）

缟玛瑙或雪花石膏的外表是填充了三水合铝的聚酯树脂，其中也可以加入天然石头、滑石、云母（闪亮的小块）甚至小玻璃球的碎片。它像玻璃纤维一样，可以被直接制成大尺寸的样式，所以没有连接的裂缝。它易被划伤，但可以用抛光垫抛光。

梳妆台常用大理石制成。旋涡状大理石饰面由石灰石填料和彩色凝胶涂层组成。

9. 骨料（工程石）

机场和购物中心这种交通繁忙的地方，常用这种材料来做瓷砖或石板。骨料由 93% ～ 95% 的碎花岗岩、石英或沙子，加上 1% 的颜料和特殊材料（如镜面金属、贝壳和化石）组成；再用 4% ～ 7% 的聚酯树脂黏合这些固体。它看起来像石英（莫氏硬度为 7），且有石英的硬度和光泽，可以耐受 200℃高温。

作为成板材料，其连接处是可见的。与花岗岩不同，这种材料除非严重受损，否则是没有孔洞的，所以它耐脏且不会藏匿虫子，但易破裂。它可用酸性清洁剂清洗，而高碱性清洁剂（烤箱和洗碗机使用的）会腐蚀其表面。

对厨台的测试见 2016 年 9 月出版的《厨房梦想》（*Kitchen Dreams*）"选择"章节的第 50 页。

如果可以，请划伤我

生于 1773 年的德国人弗里德里希·莫斯（Friedrich Mohs）设计了宝石和矿物的硬度标准。他把最硬的金刚石放在顶部，编号为 10；把最软的滑石放在底部，编号为 1。较硬的矿物会划伤硬度次之的矿物。金刚石可以划伤任何材料，而翡翠（莫氏硬度在 7.5 ～ 8）只能划伤较软的宝石，如玉石（6.5 ～ 7）、绿松石（5 ～ 6）和琥珀

（2～2.5），但不能划伤黄玉（8）或刚玉（9）。这个硬度标准也
适用于普通用品：钢锉的硬度是7，玻璃和刀片的硬度是5～6，合
金硬币的硬度是3.5，指甲的硬度是2.5。

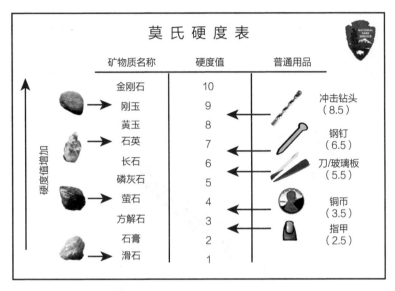

来源：美国内政部，国家公园管理局。

锅、盘、锡制品和其他厨房用具

让我们仔细看看厨房的抽屉和橱柜里的东西。这些锅、盘等厨房用
具有不同的大小和形状，由钢铁、铜、铝、镁、不锈钢、锡、锌和聚四
氟乙烯等不同的材料制成，涂有不同的陶瓷涂层。

不锈钢

如今，不锈钢厨具很受欢迎。普通不锈钢是铁、铬（18%）和镍（8%）
的合金（见附录7）。加入铬是为了使其像铝一样有一层坚硬的锈层（因
此也可用镀铬来覆盖铁）。镍使合金没有磁性。令人惊讶的是，不锈钢
是一种导热性很差的热导体，需要一个铜基底（有时用钢或铝）来保证

它的性能。这就是为什么你可以拿起不锈钢锅的把手而不会烫伤自己。

然而，如果不保持不锈钢表面一尘不染，它也会生锈。任何留下油渍的部分，油脂下面很快就会显示出锈迹。油脂不会导致生锈，是油脂排除了钢表面的空气才致使其生锈。什么？通过让空气接触金属来阻止生锈？

旧文件中的订书钉（图 5.1）和钢桥塔（图 5.2）是一个实例。塔柱会在水与空气接触的地方生锈。实际上，在水下接近水面处（空气较少），铁变薄了，这最终会导致桥倒塌。

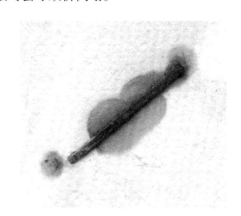

图 5.1　铁锈已经从旧订书钉的下面渗透到纸上

来源：Ben Selinger。

图 5.2　（左）水边生锈的柱子和（右）混凝土剥落的桥塔

来源：（左）Paul Vinten/Adobe Stock；（右）Francesco Scatena/Adobe Stock。

化学家称这一过程为氧化还原过程，并用两个半反应来描述此过程（图5.3）。一个对应还原反应，而另一个对应正在发生的氧化反应——一个驱动另一个！

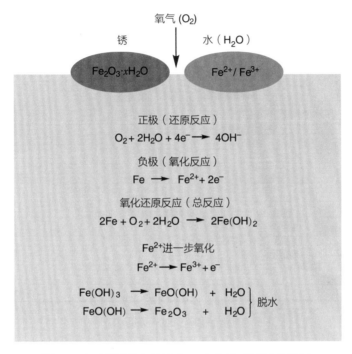

氧气 (O₂)

锈　　　　　　水（H₂O）

$Fe_2O_3 \cdot xH_2O$　　Fe^{2+}/Fe^{3+}

正极（还原反应）

$O_2 + 2H_2O + 4e^- \longrightarrow 4OH^-$

负极（氧化反应）

$Fe \longrightarrow Fe^{2+} + 2e^-$

氧化还原反应（总反应）

$2Fe + O_2 + 2H_2O \longrightarrow 2Fe(OH)_2$

Fe^{2+}进一步氧化

$Fe^{2+} \longrightarrow Fe^{3+} + e^-$

$Fe(OH)_3 \longrightarrow FeO(OH) + H_2O$

$FeO(OH) \longrightarrow Fe_2O_3 + H_2O$ } 脱水

图 5.3　铁生锈产生氧化铁（Fe_2O_3）属于氧化还原反应

生锈的过程将金属铁转化成了氧化铁。为了便于研究，将整个反应分为两个半反应：第一个是铁（0价）氧化成二价铁和三价铁；第二个是氧气和水还原形成氢氧根离子。

第一个反应（具有较高的电压）主要发生在缺氧区域；第二个反应发生在氧气充足区域。两个半反应区域的氧浓度差越大，其电压差越大，这个过程的驱动力就越大。图5.4为一系列金属在20℃流动海水中的腐蚀电位。如果金属间氧气水平没有差异，那么此过程就不会发生。因此，保持不锈钢均匀地暴露在空气中可以防止生锈，这解释了为什么锅上的油渍会导致生锈（见第19章的实验"醋浸钢丝棉"）。

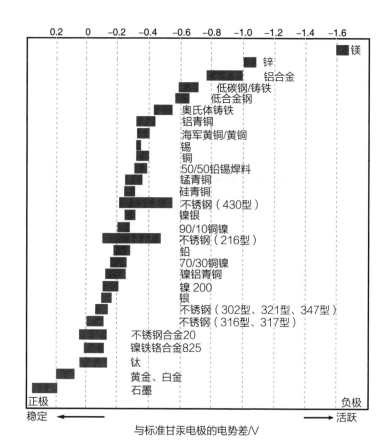

图 5.4　在海水中测量的不同材料的腐蚀电位（最稳定的材料在左边，
而最易腐蚀的材料在右边）

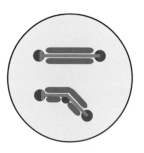

图 5.5　一般铁钉与弯曲铁钉的腐蚀示意图（灰色线条代表钉子）

　　酚酞与氢氧根离子反应变成粉红色，铁氰化钾与二价铁离子反应变
成蓝色。图 5.5 中指示剂的颜色表明了两枚钉子发生的腐蚀反应。正极
处产生氢氧根离子，显示为粉红色；负极处产生二价铁离子，显示为蓝

色。弯曲铁钉在应力点释放二价铁离子，在非应力点形成氢氧根离子。

这个实验告诉我们，在储存不锈钢厨具之前，应保持不锈钢厨具的清洁和干燥。

铁

在"美好的旧时代"，铸铁罐几乎是专用的。铁能有效地传导热量，虽然很重，但能保温一段时间。铸铁罐还有一个优点是会在食物中溶解少量的铁，这对妇女在经期预防贫血特别重要。

在铁锅里煮鸡蛋，鸡蛋会变成绿色。这是因为溶解的铁与卵蛋白中的硫反应形成硫化铁（绿色）。除了不美观之外没别的问题。我们之所以知道鸡蛋中含有硫，是因为当它们变质时，会释放出"臭鸡蛋气体"，也就是硫化氢。硫化氢和臭名昭著的氰化氢气体一样有毒，但是更容易因气味而被检测到。当气味消失时，它也就消失了。

实验

证明早餐麦片中含有铁。将一些水倒入培养皿中，放入几片富含铁的早餐麦片，麦片漂浮在水面上。早餐麦片中的铁很有可能是以金属单质的形式存在的，所以可以用一个强磁铁把麦片吸过来。

铁易生锈，所以铁炊具需要"护理"——通过给它涂上某种油并加热来实现。这导致油发生氧化和聚合，形成一个硬涂层。这种反应类似于绘画用的（亚麻子）油基涂料和清漆发生的反应；然而相比在常温下，它在高温下发生得更快且要强烈得多（见第 13 章）。

塑化后的铁表面是疏水的，可以让食用油均匀地扩散；而原来的铁表面是亲水的，可以让水润湿表面，但排斥油（见第 3 章）。"护理"后的铁清洗时需仔细，以免塑化层被破坏。

铜

接着聊聊铜。铜是很好的导热体之一。铜也会少量溶解在食物酸中，少量的话，这不是问题。事实上，在铜碗中搅拌鸡蛋液会产生一种稳定的泡沫——溶解的铜与鸡蛋蛋白反应，并能作为泡沫的稳定剂。铜是一种必需微量元素，食用过量会引起人呕吐。这种情况发生在制作调味冰块的冷冻托盘的锡层被部分剥离而使铜露出的时候。这种发生呕吐的情况，原因是食物与铜接触时间很长。把醋和盐放在铜锅底部也有类似的效果（见第 19 章实验"盐对铜锅的影响"）。

铜锅仍然是制作果酱的首选。因为铜具有良好的导热性能，热量从底部向上有效地分布。这使得黏性越来越大的凝固果酱在更大的表面积上被更均匀地加热，并且其底部也不容易烧焦。铜对制作果酱有额外的化学好处，就像用铜制品打蛋白一样，能制作出更黏稠的产品。可这是为什么呢？

分子美食学的创始人之一埃尔韦·蒂斯（Hervé This），在一份杂志上有一个固定的专栏，会提出与烹饪相关的食品化学问题。他对在铜锅里制作果酱有助于果酱变黏稠给出了相当复杂的解释，其基本原理是铜（和钙）螯合了从烹饪中释放的果胶（图 5.6）。这增加了果酱的黏度（见第 19 章实验"果酱中的化学成分"）。

图 5.6 （左）铜离子螯合果胶分子并将它们结合在一起；（右）一罐很好的果酱
来源：（右）MSPhotographic/Adobe Stock。

铝

接下来说说铝。铝的密度很低，在相同重量基础上，它是比铜更好的导热体。铝会与酸反应，所以你可以在锅里面煮大黄来清洗锅。如果大黄已经放置了一段时间，就不要吃它了。

有时在铝锅的底部会发现黑点。为什么会发生这种情况，有几种理论来解释。最令人信服的一种是：它是在食物酸（如大黄）或盐的存在下发生电化学腐蚀的结果，水中的铜取代了一些铝。因此，不要在铝锅上使用铜刷。

除了与酸反应，铝也与碱反应。向堵塞的水槽倒入的疏通剂由铝（有时是镁）屑和苛性钠组成。与水接触时，它们会剧烈反应，升温并释放出氢气（通常会携带氢氧化钠水溶液的液滴，所以屏住呼吸，不要让它碰到你的脸！）。

$$2Al + 2NaOH + 6H_2O \longrightarrow 2Na^+ + 2[Al(OH)_4]^- + 3H_2(g)$$

铝箔和碳酸氢钠加热发生反应，能够清洗失去光泽的银器（见第19章实验"使失去光泽的银恢复色泽"）。在失去光泽的银表面形成的那层黑色硫化银，要么来自被污染的空气，要么来自你手心汗液中的蛋白质，或者是由于你用银勺子吃鸡蛋！（礼仪禁止！）

用铝箔清洗变色银的反应如下。

银变色：

$$2Ag(s) + H_2S \longrightarrow Ag_2S(s) + H_2(g)$$

银的沉淀：

$$3Ag_2S(s) + 2Al(s) \longrightarrow 6Ag(s) + Al_2S_3(s)$$

铝是少数几种可以制成箔的金属之一，这使得把它放在厨房抽屉里使用起来非常方便！弄清楚原子在固体中是如何聚集在一起的，可以解释铝为什么能制成箔。只有可以排列为特殊晶体结构（ABC结构，见附录6）的金属，可以用来制作金属箔。具有相同原子堆积结构的其他金属也能形成箔，包括铜、银和金。

纸

在抽屉里放铝箔的同时，让我们看看烘焙纸或羊皮纸。它们是用硫酸或氯化锌溶液处理纸浆而制成的。这一过程使纸部分凝胶化，使纤维素交联，形成高密度和耐热的产品。然后对其进行聚硅酮涂覆，使其具不粘特性。在某些司法管辖区，使用脂溶性有机锡催化剂进行聚合的做法正逐步被淘汰。

烘焙纸可用于大多数需要蜡纸作为不粘表面的应用中。反之则不然，因为蜡纸会在烤箱里燃烧，或者至少会影响味道。烘焙纸不应该用在烤面包机、烤肉架上，因为它可能会着火。请阅读你产品上的说明文字！

厨房的塑料包装

在有锡纸和烘焙纸的抽屉里，你一定会找到一些保鲜膜，比如佳能包装纸。厨房的塑料包装几乎都是由低密度聚乙烯材料制成的（见第10章）。长链聚合物分子在近距离范德瓦耳斯力作用下结合在一起形成固体（见第4章）。当单片塑料接触时，也是同样的力使它们保持在一起。这种力量也使得薄聚乙烯塑料购物袋难以打开。你可能需要用物理的方法摩擦购物袋开口的两边，使两边产生排斥性的静电荷，从而分开，然后用两个湿手指把它们拉开（见第3章的拉普拉斯方程）。购物也是有科学的！

锡

虽然厨房里有锡器皿，但在多数情况下，我们认为锡是镀在铁罐上的。在空气中，铁比锡更易反应。锡只给铁提供机械保护，如果锡层被打破，铁罐就会生锈。

在罐子里，食物酸优先攻击和去除锡，将锡离子锁在所谓的络合物中。锡离子的这种优先络合作用以电化学方式保护罐子中的铁，防止铁溶解在罐子中的食物酸里。这可以确保罐子不会随着时间的推移而"溶解"！

除非锡罐内部涂漆，否则锡罐溶解在天然植物酸中可能会产生氢气，从而导致锡罐"爆裂"。根据亨氏（Heinz）公司质检部经理的一封信，食品中锡的最高含量为250 mg/kg，这是基于味道得到的，而不是毒理学。

锡是金属界的奥斯卡·王尔德（Oscar Wilder）。它作为一种"真正"金属的地位有点不确定，并且表现出一些令人惊讶的特性。因为锡可以做成金属箔，它的原子排列形成就像ABC晶体结构一样，而且基本上就是这样（见附录6）。

锡又软又脆，熔点为232℃。锡中加入铅能进一步降低熔点，就是传统的白镴。此外，在铜中加入少量的锡会极大地增强它的强度。这项技术带给了我们一个持续了一千年的青铜时代，并为我们的文明发展做出了贡献。现在，科学为我们解释了这项技术的原理。

当一根纯锡棒前后弯曲时，可以听到它发出一声"哀鸣"。这是由于金属中存在"孪晶"，你正在"残忍"地分离它们。锡还患有热力学方面的"疾病"。在13℃以下，锡原子会非常缓慢地改变它们的排列方式。实际上，只有处于更低的温度，你才能在合理的时间内看到这一切。锡的新结构根本不是金属结构（锡与非金属半导体如锗的关系就像与金属的关系一样密切），这种形式的锡是灰色的，且易碎（图5.7）。

Can of roast veal 1824

图5.7　1824年的烤牛肉罐头

来源：英国国际锡研究所。

虽然现在使用的纯锡不多，但是从锡铅焊料到纯锡焊料的转变见证了这种"疾病"的再次出现。

冬天是掉裤子的最佳时间

这个故事发生在拿破仑的军队于 1812 年寒冬入侵俄国的途中，士兵们的锡纽扣被冻碎了，因此裤子也掉了。这个故事很可能是传说，因为纽扣中使用的锡是非常不纯的，因此更耐低温。即使是纯锡，在低温下也需要几个月的时间才能表现出明显的锡损伤。

煎锅的涂层

特氟龙涂层不粘煎锅已有段历史了。据说，这种涂层是 1969 年 7 月 20 日美国耗资 140 亿美元将人送上月球的巨大努力的副产品之一。但事实恰恰相反，是煎锅涂层被用在宇宙飞船上，使"人类的一大步"成为可能。

1938 年，人们发现了聚四氟乙烯和它显著的性能。杜邦（DuPont）公司称这种新型塑料为特氟龙。20 世纪 50 年代，一家法国公司解决了将其与铝黏合的难题。这种不可思议的煎锅叫作"特福"（由聚四氟乙烯和铝制成），它在登月前的 10 年里统治了整个市场。那段时间发生的事情是发现了特氟龙的另一种用途，即戈尔或戈尔特斯纺织品（见第 10 章和第 11 章）。关于加热聚四氟乙烯涂层一直存在争议。制造过程中使用和释放的一些化学物质存在健康和安全方面的问题，但除非过度加热，否则成品不会出现这种问题。

陶瓷钛不粘锅怎么样，不用担心刮伤吗？在某些情况下，其主材料是铝，但表面是凹陷的，因此金属元素不会接触较软的不粘涂层。其他情况下则使用复杂的各种合金层作为不粘涂层。另外，可用微小的工业金刚石涂层覆盖一些表面。技术细节可以在制造商的网站上找到，但是厨师可能需要化学工程的相关知识来理解他们所使用的炊具。现在拿出你的显微镜，看看那些表面！

食品保存

你的保存物有多活跃?

传统的食物保存方法有一个共同的机制,就是让食物不被微生物食用。这包括通过干燥去除水分,或者通过增加盐的含量使水对微生物"不可用"。这意味着不仅要使用食盐(氯化钠),还要使用其他"盐"(比如固态硝酸钠和亚硝酸盐)。

这种浓缩的盐水具有高渗透压,它能使微生物脱水,因为渗透作用能将水从微生物的细胞中提取出来。细菌和真菌(霉菌和酵母菌)的敏感性不同,因此需要不同水平的溶解物质来阻止它们生长(图 5.8)。

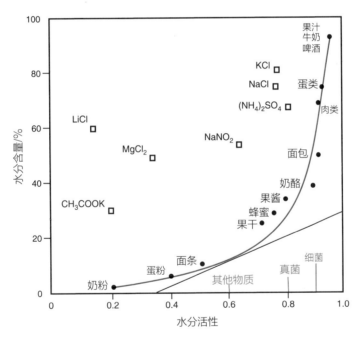

图 5.8　选定食物和选定标准饱和盐溶液的水分活性与水分含量的关系

溶解的离子或分子的性质并不重要,重要的是溶解的量。因此,糖可以用来代替盐,这就是蜂蜜和果酱可以长期存放的原因。

从化学角度来说,微生物利用水来繁殖的能力不取决于食物中有多少水,而取决于水的活性。纯水的活性设定为 1,任何溶解的物质都会降低这一活性。溶解物质（分子、离子等）的浓度越高，水的活性越低。这种活性可以通过测量水的平衡蒸气压来直接获得（或者利用测食物冰点或沸点的这种间接的方法）。

图 5.8 中给出了几种食物的水分活性与水分含量的关系。此外，为了校准，图中还显示了几种无机饱和溶液的活性，以及阻止各种微生物生长所需降低的活性值。你可以使用迪安 - 斯塔克（Dean-Stark）蒸馏法（附录 5）来测定图上显示的大多数产品的水分含量。

活性无处不在

正如第 1 章所讨论的，活性与渗透压密切相关，渗透压是测量活性的另一种方法。活性的概念能解释许多日常问题。

例如，为了防止豪达奶酪或埃丹奶酪暴露在外后发霉，可把它们放在一个装有方糖的密封容器里。当糖吸收水分，在其表面形成浓溶液时，封闭空间中水的蒸气压很快下降至低于维持霉菌生长所必需的压力。因此，糖不一定要存在于食物中才能保护它，还可以通过共享两者共有的蒸气压与奶酪"共存"。

更进一步说，橱柜中用来防止发霉的干燥剂（无水氯化钙）或用来保持消费品干燥的小袋（无水硅酸钠或二氧化硅，见图 5.9），是通过降低封闭区域的水蒸气含量而发挥作用的。

图 5.9　许多消费品中用于吸收水分的二氧化硅小袋

来源：Russel Barrow。

为什么放在露天过夜的饼干会变软，而面包则变得硬到足以当作武器？

我们注意到，大多数饼干含有大量的糖，可以吸收水分。面包含糖量很少，而且面粉不吸水。你可以尝试一系列饼干，即从非常甜的致密饼干到松软饼干，并设置一个"隔夜浸湿指数"。与早期的糖/奶酪实验相似，将一块甜姜饼与意大利饼干一起密封，然后观察两种饼干过夜后的变化。

即使防止了水分流失，面包也会变质，这与某些淀粉分子的重新排列有关——它们变得有序，使面包变得更硬。储存在冰箱里的面包变质的速度和没放进去的面包的变质速度一样快。将不新鲜的面包放在微波炉里一小段时间，以使其中的淀粉"溶解"，从而使面包部分恢复"活力"。

烟熏会增加食物的渗透压以使其变干。但烟熏也会形成大量新的化学物质，其中一些会抑制微生物的生长，但也有一些被怀疑是致癌物质。人们经常使用合成的烟剂代替天然的烟剂，认为合成的烟剂比天然的烟剂更安全。

发酵

由于许多危险的微生物（例如肉毒杆菌——一种厌氧细菌，是食物中毒的致命根源）对酸敏感，因此下一个复杂的阶段涉及调整食物的酸度。

发酵食物产生酸在所有文化和烹饪中是常见的现象。发酵食物的种类繁多，如韩国泡菜、德国泡菜、莳萝泡菜和其他腌制蔬菜都是用乳酸菌将糖转化为乳酸发酵的。加入盐是为了防止腐败，直到酸发挥作用。超市里出售的泡菜通常是通过添加醋（醋酸）来保存的。

现在使用无害的巴氏灭菌法杀死微生物，它们死后一般留在食物中。意大利腊肠和其他加工类肉制品是由生肉混合盐、硝酸钠、糖和香料制成的。同样，乳酸杆菌将糖发酵成乳酸，这有助于肉凝固并在腌制时变干。抗坏血酸（维生素C）是作为抗氧化剂加入的，以防止硝酸盐被还原成亚硝酸盐。保存不好的腊肠食用后会造成严重的疾病。

牛奶也是通过发酵保存的，我们因此能够获得奶酪、酸奶和各种发酵牛奶。另一种在澳大利亚文化中流行的发酵产品是红茶——通过发酵并晾干绿茶叶子而获得。

亚硝酸钠与胃癌有关，它存在于腌肉中，多吃腌肉的饮食习惯导致高的胃癌发病率。亚硝酸钠与胃酸反应产生亚硝基，亚硝基又与氨基酸反应形成亚硝胺。亚硝胺是致癌分子。

L-氨基酸　　　　亚硝基　　　　　　　　　亚硝胺

油和脂肪

油、脂肪和一些蜡是天然的长直链脂肪酸酯（见下文）。化学家称脂肪酸为羧酸。当有机酸与醇结合时，就产生了酯。从根本上讲，这与前面的皂化反应相反（见第4章）。当醇是与三种脂肪酸相连的甘油时，酯是脂肪或油，称为脂类（图5.10）。如果只与一种脂肪酸相连，是单甘油酯；如果有两种，是甘油二酯。这些分子既保留了醇的极性性质，又保留了脂肪酸的非极性性质，因而具有表面活性。

脂肪和油的区别仅仅在于熔点：在室温下，脂肪是固体或半固体，而油是液体。由于甘油是脂肪和油的共同成分，因此脂肪酸是区别它们（无论是来自动物还是植物）的成分。脂肪和油在酸性基团的性质（图5.10和图5.11）——链的长度（控制分子量）和双键的数量（不饱和度）及位置上有所不同。

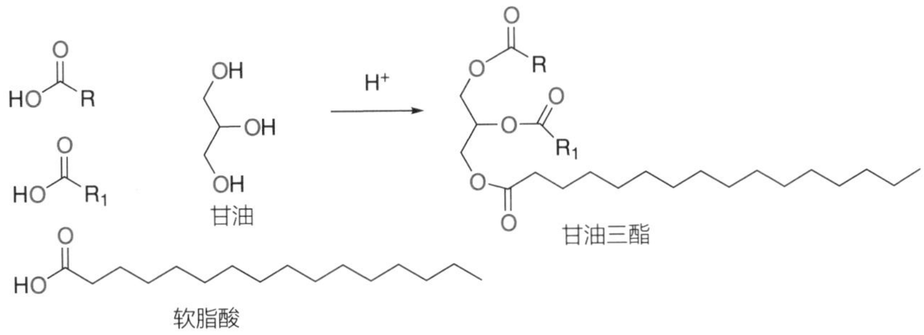

图 5.10　甘油和脂肪酸经酯化作用形成脂肪（这些酯可以由所有相同的基团组成，也可以由三种不同的脂肪酸酯化得到，如混合甘油三酯）

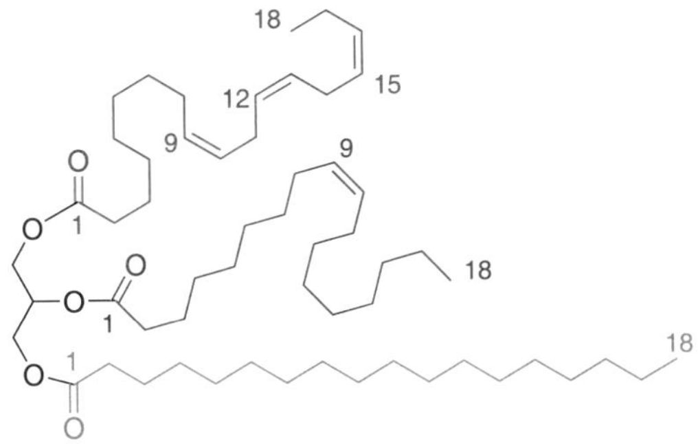

图 5.11　甘油三酯由甘油和饱和 C_{18} 脂肪酸（硬脂酸，绿色）、单不饱和 C_{18} 脂肪酸（油酸，蓝色）和多不饱和 C_{18} 脂肪酸（亚麻酸，红色）组合而成

有三种天然脂肪酸：饱和脂肪酸、单不饱和脂肪酸和多不饱和脂肪酸。图 5.11 中所示的甘油三酯包含了分属这些种类的 C_{18} 脂肪酸基团。

饱和脂肪酸

饱和脂肪酸的通式为 $CH_3(CH_2)_nCOOH$，其中 n 通常是偶数，范围从 2 到 24 不等。生产脂肪酸的"构件"通常从醋酸根离子 CH_3COO^- 开始，因此偶数碳链更普遍。饱和脂肪酸最常见的是：C_{16} 酸——棕榈酸（$n=14$），C_{18} 酸——硬脂酸（$n=16$）。其他的有月桂酸（C_{12}，$n=10$），主要存在于椰子和棕榈仁中；肉豆蔻酸（C_{14}，$n=12$），主要存在于肉豆蔻中。

> 月桂酸是用于生产阴离子洗涤剂——月桂基硫酸钠（和月桂醚）的主要脂肪酸（见第 4 章）。

短链脂肪酸（$n < 10$）构成了动物乳汁中脂肪的大部分，尤其是反刍动物的乳汁。奇数碳的酸确实存在，但仅痕量存在，在 n=23 的范围广泛存在，通常出现于反刍动物体内。这些不寻常的脂肪酸由动物瘤胃中的细菌产生。牛奶中这些不寻常的脂肪酸因地理差异，饮用后也会导致腹泻。

> 澳大利亚大多数奶牛产的奶都含有 A1（40%）和 A2（60%）两种形式的牛奶蛋白，即酪蛋白。然而，遗传选择和育种控制促使畜群只生产含有 A2 形式酪蛋白的牛奶，聪明的营销人员已经说服消费者去购买它并为此支付高价了。

直链不饱和脂肪酸

最重要的不饱和酸有 18 个碳原子。通常链的中间有一个双键，如油酸（一种 ω–9 脂肪酸）。双键不能旋转，因此会有两种不同的几何形状，称为顺式脂肪酸和反式脂肪酸（图 5.12）。顺式形式比反式形式更常见，这是负责安装双键的去饱和酶作用的结果。油酸（图 5.12）是橄榄油的一种组成成分，在所有脂肪酸中含量最丰富。

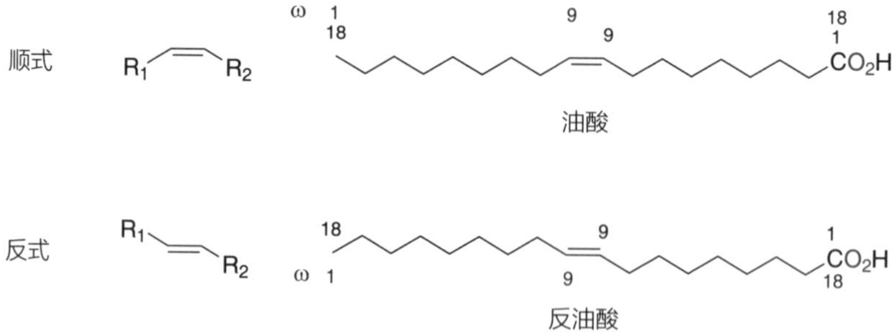

图 5.12　油酸和反油酸的顺反异构

多不饱和脂肪酸

多不饱和脂肪酸（PUFA）是具有多个双键的脂肪酸，它们具有通式，即 $CH_3(CH_2)_x(CH=CH)_y(CH_2)_zCO_2H$，其中 x 和 z 的范围在 $3 \sim 20$，y 通常为 $2 \sim 4$。几个重要的多不饱和脂肪酸如图 5.13 所示。

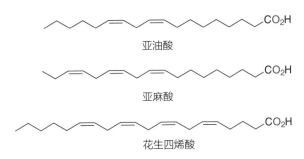

图 5.13 一些重要的多不饱和脂肪酸的结构

双键，尤其是顺式的，意味着分子不容易聚集在一起。这在含双键材料（油）的低熔点中可体现。由短链组成的物质在较低的温度下也会熔化，而且往往形成油而不是脂肪。

为什么动物脂肪主要是饱和脂肪酸，而植物油主要是不饱和脂肪酸？因为植物承受着极端的温度，甚至在夜间或冬季的低温下，它们的脂肪或油也必须呈半流体状；而一些动物可以通过代谢产生热量和保温来维持体温——哺乳动物和鸟类甚至可以调节体温。对于哺乳动物来说，更高熔点的化合物是优选，因为脂肪也要起结构支撑的作用，不能具有太强的流动性。肾脏脂肪是固体，可以支撑器官，但是在细胞中循环的脂肪即使在低温下也是液态的；否则，你可能会在冷水浴中获得一个固体外壳！

已知的只有植物能合成亚油酸和亚麻酸，但动物能增加链长并进一步增加不饱和度。例如，鱼油富含多不饱和脂肪酸，最多有 6 个双键（图 5.14）。

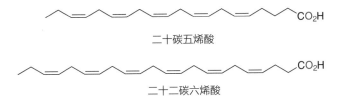

图 5.14 鱼油中常见的两种多不饱和脂肪酸的结构

什么是 ω-3？

鱼油富含 ω-3 多不饱和脂肪酸，这对我们的大脑有好处。但它们是什么？希腊字母表中的最后一个字母是 ω，化学家有时用这个字母来表示链中的最后一个碳原子。所以油酸是一种 18：1 的ω-9 脂肪酸，这意味着它有 18 个碳原子和 1 个双键，双键位于链末端的第 9 个碳原子处。α-亚麻酸是一种 18：3 的 ω-3 脂肪酸，这意味着它有 18 个碳和 3 个双键，第一个双键在倒数第 3 个碳原子处。双键的间距总是被一个—CH_2—隔开。这个"ω-"术语确实引起了一些混乱，因为按系统命名来说，酸是从羧基端开始编号的。

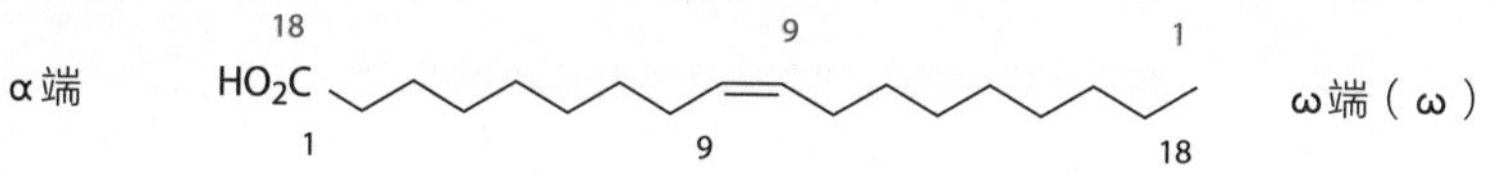

油酸

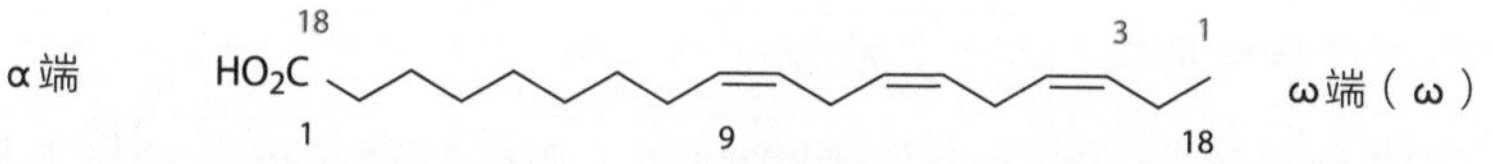

亚麻酸

黄油和人造黄油

黄油是通过剧烈搅拌牛奶形成的。这会将脂肪在水中的悬浮转化为水在脂肪中的悬浮。搅动使牛奶中覆盖脂肪液滴的牛奶蛋白（酪蛋白）变性，并阻止脂肪液滴聚结。多余的水分离成乳清。人们通过模仿形成黄油的工序来获得人造黄油，即用其他脂肪（通常是植物脂肪）代替乳脂，并使用乳化剂来防止油悬浮液中水的破裂。其他添加剂有抗氧化剂、调味剂（3-羟基-2-丁酮和双乙酰，它们赋予了人造黄油特有的风味）、维生素 D 和植物色素。通常，胡萝卜素（维生素 A 的来源）赋予人造黄油颜色。

总的来说，植物油的多不饱和脂肪酸含量多，而动物脂肪的多不饱和脂肪酸含量少，但也有例外（如椰子油）。各种油的脂肪组成见图5.15。但是，可以通过在双键上添加氢使不饱和脂肪变饱和。20世纪初就发现了氢化反应。在双键中加入氢会提高油的熔点，并将其转化为脂肪。将油与镍粉混合，加热至200℃，通6小时氢气以完成氢化。氢化作用将一种具有植物油性质的天然物质转化为一种具有动物脂肪性质的物质——它将液体转化为固体。利用这一过程，亚油酸和油酸会变成硬脂酸（图5.16）。当人造黄油被说成是来自纯植物油时，重点可能是"来自"。油不仅仅是油。

脂肪/油的类型	各脂肪含量（占总脂肪的百分比）/%			
	饱和	单不饱和	多不饱和	其他
椰子油	87	6	2	5
黄油	62	29	4	5
可可脂	60	33	3	4
牛油	50	42	4	4
棕榈油	49	37	9	5
猪油	39	45	11	5
鸡脂	30	45	21	4
棉籽油	30	18	52	
米糠油	20	39	35	6
花生油	17	46	32	5
人造黄油	15	37	25	23
大豆油	14	23	58	5
芝麻油	14	40	42	6
橄榄油	14	74	8	4
玉米油	13	24	59	4
葵花籽油	10	20	66	4
红花油	9	12	75	4
菜籽油	5	66	24	5

图5.15　各种物质的脂肪含量

来源：内华达大学合作推广。

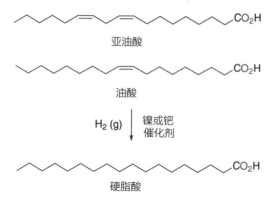

亚油酸

油酸

H_2 (g) | 镍或钯催化剂

硬脂酸

图 5.16 不饱和脂肪酸通过氢化转化为饱和脂肪酸

人造黄油的起源可以追溯到 1869 年。当时拿破仑三世（Napoleon III）提议举行一项竞赛：发现"一种既可供工人阶级使用，也可供海军使用的干净的脂肪，要求价格便宜，保存时间长，可代替黄油"。该奖项由化学家伊波利特·梅热－穆列斯（Hippolyte Mège-Mouriès）获得。

氢化作用还可以导致双键几何结构由顺式转化为反式，从而产生单双键交替的共轭系统（—CH＝CH—CH＝CH—CH＝CH—）。反式脂肪酸（TFA）比未改性的天然脂肪或油有更大的健康问题（图 5.17）。

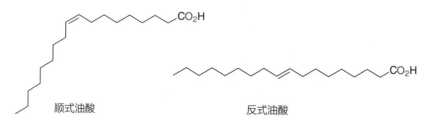

顺式油酸

反式油酸

图 5.17 顺式油酸和反式油酸导致不同的堆积，导致不同类型的脂肽（低密度脂蛋白或高密度脂蛋白）而影响胆固醇的运输和吸收

虽然反刍动物产品（牛肉、羊肉和乳制品）中的脂肪确实也含有共轭和反式不饱和脂肪酸（由动物瘤胃中不饱和脂肪酸氢化作用产生），但这些脂肪酸含量很少，没有营养或健康意义。

从 1980 年开始，对 85 000 余名健康护士进行的一项大型研究表明，饮食中摄入反式脂肪酸与患冠心病有着显著的直接联系。冠心病发作可能与血浆低密度脂蛋白胆固醇水平升高有关。食用黄油却与该风险无关。这项研究的结果是食物中的反式脂肪酸被保持在非常低的水平。

酯化脂肪和油

科技在进步。取代饮食中的反式脂肪酸，有两种可行的选择：恢复天然饱和脂肪（最有可能是棕榈油或其馏分），或者使用通过酯化硬化的改性脂肪。

工业流程包括改变甘油上附着的三种脂肪酸的顺序或性质。这可以通过调节混合物中甘油酯的浓度来实现，从而获得所需的产品。这使脂肪的属性得到很好的控制，以满足更多的食品技术要求。通过使用棕榈油制造脂肪来减少巧克力中可可脂含有的多不饱和脂肪酸含量，是一个典型例子（图 5.18）。

棕榈油是一种甘油三酯，含有饱和脂肪酸、硬脂酸（C_{18}）、棕榈酸（C_{16}）、肉豆蔻酸（C_{14}）、单不饱和脂肪酸、油酸（C_{18}）、多不饱和脂肪酸和亚油酸（C_{18}），已成为世界市场上主要的食用油。各种脂肪的使用与用它们代替反式脂肪所获得的健康益处之间的关系如表 5.1 所示。

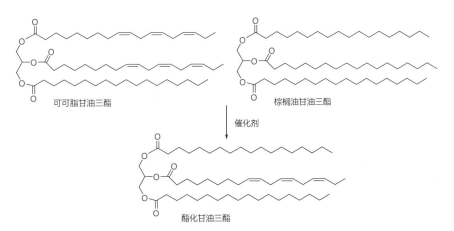

图 5.18　用可可脂甘油三酯和棕榈油甘油三酯制造的酯化甘油三酯

表 5.1 替代脂肪在工业中的应用

替代方案	食物示例	取代反式脂肪时对健康的益处	化学结构（有代表性的）
液体植物油（橄榄油、菜籽油、大豆油、葵花籽油、红花油、棉籽油、玉米油）		大，特别是对于富含单不饱和脂肪和多不饱和脂肪的油	葵花籽油中发现的甘油三酯含有亚油酸和油酸成分
高油酸油（菜籽油、转基因大豆油、葵花籽油）		适度到大，高的单不饱和脂肪含量是有益的，但是较低的多不饱和脂肪酸——ω-3 脂肪酸含量会消除一些益处	
热带油（棕榈油、椰子油）		适度，研究建议根据饱和脂肪含量限制饮食	
动物脂肪（黄油、猪油、牛油）		小，研究建议根据饱和脂肪含量限制饮食	
完全氢化的大豆油和棕榈油		小，研究建议根据饱和脂肪含量限制饮食	完全氢化消除了所有双键，因此消除了任何反式脂肪的可能性
酯化油		尚未明确	酯化脂肪可以类似完全氢化的脂肪（参见图 5.18）

文字来源：改编自 http://cen.acs.org/articles/91/i50/Weighing-Trans-Fat-Stand-Ins.html。

图片来源：Viktor、Alexandra、Brad Pict、sommai、Jehangir Hanafi、snyfer/Adobe Stock。

胆固醇

不要大惊小怪！胆固醇的质量约占我们大脑质量的三分之一。在其他任务中，它为神经元提供电绝缘。胆固醇（图 5.19）不是一种脂肪，而是一种类固醇，可以转化为胆汁酸、可的松、性激素和维生素 D。它是一种混杂但非常重要的物质，存在于身体的所有细胞中。它产生于肝脏，也可以直接从动物源性食物中摄取；因此血液中的胆固醇有两个来源。

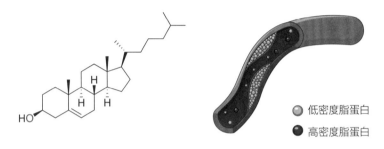

低密度脂蛋白
高密度脂蛋白

图 5.19 （左）胆固醇的结构；（右）血管中的高密度脂蛋白和低密度脂蛋白

来源：（右）tigatelu/Adobe Stock。

人体中大约 93% 的胆固醇存在于细胞中，特别是包裹细胞的细胞膜，在那里，胆固醇对于结构支持和某些生化反应至关重要。剩下的 7% 在血液中循环，但这可能会出现问题。因为胆固醇和脂肪不溶于水，所以它们被一种叫作脂蛋白的磷脂蛋白膜包裹。它有高密度（HDL）和低密度（LDL）两种形式。低密度脂蛋白携带胆固醇到细胞中以供使用，细胞上的特殊受体识别低密度脂蛋白并让它进入。

你见过当地外卖店店主宣称他们使用的植物油不含胆固醇吗？胆固醇不是由植物产生的；植物油不含有胆固醇。

如果你基因编码的低密度脂蛋白受体太少，那么你的血液中就有可能含有高水平的胆固醇，而这可能会带来健康风险。高密度脂蛋白将胆固醇带回肝脏进行回收或销毁。因此，过多的低密度脂蛋白和过少的高密度脂蛋白会导致胆固醇在血管内形成斑块，造成动脉硬化，从而导致心脏病发作和卒中（图5.19）。简单地说，高密度脂蛋白被标记为"好"胆固醇，低密度脂蛋白被标记为"坏"胆固醇。你的病理学结果会与医学上的理想范围（目标水平会不时变换）一起被引用。世界上使用最广泛的处方药是阻止身体产生胆固醇的药物，即他汀类药物。

有没有想过为什么美国的胆固醇健康警告与欧洲和澳大利亚的不同？在美国，血液中胆固醇的目标水平是每100 mL血液中含有200 mg。在欧洲和澳大利亚，其目标水平神奇地为每升血液含有5.2 mmol。1 mol胆固醇的质量是386 g，其余的就是算术问题了。澳大利亚的实验室病理学结果大部分用两种单位报告。

植物甾醇

植物甾醇在结构上类似于胆固醇，在肠内起降低胆固醇吸收的作用。一些人造黄油中掺入了植物甾醇，但想达到预期效果，其用量是相当大的。食品说明书中建议：为了达到最佳效果，每天应食用25 g涂抹酱（含2 g植物甾醇）。每天的摄入量超过3 g不会带来额外的好处。

那是很多额外的脂肪！

目前的观点似乎低估了饮食中的胆固醇作为血总胆固醇的主要组成成分的重要性，同时对一些饱和脂肪和反式脂肪又过度紧张。酯化产品的作用尚不清楚。

用油烹饪

油或脂肪在加热过程中的烟点是：几缕蓝色烟雾开始从表面升起，促使脂肪分解成可见气体产物的温度。随着油或脂肪的持续处理，烟点的温度逐渐下降（因为油或脂肪分解产生的游离脂肪酸降低了烟点）。因此，初始烟点越高，脂肪在开始起烟前可用的时间就越长。

当明火、受热表面或火花能点燃油蒸气时，闪点就出现了。更高的是点火温度，在这个温度下，蒸气不会被火焰或火花点燃。

加热会导致氧化物的形成，往往还会破坏维生素 E（见下文），也会导致油的聚合，使食物变得不可口。油的烟点总是一个粗略的估计值，因为分解是逐渐发生的，而不是在一个精确的时刻开始；同时烟点也取决于油的精炼程度。引用的来源不同，数值之间也有很大差异，但烟点顺序相当稳定。例如橄榄油：据报道，特级初榨温度为 160℃，初榨温度为 215℃，残渣温度为 240℃，特级轻榨温度为 242℃。其他油的精炼程度之间的温度趋势与此相同。饱和油比不饱和油更稳定。

抗氧化剂通过首先接受攻击来保护脂肪，避免其被氧化。它们的作用与金属的抗腐蚀抑制剂的作用相同。它们是油溶性的，并且与"天然"油溶性抗氧化剂 α－生育酚和 γ－生育酚（它们都是维生素 E 的主要形式，其中 α－生育酚的结构见图 5.20）相关。维生素 E 存在于植物油中——最重要的来源是小麦胚芽油——能保护这些油免受氧化。

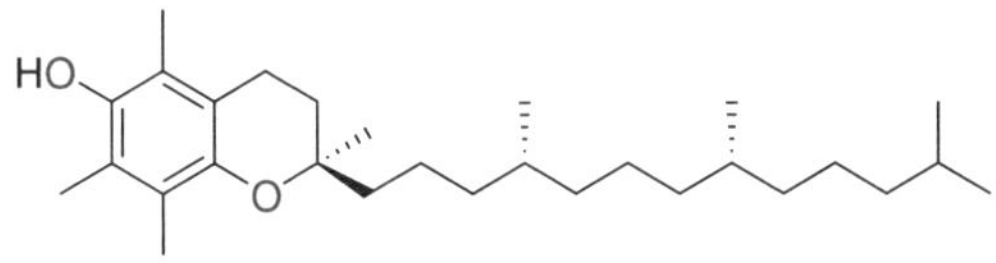

图 5.20　α－生育酚

人类对维生素 E 的需求量与饮食中多不饱和脂肪的含量成正比。当脂肪沉积在体内时，维生素 E 显然是必需的，而且据推测它也是一种抗氧化剂。

加工过程中添加到消费品中最常见的合成抗氧化剂是丁基羟基茴香醚（BHA，E320，由两种同分异构体组成）和丁基羟基甲苯（BHT，E321）的混合物。它们的结构如图 5.21 所示。其他常见的抗氧化剂是没食子酸丙酯（E310）和单叔丁基对苯二酚（TBHQ，E319）。

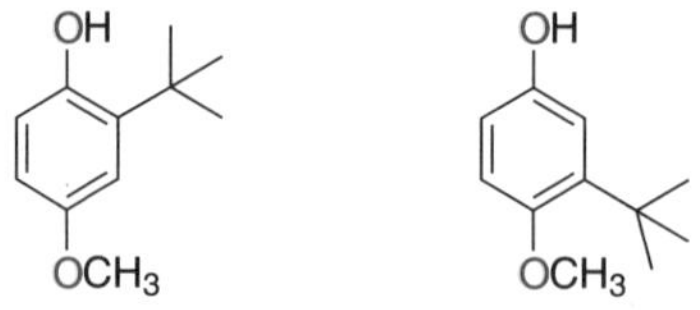

BHA
(E320)

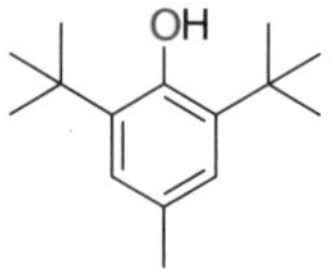

BHT
(E321)

图 5.21 抗氧化剂 BHA（E320）和 BHT（E321）

热油将蒸气蒸馏出以合成抗氧化剂，但天然维生素 E 被它亲油的长尾所阻碍（见附录 5）。

炉灶

卤素炉

这是一个灵光一现的时刻！嗯，差不多吧。卤素炉的工作方式与老式低效的灯泡的工作方式相似，后者会损失大量热量。而在这一代炉灶中，热量正是我们所追求的！

典型的卤素炉在金属盘中使用四个钨卤管，它们通常由辐射线圈围绕，以提供更均匀的辐射热。从右上方到左下方有一白色细条是个金属恒温器，它可以控制管子开关，使"环"保持稳定的烹饪温度。玻璃陶瓷顶部可以承受急剧的温度变化，但玻璃容易被划伤且易碎。卤素炉灶面的红外线透过率强（就像汽车上的玻璃窗让热量通过一样），但它的热导率很低，所以烹饪区周围的玻璃不会太热。对于含糖量高的食物，比如果酱，绝对不能让其表面变干，因为这会使其因为环境应力开裂（见第 10 章）。

感应炉灶

在一个典型的炉子中，加热要么是通过电加热元件，要么是通过燃气燃烧器。感应炉灶元件是陶瓷表面内的一种强有力的高频电磁体。将一片磁性材料置于该元件产生的磁场中时，磁场在该金属中传递（感应）电流。该电流就像在普通电炉中一样在加热，只是它发生在锅底，而不是炉子上。热量是通过调节电磁场的强度达到即时控制的（见第19章的实验"感应，亲爱的瓦特"）。

使用电表模拟同样的效果，即铝盘在电磁铁之间旋转，电磁铁由你所用的电提供动力，其速度是衡量你用电量的一种标准（图5.22）。

图 5.22　电表（其中铝盘在电磁铁的两极之间旋转以测量使用情况）

来源：alanstenson/Adobe Stock。

微波烹饪

在厨房高温的情况下，让你的微波炉带来一点刺激吧！微波，像无线电波和光波一样，是电磁波谱的一部分。微波频率范围为 300 ～ 300 000 MHz（相当于 1 mm ～ 1 m 的波长），微波炉在 2450 MHz（12 mm 波长）的固定频率下工作，功率约为 85 W（约为电输入的一半）。微波辐射是在一种叫作磁控管的电子管中产生的，并沿着波导管进入金属炉腔。

你的微波炉能和外星人通话吗?

氢是宇宙中最普遍的物质。如果有外星生物,那么它们很可能会尝试用 21 cm 的氢气自旋翻转发射波长进行交流。在 1420 MHz 时,这种来自氢的辐射能穿透尘埃云,而较短的波长(例如光)则不会。

微波烹饪问答

微波炉怎么加热?

微波的频率恰好被调整到水分子旋转的自然频率。分子的快速旋转和碰撞导致大量的水变热。糖和脂肪等极性较小的分子也会吸收一些微波能量。

在传统的烤箱中,其产生的热量由辐射组成。辐射的频率范围很广(呈普朗克或黑体分布),从无线电波到红外线,如果烤箱足够热,还会有一点可见光。只有有限的一部分辐射被食物吸收,其余的被炉壁吸收并传导到箱体空间。烤箱中波长较长的微波辐射被烤箱壁反射,然后几乎全部被食物优先吸收了。

微波炉玻璃正面的金属丝网是做什么用的?

微波炉微波的波长是 12 cm(频率为 2.45 GHz),这些微波不能通过金属丝网的小孔(比如小于 1 cm)。在更大的范围内,交通隧道可以阻挡更长的无线电波(除非里面有发射器)。

为什么水在微波炉中会过热,即使拿出来也会突然爆发出来?

用微波炉能加热水,但不能加热玻璃、塑料或陶瓷容器(除非使用了错误的容器);或者用普通的加热板加热容器,然后通过它加热水。在这两种情况下,滞留在微裂缝中的空气总是存在于容器壁内,从而产生稳定沸腾所需的蒸汽泡。这些裂缝不能在微波炉中被加热。预煮水或静置过夜的水的气泡较少,这使得用微波炉加热这些水更容易爆发。加一点糖或盐就能提供缺失的必要的微小气泡。

加热鸡蛋和青豆会发生延迟爆炸现象，有报道称一些老式玻璃烤盘也会导致延迟爆炸。葡萄切成两半，只相连一点，当在微波炉中加热时，它就会产生声音和闪光。除非你非常想被禁止进入厨房，否则不要这样做！

因为微波能直接加热水，所以我们的身体要适当地远离微波（尤其是眼睛），这是非常重要的。

微波危险吗？

短时间暴露在低量微波下是不行的。简单的粗制微波检漏器可用于检查炉门周围的泄漏情况（是否损坏或扭曲）。如果设备带有摆动的指针，那么它可能会对无绳电话或移动电话（当发射时）的天线做出反应。

最容易找到微波的地方是微波炉里，但是它们也被用在移动电话、无绳电话、计算机无线连接、电视塔到塔连接和警用雷达中。虽频率不同，但大量存在时所有微波都会产生热量。这就是为什么它们被用在烤箱中，并且在早期的手机中成为一个问题。医用透热疗法的工作频率约为 27 MHz（波长为 10 m），波长越长，穿透越深。手机的工作频率为 850 ~ 2100 MHz（波长为 12 cm ~ 3 m），但功率相对较低。由于手机对健康的影响存在争议，所以它们都贴有比吸收率（SAR）的标签——说明人体从手机中吸收的非电离辐量。

同样的方法用于测定电离辐射（见第 18 章）。

正确的波长

1945 年，珀西·斯彭德（Percy Spender）获得了使用微波烹饪的第一项专利。当他在雷达发射机的工作台上工作时，发现自己面前的巧克力棒融化了。到 1947 年，它被军方使用（例如用于潜艇、飞机和野战厨房中）。1961 年，它被用于日本铁路的餐车内，1969 年被推广至澳大利亚。

冰箱

库尔加迪保险箱（冷藏室）是在孤立的库尔加迪－卡尔古利金矿首先被使用的。它依靠流动的微风蒸发掉包裹在木质框架上的布袋表面的水滴。蒸发的水带走了热量，提供了冷却。

这个简单原理后来被用于为汽车里的乘客提供冷水。一个装满水的有塞帆布袋挂在前保险杠上。水从布袋的潮湿和膨胀的纤维中渗透出来，并在滑流中迅速蒸发，从而提供冷水。司机在停车时可以随时饮用（图5.23）。

图 5.23　喝布袋里的凉水

来源：Ben Selinger。

在冰箱中，气态流体被压缩、液化，从而产生热；而这些热量通过外部冷却盘管排到大气中。这就是为什么你的冰箱后面很暖和。然后，在内室中，液化气体膨胀从而使环境冷却，循环往复。这种冷却用于制冷。

世界上第一台商用冰箱是由吉隆广告公司（Geelong Advertiser）的编辑詹姆斯·哈里森（James Harrison）设计的（1856 年的第 747 号殖民地专利），并由本迪戈啤酒厂建造。在 19 世纪 60 年代，由于这项发明，牧民能够将肉（非盐渍）冷冻在保温容器中长期储存。然而，将这种冰箱通过海运经由热带地区运送到英国却是一项真正的挑战，直到研制出一种船用冰箱这才得以成功应对。

工作流体

最常见的前氟利昂流体是二氧化硫和氨。两者都有毒性，氨还是易燃气体。20 世纪 30 年代一些严重的火灾激发了杜邦公司和通用汽车公司开发新的碳氟化合物的想法。

氟利昂 CFC-12（氯氟烃-12）不易燃、无味、无毒，成为一种神奇的制冷剂。然而，氟利昂和相关的卤代烷（哈龙，一种商品名称）消耗大气中的臭氧。它们的浓度迅速增加，直到 20 世纪 90 年代，根据《蒙特利尔议定书》（Montreal Protocol），它们才被逐步淘汰。它们也是非常强大的温室效应气体。

通过确定大气中的氟利昂和哈龙与臭氧消耗之间的直接和单一的因果关系，全球达成不再使用它们的共识是相对容易的。这些化学物质被用于有限的技术领域（制冷、清洁和消防），通过适度的技术调整，它们都可以被取代。

相比之下，关于人类对气候变化影响的持续辩论是复杂的，涉及广泛的科学，其中有些依赖于计算机建模。气候变化的相关辩论也会受巨大的经济和地缘政治影响，所以公众不应该期待以类似的快速合作来缓解气候变化情况！

你想要冰箱具有什么性能？

你想从冰箱里拿什么？大家一致认为：5℃对于保鲜柜来说是合适的，而 –18℃对于冷冻柜来说是合适的。冰箱需要在装载时迅速冷却到这些温度，并在恶劣的环境下保持这些温度。

冰箱是如何做到这一点的？它有一个提供冷却功能的压缩机 / 膨胀机——通常是冰箱的控制装置。在较旧的技术中，一个控制器是恒温器，另一个控制器是一个挡板——用来平衡每个隔间的冷空气。有些电子化的型号有自动控制装置，可以独立感应两个隔间；还有风扇或电动风门，可以引导适量的冷空气。另一个系统在冰箱中使用单独的冷却盘管（见第 19 章的"冰箱和冰柜性能"实验）。

爱因斯坦也曾尝试过

先不讨论 $E= mc^2$ 或者光电效应，也不要考虑相对论。爱因斯坦（Einstein）和他的前同事里奥·西拉德（Leo Szilard）在 1926 年至 1930 年因发明制冷技术而获得了 45 项专利。请注意，鉴于他在瑞士专利局的工作，他很可能以批发价申请了专利！

从 19 世纪到 20 世纪 20 年代，一系列具有挥发性的有毒物质被用作工作流体。其主要是有毒气体，如氨、氯甲烷和二氧化硫。不幸的是，这些装置偶尔会出故障。据说，一个柏林家庭死于密封泄漏的有毒气体这件事，是爱因斯坦和西拉德发明制冷技术的动机。

爱因斯坦和西拉德的设计是用氨作为工作流体的吸收式制冷机。它没有活动部件，只需要加热就能工作。瑞典公司伊莱克斯（Electrolux）接手了他们的专利，但开发了其他系统。爱因斯坦不得不坚持他在理论物理方面的日常工作，在这方面他更成功！

冰激凌是冷冻室运转良好的指示器，若吃起来有颗粒感，则意味着冰箱在温度过大的范围内循环、解冻和冷却，从而形成冰晶。

拓展阅读

关于油脂的更多信息

基础化学工业在线，《可食用的脂肪和油》（*Edible Fats and Oils*），http://www.essentialchemicalindustry.org/materials-and-applications/edible-fats-and-oils.html。

用酯化法代替反式脂肪

K. C. 哈耶斯（K. C. Hayes）、安杰伊·普龙丘浦（Andrzej Pronczup）所著《取代反式脂肪：棕榈油的争论与国际贸易的警示》（*Replacing Trans Fat: The Argument for Palm Oil with a Cautionary Note on Interesterification*），摘自《美国大学营养学杂志》（*Journal of the American College of Nutrition*）2010 年第 29 期（第 3 期增刊）253S—284S，http://www.ncbi.nlm.nih.gov/

pubmed/20823487。

戴尔德丽·洛克伍德（Deirdre Lockwood），《权衡反式脂肪替代品：交换让心脏负荷过重的脂肪使加工食品更健康》（Weighing Trans Fat Stand-ins: Exchanging Heart-taxing Fats Makes Processed Foods Healthier），摘自《化学与工程新闻》（*Chemical and Engineering News*）2013 年第 91 卷第 50 期第 24 ～ 26 页，http://cen.acs.org/articles/91/i50/Weighing-Trans-Fat-Stand-Ins.html。（这里也讨论了酯化问题。）

哈罗德·麦吉（Harold McGee）所著《食物与烹饪：厨房的科学与知识》（*On Food and Cooking: The Science and Lore of the Kitchen*）。

6 餐厅里的化学

我们一起用餐的伙伴具有非常渊博的知识，对科学也充满好奇。在谈论了每道菜的化学反应之后，我们还就食品添加剂、抗氧化剂、不耐受、过敏和饮食等进行了讨论。我们希望你们能喜欢，并在这个解构饮食的过程中仔细倾听我们的谈话。

餐前饮料

当开始准备餐前饮料时，请注意以下几点：

乙醇主要在肝脏中代谢，在那里慢慢氧化成乙醛；乙醛迅速转化为乙酰辅酶 A，进而提供能量。虽然酒精可以提供热量，但它只能以缓慢、恒定的速度被氧化，而不是像葡萄糖那样依据需求而定（见第 7 章）。因此，不能通过肌肉活动来提高酒精从血液中被清除的速率。如果它所提供的能量不能立即被利用，那就只能以脂肪（而不是糖原）的形式储存起来，这就解释了重度酗酒者具有大肚子特征的原因。

手抓食物⋯⋯然后去厕所（摄入和排泄）

那个馅饼很美味，但芦笋乳蛋饼也很诱人。为什么不直接去吃刚烤好的花椰菜呢？还是全都试试？

循证尿液气味研究

人们通常不会将便池与化学联系起来，但它们恰好与这个时代最有趣、最难解的化学难题有关。

摄入新鲜芦笋后排出的尿液，具有异常刺鼻的气味，原因如下。只有大约一半的人拥有产生这种尿味的必要基因。更复杂的是，闻到这种气味的嗅觉能力似乎是由另一种基因变异导致的。因此，要区分这两种影响——排泄者和非排泄者、感知者和非感知者——似乎需要在厕所里进行配对调查。

你会惊奇地发现研究这个问题的重要性。顺便说一下，这项研究不适用于腌制的芦笋。

酒精和蘑菇

酒精和蘑菇混在一起会让你的夜晚很糟糕。大多数蘑菇是无毒的，但有些蘑菇，特别是一种叫鸡腿菇的菌类，含有一种化学物质——鬼伞菌素，可以阻止乙醛阶段的酒精代谢。乙醛的积累会让你生病，因为它是一种毒药。

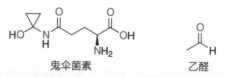

鬼伞菌素　　　　　　　乙醛

来源：（下）Maren Winter/Adobe Stock。

苏格兰人约翰·阿巴斯诺特（John Arbuthnot）是安妮（Anne）
女王的医生，他在1731年写道："芦笋……会影响尿液的气味。"
法国人马塞尔·普鲁斯特（Marcel Proust）在《追忆似水年华》
（*A La Recherche du Temps Perdu*）的第一卷中给予了这种气味正面评
价："就像莎士比亚《梦》（*Dream*）中的仙女，把我的夜壶变成了
一瓶浪漫的香水。"奇怪的是，负责从地中海附近采集芦笋的罗马舰
队从来没有提及这种臭味。

"您喜欢我新的纯天然的香水吗？我在10分钟前吃过芦笋。"

来源：Michael Selinger。

直到20世纪80年代，人们才对这个令人不快的"问题"进行了第
一次认真的实验。英国研究人员对800名就餐者进行了一项调查，结果
发现40%的人产生了这种气味。此情况表明这与基因有关。相比之下，
法国的研究人员发现，每个人都会产生不同程度的气味。

1980年，三名以色列医生给一名男子吃了450克罐装芦笋，并把
他的尿液按照不同浓度稀释，然后让一组招募的门诊病人闻一闻这些不
同浓度的液体。在浓度最低的稀释液中，还有大约10%的嗅探者能闻
到刺鼻的气味。

随着更多的研究完成，结果揭示了全球范围内的巨大差异。

慢慢变得更加清晰的是：

① 一些人产生气味但是察觉不到。

② 一些人既不产生气味也察觉不到。

③ 一些人能察觉但是不产生气味。

④ 少数人（包括本书两位作者）既产生气味又能察觉到，并且这一过程在 15 分钟内完成。

"23andMe"基因测序公司研究了 10 000 位欧洲客户。结果显示，单个基因突变（嗅觉受体编码中 50 个不同基因簇中的碱基对互换）使嗅觉能力增加了 1.7 倍。

此外，气味产生者和非产生者之间的基因差异还不清楚。所以最初看起来很简单的实验，结果却变得更加复杂——要等待更多的 DNA（脱氧核糖核酸）种群分析来解决。

气味的罪魁祸首

许多蔬菜含有硫化物，尿液中也因此产生类似的代谢物，但芦笋的这种效果却是独一无二的。不同的是芦笋中含有一种叫作芦笋酸的化学物质（图 6.1）。把这种纯化的化合物喂给实验参与者，其尿液也会产生气味。这些由芦笋酸分解产生的气味分子属于一类叫作硫醇的化学物质，在臭鼬喷雾剂和大蒜中也发现了这种物质，而在葡萄柚中这类物质的浓度很低。臭鼬硫醇即使稀释度达到一亿分之一也可被检测出来。

澳大利亚著名的卡尔（Karl）博士用了这样一个比喻：十亿分之一等于 11 570 天或 31.7 年内的 1 秒；百万分之一等于 11.6 天内的 1 秒。

因为芦笋含有比其他任何蔬菜都更多的叶酸，而且具有低含量的脂肪和钠，同时富含纤维素和钾、硫胺素以及维生素 A、维生素 C 和维生素 B_6 与抗氧化剂谷胱甘肽，所以请你不要因为气味而停止食用它。

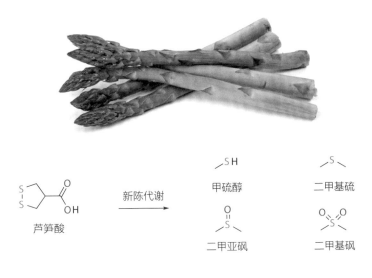

甲硫醇

二甲基硫

芦笋酸

新陈代谢

二甲亚砜

二甲基砜

图 6.1　芦笋及其化学成分

来源：（上）mates/Adobe Stock。

前菜：汤和面包

拉姆福德汤

　　营养学领域最早的尝试之一，是由在巴伐利亚工作的本杰明·冯·拉姆福德伯爵（Benjamin Count von Rumford）进行的。大约在 1800 年，他发明了一种可以和面包一起食用的汤，这为穷人和军人提供了一种最经济的营养餐。除了维生素和矿物质（它们的重要性在当时还不为人知），其营养搭配到今天还是符合要求的。拉姆福德汤中含有等量的珍珠大麦或大麦粉、干豌豆、蔬菜、四份土豆（在后来改版的汤中），人们根据需要加盐和酸啤酒，慢慢将其煮至浓稠（图 6.2）。当偶尔加入玉米或鲱鱼时，它将在今天获得信用评级（成为星级餐点）。如今的餐厅提供拉姆福德汤，否则只能在慕尼黑啤酒节和唐顿大教堂等极少数场合才会见到。拉姆福德汤是人们最早尝试进行营养成本效益分析的汤之一，每份汤的成本很低，而其中还包括人工成本。

图6.2　一锅依据最基本的食谱做成的拉姆福德汤

来源：gestumblindi/Wikipedia。

作为化学家，拉姆福德在参观巴伐利亚军用大炮（并非某位学生报道的无聊的大炮）的镗孔时，以提出热功当量（多少机械能被转化成多少热量）的概念而闻名。他证明了热不是从热端流动到冷端的某种神奇的流体，而只是另一种形式的能量。

在汤上撒盐会使汤的表面瞬间向晶体收缩，而撒胡椒则相反。盐增加了表面能，从而吸引表面向它的方向移动；而胡椒释放的油降低了表面能，并扩散开来。水能起作用，但在肮脏的表面更容易看到效果。如果你想看一个关于表面能变化的非常生动的演示，可以尝试在加了洗涤剂的牛奶里加入食用色素。

催泪的洋葱

切洋葱会让你流泪。号啕大哭没有用，但将其煮沸可能有用。切口会释放出硫代丙醛–S–氧化物（SPSO），这是一种刺激眼睛泪腺的化学物质，所以你会哭。过去科学家常把切洋葱时物质的不稳定归咎于蒜氨酸酶，但现在催泪因子合成酶（一种以前未发现的酶）被证明是真正的催泪剂。

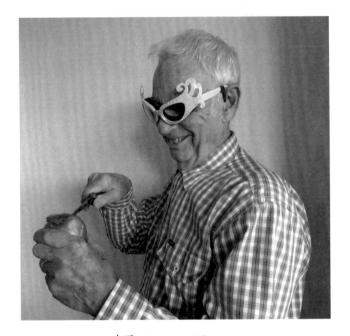

来源：Veronica Selinger。

切洋葱催泪过程如下：

①当我们切洋葱时，催泪因子合成酶会释放到空气中。

②合成酶将洋葱中的氨基酸硫氧化物转化为次磺酸。

③不稳定的次磺酸自身重排成硫代丙醛–S–氧化物。

④硫代丙醛–S–氧化物进入空气，进而接触到我们的眼睛，而泪腺受到刺激就会产生眼泪！

⑤所以，给自己买一副洋葱护目镜吧。那样可以防止挥发性化学物质接触眼睛，并能利用这些化学物质阻止那些因饥肠辘辘而问东问西的晚餐客人。

来源：BillionPhotos.com/Adobe Stock。

尤其要小心热的法式洋葱汤。清澈、水润的汤底比浓汤更能保温，并且这种保温作用通过漂浮的不挥发油层得到增强。你的嘴可能会被严重烫伤，而你的晚餐伙伴却因选择了丰盛的蔬菜肉汤安然无恙。

那是为什么呢？出于同样的原因，在热水瓶里，茶相比汤可以保温更久。化学家将相同质量的不同材料所能容纳的热量标记为比热容。水的比热容为 4.18 J/(g·℃)，而浓汤的比热容约为 2.7 J/(g·℃)。

浓汤含有大量的固体物质，包括淀粉、脂肪和纤维素。所有这些物质的比热容都比水的比热容低得多，因此它们比放在同一容器中的茶冷却得更快。同样，热土豆也会保持高温，因为它的水分含量很高，特别是用厚烧烤纸隔热的话。

说说面包

面包的商业化生产已经成为一项非常复杂的业务。我们将重新讨论本书早期版本中的一个问题，即由肌醇或其衍生物肌醇六磷酸引起的问题（图 6.3）。它能螯合一些重要的矿物质，如锌、铁、钙和镁；但这些矿物质在消化过程中却难以获得。传统的缓慢发酵和使面包

"膨胀"的过程，给微生物降解肌醇六磷酸盐提供了时间。从这方面来讲，全麦面包比白面包"更糟"，因为它含有更多的肌醇六磷酸盐。

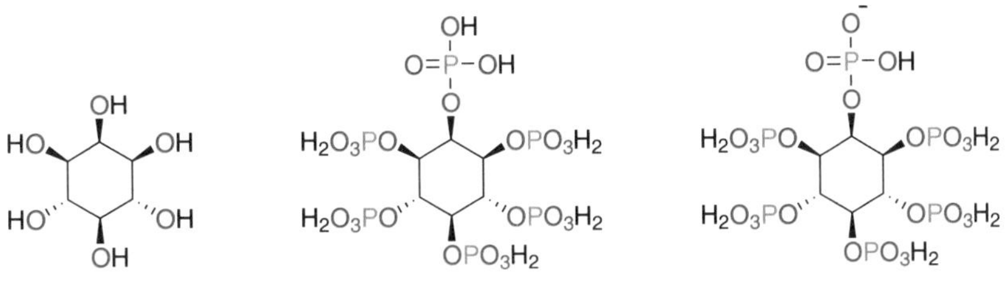

图 6.3　肌醇及其衍生物

主菜：牛排和蔬菜

肉，像刨花板一样便宜

一道带着滋滋声的三分熟的上等烤牛排正在上盘。牛排外面是棕色的，里面是红色的。主人说肉很便宜。

餐桌上的讨论集中在这个烤过的食物是不是用谷氨酰胺转氨酶（TGS）从较小的边角料中"粘"出来的肉。这个过程类似于用木屑再造木材。从边角料中提取有价值的东西并不是什么新鲜事，但首先要包括各种各样的合法生产辅助手段，并且结果也要显而易见。那吃这个会不会是个大错误？

谷氨酰胺转氨酶是一种天然酶，即使它在市场上是从一种细菌即链霉菌中产生的。在我们的身体里，谷氨酰胺转氨酶有助于血液凝结、皮肤愈合。酶的工作原理是催化一个蛋白质链（在一块肉中）中的赖氨酸与另一个蛋白质链（在另一块肉中）上的谷氨酰胺的连接（图6.4）。对于有创造性的肉商来说，它可以成为一条无缝的胶合线。

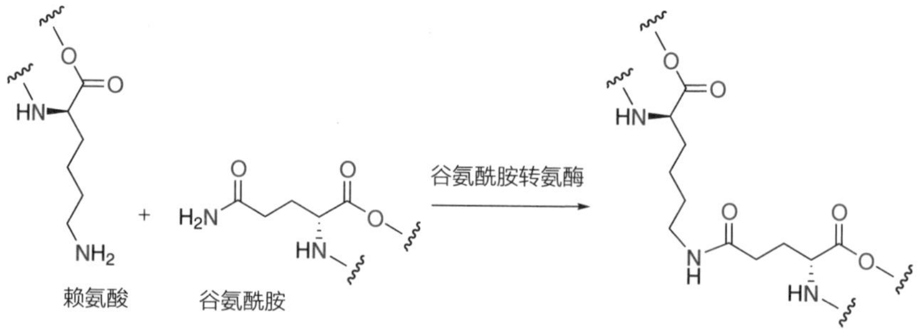

图 6.4　谷氨酰胺转氨酶有助于赖氨酸和谷氨酰胺之间形成酰胺键

最大的谷氨酸钠生产商之一——"味之素"（Ajinomoto），也是谷氨酰胺转氨酶的主要生产商。也许他们就是受谷氨酸钠的启发去开发这个产品的。

TGS 成为分子美食宝库的一部分，并在赫斯顿·布鲁门塔尔（Heston Blumenthal）的肥鸭餐厅提供的餐食中"脱颖而出"，其中各种来源的蛋白质以最奇特的方式搭配在一起。但是，如果你想自己动手做，只需拿一些肉，在上面撒些白色的"魔法粉末"，再将其放在一张塑料布上以紧紧地卷成管状，冷藏几个小时，然后打开包装即可。以量定价！

但是，这确实存在安全问题。肉块的表面容易被污染，而其内部却没有细菌。如果肉是由许多表面"粘"在一起的，然后又没有进行正确的烹调，那么你将会有非常痛苦的体验。

根据《澳大利亚食品标准规范》（Australian Food Standards Code）中关于加工助剂的规定，允许使用 TGS 作为加工助剂。如果消费者买到没有正确标注或具有欺骗性标注的成形肉或合成肉（例如，将未经处理的成形肉或合成肉标记为牛排），消费者会受到《澳大利亚消费者法》（Australian Consumer Law）的保护。但是你怎么知道这一情况呢，尤其是在像肉饼这样的餐点里？

将烤土豆作为配菜

土豆皮呈现绿色警示着其表皮下有毒。这种绿色不过是叶绿素在土豆内的积聚，但这显示土豆内含有无色糖苷生物碱（茄科植物中常见的有毒化合物）。土豆、番茄、辣椒、烟草和颠茄，都含有糖苷生物碱。植物使用这些化学物质作为杀虫剂和杀真菌剂。

不过，食品记录中导致人类生病或死亡的唯一的糖苷生物碱是由土豆产生的，如 α-茄碱和 α-卡茄碱（图 6.5）。不幸的是，我们的烹饪方法中没有一个能够降低其含量。

茄碱的致死量很难确定，而且随着受害者年龄的变化而变化，但建议每千克体重在 2 ～ 4 mg，与马钱子碱（每千克体重在 1 ～ 2 mg）致死水平相当。

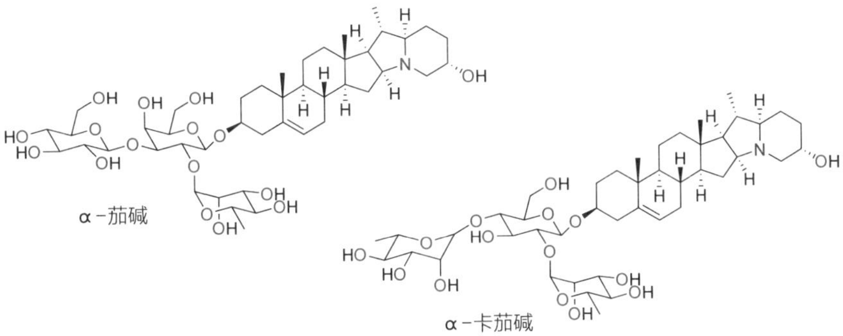

图 6.5　土豆中有毒的糖苷生物碱 α-茄碱和 α-卡茄碱的结构

适当种植和储存的土豆中的茄碱含量一般在 20 ～ 100 mg/kg。受压力影响的块茎中茄碱含量更高，并且具有生物碱的典型苦味（例如，在奎宁水中发现的奎宁）。

假设每千克体重的茄碱平均毒性限值为 3 mg，则对于 78.5 kg 体重的人来说，其毒性限度在他们摄入约 236 mg 的茄碱后就达到了极限。如果他们以含 100 mg/kg 茄碱的正常上限吃土豆，那么在他们摄入 2 ～ 3 kg 土豆后，就会中毒。在读取毒性数据时要当心，不要将 mg/kg（食物）与 mg/kg（体重）混淆（有关 LD_{50} 的说明，见第 2 章）。

安全和天然对等吗？

土豆是我们重要的食物之一。关键的是，天然并不等同于安全，并且安全和不安全水平之间的差异往往比天然物质与合成物质之间的差异更小。为什么？因为对于合成物质，我们研发它们时就使其在安全和有毒之间保持很大的差距！

有人担心在怀孕期间摄入茄碱有危险——这些问题还没有得到解决。

经验教训：

①安全和不安全级别之间的差异可能很小。当报告药物时，该比率被称为治疗指数（见第9章）。

②诸如天然的和有机的这类术语并不能保证安全。植物使用毒药来防御天敌，其中也包括你。茄碱是植物用来对付试图吃掉它们的生物的许多毒物之一。

> 可通过辐照来延缓土豆发芽并防止其变绿。尽管绿色的叶绿素已经停止产生，但茄碱的产生很可能没有停止，因此留下了有毒物质，但没有任何警告信号。这可不是明智之举！

毫无疑问，天然的并不总是最好的。霉菌同时产生青霉素和黄曲霉毒素（无论是天然的还是合成的，后者都是迄今为止发现的最具致癌性的化学物质之一）。

另外，"人造"食物也不全是有害的。难道用香草豆制造香兰素比用软木质素制造的更天然吗？在实验室中用一种来自煤焦油前体的物质生产与天然性质相同的合成香兰素，难道是反天然的吗？商用抗坏血酸（维生素C）几乎完全是由葡萄糖合成的，尽管在这个过程中的关键步骤需要用醋酸杆菌进行微生物反应。事实是，即使是像蓝莓这样的超级食品，也完全是由各种化学物质组成的！请注意，对羟基苯甲酸甲酯在许多消费品中作为防腐剂使用，有很坏的名声。它在蓝莓中的含量（图6.6），是除新鲜空气外列出的所有其他成分中最低的。

水（84%）、糖（10%）[其中包括果糖（48%）、葡萄糖（40%）、蔗糖（2%）]、纤维素E460（2.4%）、

氨基酸（<1%）[其中包括谷氨酸（23%）、天冬氨酸（18%）、亮氨酸（17%）、精氨酸（8%）、

丙氨酸（4%）、缬氨酸（4%）、甘氨酸（4%）、脯氨酸（4%）、异亮氨酸（3%）、丝氨酸（3%）、

苏氨酸（3%）、苯丙氨酸（2%）、赖氨酸（2%）、甲硫氨酸（2%）、络氨酸（1%）、组氨酸（1%）、

胱氨酸（1%）、色氨酸（<1%）]、脂肪酸（<1%）[其中包括ω-6脂肪酸: 亚油酸（30%）；

ω-3脂肪酸: 亚油酸（19%）、油酸（18%）、棕榈酸（6%）、硬脂酸（2%）、棕榈油酸（<1%）]、

灰分（<1%）、植物甾醇、乙二酸、E300、E306（抗氧化剂）、维生素B₁、

色素（E163a、E163b、E163e、E163f、E160a）、调味剂（乙酸乙酯、3-甲基丁醛, 2-甲基丁醛、戊醛、

丁酸甲酯、辛烯、己醛、癸醛、3-蒈烯、柠檬烯、苯乙烯、壬烷、3-甲基丁酸乙酯、己二酮、羟基芳樟醇、

芳樟醇、乙酸松油酯、石竹烯、α-松油醇、α-松油烯、1,8-桉叶素、柠檬醛、苯甲醛）、对羟基苯甲酸甲酯、

1510、E440、E421和新鲜空气（E941、E948、E290）等

图6.6 纯天然蓝莓的成分

来源：James Kennedy，http://jameskennedymonash.wordpress.com/。

请把盐递给我好吗？

盐的一个主要问题是：只要有微量的水分，立方晶体就会结块，盐就不流动了。而与之相反的是其中的干燥剂（约0.5%），例如一系列碳酸盐（食品添加剂500～504）、硅铝酸盐或黏土。

改变盐立方晶体的形状（化学家称为构型），使其转变为无法大而平地堆积在一起的形式，是更明智的选择。盐通常会结晶成立方体，但长期以来，人们已经知道，如果杂质被吸附到快速生长的晶体（例如尿素）的表面，就会形成八面体晶体而不是立方晶体，并且黏着性会降低。添加亚铁氰化钠或亚铁氰化钾［$K_4Fe(CN)_6 \cdot 3H_2O$］（食品添加剂535或536），使其含量超过13 mg/kg，似乎也可以达到目的。

为了隐藏"氰化物"这个词，美国用老式的说法称其为"黄血盐"；而在英国，他们使用的是 IUPAC 命名的名字——现代的"铁氰化物"。阿加莎·克里斯蒂（Agatha Christie）的粉丝不会被愚弄，因为他们意识到普鲁士酸盐来自普鲁士酸，也就是氰化氢！但是，亚铁氰化物是无毒的。

卫生当局认为，食盐中需要某些添加剂来对抗日常饮食中某些微量元素摄入量的不足。碘化钾（约 0.01%）就是作为甲状腺激素的营养成分而添加的（缺碘会导致甲状腺肿）。然而，碘化物中的碘离子会在空气中被氧化成碘分子，然后通过升华而流失（从固态到气态而不变成液态）。曾经，硫代硫酸盐被用作稳定剂，但现在通常是用葡萄糖（一种还原性糖）。是的，你的盐里可能有糖哦！

因为碱性条件可以防止氧化，所以食盐中也可以添加碱，例如碳酸氢钠或磷酸盐；但通常用碘酸钾代替。

里面有大蒜吗？

一位著名的加拿大教授（可能有些年长）的妻子问道："我发现（我不想说是怎么发现的！）我可以通过摩擦厨房的铬合金水龙头，除掉手上的大蒜味。我想知道为什么会这样。"

古埃及人崇拜大蒜，希腊奥林匹克运动会的运动员咀嚼大蒜。大蒜被认为是阻止吸血鬼入侵的必需品！据说大蒜有助于杀死细菌，保持心脏健康，预防咳嗽和感冒。但这一切都是有代价的，即让你变得很臭。

正如前面讨论过的芦笋一样，其挥发性的有气味的化学物质是臭鸡蛋味气体的"大哥哥"。该有机物分子中存在一种变化的硫和氢的结构，从医学和社会学角度来说，正是这种结构赋予了大蒜强大的药效。大蒜、洋葱和韭菜都属于同一个科，它们产生的化学物质也大致相同，但含量极少。它们既令人愉快，又可能有益健康，于是自然而然，我们的天然治疗师迫不及待地提取并浓缩它们。应该越多越好吧？大蒜药丸是最畅

销的药品之 。

对市售大蒜药丸的分析表明，其中大蒜素（最具知名度的活性成分）的浓度是大蒜中的 18 倍！粉剂似乎比营养片剂要好。除臭或烹饪会破坏大蒜素及其同类物质（图 6.7）。

图 6.7　（左）大蒜素；（右）大蒜

来源：（右）Dubravko Soric/Flickr。可在知识共享署名 2.0 国际许可下使用 https://creativecommons.org/licenses/by/2.0/，来自 https://flic.kr/p/6MczLB。

你知道前面那位女士提出的问题的答案了吗？那就是我们在第 1 章中已经谈过的有关硬和软的概念。用沾有大蒜味的手指摩擦铬合金水龙头，铬可以捕获大蒜中的硫并让其从手指上脱离。对于较为谨慎和高端的客户而言，银质烛台可以达到相同的效果，尽管银器变黑的现象可能会暴露行迹。

甜点：水果沙拉和冰激凌

多汁的水果

20 世纪初（1910 年），加勒比海群岛的农民发现他们的香蕉储存在橘子旁边时成熟得更早；而 1912 年，一个加利福尼亚的杂货商发现放置在煤油炉旁的绿色柑橘变成了黄色，但不幸的是它们并没有成熟。20 世纪中期，汽车尾气对悉尼中央商务区街头的水果摊贩的水果造成了同样的影响。在古埃及，人们将无花果切下来，并在其表面涂上它自己的汁液，以便其早点成熟——这一做法在地中海地区依然盛行。

现在我们知道一种非常简单的气体——乙烯,它是一种天然催熟剂,在任何情况下,百万分之一左右的极低浓度水平即可起作用。表现出可由乙烯诱导成熟特征的植物被称为呼吸跃变型植物(包括杧果、梨、油桃、桃子、牛油果、木瓜和西红柿)。苹果会在长时间内产生乙烯(除了小青苹果和富士苹果);香蕉产生乙烯的量巨大;百香果产生乙烯时又快又多,但只在短期暴发。香蕉在绿色时即被采摘,冷藏或装在含有去除乙烯化合物的袋子里。然后,在出售前几天,用"毒气攻击"使其成熟(图6.8)。当香蕉自然成熟时,它将25%(按质量计)的淀粉和1%的糖转化为20%的糖和1%的淀粉(损失归因于其呼吸作用)。但淀粉味香蕉,会在放气时间不恰当时出现。

图6.8 (左)香蕉;(右)乙烯

来源:(左)Sailorr/Adobe Stock。

你可以用一种水果来催熟另一种水果,方法是把它们放在一个纸袋里(而不是塑料袋,因为塑料袋会让二氧化碳累积起来,从而减缓水果成熟的速度)。试试把一个成熟的香蕉和一个硬桃子放在一个纸袋里,桃子应该比在长凳上更快成熟。

冰激凌

冰激凌是通过冷冻保存的泡沫。在显微镜下可以看到四个不同的相:①乳脂固体球;②空气(孔隙),大小不超过0.1mm;③微小的冰晶,由纯水冷冻形成;④含有浓缩糖、盐和悬浮乳蛋白的水。

冰激凌中空气含量越多，尝起来越柔软、越温和；乳脂越少，冰晶越大，质地越粗糙，口感越冷。乳化剂和稳定剂可以掩盖低脂特征，并能赋予产品黏性。

如果冰激凌存放在一个温度范围过大的冰箱里，那么部分融化会导致较小的晶体融化，而再次结冰会导致较大的晶体生长（这相当于在第 3 章中讨论的小气泡吹大大气泡）。由部分解冻导致的结构粗化，也可通过乳糖结晶而产生（图 6.9）。这种情况往往在碟中或在舌头上的冰块融化后持续存在。乳糖只存在于牛奶中，可溶性只有蔗糖的十分之一。

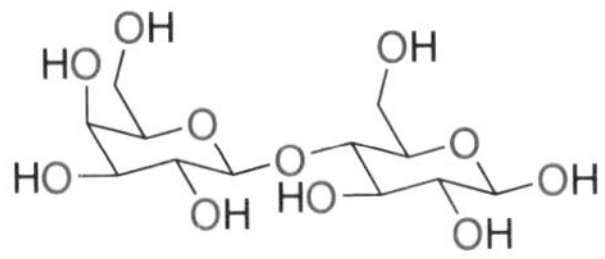

乳糖

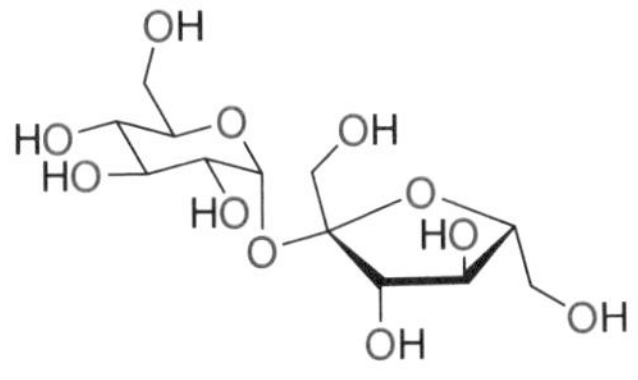

蔗糖

图 6.9 乳糖（牛奶糖）和蔗糖（甘蔗糖）

晚饭后：巧克力和一杯饮料

巧克力

巧克力及其相关的产品始于可可树的紫色果实，即可可豆（*Theobroma cacao*）（图 6.10）。在古希腊，"Theos"等于"上帝"，"broma"等于"食物"，该果实曾被认为是"上帝的食物"。

可可豆被收集起来堆积在一起，用叶子覆盖，然后通过真菌和天然存在的酶的作用进行发酵。这个过程将杀死豆子的胚芽，去除附着的果肉，改变其味道和颜色（现在是棕色）。这些豆子干燥后就可以出口了。

图6.10 （左）可可果；（右）摘自可可树的烘干后的可可豆

来源：（左）sbgoodwin/Adobe Stock；（右）Deyan Georgiev/Adobe Stock。

为了制造巧克力，可可豆要经过烘焙和一系列复杂的研磨过程。研磨的热量融化脂肪，产生巧克力液（可可浆），其中含有约55%的脂肪、17%的碳水化合物、11%的蛋白质，以及单宁和灰分。可可碱是一种与咖啡因有关的兴奋剂生物碱（图6.11），根据其来源不同，其含量一般为0.8%～1.7%。可可豆也含有咖啡因，但含量要少得多。凝固的浆液形成了适于烹调或烘焙的苦的巧克力。从可可浆中除去的脂肪是可可脂，它主要由甘油三酯组成，其中中间脂肪酸为油酸，两种外部脂肪酸为饱和脂肪酸，通常为硬脂酸或棕榈酸。在牛油中，这种排列方式是相反的：占优势的甘油三酯的内部含有饱和脂肪酸，外部含有不饱和脂肪酸。尽管可可脂和牛油脂肪的总脂肪酸组成非常相似（尽管可可脂比任何动物脂肪都更饱和！），但是两者的甘油三酯组成却有着显著的不同，它们的物理特性也是如此。可可脂的简单组成导致了一个相对清晰的熔点，即30℃～35℃，正好适合在口中融化。关于用酯化脂肪代替昂贵的可可脂的相关介绍，请参见第5章。

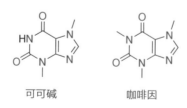

可可碱   咖啡因

图6.11 可可碱和咖啡因

各种添加剂，特别是山梨糖醇酐脂肪酸酯，被用于控制人造巧克力的结晶和相变。

脂肪团看起来像一个灰色的霉状涂层，是由小脂肪液滴聚集成较大的液滴（大约 5 mm）形成的（见第 3 章）。这是由恶劣的储存条件造成的，但味道不受影响。

咖啡？

1732 年，巴赫（Bach）创作了一首有关咖啡的乐曲，并配以歌词，如"嘿哟，向你致敬，咖啡；嘿哟，向你致敬，祝福万岁"。但在同一世纪，瑞典国王古斯塔夫三世（Gustav Ⅲ）确信咖啡有毒，所以他让一个杀人犯每天喝一杯咖啡——判处他死刑。作为对照，他赦免了另一个杀人犯，但要求他每天喝一杯茶。两名医生被指派记录这两人身体变化情况，以及他们的死亡时间。这项道德上堪称典范的科学实验的结果如下：医生们最先死去，接着是古斯塔夫国王被谋杀，然后那位饮茶者在 83 岁时去世，而那个被处以喝咖啡死刑的人在他们所有人中活到了最后。

无咖啡因咖啡

世界上三分之一的人口以这样或那样的方式消费咖啡。用有机溶剂萃取咖啡因而生产无咖啡因咖啡是由德国 HAG 公司（图 6.12）在 20 世纪初引进的，但后来人们开始关注萃取过程中使用的残留溶剂二氯甲烷。

图 6.12　一辆仍在悉尼有轨电车博物馆（坐落于悉尼的洛夫特斯）里运行的有轨电车上刊登的无咖啡因咖啡的广告（该电车在 20 世纪 50 年代投入运营）

来源：Ben Selinger。

许多其他方法已被用来取代有机溶剂的使用，包括瑞士水脱咖啡因工艺。

最具创新性的方法之一，就是回收我们最喜欢的温室气体。我们熟悉的二氧化碳，通常以气体和固体形式（干冰，-78.4℃）出现。我们通常看不到液态二氧化碳，因为它只在高压下才存在。但是当它以液体的形式存在时，它是一种神奇的溶剂。

物质相图告诉你某物质什么时候是固体、液体或气体，如图 6.13 所示。还有一种状态是超临界流体，它既不是气体也不是液体，而是介于两者之间的状态（见附录 5）。

二氧化碳的液体、气体和超临界流体相交会的临界点发生在大约 31℃和 73 个大气压下。在相图的淡紫色区域，二氧化碳是一种超临界流体，并被证明是一种非常有选择性的溶剂——可用它从咖啡豆中提取咖啡因，而咖啡豆的味道和香气几乎没有改变，而且没有有毒溶剂残留。这给我们带来了无咖啡因咖啡，并且提取的咖啡因可用来做止痛剂和可乐饮料。

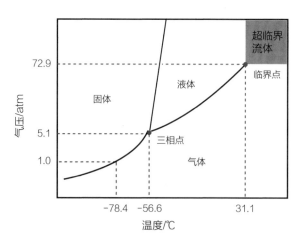

图 6.13　二氧化碳相图

这种技术还有很多其他应用的例子。可以从烟草中提取尼古丁，然后添加到口香糖、皮肤贴片或电子香烟中，让吸烟者在没有致癌焦油的情况下，感受尼古丁的效果。

烘咖啡豆

我们在厨房遇到了美拉德反应。在烘焙咖啡时，该反应也是很重要的。烘烤时间越长、温度越高，美拉德反应产生的产物越多（见第5章、附录8），因此产生的改变豆子原有风味的化学物质也越多（图6.14）。优质的咖啡豆经过稍微烘焙以保持原有的风味。较差的咖啡豆需要经过较长时间的烘烤（颜色较深），以将更多的原始化学物质转化为其他物质，从而隐藏了豆子的来源及质量情况。

咖啡因、绿原酸（5-咖啡酰奎宁酸、3, 4-二咖啡酰奎宁酸、3-咖啡酰基-4-阿魏酰基奎宁酸、5-对香豆酰奎宁酸）、咖啡醇、咖啡白醇、氨基酸、水溶性膳食纤维（半乳甘露聚糖和II型阿拉伯半乳聚糖）、半乳糖、阿戊糖、呋喃、吡啶、吡嗪、吡咯、醛类、类黑精、脂肪酸（亚油酸、油酸、亚麻酸）、灰分、甾醇类（4-去甲基甾醇、4-甲基甾醇、4,4-二甲基甾醇、α-生育酚类、β-生育酚类和γ-生育酚类）、香料 [2,3-丁烷二酮、1,3-戊二酮、1-辛烯-3-醇、2-甲基丙醛、3-甲基丙醛、2-甲基丁醛、4-甲基丁醛、己醛、反式-2-壬烯醛、甲硫基丙醛、甲硫醇、4-甲基-2-丁烯-1-硫醇、2-甲基-4-呋喃硫醇、5-二甲基三硫化物、2-呋喃硫醇、2-呋喃-甲硫醇、2-（甲基-硫醇基）丙醛、2-（甲硫基-甲基）呋喃、3, 5-二氢-4（2H）-噻吩酮、2-乙酰基-2-噻唑啉、4-甲基丁酸、4-羟基-2,5-二甲基-4（2H）-呋喃酮（呋喃醇）、2-乙基呋喃酮、4-羟基-4,5-二甲基-2（5H）-呋喃酮、5-乙基-4-羟基-4-甲基-2-（5H）-呋喃酮、2-乙基-4-羟基-5-甲基-4-（5H）-呋喃酮、2-甲氧基-苯酚、4-甲氧基苯酚、4-乙基-2-甲氧基-苯酚、4-乙烯基-2-甲氧基-苯酚、3-甲基吲哚、香兰素、2,3-二甲基吡嗪、2,5-二甲基吡嗪、2-乙基吡嗪、2-乙基-6-甲基吡嗪、2,3-二乙基-5-甲基吡嗪、2-乙基-3,5-二甲基吡嗪、3-乙基-2,5-二甲基吡嗪、3-异丙基-2-甲基-氧吡嗪、3-异丙基-2-甲氧基-吡嗪、2-乙烯基-3,5-二甲基吡嗪、2-乙烯基-3-乙基-5-甲基吡嗪、6,7-二氢-5H-环戊基吡嗪、6,7-二氢-5-甲基-5H-环戊基吡嗪、3-巯基-3-甲酸甲基丁酯、3-巯基-3-甲基丁醇]、矿物质（钾、磷、钠、镁、钙、硫、锌、锶、硅、锰、铁、铜、钡、硼、铝）等

图6.14 经过烘焙的纯天然咖啡豆的成分

来源：James Kennedy，http://jameskennedymonash.wordpress.com/。

一杯烘焙咖啡中的化学物质之一就是人体每天需要的维生素 B_3。在美国，由于人们认为该维生素与香烟有关，因此它被称为烟酸。

烘焙不会降低咖啡豆中的咖啡因含量，但会减少咖啡豆中的其他主要生物碱，如葫芦巴碱。这是一种保护豆科植物免受昆虫和真菌侵害的化学物质。这表明，用过的咖啡豆不太可能具有杀虫性能。

对花生过敏

对花生严重过敏的人的数量，以惊人的速度在增长，这可能是由于加工方法的改变。至于咖啡，提高烘焙温度会显著改变其化学成分。东亚人和西方人对食物过敏的范围大体上相同，但东亚人对于干烤花生过敏的发病率却是西方人的 2 倍。在东亚，花生通常是生吃、煮熟或油炸，而不是烤。

保密的咖啡师工作

对于咖啡师来说，将粉末的颗粒大小与提取过程相匹配是至关重要的。为了确保快速提取，大约需要 90℃的温度；但是将温度提高到接近沸腾的程度，就会提取出紧靠底部的不想要的苦味酸。煮熟的咖啡豆的挥发物会有新沏咖啡的香味，但这种香味在加热后就消失了。使用所谓的"冷酿"技术，可以避免这些香气物质的挥发损失。

浓缩咖啡机在高温高压下工作，提取和分解磨碎的咖啡豆，将细粉末悬浮在浓缩咖啡中。有趣的是，与普通咖啡相比，浓缩咖啡中的咖啡因和其他化学物质的含量反而更少。

咖啡的手勺检验

研磨好的咖啡可以在勺子上堆得非常高，但从冰箱里拿出来的就堆不高。有人提出了几种解释，其中一种解释是，研磨咖啡中的油在颗粒之间起黏附作用，就像沙堡中水对沙子的黏附作用（参见第 3 章和第 15 章相关内容）。在冰箱里，这种油被冻于咖啡中，只有在室温下才能重新发挥作用。陈年咖啡失去了很多油，也难以堆积。在煮制咖啡之前，请咖啡师进行手勺堆积检验以确定咖啡是否新鲜吧！

来源：MSPhotographic/Adobe Stock。

正是提取出来的脂肪使从浓缩咖啡机内流出的液体呈现黄褐色，并使杯子顶部呈现乳脂状的乳化层。咖啡品质取决于咖啡豆的脂肪含量，并在烘焙和煮制之间需要保持较短的时间。脂肪的独特作用使浓缩咖啡成为许多不同咖啡饮料的基础，如拿铁咖啡和摩卡咖啡。

猫屎咖啡

猫屎咖啡（Kopi Luwak）是由经过麝猫消化后的咖啡豆制作而成的。这种像猫一样的动物以成熟的咖啡果为食。猫屎咖啡可能不是每个人都喜欢的。从成堆的麝猫粪便中收集咖啡豆的画面并不经常在闲聊时被提起。然而，咖啡豆通过麝猫肠道时，由于蛋白质分解而导致美拉德反应增强，从而产生出更多的氨基酸——化学家对此很感兴趣。但它真的一千克值 1000 美元吗？图 6.15 展示了猫屎咖啡的广告，这是著名的麦斯威尔咖啡广告语"滴滴香浓"（Good to the last drop）的翻版。

图 6.15 猫屎咖啡广告调侃另一个著名的咖啡品牌麦斯威尔

来源：改编自 2004 年 10 月 16 日的《新科学家》（*New Scientist*）杂志第 45 页。

或者你更喜欢茶?

"普鲁登丝（Prudence）喝干了她鸡尾酒中的丁醇、异戊醇、己醇、苯基乙醇、苯甲醇、咖啡因、香叶醇、槲皮素、3-O-棓酰基表儿茶素和3-O-棓酰基表棓儿茶素。她感觉到深棕色的液体在她嘴里流动，于是急切而感激地把它吸进去。化学混合物渗入她的身体，令她感受到温暖和镇静的舒适感。她知道这些效果，她靠在椅子上，发出一声长长的、平静的叹息。她的胳膊和空杯子一起倒在桌子上。'再来点茶，普鲁登丝?'诺姆（Norm）说。"（图6.16）

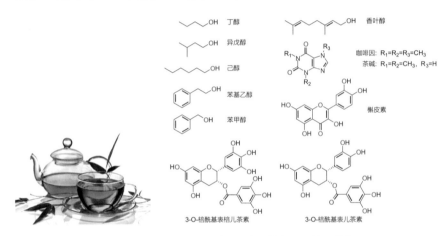

图6.16 （左）一杯提神的茶和（右）茶中的一些化学物质

来源：（左）gtranquility/Adobe Stock。

茶，通常来自茶树，含有咖啡因。每杯茶含有约1 mg活性更强的茶碱，而可可则含有约250 mg活性较弱的生物碱（可可碱）。植物把这些化学物质作为天然杀虫剂储存起来。

正是英国人从绿茶到红茶的喝茶习惯的转变导致了牛奶被添加至茶中。牛奶蛋白（酪蛋白）和茶中的单宁发生了一种反应，并将其锁住，从而使冲泡的茶不那么涩。茶的味道在世界范围内吸引人们进行了数十年的引人入胜的化学研究。

顺便说一句，有多少反氟化活动人士意识到茶是饮食中主要的氟化物来源？事实上，过量饮茶会导致一种叫作氟骨症的骨骼疾病。

咖啡因会在肝脏内进行新陈代谢，半衰期（把体内咖啡因含量减至初始值一半的时间）为 3 ～ 4 小时。吸烟和其他任何增加肝脏中的所谓"混合功能氧化酶"活性的活动都会提高其去除率。在怀孕后期，妇女的咖啡因代谢速度会大大减慢，这种影响与内分泌功能有关。妇女在怀孕期间似乎会本能地减少咖啡因的摄入量。与许多其他药物不同，咖啡因的摄入量是由人们自我调节的，所以大多数人喝足量之后就会停止饮用咖啡。

加奶加糖吗？

牛奶的成分随着乳汁需求量的增加而变化，但消费者却每周都需要一种一样的奶制品。因此，商家通过半透膜透析（类似于肾脏透析）分离出珍贵的乳清蛋白，并添加这种"渗透物"以保持超市中牛奶成分的恒定。

那么，"无渗透物"牛奶会让你失去珍贵的营养吗？好吧，可能它只是抢你的钱而已。然而，"渗透物"并没有消失！这种乳清蛋白浓缩后作为昂贵的"乳清蛋白补充剂"，会在健身房和健康商店出售。所以你需要花更多的钱。

这就是乳清，太复杂了！

来源：Michael Selinger。

糖在 5000 年前就在印度被人们所知，作为印度早期的甜食之一。在印度，糖的名字为"khandi"；而在现代的美国，其对应词是"candy"。糖果与珠宝和香水一起成为最早的"礼物"。然而，罗马人并不知道糖，他们用蜂蜜制作糖果。不过，他们确实发明了第一种人造甜味剂——"sapa"（因此而得名"sapor"）。其制作方法是将葡萄汁倒在铅锅中煮沸，得到浓缩的甜味糖浆（在使用其他水果时，这种糖浆被称为"defrutum"）。糖浆中含有铅盐，如醋酸铅（称为铅糖），其甜度与蔗糖的差不多。糖浆既可以使葡萄酒变甜又可以保鲜（铅盐可以杀死微生物）。但因为铅会影响大脑（见第 16 章），所以据说这种甜味剂（连同许多其他使用的铅产品）最终导致了罗马帝国的衰落。

甘蔗于公元 800 年左右在欧洲南部种植；甜菜种植时间更晚，大约在公元 1800 年。糖之所以渗透到欧洲人的意识中，是因为它甜美而昂贵，这促使早期的企业家在热带地区建立"奴隶帝国"。

糖有助于保存肉类和水果。它被用在软饮料中，因为它让人感觉水更"清爽"；被用在番茄酱和花生酱中，因为它具有"分离"特性——吃肥肉后能够去除口腔中的油。家庭食物中特意添加的糖的比率有所下降，但是直接添加到人造食物中的糖量却增加很多，甚至已经超过人体所需补偿量，因此人们对低热量甜味剂产生了兴趣（见第 19 章的"高糖量"实验）。

消化脱气

麦克白（Macbeth，莎士比亚悲剧《麦克白》主人公）喝完洋姜汤后说："喧嚣杂乱，言之无物。"也不尽然！但洋姜作为向日葵属中的一种，也因其散发的气味的效应而闻名。

18 世纪 70 年代，科学家、政治家本杰明·富兰克林（Benjamin Franklin）向布鲁塞尔皇家科学院提出了以下项目，以此作为他们提出的"有用科学"奖的一个问题：

"众所周知，在消化我们常见的食物时，人类的肠道中会产生或制造大量的屁。如果屁被排出并与空气混合的话，通常会使周围的人感到厌恶，因为有恶臭气味随它而来。因此，所有有教养的人，为了避免冒犯，强行抑制屁的自然释放。然而，如果这样压制下来，与自然背道而驰，不仅经常给人带来极大的痛苦，甚至会导致人在未来患上疾病，比如习惯性胆囊炎、疝气、气臌等。这些疾病往往会破坏体质，有时甚至危及生命。

"如果不是因为散发出来的恶臭味，彬彬有礼的人在同伴旁放屁的时候可能就不会受到任何限制，就像他们吐痰或者擤鼻涕一样。

"因此，我的获奖的问题是：研发出某种既有益健康又令人愉悦的药物，使其与我们的普通食品或调味料混合，令我们身体自然排放的屁不仅不令人讨厌，而且像香水一样令人愉快。"

答案不是试图掩饰输出，而是修改输入。人类的肠道不能消化某些中等大小的糖分子，如棉子糖和水苏糖，尤其是在豆类中发现的糖类（图6.17）。但是结肠中的细菌会猛烈攻击它们，以至于产生各种各样的气体，既有不讨人嫌的（二氧化碳、氢和甲烷），也有让人极其讨厌的［可能是硫化氢（臭鸡蛋味气体）、吲哚、臭氧和氨］。大约三分之一的气体是由细菌产生的，而另外三分之二的气体来自吞咽空气。氢气和甲烷都是易燃品，在结肠电灼术中会引起小型爆炸。

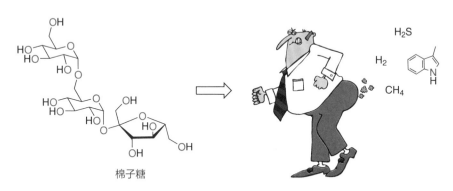

棉子糖

图6.17　食用棉子糖会导致细菌将其分解为气体

来源：（漫画）Dennis Cox/Adobe Stock。

氢气在空气中的爆炸极限是 4% ～ 74%，而甲烷的爆炸极限是 5% ～ 13%。

大多数人每天通过肛门排出大约 500 mL 的气体，但有记录显示，当志愿者的饮食中有一半是烤豆子时，这个量可高达每小时 168 mL。引起胃胀的胃气也向上释放。有趣的是，某些物质会放松胃部上方的括约肌，从而使气体朝上方释放。这就是中世纪的人们在饭后食用由香菜、茴香、茴香籽以及肉桂和肉豆蔻的种子做成的糖衣香料的原因。在英国，它们被称为蜜饯，印度餐馆也可以提供类似的糖豆。今天，饭后吃薄荷糖（作为甜品或利口酒）也遵循了这一传统。

对膳食的冥想

食品添加剂

欧洲经济共同体（EEC，后来发展为欧盟）在 20 世纪 70 年代初建立了一个简单合理的体系。每个添加剂都有一个代号：第一位是字母"E"，后跟三个或四个数字。作为澳大利亚国立健康与医学研究理事会（NHMRC）、食品标准委员会（Food Standards Committee）有史以来的第一位消费者代表，本·塞林格于 1974 年将欧洲经济共同体采用的体系提上议事日程，并表示强烈的支持。1983 年，经过十多年的消费者鼓动，NHMRC 最终向澳大利亚推荐了该体系（数字类似，但没有"E"）。添加剂按用途分组列出。只需按名称或编号下载最新列表，就能从澳新食品标准局（FSANZ，食品标准委员会的最新称呼）或国际食品法典中找到有关添加剂的更多信息。

你可以尝试从条形码上的初始编号中检查进口食品的原产国，或者确切地说是制造商注册的国家。然而，也有一些问题。网络上有无数批评使用特定代理的观点，解码器的销售也存在风险。我们的看法是怎样的？既然你这么问，我们认为添加剂在我们的大中型超市中既是必要的，同时也是懒惰的生产者偷工减料、降低成本、欺骗消费者（如肉胶）的一种方式。它们的重要性不一，从可以救命的防腐剂到着色剂和保水剂，人们更礼貌地称其为鱼和肉的水分控制器——它们的用途更加可疑。

有关农药和其他农业残留物的更多信息，请参见第 12 章和附录 4。确定产品中的水分含量，请参见附录 5 中的"迪安 – 斯塔克装置"。

抗氧化剂

氧气可以攻击不饱和脂肪并使其过氧化（两个氧原子通过单键连接）。这意味着带一个单电子的氧形成了自由基，该自由基具有很强的化学活性。自由基作用的一个例子即空气对亚麻籽油涂料（见第 13 章）的影响！空气中的氧气慢慢地把油变成了固体薄层，然而，这个过程还在继续，薄层最终完全分解。

在我们体内，这些自由基会攻击酶中蛋白质分子上的巯基（—SH）。它们破坏谷胱甘肽（重要的天然抗氧化剂）并攻击细胞膜。真是讨厌的小家伙！

然而，我们的身体也利用氧气作为武器。我们的细胞免疫系统产生氧自由基，这些自由基攻击入侵的微生物，并破坏它们的细胞膜。当我们将过氧化氢作为消毒剂使用时也是一样。

这才是精彩之处！氧气是一把双刃剑。植物和动物都已经开发出抗氧化剂来对付出现在错误地方的氧气产生的自由基。我们也可以通过吃大量的新鲜水果和蔬菜，以及使用它们的抗氧化剂——黄酮类（多酚）来获得额外的帮助。

黄酮类化合物代表了一大类相关的化学物质，包括可可中的儿茶素，因此真正的巧克力中也有儿茶素。黑可可巧克力中黄酮类化合物的含量约为 50 mg/100 g，而红茶中的含量约为 14 mg/100 mL。已鉴定出约 4000 种黄酮类化合物，并且它们还可以以各种方式结合形成新的黄酮类化合物。黄酮类化合物分为查耳酮类、异黄酮类、黄酮类、黄烷酮类、花青素类和花黄素类。

与其关系非常密切的单宁（多酚类，一种很好的抗氧化剂）衍生自黄酮类，它在茶和红酒中的含量很高。从树皮中提取的它们的精华用于皮革的自然鞣制。红酒、黑橄榄、葡萄籽、红三叶草和松树皮的提取物都可以作为延年益寿的灵丹妙药出售。但不要取消人寿保险哦！

不耐受与过敏反应

区分食物不耐受和食物过敏很重要。如果你对食物过敏，那么即使食用极少量的食物也可能引发严重的过敏反应。相反，如果你对食物不耐受，那么通常可以吃少量食物而不产生反应。

对食物不耐受与对食物过敏不同，因为对食物不耐受时，你的免疫系统未被激活。当身体无法处理某些类型的食物或成分时，通常会引发食物不耐受。这通常是因为人体无法产生足够的某种化学物质或酶来消化这种食物。它是一种对某种食物或成分的不良反应，每次吃这种食物时都会发生这种反应，尤其是在大量食用的情况下。

对食物不耐受会引起各种症状，这些症状可能在食用问题食物48 小时后出现。它们会或多或少地发生，以不同的速度发展，根据进食量而变化，并受到许多其他因素的影响。但食物之间的联系常常被忽视。

现在，食物过敏被广泛认为是身体的一种特殊免疫反应。它发生在对某些外来蛋白质具有易感性的人身上。对他们来说，这些蛋白质就是过敏原。过敏原包括花粉、尘螨、药品、宠物和食品等。当你对某物过敏时，你的免疫系统会过度反应并产生抗体（IgE）来攻击过敏原。这会导致其他血细胞释放更多的化学物质（包括组胺），这些化学物质共同引起过敏反应的症状。

最常见的食物过敏原出现在贝类、牛奶、鱼、大豆、小麦、鸡蛋、花生、水果、蔬菜和坚果（如核桃、巴西坚果、杏仁和开心果）中。一旦你对某种食物变得敏感，你的免疫系统就会在你下次食用它时产生更多的抗体，因此每一次的接触都会使症状变得更严重。

过敏反应的症状和延迟性可能因人而异。典型症状包括嘴唇、面部或喉咙肿胀，口唇发痒，呕吐，胃痉挛，腹泻，头痛，疲劳，易怒，花粉症，哮喘和皮疹。

天然食品化学物质

在许多不同的食品中都发现了会使敏感人群感到不适的天然物质。在日常饮食中摄入的这些物质越多，就越有可能发生过敏反应。专科医院网站上的图表会告诉你应该注意哪些食物。

水杨酸类是一系列植物化学物质，天然存在于许多水果、蔬菜、坚果、草药和香料、果酱、蜂蜜、酵母提取物、茶、咖啡、果汁、啤酒和葡萄酒中。它们还存在于调味剂（例如薄荷）、香水、带香味的洗护用品、桉树油和一些药物（阿司匹林是水杨酸家族的成员）中。

胺类来自蛋白质分解或发酵。奶酪、巧克力、葡萄酒、啤酒、酵母提取物和鱼制品中存在大量胺类。它们还存在于某些水果和蔬菜中，例如香蕉、牛油果、西红柿和蚕豆。

谷氨酸是我们体内所有蛋白质的组成部分，在大多数食物中都天然存在。当它以游离形式存在时，与蛋白质无关，能增强食物的风味。这就是为什么富含天然谷氨酸的食物（如西红柿、奶酪、蘑菇、肉类提取物和酵母提取物）被制作成许多膳食。

最容易引起问题的食品也是最美味的，因为它们的天然化学物质含量最高。对天然食品中的化学物质敏感的人通常也会对一种或多种常见食品添加剂敏感。现在，如果你真的想知道天然食品中的化学成分，那么没有比丹麦网站更好的地方了。

在以谷氨酸为基础的增味剂中，最常见的是味精。它是谷氨酸的单钠盐，是天然氨基酸之一（图 6.18）。它被用作添加剂，以增加汤、调味汁、亚洲烹饪菜肴和休闲食品的风味。

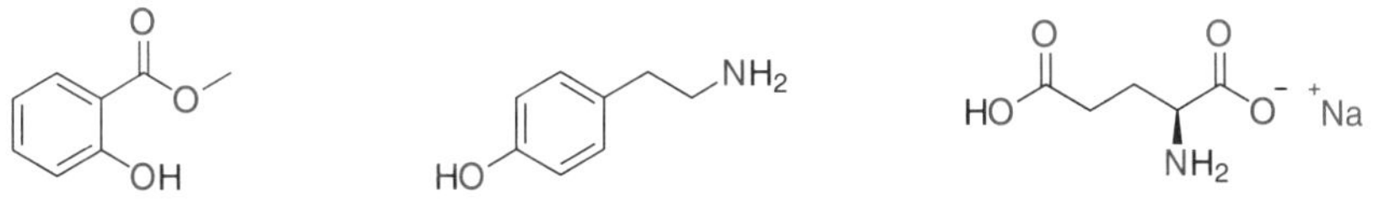

水杨酸甲酯　　　　　酪胺　　　　　　　味精
（薄荷气味）　　　（存在奶酪中）　　（一种天然的食品添加剂）

图 6.18　我们饮食中遇到的水杨酸、胺和谷氨酸的衍生物的例子

味精是由葡萄糖或蔗糖（来自任何廉价可用的碳水化合物，如糖蜜和木薯）发酵产生的，即在含氮的适当营养介质（如尿素）中，使用谷氨酸棒状杆菌进行发酵。这种产品为短而呈针状的晶体，看起来无光。它们闻起来像泡菜，尝起来味甜又有一点咸。尽管味精价格相对便宜，但经常还是会被外表与其相似的有毒硼砂晶体替换。硼砂是一种常见的非法添加剂，尤其是在 20 世纪 70 年代的亚洲常被使用（用于肉丸、鱼等中），因此，联合国教科文组织开发了一种适合当地理科学生的检测方法。这个问题在澳大利亚有时仍然很严重。（请参见第 19 章的实验"检测硼砂"。）

维生素

维生素（一度被认为是重要的胺类）可以参与广泛的生化过程，而人们通常仅仅公开它们对保持健康的主要作用。

维生素分为两类：过量很容易排出体外的水溶性维生素和较不容易排出的脂溶性维生素。对于身体健康的人来说，常规饮食可以提供足够的维生素（永远不会过量）。在没有医学原因的情况下服用过量的补充剂可能并且确实有害。维生素是催化剂，并不是越多越好。

维生素以连续字母命名，而不是用化学名称；因为大多数是混合物或前体化学物质，它们会被人体转变为实际的维生素。由于相同的原因，它们的剂量通常由国际单位 IU 给出，而不是以纳摩尔 / 升（nmol/L）或在美国以纳克 / 毫升（ng/mL）为单位给出。

根据上述定义，维生素 D 不是一种维生素。因为人体中大部分维生素 D 是通过阳光照射在皮肤上而作用于胆固醇的前体产生的，少数来自食物。这种维生素无生物活性，直到被肝脏中的酶羟基化，然后在肾脏中产生具有生物活性的钙三醇（图 6.19）。

我们也可以说维生素 D 是一种"激素"。如果维生素 D 水平过低，你就会患上"阳光不足综合征"。对于老年人来说，皮肤中维生素 D 的转化效率可能会显著降低。

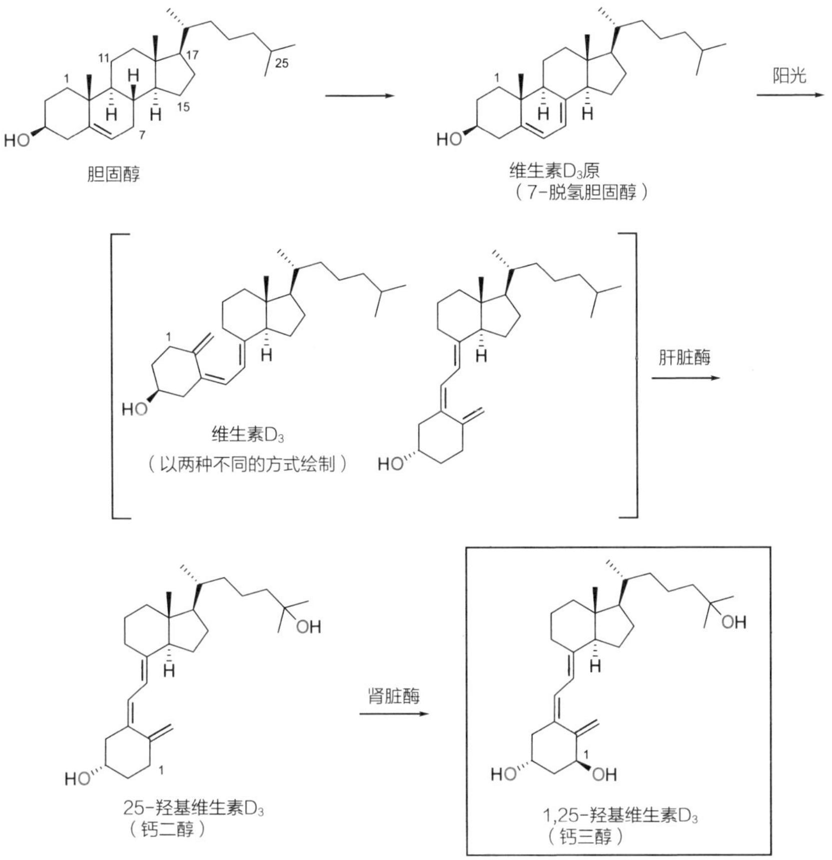

图 6.19　从胆固醇到具有生物活性的维生素 D₃、钙三醇的化学反应

在没有阳光照射的情况下，维生素 D 的建议摄入量为 400 IU/d（澳大利亚）、600 ～ 800 IU/d（美国）。最大耐受剂量为 4000 IU/d。对于天然化学物质，警戒摄入量和最佳摄入量之间的比值普遍仅为 10；但这对于合成添加剂来说是不能接受的。像所有脂溶性维生素一样，过量服用也是一个问题。

维生素 A 是另一类脂溶性维生素（图 6.20），储存在肝脏中。维生素 A₁ 不会自然产生，而是通过饮食，特别是水果和蔬菜，从维生素 A 原中提取。维生素 A₁ 可直接从基于动物的食品中获得，它转化的分子（视黄醇）可能很危险。曾有探险家因过量食用北极熊肝脏而死亡。然而，食用胡萝卜等有色蔬菜中的前体 β–胡萝卜素是安全的，因为人体只转换它所需要的。不过，你可能会变成黄色的！过量食用鳕鱼 / 大比目鱼的肝油（过量的维生素 A）会给人体带来严重的副作用，尤其是在女性怀孕期间。而鱼油就很好（维生素 A 含量极少）。

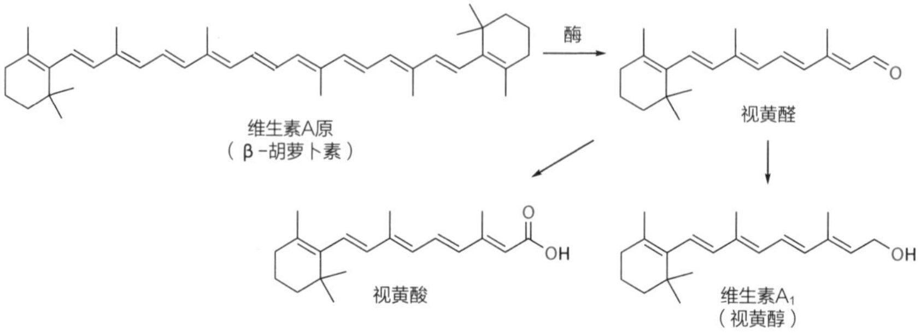

图 6.20　维生素 A₁ 实际上源自维生素 A 原

我们与果蝠、豚鼠、类人猿和黑喉红臀鹎（一种鸟类）一样，不能产生维生素 C（抗坏血酸），而是从水果中获得。维生素 C 是一种水溶性抗氧化剂，因此在食品加工中具有重要作用。一方面，作为抗氧化剂，它被添加到各种产品中，如啤酒和培根，所以它不能被列为维生素。另一方面，它会使人造煤焦油食用色素（偶氮类物质和三苯甲烷类物质）褪色，尤其是在阳光下；因此在使用这些色素时，维生素 C 不能被添加到食物（例如软饮料和冰激凌）中。

饮食

在餐厅里，最有争议的话题是关于各种不同饮食的争论。总的来看，肥胖似乎是由我们的基因和环境之间的相互作用引起的，也就是说，是由食物和生活方式造成的。将刚出生的同卵双胞胎分开抚养，结果表明，大约 70% 的肥胖是由基因决定的。

在过去的一百多年中，农业和食品技术的进步已使许多国家的粮食从有限供应转向过量生产。同时，医疗领域的进步使我们的寿命更长。我们的身体在遗传上适应这些变化的时间相对较少。一些人已经表现出了乳糖耐受性、唾液淀粉酶增加、基因拷贝数升高，并伴随一些其他的遗传适应性。然而，一些与肥胖有关的疾病已成为流行病。看来，随着年龄的增长，你似乎要在寿命更长和更健康之间作出选择。如果为了长寿，请选择高碳水化合物、低蛋白饮食。如果想更有活力（妈妈们，你们真的只想要 50 岁寿命的孩子吗？），请选择相反的选项。

> 高蛋白、低碳水化合物饮食会导致体内脂肪和食物摄入减少，但也会导致寿命缩短和心血管健康状况不佳。
> 低蛋白、高碳水化合物饮食可以延长寿命，改善心血管健康状况，但也会增加体脂。
> 低蛋白、高脂肪的饮食会带来最坏的健康结果。
> 来源：C. 罗德利（C. Rodley）所著《关于卡路里的真相》（The Truth about Calories），摘自《悉尼校友杂志》（Sydney Alumni Magazine）2014 年 7 月 15 日刊（http://sydney.edu.au/alumni/images/content/pdf/sam-july2014.pdf）。

主要的营养物质是独立调节的。饮食中一种营养素缺乏意味着要过量摄入其他物质，以提高其含量水平。摄入蛋白质是最主要的驱动因素，其次是碳水化合物。脂肪摄入不会引起饱腹感，继续进食会导致肥胖。

对中年人的许多研究表明，长期高蛋白、低碳水化合物的饮食与死亡率升高和 2 型糖尿病有关，尽管短期内有助于降低体重。

基本上，微量营养素是不受调节的，人们希望它们与食物一起出现。例外情况包括钠和钙，它们是通过特定需求来调节的。

最简洁的营养建议似乎是迈克尔·波伦（Michael Pollan）的"吃饭（而不是营养素），不要太多，主要摄入植物"。

拓展阅读

食品添加剂

http://www.foodstandards.gov.au/consumer/additives/additiveoverview/

http://en.wikipedia.org/wiki/List_of_food_additives,_Codex_Alimentarius

维生素

http://ods.od.nih.gov/factsheets/VitaminA-HealthProfessional

趣闻

http://en.wikipedia.org/wiki/Molecular_gastronomy

http://en.wikipedia.org/wiki/The_Fat_Duck

http://articles.latimes.com/2010/aug/13/news/la-heb-artichokesweetness-20100814

肉胶

http://www.foodmag.com.au/news/undeclared-meat-glue-used-in-countless-american-pr

咖啡

C. A. 斯科尔斯（C. A. Scholes）所著《完美的烘烤反应》（The Perfect Roast Reaction），摘自《澳大利亚化学》2014 年 10 月刊第 13 页。

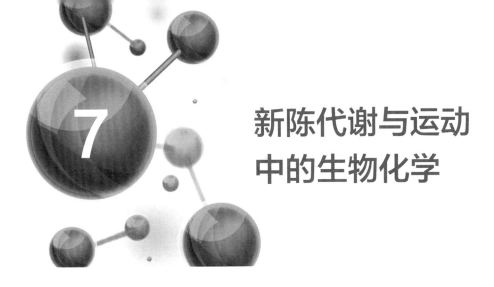

7 新陈代谢与运动中的生物化学

从快速回顾能量世界的主要参与者——碳水化合物和脂肪开始，我们探讨食物利用的化学过程，以及减肥时脂肪的去向。我们对比了糖尿病患者和运动员对血糖指数（GI）的看法。然后我们进入运动领域，检查我们体内的燃料来源和代谢方式。在这里，研究变得严肃而细致。到那时，我们已经汗流浃背了！

毫无疑问，消费者化学中最重要的部分与我们身体利用食物和处理其成分的方式有关。而更不容置疑的是这部分化学的复杂性，这一化学分支被称为生物化学。

生物化学的标志是反应路径图，如图 7.1 所示。这是生物化学的元素周期表。这张图的详细版本延伸到各个方向，你甚至可以把它当作一面大墙壁的壁纸来使用！

如果你想体验一下热闹（同时也很有教育意义）的生物化学过程，可以去看看哈罗德·鲍姆（Harold Baum）的《生物化学家歌集》[*Biochemists' Songbook*，1995 年由英国泰勒－弗朗西斯（Taylor and Francis）公司出版]。鲍姆博士授权加利福尼亚州立大学主办这些歌曲的录音事宜，你可以通过在线搜索找到它们。

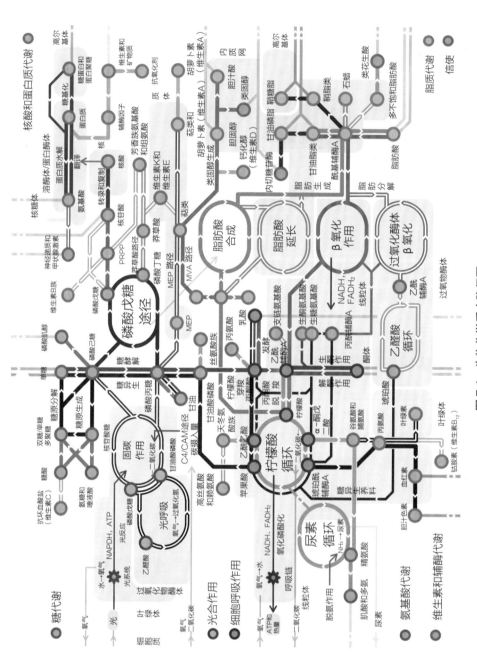

图 7.1 生物化学反应路径图

来源：Chakazul。可在知识共享署名 4.0 国际许可下使用（https://creativecommons.org/licenses/by-sa/4.0/deed.en，来自 https://commons.wikimedia.org/wiki/File:Metabolic_Metro_Map.svg）。

反应路径图的复杂性表明，我们的身体在从宽泛的或狭窄的摄入选择中获取几乎任何营养方面都是非常灵活的。正是由于这个原因，人类营养学领域才如此复杂且有争议。

食物的主要成分是碳水化合物、脂肪和蛋白质。通过氧化（冷燃烧）这些成分，能够给身体提供能量以驱动生化过程，进而驱动生命。产生的废物主要是二氧化碳和水，含氮物质主要以尿素的形式排出。

碳水化合物

顾名思义，碳水化合物的经验式是水合碳（CH_2O）。最简单且最常见的糖是葡萄糖、果糖和半乳糖（图7.2）。这些被称为单糖，而单糖可通过化学配对组成双糖。常见的双糖（来自甘蔗或甜菜）有蔗糖，由葡萄糖和果糖组成（图7.2）。具有较长的链的糖称为多糖。根据聚合物中单体连接的几何形状，葡萄糖单体链可以是易消化的淀粉或难消化的纤维素。当淀粉被分解后，就只剩下葡萄糖。嚼一会儿面包会产生一种甜味，这是因为唾液中的酶将一些淀粉转化成葡萄糖，从而开始了消化过程。

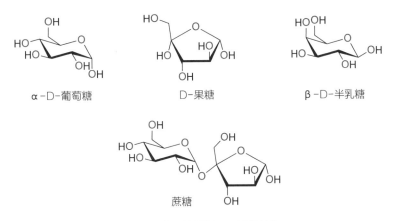

α-D-葡萄糖　　　　D-果糖　　　　β-D-半乳糖

蔗糖

图7.2　常见的单糖和双糖的结构

葡萄糖是身体的主要燃料来源，大脑就大量使用了这种燃料（不能使用其他任何燃料，一些特殊酮体除外）。人体的主要化学工厂是肝脏，

图 7.1 所示的许多生化转化过程都是在肝脏中进行的。它也是葡萄糖燃料以糖原这种葡萄糖聚合物的形式储存的场所。

肝脏处理葡萄糖和果糖的方式非常不同。葡萄糖循环进入能量生产工厂。血糖水平由来自胰腺的胰岛素控制，葡萄糖激活控制食欲的饥饿激素和饱腹激素。

与葡萄糖不同的是，果糖不会通过激活胰岛素反应而将其输送到细胞中作为能量使用。相反，它首先在肝脏中缓慢转化为葡萄糖。如果没有对葡萄糖的直接需求，它就会转化为甘油三酯（即脂肪）。由于转化为葡萄糖的过程缓慢，果糖的血糖指数很低（见下文），而且果糖不会激发胰岛素反应，因此它对控制糖尿病有积极作用——但会增加脂肪的产生。酒精（乙醇）也被肝脏以类似果糖的化学方式进行处理，因此，它也会增加脂肪，同时还会损伤大脑。

这太复杂了！所有关于饮食中过量添加果糖的作用的争论都源于此。只有精子能够直接利用果糖来为其提供能量。

血糖指数

优秀运动员和糖尿病患者有什么共同之处？两者都关注了吃不同的食物后葡萄糖在血液中积累的速度。但两者的想法恰恰相反：运动员通常想要快速释放葡萄糖，以获得即时能量；而糖尿病患者总是希望缓慢释放葡萄糖，这样他们体内低水平的胰岛素就可以应付。胰岛素帮助葡萄糖从血液进入细胞。

1981 年 3 月，加拿大营养学教授戴维·詹金斯（David Jenkins）博士在一篇论文中描述了一种实际测量摄入不同食物后葡萄糖在血液中释放速率的方法。

含有 50 g 可吸收碳水化合物的不同食物样品，以 50 g 葡萄糖的血糖释放量的数值为 100 来评估，其相对值（0 ～ 100）称为血糖指数（GI）。血糖指数表示葡萄糖的释放速度，指数大意味着速度快，指数小意味着速度缓慢。普通糖（蔗糖）和香蕉的血糖指数在 60 左右。大米的指数可能高达 94，但"Doongara"品种的大米可低至 54。而意大利面的可能更低，因为其淀粉结构不同。

然而，一个简单的指数可以涵盖许多复杂的情况。有人讨论为什么这个指数不是万能的，也有一些批评者提出了深思熟虑的论点。

脂肪和减肥

减肥意味着减少脂肪。减少脂肪意味着将其"燃烧"为二氧化碳和水（图 7.3）。

你每天呼出的二氧化碳最大量相当于你每天减掉脂肪的最大量。而呼吸中二氧化碳的量固定在 4% 左右，呼吸的自然水平决定代谢率（由你的活动所改变的静息代谢率的组合）。由于没有人每天呼吸超过 24 小时，在一定的活动量下减肥的唯一方法就是少吃。抱歉，这就是物质守恒定律。

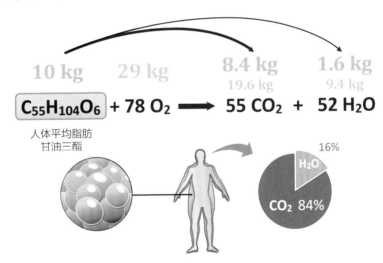

$$C_{55}H_{104}O_6 + 78\ O_2 \longrightarrow 55\ CO_2 + 52\ H_2O$$

图 7.3　当一个人减去 10 kg 脂肪时，会呼出 8.4 kg 的二氧化碳

来源：转载自鲁本·米尔曼（Ruben Meerman）和安德鲁·约翰·布朗（Andrew John Brown）所著《当一个人减肥时，脂肪去了哪里？》（When Somebody Loses Weight, Where Does the Fat Go?），摘自《英国医学杂志》349: g7257。

更多关于脂肪以及利用二氧化碳和氧气来监测能源消耗的讨论，在"测量燃料使用情况"一节中给出。

传统食物能量计算

米夫林（Mifflin）等式（下式）提供了目前我们每日所需能量的最佳估计数——基础代谢率（BMR），其约占我们每日所需能量的70%。这取决于你的体重、身高、年龄以及性别。身高162 cm、体重71 kg的38岁澳大利亚女性每天需要的能量为7249 kJ，而身高176 cm、体重85 kg的38岁男性每天需要的能量为7385 kJ。这些能量的大部分用于维持身体的渗透平衡，只有大约10%用于消化食物、呼吸和循环等机械过程。

$$BMR（kJ/d）= 4.184（10m + 6.25h - 5a + s）$$

式中，m为体重（kg）；h为身高（cm）；a为年龄（岁）；$s = 5$（男性）或 $s = -161$（女性）。

当用速率来表示时，我们实际上是在讨论功率（见下面的解释）。

我们利用的能量来自化学能，其储存在分子中，并通过化学反应释放出来。如前所述，当脂肪被摄入和消化时，它会发生化学反应，而储存在其化学键中的能量会被释放出来。摄入1 g脂肪会释放37 kJ的能量，这意味着上述女性平均需要摄入相当于196 g脂肪的食物才能维持基本的新陈代谢（表7.1）。

计算你的基础代谢需要多少能量，然后使用食品标签指南计算你每天可以消耗多少不同的食物。这可以以能量（J）或功率来计算，其中功率是每秒使用的能量，单位是瓦特（W）。

$$P = \frac{E}{t}$$

上式中，P为功率（W），E为能量（J），t为时间（s）。

表7.1　食物中营养物质提供的能量

来源	能量 /（kJ/g）
脂肪	37
乙醇（酒精）	29

来源	能量 /（kJ/g）
蛋白质	17
碳水化合物	17
有机酸	13
多元醇（糖、醇、甜味剂）	10
纤维素	8

来源：http://en.wikipedia.org/wiki/Food_energy。

我们现在可以计算出，澳大利亚人平均利用的基础代谢能量大约是 100 W（相当于一个钨丝灯泡的功率）。每小时消耗 8.3 g 脂肪、18 g 碳水化合物或 38.3 g 纤维素均可提供这些能量——这确实是一个非常少的量。如果推荐的每日可用能量显示女性的是 10 355 kJ，男性的是 10 550 kJ（假设平均值是 10 450 kJ），那么这些能量允许你进行除基本代谢需求外的正常活动。所需的能量是从我们吃的食物中获取的。包装上提供的营养信息是为了让你了解自己的能量消耗。表 7.2 对各种来源的可用能量做了比较。

表 7.2　各类食物的可用能量之和（相当于约 10 450 kJ 的每日摄入量）

来源	可用能量 /kJ	我可以吃多少？
汉堡	2060	5.1 个汉堡
软饮料（600 mL）	1080	5.8 L 软饮料
面包（100 g，半片白面包）	1040	30 片面包
巧克力棒（36 g）	694	15.1 根巧克力棒
苹果（340 g）	653	16 个苹果
花生酱（20 g）	542	19.3 份花生酱
土豆（100 g，煮熟的）	251	4.2 kg 土豆

来源	可用能量 /kJ	我可以吃多少？
生菜（55 g，一碗）	7	1492 碗生菜
水	0	任意量①

①短时间内过量饮水会致命！它会导致低钠血症（钠含量太少）。

从理论上讲，你为了甩掉一片吐司面包的热量而需要达到的运动量是如此之大，以至于表现不出运动在减肥中的作用。而实际的情况是，不同程度的运动会增加运动时或运动后的 BMR 值。在互联网上搜索"体育活动纲要"可以找到这些活动的汇编。

然而，节食可能适得其反。你的身体并不知道你已经决定节食，并会保护自己免受它认为的饥饿所带来的伤害。因此，它减缓代谢率，使你变得更节能。当你放弃节食时，身体的能量利用效率会降低；如果你恢复正常的饮食，你的体重会比以前增加得更快。

似乎每个人都对节食有一套理论，并且建议的饮食比时尚变化得更快。

充满活力的心

每一次心跳做功约 1 J。每一天，心脏跳动约 10 万次，从而做功 100 kJ 以推动血液循环。你以大约 100 W（100 J/s）的功率释放热量。在 20℃时，熵的产生速率为 0.3 J/(K·s)。

现在让我们来谈谈私人问题

假设你是一个 71 kg 的身材匀称的女性，正静静地坐在舒适的扶手椅上阅读这本精彩的书。当你处于静息状态时，你每秒消耗 5 mL 氧气（300 mL/min，18 L/h）。这种静息代谢率随脂肪储存量的增加而降低，并因压力和某些激素的刺激而增加。你的体重中大约有四分之一的重量是脂肪的重量，而你的瘦男伴体重的八分之一是脂肪的重量。所以你更节省能量。

消耗的氧气大约一半用于肌肉（心脏、肺和骨骼）的运动，20% 用于大脑（如果你需要努力思考，可能会消耗更多！），20% 用于肝脏（使这一切成为可能的化学工厂），7% 用于肾脏，随后被清理干净。

燃料处理

碳水化合物

碳水化合物以糖和淀粉的形式从食物中被摄取，然后转化为糖原储存在肝脏和肌肉中，并在需要时以葡萄糖的形式从肝脏中释放出来。你的肝脏储存大约 110 g 糖原（可提供 460 kJ 能量），你的肌肉储存 250 g 糖原（可提供约 1050 kJ 能量），而你的身体的其他部位储存约 15 g 糖原（可提供 60 kJ 能量）。你的肝脏每天分别向神经系统和血细胞中释放 144 g 和 36 g 葡萄糖，同时保持你的血糖水平在最佳的 5.5 mmol/L 左右。

脂肪

因为脂肪必须先分解成甘油和游离脂肪酸（FFA），所以人体不太容易从中获得能量。FFA 的单位质量能量是碳水化合物的两倍多（37 kJ/g 相比于 17 kJ/g，见表 7.1）。即使是最瘦的男性也至少有 3 kg 的脂肪。平均而言，皮下脂肪量为 7.8 kg（可提供 289 000 kJ 能量），而肌肉脂肪量为 160 g（可提供 5920 kJ 能量）。脂肪中储存的能量几乎是碳水化合物的 50 倍，但却很难被利用。

每 24 小时，你的"身体机器"在静息模式下将 160 g 脂肪转化为脂肪酸和甘油。甘油由肝脏转化为葡萄糖，而 FFA 燃料通过两种途径被利用。每天有 120 g 脂肪进入肌肉（但不能被大脑或神经组织利用），而其余的 40 g 转换为酮体（如乙酰乙酸），可被大脑利用。脂肪酸和酮体是心脏、骨骼肌和肾脏的主要燃料。酮体在饥饿和其他压力条件下尤其重要（但在剧烈运动时不能被利用）。

蛋白质

蛋白质必须首先被分解成它们的结构单元氨基酸，然后转化成葡萄糖，才能被用来提供能量。每天大约有 75 g 的肌肉蛋白在肝脏中被转化为葡萄糖。

这很好，但是你没有内燃机，怎么才能真正利用这些能量呢？你有一张用于能量转换的化学"智能卡"。

能量转换"智能卡"

人体不能直接利用食物能量。相反，这些食物成分被用来将一种化合物从"能量释放"状态——二磷酸腺苷（ADP），转换为"能量充电"状态——三磷酸腺苷（ATP），如图 7.4 所示。

ATP 作为可充值的"旅行借记卡"，储存少量的"钱"用于日常交易。当它被用完后，可以通过电子方式从"银行账户"进行重新充值。

对于碳水化合物，从 ADP 到 ATP 的转化主要有三种方法，其中两种是在无氧状态下进行的，一种是在有氧状态下进行的。

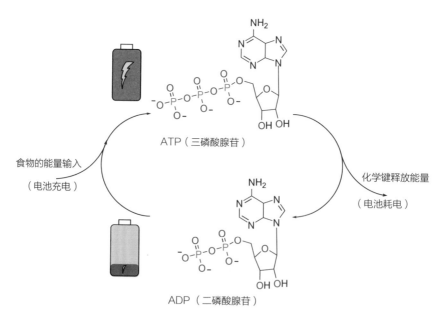

图 7.4　显示能量输入和输出的 ATP 到 ADP 的循环示意图

在缺氧的情况下，转化过程利用糖原将 ADP 转化为 ATP。糖原分子分解后，每个葡萄糖单位产生 3 mol ATP。

随着短时间启动加速过程（ATP-PC 系统），这种主要的无氧糖酵解使肌肉即使在氧气有限的情况下也能活动，并且在高强度运动的最初几分钟内占主导地位。糖原或葡萄糖被转化为乳酸。它在肌肉中积累（含量从 1 mmol/kg 到高于 25 mmol/kg），并减缓糖原进一步利用的速度，最终阻碍肌肉收缩。

利用氧气产生能量的系统涉及一个称为克雷布斯（Krebs）循环的化学反应循环系统，而这个循环系统又与另一个称为电子传递链的反应相耦合。在整个过程中，1 个糖原分子生成 39 个 ATP 分子（如果使用葡萄糖，则为 38 个），同时葡萄糖氧化为二氧化碳和水。

想想这对人体的可充电"能源借记卡"来讲意味着什么吧。体内只有大约 250 g 的 ATP（ATP、ADP 和磷酸盐之和）。静息速率约为 100 W，每天必须循环相当于 40 kg 的 ATP——大约是普通人体重的一半。这意味着每个 ATP 分子每天要循环超过 340 次——它是一个强大而智能的"智能卡"（如果算上 8 小时的重体力劳动，那么 ATP 的转化频率会上升到每天 800 次）。需要注意的是，食物燃料中只有 40% 的能量被捕获以形成 ATP，60% 被直接转化为热量（参见第 19 章的实验"空气中葡萄糖的氧化"）。

当脂肪作为能量的来源时，必须首先通过一种脂肪酶的作用，将脂肪酸从它们与甘油的结合中释放出来（我们在第 4 章中讲述如何去除衣服上的脂肪时讨论过）。FFA 随后会进入血流并扩散到肌肉纤维中。1 个典型的脂肪酸——棕榈酸（C_{16}）分子，可产生 129 个 ATP 分子。

根据不同的标准进行燃料比较

在以摩尔为单位的基础上，一个典型的脂肪分子产生的能量是碳水化合物分子的 3.3 倍（药剂师如是说）。

在以质量为单位的基础上（而不是以摩尔为单位），脂肪产生的能量是碳水化合物的 2 倍多（表 7.1，营养学家如是说）。

在能量密度和储存效率的基础上，脂肪是非常有效的。因为它是疏水性的，所以是"干式"储存的。相比之下，糖原是亲水的，并且是"湿式"储存的。生理糖原的 65% 是水。因此，实际上，身体脂肪的能量密度是碳水化合物的 6 倍（运动科学家如是说）。

在利用氧气的基础上（将氧气输入系统是有限制的），碳水化合物利用每摩尔氧气产生 6.3 mol 的 ATP，而脂肪是 5.6 mol，因此碳水化合物是高强度运动的首选。身体没有储存氧气的能力，所以氧气的利用可以作为评估能量产生的精确替代指标。

测量燃料使用情况

测量你的能量利用情况，最直接的方法是用热量计（用于吸收和测量热量输出）检测热量输出。然而，这种方法昂贵且不方便，也不能衡量能源利用的快速变化。因此，可通过测量产生的二氧化碳量和消耗的氧气量来间接估算能量。V_{CO_2}/V_{O_2} 这个比率被称为呼吸交换率（RER）。

葡萄糖（$C_6H_{12}O_6$）用 6 个 O_2 分子产生 6 个 CO_2 分子（外加 38 个 ATP 分子），对应的 RER 为 1.0。对于脂肪酸，该比率随酸的不同略有变化，但是，例如棕榈酸（$C_{16}H_{32}O_2$），使用了 23 个 O_2 分子产生了 16 个 CO_2 分子，所以对应的 RER 值是 16/23 = 0.70。因此，RER 值可以显示你所利用的碳水化合物与脂肪的比例。很狡猾吧！

有一点需要注意，虽然氧气不储存在体内，但二氧化碳却储存在体内。例如，在二氧化碳快耗尽的时候，乳酸在血液中积累（利用无氧呼吸所得），这就降低了血液的 pH 值。而较低的 pH 值反过来又将碳酸转化为二氧化碳，并使其在肺中释放出来。在运动开始时，身体会陷入氧"负债"状态；运动结束后，氧需求不会立即停止，而是用于重置从血红蛋白库存中借来的氧，以及去除以无氧呼吸产生的乳酸。

在高强度运动时不积累乳酸的能力（乳酸会导致疲劳）是耐力项目

能力的一种衡量标准。

19世纪80年代初的一个壮举不太可能重现。一位名叫巴克利·阿勒代斯（Barclay Allardice）的上尉在1000小时内走了1000英里（1英里约为1609米），即每小时走1英里。他连续走了40天，每次休息都没有超过45分钟。他的营养膳食搭配也不太可能得到专业人士的青睐。他的食谱上有烤鸡和加香料的苹果酒，没有蔬菜，但建议早餐和午餐喝3品脱（约1.7升）陈啤酒，晚餐绝对不吃。

燃料耐受

如果你起床后开始以不会引起呼吸短促的速度走路，那么你的肌肉主要使用的是脂肪酸。随着你的步伐加快，你的能量和碳水化合物的消耗量也会增加。在快速的步伐中，脂肪不会很快被利用，而且几乎所有的能量需求都来自碳水化合物。但是，正如我们所看到的，糖原在体内的存储是适度的，你只能通过足够的训练维持高糖需求模式来提高糖原的储存量。在剧烈运动时，你能以每分钟3～4 g的速度消耗碳水化合物，在2小时内消耗完所有的碳水化合物。

1978年，世界排名第一的马拉松运动员汤姆·奥斯勒（Tom Osler）试图在体育实验室里连续行走和奔跑72小时。化学测量显示，在运动的最初几个小时内，他肌肉的能量主要来自碳水化合物；但随着时间的推移，能量供应越来越多地转向储存的脂肪。尽管继续摄入了含糖牛奶和一个大生日蛋糕，但这种转变依然发生了。尽管奥斯勒在前24小时内的摄入能量接近40 MJ，但在70小时后，当他跑完200英里时就已经筋疲力尽了。

马拉松全长42.195 km，优秀运动员需要花2个多小时才能完成，其间消耗的能量大约是12 MJ。以20 km/h的速度跑步，耗氧速度是每千克体重60 mL/min，而70 kg重的运动员每分钟则需要消耗4.2 L

的氧气。燃烧葡萄糖或糖原提供的能量相当于消耗 1 L 氧气提供的能量 21.12 kJ，再乘以 4.2 L/min，得到 89 kJ/min，也就是 1.48 kJ/s，即 1483 W 的化学能消耗。其中有用功为 20% ～ 40%，即 300 ～ 600 W。

典型实验表明，70 kg 重的运动员的身体随着时间的变化而改变其燃料的利用，如表 7.3 所示。

你可以通过 3 天疯狂摄入碳水化合物的方式来预先增加体内的糖原存储量（每克肌肉 100 ～ 180 μmol）；但如果作为一名优秀的马拉松运动员，你只能在肝脏中储存足够 90 分钟锻炼所消耗的糖原，而这仅能维持 20 分钟的能量输出。脂肪是一种非常重要的能源，正如奥斯勒所发现的那样。

表 7.3 运动中燃料利用随时间的变化

运动时间 / min	肝糖原消耗质量 /g	肝脂肪酸消耗质量 /g	肌糖原消耗质量 /g
40	27	37	36
90	41	37	22
180	36	50	14
240	30	62	8

北极熊的顶级物理化学课

为什么北极熊会在一群正在换羽的雪雁中间徘徊，却很少为觅食而追逐它们呢？这些雪雁在夏天换羽期间不会飞，并且味道也不错。答案是，北极熊已经计算了能量利用方程，知道跑步会消耗它们大量的能量——按体重计算，北极熊消耗的能量是其他大多数哺乳动物的 2 倍多。计算表明，为了吃掉雪雁获取能量，一只体重 320 kg 的北极熊需要在不到 12 秒的时间内抓住一只雪雁。而经验表明，这是不可能的，北极熊已经学会了在恶劣的寒冷环境下生存的技巧。然而，追逐人类是有利可图的！

出汗的力量

在为期 22 天的环法自行车赛中，自行车选手的体重既没有增加也没有减少。他们每天从 8 顿大餐中获取能量，以 4000 kJ/h 的速度利用这些能量。那么这些能量会发生什么变化呢？只有 25% 用于克服空气阻力、推动自行车和选手前进的机械功。75% 的能量作为额外的身体热量被消耗掉了，以至于每位选手每天需要通过皮肤蒸发 9.5 L 的水以保持恒定的温度。这种蒸发是由选手平均每小时 40 km 的骑行速度所引起（额外产生）的风造成的。

埃迪·梅尔克斯（Eddy Merckx）是个了不起的自行车赛车手，曾五次获得环法自行车赛冠军。他每天可以骑 6 个小时的车上下山，但是在一个不通风的健身房里骑 1 个小时，他就累得汗流浃背。

散热对于正在做功的引擎来讲比对自行车赛车手更为重要！它对于高效运行的冰箱同样必不可少（见第 5 章），也是早期的蒸汽机最重要的改造部分。假设你把热能引入早期的蒸汽机里，那么因此产生的蒸汽就能够驱动活塞，仅此而已。而詹姆斯·瓦特（James Watt）的想法是：当完成了推动活塞的工作后，在尽可能低的温度下添加一个单独的冷凝器来提取热量。这一想法引发了工业革命。第 17 章将讨论热机的原理。

拓展阅读

《代谢路径图表》（Metabolic Pathways Chart），http://www.iubmb-nicholson.org/chart.html。

J. H. 威尔莫尔（J. H. Wilmore）、D. L. 科斯蒂尔（D. L. Costill）著《运动与锻炼的生理学》（*Physiology of Sport and Exercise*），本章有几节是根据这本优秀的书写的。

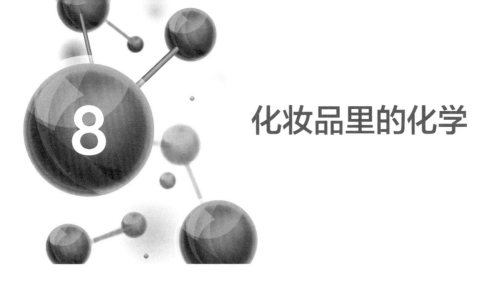

化妆品里的化学

8

我们首先讨论皮肤，然后对化妆品中涉及的化学物质进行概述。我们要区分化妆品和药妆品。对于后者，我们需要对其进行与药物一样的监管。然后我们从最上层开始，层层递进——我们想知道是什么穿过皮肤进入了我们的身体。接下来，我们对头发进行研究，然后向下到牙齿，接着是嘴唇，然后到达腋窝！现在我们确实需要香水。

1770 年，英国议会通过了一项法案：

所有女性，不论年龄、地位、职业或学历，不论是处女、女仆或寡妇，在该法案颁布之日起及以后，通过香水、颜料、化妆水、假牙、假发、胭脂（羊毛浸染着胭脂红，直到今天还在使用）、紧身衣、铁箍、高跟鞋、翘臀器，强迫、诱奸或欺骗他人步入婚姻的，无论是谁，都将会受到"现行法律对巫术和类似不端行为的惩罚，一旦定罪，婚姻将无效"。

你是否曾经一头雾水地看着展出的各种化妆品？你是否常常看到伴随着诱人的促销活动出现的各种瓶子、罐子、管子，以及带有可爱标签的铅笔？你有没有发现产品标签上列出的成分看起来令人印象非常深刻，但却难以理解？

化妆品当然具有美容效果！它们可以掩盖缺陷，制造出令人满意的视觉错觉。正如透明珠子（玻璃微珠）被用于室内涂料，使涂覆表面看起来更白一样（见第 13 章的"涂料"小节）。它们也被用于面霜中，以减弱皮肤瑕疵的可见性。但一谈到嫩肤，关于护肤霜和口服剂的说法就变得更加令人怀疑了。

皮肤的工作

皮肤将身体包裹起来，防止一些内部物质外泄，同时允许其他物质通过，并将大多数外部物质挡在外面。皮肤通过控制水分（如汗水）散失的程度来调节体温，并通过产生足够的维生素 D 来控制阳光的渗透量（不会太多，以防损害底层组织）。它能感知和传递温度与压力的相关信息。

我们皮肤天然的油脂层能很好地保护我们的皮肤，在防止大多数不良物质侵袭方面发挥了出色的作用。但是阳光、浪花、某些溶剂、肥皂和洗发水会打破这层屏障。

老化与抗衰老

随着年龄的增长，皮肤渐渐失去弹性，变得越来越薄且干燥。褶皱出现，并且皱纹无法消除。有时颜色也会发生变化。这个过程是普遍且不可逆转的，但是有些人 50 岁看起来比其他 40 岁的人还年轻。尽管衰老在一定程度上是由遗传等因素决定的，但皮肤学研究表明，暴露在阳光（紫外线）下是衰老的一个重要因素（见第 15 章"防晒霜"的内容）。阳光的作用可以从通常暴露在外的坚韧的皮肤和通常被覆盖的柔软光滑的皮肤之间的对比中看出。

最明显的衰老迹象是皱纹。真皮层变薄，弹性降低，皮脂腺活性降低，导致皮肤干燥。许多研究都投入在理解和试图对抗这些影响上。

把皮肤解构成一张"床"

把皮肤（图 8.1）想象成一张床。它有一系列的层次：一个薄床单放在床垫保护罩的上面，保护罩铺在一个弹簧床垫上，床垫放在排骨床架上。在一个新的床垫上，床单是光滑又美观的，但是随着床垫的老化，弹簧和支柱扭曲、凸出，填充物破裂、塌陷，最终床单下垂、起皱。明白我的意思了吗？

从最里面开始，排骨床架是下层（皮下）的支持性脂肪组织。在此之上的是一层厚厚的床垫，相当于真实的皮肤（真皮）。接着是多层"床垫"的保护组织——薄表皮和最后的表皮角质层。

床垫（真皮）由一个胶状的"海洋"组成，其中漂浮着偶尔出现的细胞和毛细血管。用由像绳子一样的胶原纤维形成的蛋白质网进行编织穿插，以此提供抗拉强度，而卷曲的弹性蛋白则赋予床垫（真皮）弹性。

床垫（真皮）填充物是由巨大的透明质酸分子和其他通过吸收大量水而形成的胶状物组成的。这种胶状物使床垫（真皮）变成海绵状，而营养物质也因此得以扩散。

随着年龄的增长，所有这些都会退化！

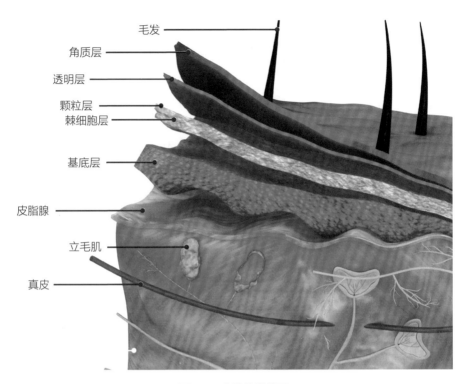

毛发

角质层

透明层

颗粒层
棘细胞层

基底层

皮脂腺

立毛肌

真皮

图 8.1　皮肤的横截面

来源：7activestudio/Adobe Stock。

尽量改善皮肤

逆转老龄化效应的"圣杯"已经部分实现，但是要付出代价。维甲酸是一种强效药物，它会影响皮肤中的许多化学过程，其中一些是积极的。但它需要至少 4 个月的治疗，在此期间皮肤变得一触即痛、发红，而且容易掉皮和对阳光敏感。不利的方面是，它影响胚胎早期阶段的发育，因此可能导致孩子出生后出现身体缺陷。

为了避开使用药物，可以选择那些含有较少类似物的产品，例如维生素 A_1（视黄醇），它在活细胞中可转化为维甲酸。它们虽然刺激性较小，但效果较差。

药妆

请思考下面的这段话：墨尔本蒙纳士制药科学研究所测试了一种新的除皱方法。其有效成分是黄秋葵（咖啡黄葵）种子提取物。每天 2 次分别在人数共有 20 名的男性和女性的脸的一侧使用，另一侧使用不含活性成分的类似液体。之后，对他们脸的两侧进行了令人印象深刻的各种检查。结果如何？与对照组相比，活性组的面部皱纹减少了 27%。这听起来像是一个著名实验室的研究成果，但你在哪里能找到这项令人兴奋的已发表的研究成果呢？哦，对不起，你不会找到的。那是因为如果我们的产品做了医疗声明，那么它将从国家工业化学品通告评估署（NICNAS）批准的化妆品转变为治疗药物管理局（TGA）管制的治疗药物。因此，治疗性商品与药品一样，受到严格的监管。

只要用于化妆品的化学药品在 NICNAS 批准的清单中并且在浓度限制之内，它在第二天早上就可以投放市场。而具有疗效要求的化妆品必须被证明是安全有效的，这可能要花费数亿美元，并且要花费数十年的时间。因此，销售宣传语和标签要能引起人们联想，但不能具有非常肯定的话语，可以令监管机构烦恼但却不能有所行动。

欢迎来到"药妆"的谜题！化妆品暗示着它们实际上是有效的，而不是在故弄玄虚。2011 年，美国人购买了 47 亿美元的药妆护肤品。

这些疗效要求可以大致分为以下四类：

①中和自由基；

②再生真皮（床垫填充物）；

③重新激活休眠细胞；

④放松引起皱纹的微小面部肌肉。

抗氧化剂可中和自由基。它们在试管实验中确实起作用，但几乎没有证据表明它们能穿透皮肤或保持稳定。

通过将诸如胶原蛋白、弹性蛋白和透明质酸的大分子推入皮肤表面来再生真皮在自然规律上是不可能的。充其量，它们的作用就像可以抹平石膏墙中出现的碎屑和裂缝的填充剂一样。

透明质酸（下图显示为球棍模型）曾被特德·克利里（Ted Cleary，阿德莱德大学的病理学家）描述为"就像一段 400 m 长的钢琴丝制成的一个桶……它抗压缩，具有填充空间的特性，并且可以容纳 2 倍于其质量的水"。

黑色原子为碳，红色原子为氧，白色原子为氢，蓝色原子为氮。

来源：molekuule.be/Adobe Stock。

近年来，多肽作为蛋白质的小分子成分被广泛应用；据说它们能穿透真皮层。它们有望促进真皮层内更大蛋白质分子的产生，如胶原蛋白。棕榈酰五肽（图 8.2）就是其中之一。再说一次，它们确实在试管实验中起作用。同样的原理也被应用于测试真皮胶状物的前体，例如在试管实验中起作用的玻色因（图 8.2）。

棕榈酰五肽

玻色因

图 8.2　抗老化化妆品

端粒酶是一种作用于 DNA 链末端的酶，与细胞衰老有关。一家公司声称，这种酶可以将休眠的成体细胞转化为"婴儿"细胞。如果这确实可行，为什么只在皮肤上使用？之所以停止，是因为该酶会增加小鼠患皮肤癌的概率。

药妆业研究属于内部研究，无须同行评审。公开文献中的此类研究并未回答以下基本问题：活性成分会渗透到人体皮肤吗？如果会，它们将达到什么浓度？如果它们确实渗透了，那么到达那里时它们会产生什么影响？

下面是化妆品配方师对化妆品中化学成分的看法，其看法与洗衣粉配方师一致（第4章）。当然，第3章是从学术型化学家的角度来看的。

化妆品成分

对于用来制造化妆品的成分，有几种方法可以讨论。尽管某些成分具有多种功能，但在这里我们关注的是它们在配方中的主要作用。在配方中使用一种成分有三个考虑因素，即功能性、美学性和市场营销性。

功能性成分可清洁皮肤、调理头发，并提供保湿效果甚至可染色。许多功能性成分的问题在于它们本身的触感和气味都不好，或不能很好地单独被使用。美学性成分使产品看起来和使用感觉更好。

营销性成分支持营销"故事"。它们通常会提供购买产品的全部理由，而不会对配方成分的性能产生重大影响。芦荟听起来比凡士林更好。后者作为一种石油产品，虽然提供了同样的好处，但却具有负面的营销形象。

化妆品表面活性剂

在化妆品中，表面活性剂用于清洁、起泡、增稠、乳化、增溶、增强渗透、提供抗菌功能和其他特殊功能。这些都相当重要！

正如我们在第4章中所讨论的，让表面活性剂分子起作用的关键特性是它们与水和油都相溶，形成了与悬浮在水中的微油滴等效的胶束。

皮肤和头发上有来自天然皮脂的油性废物和来自环境的固体微粒沉积物。这些油污粘在皮肤和头发上，可通过表面活性剂去除。固体颗粒物由范德瓦耳斯力固定，而表面活性剂有助于水在表面扩散并削弱这些力。

阴离子表面活性剂

与洗衣房和厨房一样，化妆品中使用的主要阴离子表面活性剂有：月桂基硫酸钠；其变体，例如月桂基硫酸铵（ALS）。它们用环氧乙烷气体（非常易爆和有毒）进行"乙氧基化"，以制得刺激性较低的月桂基聚氧乙烯醚硫酸钠（图 8.3）。

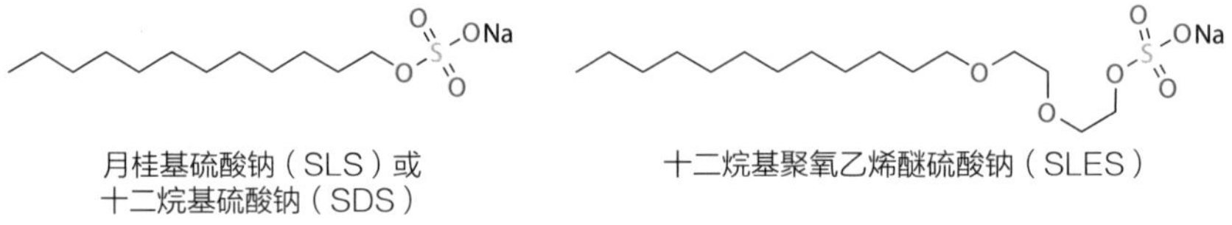

月桂基硫酸钠（SLS）或
十二烷基硫酸钠（SDS）

十二烷基聚氧乙烯醚硫酸钠（SLES）

图 8.3　月桂基硫酸钠或十二烷基硫酸钠，以及十二烷基聚氧乙烯醚硫酸钠的结构

由于技术和市场的原因，其他阴离子表面活性剂也被广泛使用。其他阴离子表面活性剂包括磺基琥珀酸盐、烷基苯磺酸盐、酰基甲基牛磺酸盐、酰基肌氨酸盐、酰基羟乙基磺酸盐、单甘酯硫酸盐和脂肪甘油醚磺酸盐（图 8.4）。

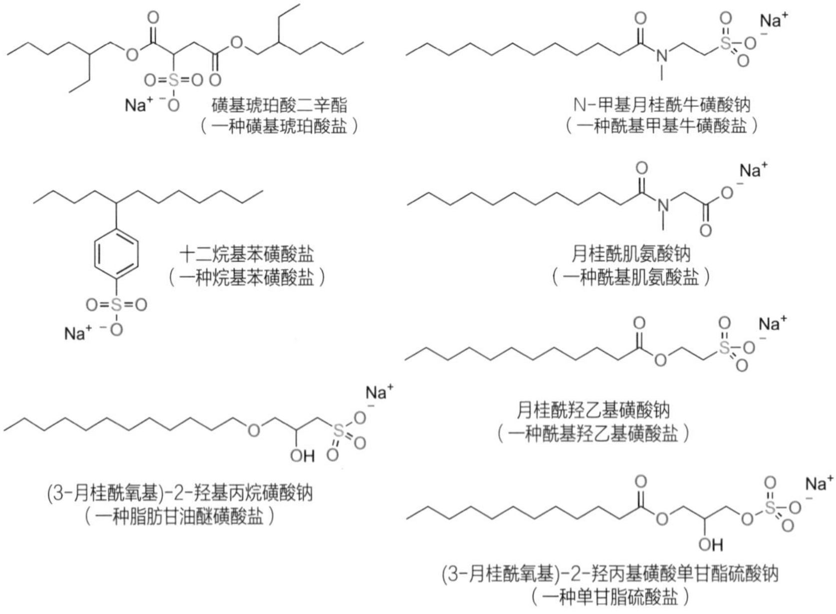

磺基琥珀酸二辛酯
（一种磺基琥珀酸盐）

N-甲基月桂酰牛磺酸钠
（一种酰基甲基牛磺酸盐）

十二烷基苯磺酸盐
（一种烷基苯磺酸盐）

月桂酰肌氨酸钠
（一种酰基肌氨酸盐）

月桂酰羟乙基磺酸钠
（一种酰基羟乙基磺酸盐）

(3-月桂酰氧基)-2-羟基丙烷磺酸钠
（一种脂肪甘油醚磺酸盐）

(3-月桂酰氧基)-2-羟丙基磺酸单甘酯硫酸钠
（一种单甘脂硫酸盐）

图 8.4　化妆品中几种阴离子表面活性剂的结构

阴离子表面活性剂主要用作化妆品中的清洁剂，因为它们擅长去除污垢和油脂，产生令人愉悦的泡沫并且相对便宜。它们的主要缺点可能是刺激皮肤。这就是它们经常与两性表面活性剂混合的原因。

两性表面活性剂

两性表面活性剂可以作为酸或碱，并具有负电荷和正电荷——具体取决于 pH 值。这些材料也被称为两性离子材料，它们包括诸如椰油酰胺丙基甜菜碱、椰油酰两性基丙酸钠和月桂氨基丙酸钠的成分（图8.5）。

两性离子具有良好的去污力，并且比阴离子表面活性剂的刺激性小。它们还会使气泡变小，使泡沫变稠，从而让人感觉皮肤更光滑。但它们的价格要贵得多，泡沫也不够好，因此无法生产出好的洗涤剂。

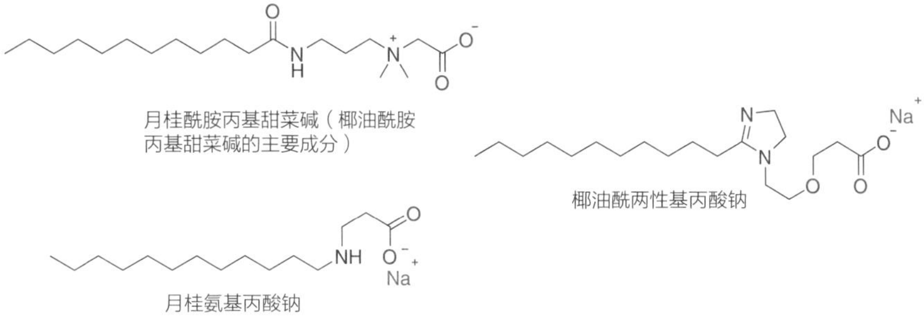

图 8.5　两性表面活性剂具有正电荷和负电荷（在特定 pH 值条件下为两性离子）

非离子表面活性剂

非离子表面活性剂不带电荷，盐对它们没有增稠作用。它们包括脂肪醇和脂肪链烷醇酰胺，例如月桂酰胺二乙醇胺和椰油酰胺二乙醇胺（图8.6）。当与阴离子表面活性剂一起使用时，非离子表面活性剂是良好的泡沫增强剂、增稠剂，并且可以降低刺激性。它们增强了香精油的溶解度。温和的清洁剂（例如婴儿洗发水）基于非离子物质，其中最常见的是 PEG-80 山梨糖醇月桂酸酯。非离子表面活性剂还是生产乳液的主要表面活性剂。

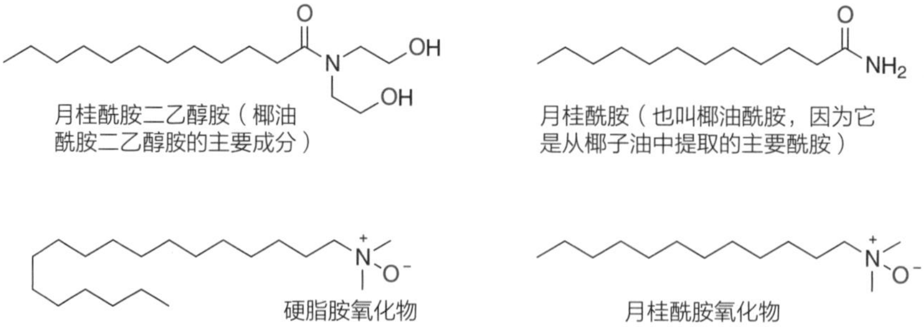
O
OH
N
OH
月桂酰胺二乙醇胺（椰油酰胺二乙醇胺的主要成分）
O
NH_2
月桂酰胺（也叫椰油酰胺，因为它是从椰子油中提取的主要酰胺）
N^+
O^-
硬脂胺氧化物
N^+
O^-
月桂酰胺氧化物

图 8.6 非离子表面活性剂

阳离子表面活性剂

阳离子表面活性剂是带正电的表面活性剂分子。它们是漂洗型护发素的主要成分，也是调理剂配方的一部分（请参见下文）。最常见的是季铵盐或季铵化的化合物，或简称“季铵盐”。它们至少有 1 个带正电荷的氮原子与 4 个其他烃基键合，包括硬脂氯化物、二鲸蜡基二甲基氯化铵和山嵛基三甲基氯化铵（图 8.7）。

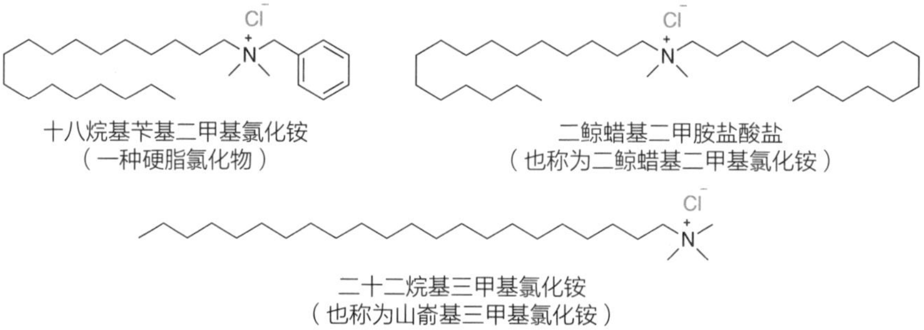
Cl^-
N^+
十八烷基苄基二甲基氯化铵
（一种硬脂氯化物）
Cl^-
N^+
二鲸蜡基二甲胺盐酸盐
（也称为二鲸蜡基二甲基氯化铵）
Cl^-
N^+
二十二烷基三甲基氯化铵
（也称为山嵛基三甲基氯化铵）

图 8.7 阳离子表面活性剂（季铵盐）

头发容易带负电荷，在水中尤其如此（见第 3 章）。当将季铵盐涂抹在头发或皮肤上时，分子的正电荷部分被带负电荷的头发吸引，发生静电作用。尽管水可以冲洗掉大部分东西，但阳离子表面活性剂仍然存在（图 8.8）。

季铵盐的碳氢链越长，就越不易被洗掉。因此，山嵛基三甲基氯化铵（C22 链）在头发上的停留时间要比二鲸蜡基二甲基氯化铵（C16 链）长。

图 8.8　头发容易带负电荷，有助于阳离子表面活性剂的静电结合

来源：根据"Pictures4you"修改 /Adobe Stock。

密封剂

另一种在皮肤或头皮表面形成薄涂层的方法是使用诸如凡士林、矿物油、硅酮或二甲硅油等物质。它们在皮肤或头皮表面形成一层薄而连续的防水膜，减少皮肤水分流失。

润肤剂

润肤剂包括不溶于水的成分，如油、黄油、蜡和酯。润肤剂不同于密封剂，因为它们往往是低分子量的分子，不会形成一个连续的膜来阻挡水。在制作护肤霜、乳液甚至是护发产品时，润肤剂用于调整配方给予人的感觉、摩擦皮肤的方式、涂抹的难易程度以及保持"有效"的时长。对于消费者而言，它们改善了头发和皮肤表面的问题，并赋予其光泽。这是使用它们的主要原因。

用作润肤剂的化学物质包括天然油（如椰子油、银杏油、杏仁油或橄榄油），以及酯（如肉豆蔻酸肉豆蔻酯、鲸蜡醇棕榈酸酯和月桂醇月桂酸酯）。它们的作用略有不同。许多硅树脂也是很好的润滑剂，因为它们可给予皮肤很好的光滑度和光泽度。

保湿剂

保湿剂像海绵一样吸收和保持水分。它们包含温和的材料，如蜂蜜和芦荟。化妆品中最常见的保湿剂包括甘油、丙二醇、山梨醇、焦谷氨酸钠、透明质酸和各种水解蛋白（图8.9）。甘油在水中可吸收的水的重量是其自身重量的3倍。

甘油   丙二醇   焦谷氨酸钠   透明质酸

图 8.9　化妆品中常见的保湿剂

来源：（左下）Ivan Kmit/Adobe Stock；（右下）Dani Vincek/Adobe Stock。

保湿剂会让人有黏腻感，但很容易被冲洗掉。这就限制了它们在化妆品中的应用，即只能用于诸如护肤液和免洗护发素之中。它们在洗发水、沐浴露或洗发护发素中没有效果。最近的研究表明，在皮肤中自然存在的保湿剂以及化妆品中的保湿剂（如尿素和甘油）的工作原理是使皮肤中的脂类物质更易于流动，而与保湿无关。

天然脱皮剂

有一组化学物质直接从用于治疗皮肤病的医疗用途转移到美容院和消费者的化妆品中。它们是 α-羟基酸（AHA）及其"近亲"、β-羟基酸（BHA）和 α-酮酸（AKA）。

在许多 AHA（单一水基果酸）中，柠檬酸（也可以被看作 BHA）来自柠檬，苹果酸来自苹果，乙醇酸来自甘蔗汁，乳酸来自牛奶（图 8.10）。

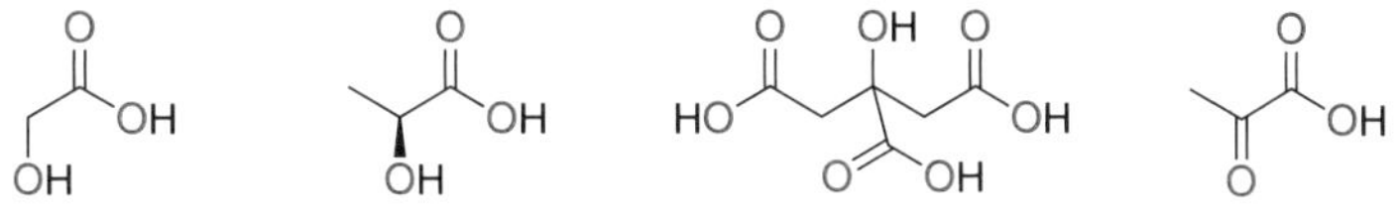

乙醇酸　　　　　(S)-乳酸　　　　柠檬酸　　　　丙酮酸
AHA　　　　　　AHA　　　　AHA或BHA　　　AKA

图 8.10　化妆品中使用的 AHA、BHA 和 AKA

销售的护肤品里含有各种你所能想到的奇异的水果和蔬菜的提取物。海藻被拿去发酵（产生乳酸），瑞士阿尔卑斯浆果被拿去打浆，霞多丽葡萄被拿去榨汁。然而，在大多数产品中，主要的共同成分是合成乙醇酸。它能有效去除体表外层的死皮，使下面的新生皮肤露出。

乳酸在尺寸上是第二小的 AHA。它比乙醇酸温和。当人运动过后，其肌肉中会产生乳酸（见第 7 章）。乳酸是外层皮肤中主要的天然 AHA，所以"自然"被添加到化妆品面霜中。它有时也被添加到剃须膏中，用来使雀斑和肝斑（黄褐斑）褪色。克利奥帕特拉（Cleopatra，公元前 69—前 30 年）对驴奶浴的选择使她"在应用化学课上名列前茅"。她不单单是长得漂亮！

产品的 pH 值应该不低于 4.5，酸度大约是醋的 1/100。专业产品 pH 值越低，就越有刺激性。最终效果还取决于乳化剂的配方。乳化剂中含有透明质酸和增稠剂，以使其在皮肤上的流动性得到控制，进而其进入眼睛的概率也减少了。单一水基果酸类化妆品的效果如何？客观测试显示出其在外观上确实有"明显但只有轻微改善"的好处，而这种改善主要针对晒伤的皮肤。所以，请确保护肤品去掉的仅仅是你的"死皮"。

其他化妆品成分

化妆品配方中还有许多其他成分，包括着色剂、防腐剂、香料、聚合物和其他活性成分。在这个阶段，我们将抛开成分，继续看一些产品。

化妆品

保湿霜

保湿霜是代替从皮肤中损失的水分的配制品，并且同时使用了水包油（o/w）乳剂和油包水（w/o）乳剂（见第3章）。加入油性物质并不能改善皮肤的干燥情况和柔韧性，但当用代替油脂后，皮肤会变得更有弹性。皮肤软化（润肤）剂和乳液可以保护皮肤，即缓解皮肤干燥情况或者防止其干燥，它们可以减缓皮肤外层水分蒸发的速度。当表面活性剂导致皮肤干燥和皲裂时，通过溶解皮肤上的一些吸水成分，即保湿霜，就能抵消这种作用。最有趣的保湿产品之一是尿素！

洁面乳

虽然用肥皂和软水清洗可达到同样的效果，但使用洁面乳清除面部化妆品、表面污垢，以及面部和脖子处的油脂可能更有优势。洁面乳的特殊化学配方使它能更容易地溶解或去除皮肤上的油腻黏合物，而这些黏合物会留住皮肤上的色素和污垢。眼部化妆品的使用意味着它们也需要被去除。单独使用的矿物油，是一种安全有效的药剂。

对于没有痤疮的一般类型的油性皮肤，使用酒精或异丙醇可以暂时缓解油脂分泌过多的问题，由此皮肤就会变得有光泽。酒精浓度不应超过 60%，最好低于 50%，否则可能太干燥或具有刺激性。配方中还应加入其他改良成分，以平衡酒精的刺激性。

凝胶

简单地说，凝胶是由包裹着液体的交联聚合物链（"固体"开放骨架）构成的。它们主要是液体，但形态像固体（果冻），并有许多类型。在化妆品中，你会发现，如剃须膏或其他类型的凝胶（具有良好的配方），只需使用极少的量，就会在脸上形成一种黏稠而持久的膏状物。

剃须膏的成分：水、异戊烷、甘油、棕榈酸异丙酯、洋甘菊花提取物、金缕梅树皮 / 叶提取物、麦芽糊精、醋酸生育酚、辛酸 / 癸酸甘油三酯、羟乙基纤维素、羟丙基纤维素、月桂醇聚醚–2、聚乙二醇–14M、PEG–90 甘油异硬脂酸酯、聚异丁烯、异丁烷、吡咯酮醇胺、二丁基羟基甲苯、芳樟醇、香精等。你知道不同成分都有什么作用吗？

鸸鹋被吓跑了

鸸鹋油是许多受欢迎的护肤霜的原料之一。根据鸸鹋的饮食习惯和所采用的不同的提炼方法，鸸鹋油的颜色和黏度可以有很大的变化，从灰白色的奶油质地到淡黄色的液体。鸸鹋油由 70% 的不饱和脂肪酸组成，其中最多的成分是油酸（一种单不饱和脂肪酸，也是橄榄油的主要成分）。鸸鹋油还含有大约 20% 的亚油酸（一种 ω–6 脂肪酸）和 1% ～ 2% 的亚麻酸（一种 ω–3 脂肪酸）。因此，可以用橄榄油和亚麻籽油的混合物替代它，从而拯救鸸鹋（见第 5 章）。

继续，进入还是穿过皮肤？

大多数材料只是停留在皮肤表面。毕竟，皮肤在大多数情况下可以保护我们免受外部化学物质的侵害。当化学物质进入皮肤后再进行处理就非常困难。但有相当数量的化合物可以穿过皮肤，进入血液，并在体内移动。

例如，用于抑制慢性皮肤病（例如头皮屑和牛皮癣）的水杨酸软膏（10%）曾被使用很多年。水杨酸中毒的症状是慢性胃炎、心律不齐，甚至是耳鸣和听力受损。六氯酚（例如pHisoHex）虽然对成年人安全，但却能够杀死新生婴儿。用3%的六氯酚溶液治疗儿童烧伤也可导致儿童死亡。硼酸作为滑石粉的添加剂，用在婴儿的屁股上也会对其健康造成危害，症状表现从呕吐到循环衰竭再到死亡不等。

500 Da 规则

一种化学物质要通过皮肤，有人建议原子质量单位（amu）必须低于500 Da（Da是分子量的单位）。较大的分子无法通过角质层。500 Da规则的论点是：

①几乎所有常见的接触性过敏原的分子量都在500 Da以下；大分子不被称为接触性过敏原（见第2章）。

②皮肤局部治疗中最常用的药物分子量都在500 Da以下。

③皮肤给药系统中使用过的所有已知外用药物分子量都低于500 Da。

迷惑

"在某些白天或夜晚，女巫会在她的手臂和其他毛发生长处涂抹油彩，然后骑着扫把去指定的地方。"约翰·曼（John Mann）的《谋杀、魔法和医学》（*Murder, Magic and Medicine*）是这样告诉我们的。女巫使用的软膏和药膏是用曼德拉草、龙葵、颠茄或天仙子等植物的提取物与脂肪混合制成的。这意味着从植物中提取的化学物质可以进入血液，并直接进入大脑，而不会被肠道破坏。

敷药

皮肤恰好是人体最大的器官，它可以进行类似于肝脏的代谢反应，尽管速度要慢得多。可以将药物施用到皮肤上，以避免通过其他施用方式导致失活，从而使其发挥作用的时间得到延长。硝酸甘油软膏（2%）用于防止心绞痛的发作。在耳后贴片上涂布天仙子碱，可有效防止 3 小时左右的晕船。尼古丁贴片也很受欢迎。

头发

我们的头皮上约有 15 万根头发，每根直径约为 70 μm（1 μm=10^{-6} m）。毛干的结构看起来像一根复杂的纱线（字面意思）。有一团长约 1 nm（10^{-9} m）的角蛋白链，嵌在蛋白质基质中（图 8.11）。五根这样的线缠绕在一起形成纱线。纱线依次被捆成电缆。一根头发可以承受大约 80 g 的重量，所以如果头发没有脱落，仅仅 1000 根头发（少于头发总发量的 1%）理论上就可以拉起一个 80 kg 重的人！

图 8.11　缠绕在一起组成头发的蛋白质基质（角蛋白）

来源：molekuul.be/Adobe Stock。

黑色素赋予皮肤颜色，也给头发着色。同一种色素在头发的不同部位的含量不同形成了头发的浅金色到蓝黑色等不同颜色。与浅色头发相比，深色头发的颗粒更多，黑色素含量也更多。只有红头发是不同的，因为它含有一种额外的独特的铁基色素，所以红头发确实是"生锈"了。

洗头发

诸如联合利华这样的大公司出售的广受欢迎的廉价洗发水和护发素，包含所有重要成分，可提供良好的洗涤效果，并减少刺激和残留物。你会在相关产品中找到相同或非常相似的活性成分（尽管可能为了保留其神秘性而更改名称）。

洗发水中使用的洗涤剂通常是基于月桂醇醚（十二烷基醚）硫酸钠，而用于手洗的洗涤剂通常是以十二烷基硫酸钠为基础的（见图 8.3，另见第 4 章和第 5 章）。前者刺激性没那么大。基于过敏的大致规则，泡沫越大，刺激性越大。虽然你可以使用（酒店里的）洗发水来洗衣服和洗碗，但是请不要试图反其道而行之！这些相同的洗涤剂在花园中也用作土壤润湿剂。

两性去污剂（根据 pH 值不同，可以是阴离子的，也可以是阳离子的）的刺激性甚至更低。例如椰油酰胺丙基甜菜碱，它是由椰子油制成的（参见图 8.5）。它具有抗静电性能，因此有助于顺滑头发。

几乎所有有机的、天然的、不含化学成分的、水果味的、对环境友善的、"立场"正确的洗发水都包含相同的基本化学成分。除水和洗涤剂外，还有令人难以置信的各种"热带雨林或果园最新时尚提取物"，听说它们很不一般。但是请记住，名单越长，过敏的概率就越大，清洗时必须洗掉的东西就越多。除非你喜欢为炒作付出额外的费用，否则请跳过雨林或奇异果园的精华。成分表末尾处所列的成分通常是（合成的）防腐剂，可阻止藻类、真菌和细菌在乳液中生长，否则可能会给头发提供错误的"活体"。

护发

所有护发素的基本目的是使头发表面光滑，从而避免头发聚集在一起。尽管最初使用的是阳离子表面活性剂（见第 4 章），但它们已经被硅基类护发素所取代，而硅基类护发素是非常好的头发润滑剂。它们能使表面水分转移，从而使头发更快地干燥（类似的化合物用于防水野营帐篷和潮湿天气的防潮衣服）。线形长链有机硅共聚物很薄，会堆积在表面上，所以当你用手指穿过头发时，你真的能感觉到有硅油。减少摩擦也会减少静电，从而避免"飞散的头发"的情况发生，特别是在分子中加入胺类官能团的情况下。

染发

使头发变黑相对容易，尤其是如果你不介意经常染的话。半永久性染发剂和洗涤剂均具有将颜色附着在头发外部的特性；而鲜艳的时尚色彩使用大颗粒，一次洗涤即可消失。传统的染发剂中的细小颗粒附着在头发表皮的鳞屑上，致使头发经受多次洗涤而不褪色。永久染色的方法，就是让染发剂穿过头发表皮进入毛发皮质（图 8.12）。过氧化氢用于软化皮层，从而允许非常小的颗粒通过。此外，它还能漂白黑色素，从而使色调更浅。另外，它的氧化作用使皮质内的颗粒聚集，从而阻碍它们再次向外迁移。但长期来看，过氧化氢可能会损伤头发。一种用来掩饰零落白发的流行方法是在头发上沉积一层金属盐（通常是铅盐）。

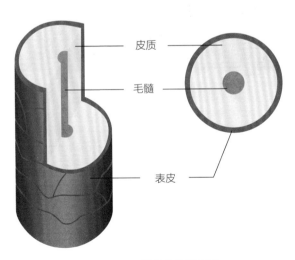

皮质

毛髓

表皮

图 8.12　一根头发的横截面

卷发中的化学

毛干的蛋白质结构通过二硫化物和氢键结合在一起。典型的二硫键的离解能为 251 kJ/mol，而氢键的离解能为 5 ~ 30 kJ/mol。

加水会破坏氢键。这会破坏头发的某些结构，从而破坏头发的形状。如果头发在干燥过程中保持所需的形状，则定型为该形状。但是，湿度略有增加就会导致头发恢复原状。

头发对温度和湿度弯曲的敏感性是"气象屋"的工作原理，传统意义上它是将两个在水平轴上保持平衡的"小雕像"悬挂在（人类）头发上。不断变化的天气状况，特别是不断变化的湿度，使头发扭曲或松散，从而导致"雕像"在一个表示下雨或晴天的"门口"进进出出（图 8.13）。

图 8.13　一个传统的气象屋

来源：euthymia/Adobe Stock。

发胶是一种由多种聚合物（如聚醋酸乙烯酯）制成的溶液，它可以使头发保持较长时间的波浪状。当溶剂挥发时，头发上仍有一层树脂。然而，即使是厚而重的涂层，这种效果也不会持续太久。同样的聚合物也用作防晒霜的基质。

大约在 1930 年，洛克菲勒（Rockefeller）研究所的科学家证明，正是二硫键促成了蛋白质的三维宏观结构。它们可以在环境温度和弱碱性的条件下通过硫化物或硫醇的作用进行分解（见第11章"羊毛"的内容）。

在适当的 pH 值缓冲液中加入巯基乙酸，并加入表皮柔软剂，可以减少二硫键的生成（在这个过程中伴随着臭鸡蛋的气味）。它通过分离头发的每根发丝，使头发的内部结构变得松散，然后再固定发型，在过氧化氢和巯基乙酸的作用下，二硫键重组——头发的新形状形成。瞧！你烫发了（图 8.14）。

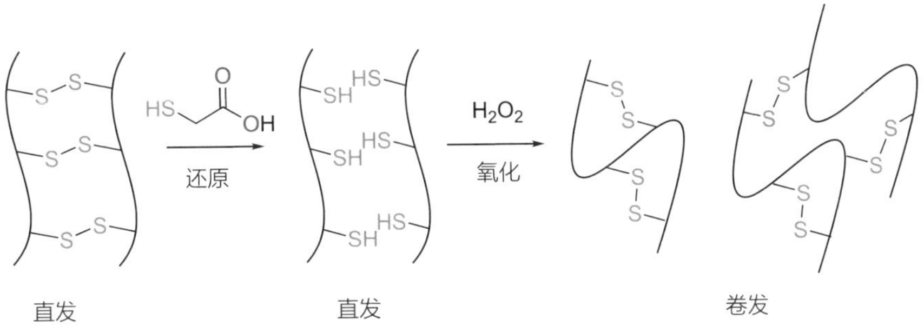

图 8.14　卷曲的化学过程包括断裂和形成 S—S 键，
发丝之间或同一发丝内部的连接可能会发生变化

多余的毛发

顺便说一下，脱毛膏和脱毛液的作用原理、成分都相同。它们可以软化和疏松多余的毛发，然后使其轻松被除掉。

牙齿

牙齿的故事比小说更离奇

1815 年 6 月 18 日，拿破仑在滑铁卢对战英格兰、荷兰和普鲁士的联军。晚上 10 点，战斗结束了，5 万人阵亡。这是一个宝藏！至少对于战场上的清道夫来说是这样的。

在 19 世纪初，饮食中的糖分使许多富人在金钱上富有，但却牙齿稀缺。滑铁卢给整个旧世界和一些新国家提供了用来制作假牙的真牙。

抢劫尸体有很长的历史了，但这里的规模不同。"滑铁卢牙齿"成为一个主要的卖点。这种牙齿来源于年轻健壮的男人，而不是年老多病的人或者那些被留在绞刑架上太长时间的人。

在公元前 7 世纪，伊特鲁里亚人是顶尖的牙科技师。他们用金桥连接象牙或骨头来制成牙齿。它看起来不错，并且用它吃饭时足够安全，对于以后的设计也具有参考价值。但骨头和象牙没有保护性的珐琅质，所以腐烂得相当快。随着伊特鲁里亚人的灭亡，他们的技能也消失了。到 18 世纪末和 19 世纪，无牙的人脸颊凹陷，说话含糊不清——他们绝望至极。

1850 年，纽约的一位牙医做广告说，"活人可以以每颗 2 基尼（相当于现今的 200 多美元）的价格出售牙齿，但死人的更好，因为他们不需要被说服"。"盗尸者"偷走尸体，并收集这些已经腐烂得不适合解剖的尸体的牙齿，然后将其卖给医学院。牙医自愿购买，重新标记，并出售这些"滑铁卢牙齿"，使得这个品牌名称得以保留。

1819 年，美国牙医利瓦伊·斯皮尔·帕姆利（Levi Spear Parmly）夸口说他有数千颗从战场上获得的牙齿，但由于陶瓷牙的出现，这些牙齿的市场需求量变少了。起初，陶瓷牙太白、太脆，并发出可怕的刺耳噪声。到了 1837 年，伦敦的牙科技师克劳迪厄斯·阿什（Claudius Ash）完善了烤瓷假牙，并开始了商业化生产。尽管如此，仍然有一些人更喜欢战场上的牙齿和补给品。这些战场包括 19 世纪 50 年代的克里米亚战争和 1865 年结束的美国内战。

在 19 世纪 20 年代，克劳迪厄斯·阿什的公司"阿什和儿子"开始使用包括硫化橡胶和银在内的一系列材料，制造更加人性化的假牙。这些突破改变了牙科行业。陶瓷不再流行，因为它磨损得太快。如今人们使用的是仅仅比天然牙齿磨损得稍快的硬化塑料（图 8.15）。

我自己的牙医说他的地窖里还有一堆"滑铁卢牙齿"，如果我有这个需求的话，我可以在法国人、英国人、荷兰人和普鲁士人的牙齿之间进行选择！

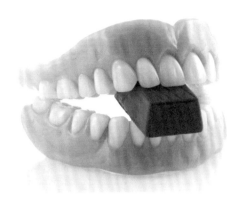

图 8.15　假牙

来源：Saskia Massink/Adobe Stock。

牙膏

自从希波克拉底（Hippocrates）第一次建议用大理石粉清洁牙齿以来，牙膏已经取得了长足的进步。在 1683 年，安东尼·范·列文虎克（Antony van Leeuwenhoek）首次证明了牙齿上存在细菌。在清洁牙齿后的几分钟内，牙齿上会覆盖一层主要来自唾液的糖蛋白薄膜(称为牙膜)。细菌在膜上繁殖，会产生一种类似凝胶的黏稠的物质，称为牙菌斑。细菌就生活在其中。

牙菌斑膜是高度组织化的结构，每克膜包含 10^{12} 个聚集细菌。牙菌斑含有多糖、脂肪和蛋白质，并允许细菌连续进入牙齿表面。牙菌斑中的细菌可以使糖发酵产生酸，酸侵蚀牙釉质并最终形成龋齿。牙菌斑在牙龈上积聚，引起牙龈发炎（牙龈炎），随后攻击更深层的组织和骨骼（导致牙周疾病）。

牙膏具有固相（研磨抛光剂或混合剂），其悬浮分布在含有清洁剂、治疗剂、调味剂和防腐剂的水相中。牙齿增白剂均依靠释放过氧化氢来发挥作用。牙膏中使用了各种研磨剂，它们具有许多功能。按难度升序，牙膏的糊剂必须去除食物残渣、牙菌斑、牙膜和牙结石（或牙垢）。牙结石是钙化或变硬的斑块，从视觉和触觉方面来看可能像一颗额外的牙齿。钙化可以在斑块形成的 2 ～ 14 天之内开始。牙釉质相当坚硬（莫氏硬度值为 5.5 ～ 7），但牙根却很柔软（莫氏硬度值为 3.5 ～ 5）。如果因为牙龈疾病而导致牙根暴露，牙根就会磨损。牙膏的恰当硬度至关重要。硬度根据莫氏硬度表测量，如表 8.1 所示。需要注意的是，莫氏硬度表中刻度不是线性的。尽管钻石的莫氏硬度值为 10，而滑石的为 1，但实际上钻石比滑石坚硬 1600 倍左右（见第 5 章）。

表 8.1　显示相对硬度和绝对硬度的莫氏硬度表

相对硬度	材料	化学分子式	绝对硬度
1	滑石	$Mg_3Si_4O_{10}(OH)_2$	1
2	石膏	$CaSO_4 \cdot 2H_2O$	3
3	方解石	$CaCO_3$	9
4	萤石	CaF_2	21
5	羟基磷灰石	$Ca_{10}(PO_4)_6(OH)_2$	48
6	正长石	$KAlSi_3O_8$	72
7	石英	SiO_2	100
8	黄玉	$Al_2 SiO_4(F,OH)_2$	200
9	刚玉	Al_2O_3	400
10	钻石	C	1600

实验

　　牙膏的莫氏硬度值应低于 5.5，不应刮伤普通（窗户）玻璃（玻璃的莫氏硬度值是 5.5）。测试一下你的牙膏吧！

　　由于消费者担心牙膏的磨蚀作用，因此生产者在半透明的牙膏中利用视错觉来掩盖磨蚀作用。合适材料的折射率必须接近牙膏中常用的保湿剂（甘油、山梨醇糖浆和聚乙二醇）的折射率，即调整到大约 1.45（折射率是衡量物质弯曲光线能力的指标）。如果磨料和周围的介质有不同的折射率，你就可以看到固体微粒（见第13章中"涂料"内容和第19章的"消失的把戏"实验）。

牙膏中最受欢迎的治疗剂是氟化物。在20世纪50年代，流行病学方面的研究表明，氟化物可防止蛀牙。牙膏中使用了单氟磷酸钠（MFP）、氟化钠和氟化铵，而且许多城镇供水系统中也添加了氟化物。在所有情况下，氟离子都是活性剂。

形成牙齿的矿物质是羟基磷灰石 $Ca_{10}(PO_4)_6(OH)_2$。氟离子的作用是用 F^- 取代 OH^-，使 $Ca_{10}(PO_4)_6F_2$ 成为一种更坚硬的矿物质。

口腔的其他问题

口臭（文雅阶层的口臭）可能不是口腔问题，即使它是从口腔发出来的。牙膏可以去除口腔气味，但是"口臭"也可能来自肺部。当你吃含硫量高的食物（大蒜、洋葱、韭菜、芦笋、辣根、鸡蛋和奶酪）时，你的社交不安不是来自嘴里的残渣，而是来自进入血液的食物成分——通过肺部释放挥发性硫蒸气。

为什么完整的大蒜根几乎没有气味？当植物受损时，酶就会被释放出来，它们攻击储存的前体分子，释放出化学物质。

唾液的 pH 值，与花园的肥沃土壤的一样，应为 6.3～7。进食后唾液酸度会发生变化，如果存在细菌，唾液酸度则会显著变化。像土壤一样，唾液 pH 值也用 pH 试纸测定。在遇到某种酸时，唾液也能减小 pH 值的变化，它具有良好的缓冲能力（有关缓冲范围的讨论，请参见第14章）。

目前，主要被替代的汞合金填充物在最初的几个小时里释放的汞可以忽略不计，所以认为现有填充物不会对健康造成危害。无机汞（例如在汞合金填充物中发现的汞）很难由肠道吸收，而与动物蛋白结合的有机汞则较易被吸收。因此，你通过食用鱼类获得了更多的汞，而这些汞是它们通过自己的饮食积累起来的。

关于腋窝你需要知道的一切

除臭剂和止汗剂

汗腺可分为两类：外泌汗腺和顶泌汗腺。在热的刺激下，外泌汗腺可以帮助我们降温。顶泌汗腺是由情绪触发的，并在令人尴尬的情况下（例如利用测谎仪测谎时）引起大量的汗液流出——手掌和脚掌上均可发现汗液。外泌汗腺在其他任何地方都可以找到。腋窝则兼具两种汗腺。

如果我们的所有汗腺（约300万个）全力工作，我们每天就会产生10 L的汗液。每个腋窝，抱歉是腋下，有大约25 000个汗腺。在受到情绪刺激后，只需要10分钟就能产生1.5 mL汗液。

细菌会使汗液变质，从而散发出难闻气味；除臭剂的作用是防止其变质。它们还可能含有大量的香水，以掩盖难闻的气味（因此它们是真正的"二次气味剂"）。

含有氧化锌（现已是防晒霜的成分）的"妈妈"（Mum™）品牌产品（约创立于1888年）首次有效地控制了出汗量。该物品可中和难闻的酸并有助于杀死细菌。1895年，含有甲酚的卫宝（Lifebuoy™）品牌出现了。它闻起来像苯酚［滴露（Dettol™）品牌产品的成分］，并用另一种气味代替了一种难闻的气味。1948年出现了带有六氯酚的黛亚（Dial™）品牌。之后，这种抗菌剂得以推广，但其热度只到1972年——一家法国公司无意中向婴儿爽身粉中添加了6%的这种物质，却导致30多人死亡（图8.16）。

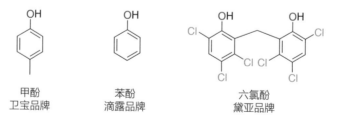

图8.16 止汗剂中几种添加剂的结构

现代止汗剂会堵塞汗孔，并且它们是通过基于铝或锆的化学物质来止汗的。铝盐似乎是通过在汗孔中产生不溶的氢氧化物凝胶来堵塞汗孔而起作用的。在典型的止汗剂中，它的活性物质会被喷洒或用硅油擦拭，有助于固定粉末（一段时间）并舒缓受刺激的皮肤（见第19章的"测试止汗剂的油性"实验）。

大多数止汗剂均基于液态氯化铝或氢氧化铝而制，且在各种可能的情况下，已经使用各种可能的技术对其他物质也进行了详细的分析。在门捷列夫的杰作——化学元素周期表中，包括铜、铁、锡、镧、铈、钐和镨在内的各种元素都被试过；但在被消费者抵制后，市面上只剩下铝和锆的化合物可以用来止汗。虽然其他金属盐也起作用，但由于它们很容易过期，因此被淘汰了。

臭"坑"

微生物学家喜欢研究腋窝，因为它们的"半封闭解剖结构不太容易受到环境的污染"。显然，微生物很难被忽略，因为它们以每平方厘米100万个的密度聚集在凹坑里。一项初步研究表明：左腋窝和右腋窝之间，左撇子和右撇子之间，男性和女性之间，没有统计学意义上的显著差异。然而，洗澡的人和不洗澡的人之间有很大的区别。对不是微生物学家的人来说，这些微生物的种类和名称暗示了它们是相当"凶猛"的。它们利用分泌物产生气味。引用如下：

"腋臭是多种'香精'（化学香料工业中使用的一个技术术语）的混合物，主要的气味来自异戊酸、5α-雄甾-16-烯-3-酮和5α-雄甾-16-烯-3α-醇（图8.17）。"

异戊酸有汗味。另外两种化学物质是由体内类固醇形成的，而其中最后一种物质则被大量地描述为具有闻起来像是不新鲜的尿液或更糟的味道。它们可能会为微生物的运动能力创造奇迹。奇怪的是，5α-雄甾-16-烯-3-酮是一种信息素，可以在公猪身上识别出来。当母猪感觉到它时，就会摆出交配的姿势。很明显，它对人类有不同的影响！

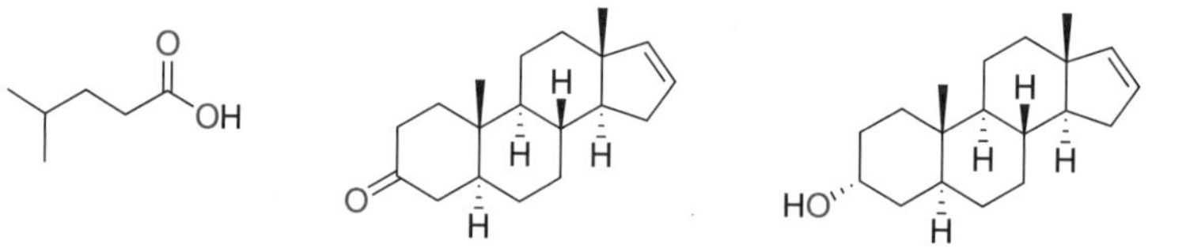

异戊酸　　　　　5α-雄甾-16-烯-3-酮　　　　5α-雄甾-16-烯-3α-醇

图 8.17　腋窝里的化学物质

公元前 50 年，卡图卢斯（Catullus）写了一首诗，诗中预示了微生物产生气味的现代理论。这首诗被随意地翻译如下：
丑闻会损害你的声誉。
在你的臂弯下，他们说有一只凶猛的山羊，
所有来到这里的人都会为之震惊——难怪，
至少美女是不会和恶魔共枕的。
因此，要么杀死造成臭味的害虫，
要么停止怀疑女人为何畏缩。

一种与腋窝密切相关的带有天然麝香气味的类固醇，因添加到香水［如男人屋（Andron™）品牌］中而臭名昭著。膻味（类似山羊散发的气味）是由腋窝中存在的另一种化合物——羊油酸（也称为 4-乙基辛酸）导致的。在拉丁语中，"capreae" 的意思是山羊，这就是摩羯座（Capricorn）有山羊的象征的原因。处于发情期的成年母山羊对这种化合物有特殊反应，所以在一定范围内，除非你想要不寻常的体验，否则就把手臂放下。

自然，化妆品行业已经投入了数百万美元来研究这种反应是否可以转移到更富裕的女性身上。但是，这种效果是无法复制的。人类闻到的这种酸的浓度为十亿分之一点八——任何类似化合物的最低阈值之一。不幸的是，女性觉得它很不讨人喜欢。

另外，一项已发表的实验表明，放在女性受试者唇上的腋窝气味的提取物（腋窝汗液的乙醇提取物），会导致她们的月经周期接近被提取者的月经周期。这表明，正是汗液化合物使生活在彼此周围的女性的月经周期同步。

闻起来很香

嗅觉

为了散发香气，分子必须容易挥发。这意味着该分子不能太大，通常分子量低于 300 Da。该分子还必须能够与人类鼻子深处的嗅觉受体结合，并覆盖大约一张邮票大小的区域。尽管与其他哺乳动物相比，人类的嗅觉较差，但是，举个例子，我们大多数人都可以识别出草莓的气味，而草莓气味是由约 300 种成分组成的复杂混合物，浓度在 10 mg/kg 左右。

芳香疗法的前提是气味能在深层次上影响情绪和情感。甚至还有一项专利宣称：当纸张被某种特定物质浸渍时，可以诱导人们支付账单！作为个体，我们通过吸入相应的化学物质以及随后它们与我们鼻孔中嗅觉受体的相互作用来解读香味。我们解释气味的方法很复杂。有人认为气味的特征可以通过香味金字塔来体现：从一种气味受到过去经历和记忆强烈影响的基础开始；再往上，这些气味据称能带给人其他的感觉，这就是所谓的"香味雷达"（图 8.18）。

图 8.18　香味金字塔

来源：Freepik 网站设计的基础金字塔矢量。

你是否曾经说过："那味道让我想起了家？"这是金字塔上的一种情感。对你来说，在情感上某种味道让你想到你的家，而别人不一定能想到他的家。但如果你说有花香或柑橘的味道，人们就会立刻知道你在闻什么。

人造鼻子

鼻子有大约 1000 万种嗅觉受体，由 30 种不同类型组成。它们并行工作，吸收和分析一系列"气味"分子。一旦合适的分子被吸附后，该受体分子就会改变其形状，使得信号通过神经传递到大脑的嗅觉中枢——分析哪些受体发送的信号会产生气味信号的"印象"，以对照记忆进行确认。

各种电子气味检测器已经被开发出来以模拟这个过程，比如嗅香（AromaScan™）品牌。它们可用于许多其他目的，例如检测食物的变质情况。其他用途还包括检测个人的"难闻"体味（即使被其他香气掩盖），由此产生一种安全检测器，只允许那些通过嗅觉测试的人通过。

仪器检测过程基于气味分子在一系列半导体聚合物传感器上的吸附情况。针对不同的吸附特性对仪器进行调整，然后加热释放出化学物质，并用气相色谱仪分析这些物质。最初，狗发挥了嗅探传感器的作用。

呼吸中的丙酮量曾被用作糖尿病的指征。几个世纪以来，中国医生将病人呼吸中的一系列气味当作诊断根据。生物传感器已经进入医学和其他分析领域。

香水

香水（Perfume）源自拉丁语"per"（穿透）、"fume"（烟雾）。最初的香料师是祭司，他们把树脂、树叶和木头烧成香。他们相信带有香味的烟会把他们的祈祷带给神。埃及人很可能是第一个在私人生活中使用香水的人；克利奥帕特拉为了吸引马克·安东尼（Mark Antony），下令用塞浦路斯花香油（cyprinum）浸透她专用船的船帆。十字军回到欧洲后，带来了麝香、柑橘、茉莉和檀香等新香料。在18世纪的法国宫廷中，人们对香水的狂热达到了顶峰。

香水中的精油（来自精华），通常集中在花瓣上，但也可以在其他地方。例如，剥橘子皮时，从果皮下会释放出带有甜味的微小的油滴。

埃及人将花瓣浸泡在温热的液态脂肪中以溶解出精油，这个过程称为浸渍。花瓣需定期更换，当花瓣不再溶于脂肪时，就用乙醇冷却并摇动，促使液体形成两层（脂肪在酒精中的溶解度很低）。精油在乙醇中比在脂肪中更易溶解，因此会转移到乙醇中。

法国人发明了一种更温和的方法（热油会分解一些较敏感的成分），称为油脂离析法。在玻璃板上涂上纯净的脂肪，并覆盖上花瓣（每隔几天就会换一次），刮去脂肪并用乙醇萃取，然后浓缩，去得到绝对的花香。蒸汽蒸馏在11世纪用于制造玫瑰水（第一种真正的香水），现在仍然被用于制造包括玫瑰油、香料油和薄荷油在内的大多数精油。有时是在真空条件下制造更为敏感的精油（见附录5）。最好的柑橘油是通过使果皮中的油腺破裂并使其不与果汁接触而产生的。萃取是通过液态二氧化碳（见第6章中与咖啡因相关的内容）和分子蒸馏来完成的。虽然真正的顶级香水仍然依赖于许多天然提取物，但合成香料在当今市场上占据主导地位。

桉树油和茶树油

"树叶和树枝被收集到一个装在卡车上的大水箱里。在蒸馏期间，盖子被打开，蒸汽从底部进入，然后离开。大部分锅炉燃料都是由干的橡胶树叶组成的——整个设备看起来结构复杂、古怪但未必中用，最终油被收集在一个旧的胡佛牌双缸真空吸尘器里。"

早在1788年，殖民地建立仅10个月，卫生部部长约翰·怀特（John White）将四分之一加仑的桉树油送到英国做进一步测试。不幸的是，多年来建立起来的一度繁荣的工业已经衰落，如今澳大利亚是桉树油的净进口国。

　　相比之下，茶树油的出口却在增加。它的主要用途是在药用化妆品中。茶树油（来自互叶白千层）主要是 (+)- 松油烯 -4- 醇及其相关化合物。从处理伤寒沙门菌，到治疗癣、痤疮和糖尿病性坏疽，这种油有杀灭细菌和真菌的功效。它也可作为香水和肉豆蔻的替代品。它可以杀死干腐真菌，并被用于从水凝胶灭火毯到口服避孕药等各种产品中；也可以用来治疗军团病。

(+)-松油烯-4-醇

来源：（右）creativenature.nl/Adobe Stock。

　　在澳大利亚，香精油生产种类（但不是数量）最多的地方是塔斯马尼亚州，那里生产有茴香油［出口以制造潘诺（Pernod™）茴香酒］、薄荷油、薰衣草油、香菜、欧芹、芸香科灌木、黑加仑和啤酒花。

　　香精常带有水果的香味，问题在于水果的"成熟度"处于什么阶段才能促使其获得"最恰当"的气味。水果中挥发性化学物质的成分不断变化，传统的"预期"气味通常对应于过熟。用于模拟真实水果气味的化学物质包括对羟基苯丁酮（覆盆子酮，见图 8.19，另见第 12 章中"果蝇引诱剂"内容）、丁香酚甲醚（来自康乃馨）、保加利亚薰衣草油、丁酸乙酯（来自菠萝）和乙酸异戊酯（来自香蕉）。利用液态二氧化碳（见第 6 章中的"超临界流体"）提取的迷迭香散发出的气味非常接近原植物的。

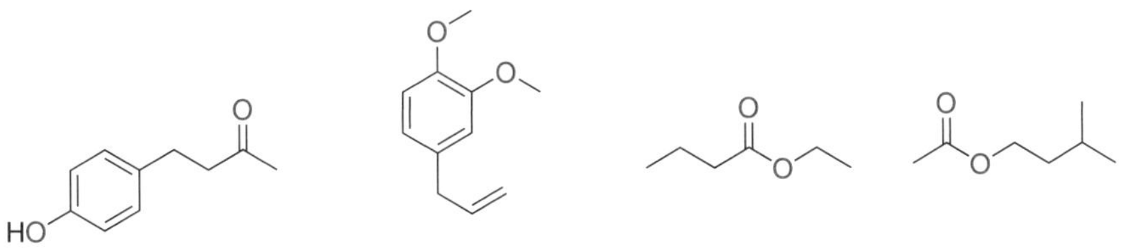

对羟基苯丁酮　　　　丁香酚甲醚　　　　丁酸乙酯　　　　乙酸异戊酯
（覆盆子酮）　（香料，来自康乃馨）　（来自菠萝）　（来自香蕉）

图 8.19　一些带有熟悉香味的化学物质

香调

香水是根据三个"香调"设计的。前调是挥发性的，并且会迅速蒸发，主要是柑橘香味。中调挥发得较慢，包括茉莉香味、紫罗兰香味和玫瑰香味。基调蒸发缓慢，有木质、苔藓、麝香和琥珀的味道。它们以三角形（类似于我们应该吃的食物的示意图）的形式描述，顶部的挥发性物质含量较小。香水在嗅条（吸墨纸）上呈点状，并以不同的时间间隔挥发。前调在第 1 分钟就开始挥发，15 分钟后再闻一闻就会闻到中调的香味。30 分钟后再次闻一闻，你会发现更多的成分，几天后可能还会有明显的基调香味。

一直流行的科隆（Colonia）"4711"香水只是一个前调香味（包含柠檬味、橙子味、佛手柑味和迷迭香味）。这个名字来自制造它的厂家的门牌号。有些香水组分极少但含量很大（例如，"璀璨"（Tresor）香水中的四种成分占其总量的 80%；"斯蒂芬妮"（Stephanie）香水中的一种成分占其总量的 50%）。

2-壬炔酸甲酯让人联想到紫罗兰和摩托车的气味，其在迪奥的"华氏"香水中被大量使用。露露（LuLu™）的"卡夏尔"（Cacharel）香水的主要成分是香豆素，具有夏末特有的气味特征。它实际上是从夏末的花草中提取的。

鸢尾油是鸢尾根的一种复杂衍生物，少量的时候有淡淡的花香，但大量的时候却令人作呕。鲸为了让坚硬的乌贼嘴通过肠胃，从消化系统中分泌出龙涎香，它漂浮至水面，被阳光转化成气味像酒精的化合物

（异丙醇）。麝是在中国生活的，每年香水中都会用到数吨麝香，但大部分是合成的。灵猫被关在埃塞俄比亚的笼子里，它的腺体被刮伤，产生的浓缩液闻起来像粪臭素（也就是粪便的味道，所以希望他们刮对了地方）。在微小的剂量下，它被认为是非常性感的气味。它出现在娇兰（Guerlain）1889 年推出的"掌上明珠"（Jickcy™）系列香水中，并且可能是第一款现代香水。香奈儿 5 号（Chanel No. 5）于 1923 年投放市场，采用合成的"醛"，至今仍非常受欢迎。1953 年，当雅诗兰黛（Estee Lauder）推出了"青春之露"（Youth Dew）时，美国香水挑战了法国香水的统治地位，加入了精致的花香，散发出强烈的东方气息。露华浓（Revlon）于 1972 年推出的"查理"（Charlie）香水，是为那些获得解放的能够给自己买香水的女士而设计的；而 1984 年的"乔治"（Giorgi）则是第一款在杂志上做广告的香水。

专业芳香

博物馆、主题公园和专卖店有特定的香味，因为它们内部都有自己特有的东西，比如枪火、草、恐龙骨架和南非祖鲁勇士的物品（有点诗意）。早在 1995 年的圣诞节，毫无防备的路人被白兰地的香味引诱进泰特美术馆，被香料葡萄酒的香味引诱进沃尔沃斯。为了掩盖丛林部队人员的体味，澳大利亚军队研发了一个绝妙的"雨林味道"。

香水颜色

为什么克里斯汀·迪奥（Christian Dior）的"毒药"（Poison™）香水装在一个黑色的瓶子里？是为了制造一种让人沉迷的气氛？从化学角度来说，它更有可能是为了掩盖其颜色随时间变化的事实——对于大多数消费品，尤其是化妆品，这是不允许的。随着时间的推移，胺和羰基反应形成了所谓的席夫碱，但这对香味和皮肤颜色没有影响。同样对皮肤颜色没有影响的是伊丽莎白·泰勒（Elizabeth Taylor）的"激情"（Passion）香水，实际上它在瓶子里是深蓝色的。

拓展阅读

常规

J. B. 威尔金森（J. B. Wilkinson）、R. J. 摩尔（R. J. Moore）所著《哈里的化妆品学》（*Harry's Cosmeticology*），1982 年第 7 版。这是一本十分经典的书，专业人员数十年来一直在等待新版本。

头发

杰里米·切尔法斯（Jeremy Cherfas）所著《圣诞节的发饰》（A Hair Piece for Christmas），摘自《新科学家》1985 年 12 月刊第 15 ～ 18 页。（通过谷歌图书访问，搜索 "A hair piece for Xmas"。）

唇膏

http://en.wikipedia.org/wiki/Lipstick

规章制度

在澳大利亚，化妆品类化学品由 NICNAS 监管，但治疗索赔等相关方面则由治疗药物管理局监管。

治疗药物管理局，http://www.tga.gov.au/consumers/sunscreens-2012.htm#.VAZl6Us_ulI。

氟化

http://en.wikipedia.org/wiki/Water_fluoridation_in_Australia

香水历史目录

http://en.wikipedia.org/wiki/List_of_perfumes

9 药箱里的化学

看一下你的药箱。它可能是浴室里的某个抽屉，也可能是储藏室里的某个盒子，大多数家庭都有一个。你可能会发现它里面有阿司匹林、扑热息痛和布洛芬，以及各种处方药。根据你的年龄和生活方式，这些药物可能用于治疗高血压、高胆固醇或抑郁症等。本章会介绍人们以前和现在使用的药物类型，以及它们是如何被研发和使用的。

澳大利亚有着丰富的传统医学历史，本地动植物是澳大利亚人治疗疾病的宝贵资源。例如，新南威尔士州北部的雅戈尔人将他们周围的植物用于一系列医疗目的，比如用于治疗溃疡、创伤和皮肤感染。最近的实验室研究发现，这些植物是具有抗菌性和抗氧化活性的化合物的丰富来源。

我们今天所知的澳大利亚制药工业起步较晚，可以说是从 1845 年阿德莱德市的蓝道街开始的。正是在这里，一位名叫弗朗西斯·哈迪·福尔丁（Francis Hardy Faulding，1816—1868）的英国移民开了一家药房，为阿德莱德市人民的药箱供应药品。他向顾客保证，他将"只储存最纯且最好的药品，并亲自监督所有处方的配药"。

福尔丁有限公司于 1921 年正式成立，主要生产磺胺类抗菌药物。它也是世界上第一家生产青霉素的私营公司，并在 1944 年开始为澳大利亚市场供应青霉素。因发现青霉素而获得诺贝尔奖的霍华德·弗洛里（Howard Florey）于 1944 年参观了这家工厂。

1916 年成立的英联邦血清实验室（Commonwealth Serum Laboratories, CSL）也在第一次世界大战后生产青霉素。CSL 有限公司，正如现在所知，已经成为澳大利亚领先的制药公司，并跻身世界制药公司前 50 之列。

其他值得注意的成功案例包括：Biota 公司开发了治疗流感的药物瑞乐砂（Relenza），Acrux 公司开发了 Axiron（一种治疗睾酮缺乏症的药物），Pharmaxis 公司开发了用于治疗与囊性纤维化相关的黏液积聚的药物——甘露醇（Bronchitol）。

> 澳大利亚是世界上最大的鸦片生物碱生产国，世界合法鸦片产量的 50% 都来自塔斯马尼亚州。

澳大利亚每年的医药市场价值约为 250 亿澳元，占世界市场的 2.5%。对一个人口只有世界人口 0.33% 的国家来说，这相当于每个澳大利亚人每年花 1000 澳元购买合法药物。在每年的超过 2.9 亿张处方中，大约 75% 的花费是由联邦政府补贴的，纳税人的总花费约为 91.5 亿澳元。表 9.1 显示了在 2011 年澳大利亚医药总开支中，分列药品福利计划（PBS）前 10 名的药品。用于降胆固醇的阿托伐他汀和瑞舒伐他汀分别占据第一位和第二位。因此，选择更好的生活方式，不仅可以让你活得更久，还可以减少你的纳税额！

表 9.1　2011 年按澳大利亚支出最高的 10 种 PBS 药物

药品	对应治疗	PBS 处方[①]数量	总费用 / 澳元
阿托伐他汀	高胆固醇	11 100 222	784 927 075
瑞舒伐他汀	高胆固醇	6 595 316	467 425 285
雷珠单抗	黄斑变性	160 813	342 880 160
埃索美拉唑	反流	5 890 893	230 060 391
沙美特罗和氟替卡松	哮喘	3 124 942	221 699 121
阿达木单抗	自身免疫性疾病	107 020	192 726 034
氯吡格雷	中风 / 心脏病	2 706 737	187 035 815

药品	对应治疗	PBS 处方[1]数量	总费用 / 澳元
奥氮平	精神病	967 080	174 280 242
辛伐他汀	高胆固醇	4 087 534	161 894 597
文拉法辛	抑郁症	2 598 159	140 328 907

①包括 PBS 处方和 RPBS 处方。

来源：《2011 年澳大利亚医学统计》（Australian Statistics on Medicine 2011）。

100 年前的药箱

1915 年，约瑟夫·阿马托（Joseph Amato）向美国专利局提出了一项有关药箱的专利申请。它有一个简单的篮子样式的设计，配有时钟表盘，以帮助及时交付药物（图 9.1）。但是 100 年前的药箱里可能有什么呢？

20 世纪早期的药箱中的药物，比几个世纪前作为药品的炼金药剂要先进得多。表 9.2 概略列出了一些药品及其历史用途，尽管其中许多产品不是目前所推荐使用的（而且你的药箱里有些药品可能会让你坐牢！）。在 19 世纪，与许多植物的传统用途相关的活性成分的鉴定得到了发展；而 20 世纪则见证了跨国制药公司的崛起与药物的大规模制造和分销。早期的药物主要是生物碱（含有氮的化学物质）。曼德拉草、罂粟和金鸡纳的活性分别来自其产生的生物碱——阿托品、吗啡和奎宁。

图 9.1　阿马托的药箱

表 9.2 1915 年的一个典型药箱所含之物

所含之物	历史用途
酒精	消毒剂
氨	消毒剂；也用于使昏迷患者苏醒（见碳酸铵）
碳酸铵	使昏迷患者苏醒
阿司匹林	缓解轻度疼痛和炎症
小苏打	治疗消化不良，并被报道能有效治疗普通感冒和流感
硼酸	防腐剂。混合奶油用于治疗局部伤口，作为粉末治疗癣和作为阴道冲洗剂治疗念珠菌病
可卡因	局部麻醉剂，用于减轻疼痛，经常用于牙科
蓖麻油	泻药
洋地黄	提高血压，改善循环
泻盐	催吐剂，治疗中毒
甘油	泻药，常被制成栓剂
海洛因	止痛、止咳、平喘
碘	防腐剂
吐根酊	催吐剂，治疗中毒
鸦片酊	麻醉剂；缓解疼痛，抑制咳嗽
镁乳	治疗胃灼热的抗酸剂；泻药
吗啡	缓解疼痛
溴化钾	神经强化剂和镇静剂
高锰酸钾（康迪晶体）	防腐剂；在足浴中被用来治疗癣和用于治疗蛇咬伤（没有效果）
可溶性桉树油	防腐剂
松节油	治疗内外寄生虫（蠕虫和虱子）；防腐剂
威士忌	内服作为麻醉剂，外用作为消毒剂
氧化锌软膏	预防和治疗皮疹，治疗擦伤和晒伤（见第 15 章）

第一批使用的合成药物是乙醚（1842 年）、氯仿（1847 年）、水合氯醛（1869 年）、海洛因（1898 年）和阿司匹林（1899 年）。在20世纪初，保罗·埃尔利希（Paul Ehrlich，1908 年诺贝尔生理学或医学奖得主）首创了药物化学的科学学科，并系统地测试了一系列化合物的特定生物活性。他的工作使得砷凡纳明（在市场上被称为撒尔佛散）被发现，其被用于对抗引起梅毒的病原体。后来格哈德·多马克（Gerhard Domagk，1939 年诺贝尔生理学或医学奖得主）在 20 世纪 30 年代发现了磺胺类抗菌药物，将其以"百浪多息"为名推向市场。这向世界表明，化学可以用来治愈疾病。从这个时候起，药品生产量开始增加（表9.3），跨国制药公司开始崛起。

药物的生产

药物的生产采用五种主要方法：发酵、动物来源、植物来源、化学合成和生物制品。

利用发酵可以生产多种药物，包括许多抗生素、类固醇和所谓的药物活性成分（API）。例如，可以利用真菌或细菌进行胰岛素生产，这些真菌或细菌在基因工程的作用下能够产生所需的化学物质。发酵的一个好处是，它对环境的影响低于合成类的其他技术。

动物来源似乎是一种令人惊奇的药物来源。来自动物的许多药物包括抗血栓药物，如来自猪的依诺肝素、来自牛的胰岛素、来自仓鼠的激素、来自小鼠的抗肿瘤药物和来自马的抗蛇毒药物。来自动物的药物对素食者和纯素主义者造成了困扰，也给来自不同文化背景的患者带来了困难。

植物提取物一直是传统医药的丰富来源，制药工业长期以来一直利用这种廉价且可再生的药物和原料药来源。一些著名的植物来源药物包括可待因、吗啡、奎宁和阿托品。最近有研究将植物细胞培养作为传统药物生产的替代方法，用于生产抗癌药物紫杉醇。

表 9.3　一些改变世界的药品发现

年份	药品	来源[1]
1785	用于治疗心脏病的洋地黄	植物提取物（常见的洋地黄）
1803	从鸦片中提取出纯吗啡	植物提取物（罂粟花）
1818	提取出马钱子碱	植物提取物（吕宋果）
1820	提取出奎宁（治疗疟疾）	植物提取物（金鸡纳树）
1831	提取出阿托品	植物提取物（致命的茄属植物，如颠茄）
1842	首先用于麻醉的乙醚	化学合成
1847	最初用于麻醉的氯仿	化学合成
1867	用于治疗胸痛（心绞痛）的亚硝酸盐	
1871	提取出催吐剂（在吐根中获得）	
1879	用作止痛药的可卡因	植物提取物（古柯植物）
1897	乙酰水杨酸（阿司匹林）首次合成	化学合成
1901	记录了从肾上腺提取出的肾上腺素及其用途	生物学
1903	佛罗拿（又称巴比妥和硫戊巴比妥）首次合成并作为安眠药销售	化学合成
1910	撒尔佛散被发现对梅毒有效	
1912	苯巴比妥用作抗癫痫药剂	
1916	肝素首次被认为是一种抗凝血剂	
1918	首次使用分离的麦角碱进行治疗	发酵（真菌）
1921	分离出胰岛素并用于治疗糖尿病	生物制剂
1933	合成维生素 C（L-抗坏血酸）	化学合成（基于生物）
1934	发现可治疗疟疾的氯喹	化学合成
1935	发现并用于治疗感染的磺胺类药物的抗菌活性	
1937	发现抗组胺药	

年份	药品	来源[1]
1939	杜冷丁，第一个被合成的麻醉药	化学合成
1940	首次提取出放线菌素——一种抗生素，后来用作抗癌药物	
1941	青霉素首次用来治疗病人	
1948	发现了金霉素，一种广谱抗生素。土霉素（1950年）和四环素（1952年）在不久后被发现	
1950	氯丙嗪被发现，迎来了精神活性药物发现的"黄金十年"	
1952	首次分离出利血平，一种抗精神病药和降压药	
1955	首次分离出两性霉素B，一种抗真菌的抗生素	
1957	异炔诺酮-炔雌醇甲醚片用于治疗月经紊乱，后来（1960年）成为避孕药（首次使用）	
1961	布洛芬被发现	
1966	盐酸金刚烷胺作为第一种抗病毒药物在美国获准用于抗流感	
1972	认识环孢素的免疫抑制活性	发酵（真菌）
1978	从真菌中分离出洛伐他汀，第一种他汀类（降胆固醇）药物	发酵（真菌）
1987	叠氮胸苷成为第一种治疗人类免疫缺陷病毒（HIV）感染的药物	化学合成
1992	紫杉醇被用于治疗各种癌症	植物提取物（太平洋紫杉，短叶红豆杉）
2002	阿达木单抗（修美乐）被用于治疗类风湿性关节炎	生物（单克隆抗体）
2009	蒿甲醚/本芴醇被批准为治疗疟疾的联合疗法用品	植物提取物（中药材，如黄花蒿）

①见本章"药物的生产"部分。

阿托品存在于植物颠茄中。女人们用浆果的汁来扩大瞳孔（瞳孔散大），使自己看起来更漂亮，因此"颠茄"（Belladonna）这个名字的外文意思是美丽的女士。如今，阿托品和相关化品（左旋－阿托品），除用于其他医疗用途外（如治疗胃肠不适），仍被用于眼科，以引起瞳孔散大。

左旋-阿托品（莨菪碱）

化学合成是制药工业的主力军，是化学工程师利用各种化学反应来构建分子的方法。化学合成可以从石化原料中重新合成分子，也可以从发酵、动植物提取物中提取原料药并加以修正，使之活性更高、毒性更小。化学合成可以生产阿司匹林、抗组胺药和立普妥（一种降低胆固醇并有助于预防心脏病的常用药）等药物。

生物制剂代表了第五种分类。美国食品及药物管理局（FDA）网站是这样说的："生物制剂可以由糖、蛋白质、核酸或这些物质的复杂组合组成，也可以是细胞和组织等生物活体。"它们是在动物（包括人类）或微生物中产生的，但不同于其他药物，因为它们的结构不明确，也不容易被确定。生物制剂是制药工业中一个迅速发展的领域。

药物名称

拿起一个药瓶，看看药物的有效成分。上面显示药物的三个名称。

第一个名称是系统命名，遵循一套国际通用命名规则（见附录1）。这种名称往往很长而且复杂，因此，公司经常使用通用名称，即第二个名称，也称为药品国际非专利名称（INN）。第三个名称是品牌名称（商标名称），是销售该药物的公司取的名称。例如，读者可能听说过有种药物的 IUPAC 名为 1–〔(3–〔4,7– 二氢–1–甲基–7–氧代–3–丙基–1 氢–吡唑并 (4,3–d) 嘧啶–5–基〕–4–乙氧基苯基) 磺酰基〕–4–甲基哌嗪，其通用名称为西地那非，品牌名为"万艾可"。

因为"万艾可"有专利，所以现在还有其他几家公司以通用名称——西地那非销售这种药物。使用通用名称标签的原因是，它为卫生专业人员可能知道的药物提供了一个简单、明确、国际化的标签；而品牌名称会有效地掩盖其有效成分，增加了在不知情的状况下服用该药物的易感人群发生不良事件的风险。例如，1982 年澳大利亚食品药品监督管理局批准的地尔硫卓，是一个用于降低血压的药物的通用名称；而它的品牌名称有 Apo-Diltiaz、 Cardizem、Cartia XT、Dilacor XR、Diltzac、Matzim LA、Tiazac 和 Tilva Diltazem 等。

更令人困惑的是，同一个品牌在不同的国家可能包含不同的非专利药物——有时是为了治疗不同的病症！例如，你可能在澳大利亚购买了 Dilacor，其中含有地尔硫卓；而你在阿根廷购买的 Dilacor 含有非专利药物巴尼地平；在巴西，Dilacor 含有非专利药物维拉帕米；而在塞尔维亚，Dilacor 含有非专利药物地高辛。地高辛这种药物类似于 1915 年在我们的药箱中发现的洋地黄（见表 9.2），它用于治疗心脏病（图 9.2）。

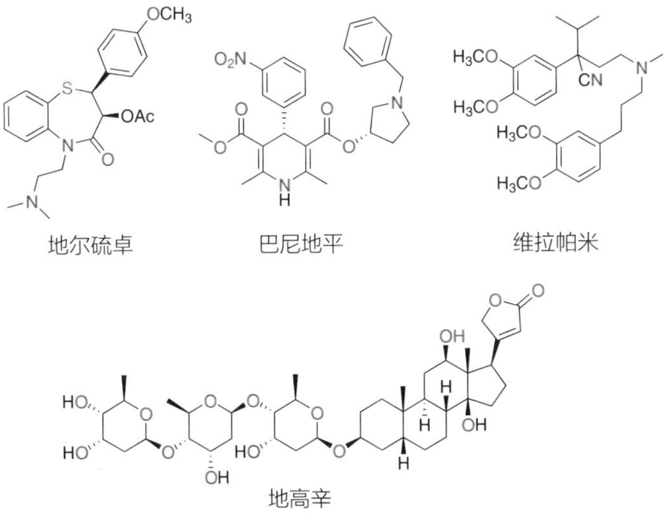

地尔硫卓　　　　巴尼地平　　　　维拉帕米

地高辛

图 9.2　品牌药物 Dilacor 的变化结构

在澳大利亚，联邦政府和各州之间在分担社区卫生资金方面，存在着复杂、多变的责任关系。这导致花费额外的钱，并有可能危及人体健康。去公立医院的患者，往往会把他们现有的药物替换为医院药房的药物。它可能是一种不同的药物，无论怎样，这两种药物都有不同的专有名称和片剂形式、颜色和标识。在离开医院时，患者会保有治疗前的药物以及得到一些额外的医院药物。这样的话有可能造成药物混淆，特别是对于老年患者，因为他们中的大多数人可能会使用更多的药物。

来源：改编自麦克拉克伦（McLachlan）文章《费用转移和药品质量使用；现在是国家药品政策2.0的时候了吗？》（Cost Shifting and the Quality Use of Medicines; Is It Time for National Medicines Policy 2.0），摘自 *AJ Aust Prescriber* 37(4):110-1，http://www.australianprescriber.com。

高利润药物

20 年前，医药市场最畅销的是治疗心脏病的药物。时间快进到现在，我们看到，尽管这类药物仍然在全球最畅销的 20 种药物中占据突出的位置（表 9.4），但如今该榜单中主要是治疗关节炎、癌症和糖尿病的药物——与老龄化和人们的不健康生活方式有关。还有一个变化是生物制剂使用的增加。1992 年，该清单只列出了一种生物制剂，是用于治疗贫血症的阿法依泊汀（红细胞生成素）。如今，这份名单上有 9 种药物被归类为生物制剂，其中前 10 名中有 7 种。

但世界上使用最广泛的药品是什么？ 答案就在你的药箱里。到目前为止，非处方药（OTC）不需要处方即可获得，这是目前使用最广泛的药品。止咳药、感冒药和抗过敏药位居榜单前列，每年售出数十亿包；其次是止痛药、抗酸药和泻药。

不过，世界上销量最多的医疗物品不是药品，而是酒精！销量最多的三种合法且具成瘾性的东西是酒精、尼古丁和含咖啡因的能量饮料。

各国在处方药使用方面的差异很有趣。在一项涵盖 7 个西方国家的调查中，美国居民最有可能在 12 个月内使用处方药（60%），而德

国居民在此期间使用处方药的可能性最小（46%）。新西兰记录的处方
药使用率占倒数第二（约为47%），与美国的60%（美国是世界上唯
一一个允许直接向消费者发布药品广告的国家）相比有很大差异；这两
个国家同时处于处方药使用率和人均支出的顶端和底端。

表 9.4　2014 年全球最畅销的 20 种药物

品牌名称	通用名	说明（非详尽无遗）
1（B）Humira	阿达木单抗	类风湿性关节炎、银屑病、克罗恩病
2（SM）Sovaldi	索非布韦	丙型肝炎
3（B）Remicade	英夫利昔单抗	类风湿性关节炎、银屑病、克罗恩病、强直性脊柱炎
4（B）Rituxan MabThera	利妥昔单抗	非霍奇金淋巴瘤、慢性淋巴细胞白血病、类风湿关节炎、多血管炎
5（B）Enbrel	依那西普	类风湿关节炎、幼年特发性关节炎、银屑病、强直性脊柱炎
6（B）Lantus	甘精胰岛素	糖尿病
7（B）Avastin	贝伐珠单抗	癌症（宫颈癌、结直肠癌、肺癌、卵巢癌）、胶质母细胞瘤
8（B）Hercepin	曲妥珠单抗	乳腺癌、胃腺癌
9（SM）Advair Seretide	氟替卡松 沙美特罗	哮喘、慢性阻塞性肺病
10（SM）Crestor	瑞舒伐他汀	高胆固醇血症（高胆固醇）、高脂血症、高甘油三酯血症
11（B）Neulasta Neopogen Peglasta Gran	培非格司亭 非格司亭 非格司亭 非格司亭	发热、先天性、环状或特发性中性粒细胞减少
12（SM）Lyrica	普瑞巴林	神经病理性疼痛（糖尿病周围神经或脊髓损伤）、纤维肌痛
13（SM）Abilify	阿立哌唑	精神分裂症、双相Ⅰ型障碍、躁狂抑郁症、自闭症、抽动障碍
14（SM）Revlimid	来那度胺	多发性骨髓瘤、套细胞淋巴瘤、骨髓增生异常综合征
15（SM）Gleevec Glivec	甲磺酸伊马替尼	各种白血病、骨髓增生异常／骨髓增生性疾病

品牌名称	通用名	说明（非详尽无遗）
16（B）Prevnar 家族	七价肺炎球菌结合疫苗	肺炎链球菌引起的血清型疾病，预防中耳炎
17（SM*）Copaxone	格拉替雷	多发性硬化症的复发形式
18（SM）Zetia Vytorin	依泽替米贝和辛伐他汀	原发性高血脂、混合性高血脂、纯合子家族性高胆固醇血症
19（SM）Januvia	西格列汀	2 型糖尿病
20（SM）Symbicort	布地奈德福莫特罗	哮喘、慢性阻塞性肺病、支气管炎、肺气肿

注：1. 销售额从 38 亿到 125 亿美元不等。

2.（B）——生物分子；（SM）——小分子；（SM*）——属于中间类别的分子。SM* 是较大的聚合物分子（5000～9000 Da），是综合衍生的，所以不是生物分子；而 SM 在质量上被认为小于 1500 Da。

来源：http://www.genengnews.com/insight-and-intelligence/the-top-25-best-selling-drugs-of。

令人担忧的是"超级细菌"——对所有已知药物产生抗药性的微生物病原体。耐药病原体是抗生素过量使用的结果。然而，这不应该让任何人感到惊讶！ 亚历山大·弗莱明（Alexander Fleming）与霍华德·弗洛里（Howard Florey）和恩斯特·钱恩（Ernst Chain）一起获得了 1945 年诺贝尔生理学或医学奖，因为发现了青霉素类抗生素。他在获得诺贝尔奖的演讲中就此警告全世界：

"也许有一天，任何人都可以在商店里买到青霉素。这有一种危险，那就是无知的人可能很随意给自己用药，并通过将他体内的微生物暴露在非致命的药物剂量中，使它们具有抗药性。下面举一个例子，假设 X 先生嗓子疼，他买了一些青霉素给自己，但是剂量不足以杀死链球菌，却可以促使它们抵抗青霉素。然后他把疾病传染给他的妻子，X 夫人得了肺炎，用青霉素治疗。由于链球菌现在对青霉素具有抗药性，治疗失败了—— X 夫人死了。谁对 X 夫人的死负主要责任？是 X 先生！为什么？因为他的不当使用让青霉素改变了微生物的性质。"

来源：弗莱明获诺贝尔奖的演讲，1945 年。

药品管制

控制药品的想法至少可以追溯到 7 世纪，《古兰经》上明确表示禁止使用酒精。英国根据 1868 年《药剂法》（Pharmacy Act）制定了药品使用规则——出于安全性考虑，而不是宗教目的。该法限制向药商和药剂师供应危险药品。根据规则，所有药品的包装盒表面都必须显示配药药剂师的姓名和地址，从而可以随时准确识别特定供应商供应的药物是否为违规药物。这项立法起到了减少死亡人数（受害于毒品）的作用，特别是因为它涉及鸦片制品的使用。

"药品"这个词在社会上有着消极的内涵，但药品只不过是一种化学物质，当使用时会产生生理效应。我们从一位名叫菲利普斯·奥里欧勒斯·特奥夫拉斯图斯·邦巴斯图斯·冯·霍恩海姆（Philippus Aureolus Theophrastus Bombastus von Hohenheim，1493—1541，又名帕拉塞尔苏斯）的科学家那里得到了"夸大"这个词。他曾说的话已经被翻译成："所有的物质都是有毒的，没有一种不是毒药；到底是毒药还是救命丹，可以用合适的剂量来进行区分。"

现代社会将药品大致分为两类，即合法药品和非法药品。我们经常听到关于没收非法药品的消息，或者与此相关的丑闻，如我们的体育偶像之一被发现使用非法药品。然而，它们之间的区别并不一定是基于合理的医学建议，而是立法者签署一份文件并界定什么是合法和什么是非法的结果。

> 一个国家的合法药品在另一个国家可能是非法的。以 N–甲基–α–甲苯乙胺（你可能知道它叫甲基苯丙胺、脱氧麻黄碱、快速丸或冰毒）为例，这是一种在美国合法的药物，以德索因的商品名出售，用于治疗多动症；而在加拿大它却是非法的。在澳大利亚，它是下文表 9.6 的附表 8 中药物的一种（见表 9.6）。

德索因

美国食品及药物管理局

1937 年，一位医生向美国医学会报告：有一种新的磺胺药物的液化配方，导致 6 名病人死亡。由于该药的固体药丸很大，难以被孩子吞咽，因此该公司开发了一种可溶解药物的溶剂，并在其中添加了覆盆子调味，然后在没有任何测试的情况下就以"磺胺圣水"的名称出售。

在召回药物之前，"磺胺圣水"已造成 107 人（主要是儿童）的死亡。当时磺胺是一种新药，没有人确定其药物或溶剂是否有毒。弗朗西丝·凯尔西（Frances Kelsey）博士发现，具有毒性的是溶剂二甘醇，它占了"磺胺圣水"的 72%（药物磺胺只有 10%）。

"磺胺圣水"导致的悲剧引起了公众的强烈抗议，从而促使 1938 年《食品、药物和化妆品法案》（Food, Drug, and Cosmetic Act）的通过。该法案赋予了美国食品及药物管理局监督新药安全的权力。

然而，直到 1962 年——以沙利度胺引起的另一场悲剧发生——才通过了法律《基福弗－哈里斯药物修正案》（Kefauver–Harris Drug Amendments）。该法案确保制药公司做更多的研究来保证药品安全。FDA 的药物评估和研究中心（CDER）负责确保药物（包括处方药和非处方药）都是安全有效的。但《基福弗－哈里斯药物修正案》要求制药公司必须向 CDER 提供有关药物的益处和安全性的数据，以获得销售和使用药物的批准。

美国审批药物的程序涉及 12 个步骤，表 9.5 进行了概述。图 9.3 所示为美国新药开发过程。

表 9.5 FDA 药物审批程序的 12 个步骤

序号	步骤	药物审批所涉及的内容
1	临床前	此阶段往往涉及动物试验
2	新药研究申请（IND）	申请中概述了一种新药物的赞助商在临床试验中为人体测试提出的建议

序号	步骤	药物审批所涉及的内容
3	第1阶段	涉及 20～80 人。这一阶段被用来确定药物最常见的副作用是什么，以及药物是如何被代谢和排泄的
4	第2阶段	涉及 80～300 人。这一阶段的目标是获得关于该药物是否对患有某种疾病或具有某种状况的人有效的数据。在对照试验中，将接受该药物的患者与接受不同治疗（通常是安慰剂或不同药物）的相似患者进行比较。继续评估安全性，并研究短期副作用
5	第3阶段	涉及 300～3000 人。这些研究收集了更多关于安全性和有效性的信息，涉及不同的人群和不同的药物剂量，并观察与其他药物联合使用该药物后的情况
6	新药应用（NDA）前	在提交 NDA 之前，FDA 与药物赞助商会面
7	NDA	药物赞助商通过提交 NDA，正式请示 FDA 批准一种药物在美国上市。该 NDA 包括对所有动物和人类的试验数据及对数据的分析，以及关于药物在体内的行为和如何被制造的信息
8		在收到 NDA 后，FDA 有 60 天的时间来决定是否提交它，以便进行审查
9		如果 FDA 提交 NDA 文件，FDA 审查小组将被指派评估药物赞助商对药物的安全性和有效性的研究
10		FDA 审查药物的专业标签信息（关于如何使用该药物的信息）
11		作为批准程序的一部分，FDA 将检查生产这种药物的设施
12	批准	FDA 审查人员将批准申请或发出回复函

来源：http://www.fda.gov/Drugs/ResourcesForYou/Consumers/ucm289601.htm。

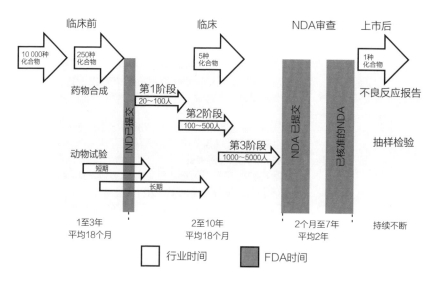

临床前　　　　　　临床　　　　　　　NDA审查　　上市后

10 000种化合物　250种化合物　5种化合物　　　　　　1种化合物

药物合成　　　第1阶段 20～100人

　　　　　　　　第2阶段 100～500人

　　　　　　　　　　第3阶段 1000～5000人

动物试验　短期

长期

IND已提交　　NDA已提交　已核准的NDA

不良反应报告

抽样检验

1至3年 平均18个月　　　2至10年 平均18个月　　2个月至7年 平均2年　　持续不断

☐ 行业时间　　　■ FDA时间

图 9.3　美国新药开发过程

沙利度胺：药物研发中的一场灾难

　　沙利度胺是一种非处方镇静剂，于 1957 年首次出售，孕妇用它来缓解晨吐。不幸的是，这种药物产生了毁灭性的影响，即幼儿出生后四肢畸形（海豹肢畸形）。因为上文提到的弗朗西丝·凯尔西博士，这种药物在美国从未被批准，正如审查人员指出的那样，这种药物的安全性令人担忧。

　　然而，直到今天，这种药物仍然是治疗包括多发性骨髓瘤和各种癌症在内的多种疾病的有效药物。但如果使用对象是孕妇，则会对这种药物实行严格控制。

　　这种药物是一种具有手性的化学物质。右手型或 R 型是治疗晨吐（镇静）的有效成分，而其镜像左手型或 S 型是导致出生缺陷（致畸）的原因。

　　沙利度胺，作为外消旋体（R 型和 S 型两种形式的相等混合物）出售，经常被用作说明为什么我们应该使用同手性药物（单一手性而不是混合物的药物）的例子。但这是一个糟糕的例子。即使作为同手性镇静 R 型药物销售，沙利度胺也会在体内经历一个称为外消旋的过程，其中 50% 变为想要的 R 型，50% 会成为不理想的、致畸的 S 型。

(R)-沙利度胺（镇静剂）　　　　　　(S)-沙利度胺（致畸）

澳大利亚的药物管制

在一个国家或管辖区被批准面市的药物不能保证在另一个国家也被批准。例如，澳大利亚制药公司 Pharmaxis 拥有一种产品——吸入性甘露醇，该产品在澳大利亚和几个欧洲国家被批准用于治疗与囊性纤维化相关的并发症；但 FDA 尚未批准该药物在美国使用，并要求进一步进行试验。

在澳大利亚，一种新药被列入《澳大利亚治疗品登记册》（Australian Register of Therapeutics Goods）需要获得治疗药物管理局的批准。所有被批准供应或从澳大利亚出口的药物都必须记录在《澳大利亚治疗品登记册》上。《澳大利亚治疗品登记册》中的药物分为以下两类。①注册：高风险药物，包括所有处方药和大多数非处方药物以及一些补充药物；②登记：低风险药物，包括一些非处方药物和大多数传统药物、补充药物和营养补充剂。

澳大利亚毒物调度委员会成立于 1954 年，旨在"需要使用"的基础上对药物的获取进行限制和分级。委员会要求将治疗性化学品与商业 / 家用化学品分开，现在这是评估程序的一部分。其制订的计划完全集中在公共卫生上，没有考虑经济因素，尽管有人认为药物从处方药向非处方药销售的转移节省了政府补贴。

药品和毒品分类准则

在世界各地，控制药品的愿望使得各国将药品列入明细表。在美国，《1970年管制药物法》（Controlled Substances Act 1970）下附有5个明细表。奇怪的是，"大麻及其大麻素"出现在附表1中，尽管该法律指出"该药物或其他物质，目前尚不被接受用于治疗"。如何将这一点与医用大麻的合法使用相协调，是美国食品及药物管理局与毒品管理局需要面对的与此类立法相关的问题之一。

表9.6概述了澳大利亚目前使用的药品及毒品分类准则。尽管澳大利亚和美国的明细表之间存在着明显的差异——澳大利亚分类准则有9个附表（虽然附表1为空白），美国分类准则有5个附表——但它们在化学品及其分类方面有着普遍的一致性。和美国一样，英国的相关准则也有5个附表，附表1中含有最危险的毒品，这些毒品被禁止使用。

表9.6 澳大利亚药品及毒品分类准则

附表	分类准则
1	此附表有意为空白
2	药剂——用于以下情况的物质和制剂： ·使用基本安全，但必要时可提供建议或意见 ·针对消费者容易识别的小病或症状 ·不需要医疗诊断或管理
3	药剂师专用药品——用于以下情况的物质和制剂： ·使用基本安全，但需要药剂师提供专业意见或建议 ·需要药剂师的建议、管理或监督 ·用于下列疾病或症状： 　　——可由消费者识别并由药剂师核实 　　——不需要医疗诊断，或只需要初步医疗诊断，也不需要严密的医疗管理
4	仅处方药或兽用处方药——用于以下情况的物质和制剂： ·需要专业的医疗管理或监控（如牙医或兽医） ·用于需要专业的医疗诊断或管理（如牙医或兽医）的疾病或症状 ·可能需要进一步评估安全性或有效性 ·新的治疗药物

附表	分类准则
5	警告——具有以下情况的物质和制剂： ·毒性低或浓度低 ·具有低度至中度的危险 ·正常使用只会对人体造成轻微的不良影响 ·在搬运、存储或使用时需要谨慎
6	毒物——具有以下情况的物质和制剂： ·具有中度至高度的毒性 ·如果摄入、吸入，或接触皮肤、眼睛，可能会造成严重伤害或死亡
7	危险毒物——具有以下情况的物质和制剂： ·具有高度至极高度的毒性 ·低暴露条件下会造成严重伤害或死亡 ·在制造、搬运或使用时需要采用特殊预防措施 ·可能需要制定与限制其可用性、拥有权或使用权有关的特殊法规 ·对家庭使用或未经培训的人员使用太危险
8	管制药物——具有高度滥用和成瘾可能性的治疗用物质和制剂。未经授权持有这些药物是犯罪行为。在一些州，医生需要持有 S8 许可证才可以使用附表 8 所列的所有药物进行处方治疗
9	违禁物质：法律规定只能用于研究的物质和制剂。法律严格禁止未经许可销售、使用和制造此类物质。关于人类研究用途的许可必须得到公认的人类研究伦理委员会的批准

来源：https://www.tga.gov.au/scheduling-basics 和 http://en.wikipedia.org/wiki/Standard_ for_ the_ Uniform_Scheduling_of_Medicines_and_Poisons#Schedule_2_Pharmacy_Medicine。

在英国，一种名为二乙酰吗啡或二丁吗啡的化学品作为处方中的药物（在英国属附表 2）被使用；而在澳大利亚和美国，这种化学品也被称为海洛因，或许不能作为处方药被使用。

英国还将用于治疗多发性硬化症的大麻衍生药物 Sativex 从其最高分类附表 1 下调至附表 4。2006 年，英国科学技术特别委员会汇编了一份报告。该报告认为，毒品分类是"武断和不科学的，应该使用更科学的危害衡量标准来对毒品进行分类"。这种说法几乎没有争议，但提议的分类可能会对主流社会造成冲击。因为它建议：广泛使用的具有成瘾性的物质——酒精和烟草，应该与海洛因、可卡因和安非他明一样被列入高风险危害分类。

> 安非他明在美国是附表 2 中的药物，在澳大利亚是附表 8 中的药物。在过去的一些航空服务中，航空菜单上除了有鸡尾酒和烈酒，还有"苯二胺吸入器"（苯二胺是外消旋安非他明）。今天，这种药物在治疗多动症中得到了广泛的应用。

你的药箱里有什么？

那么你的药箱里应该放些什么呢？对于这个问题的答案，你应该已经考虑和回答过了，尽管规模要大得多。问题是世界的药箱里应该有什么呢？世界卫生组织（WHO）已经审议了这一问题，并编制了一份基本药物清单。该清单于 1977 年首次汇编，每两年更新一次。它由两个清单——核心清单和补充清单组成。2015 年发布的第 19 个清单中，包含 300 多种药品。自 2007 年，还公布了一份单独的清单，其中包含 12 岁以下儿童所需的基本药物。在该清单的第 5 版（2015 年）中，已包含 250 多种药物。

回到刚才的问题，你的药箱里有什么？答案是没有"代表型"的药物，因为箱子里面的药物类型取决于你的生活阶段。你是年轻的单身族、有孩子的中年人，还是老年人？在所有这些群体中，你身体的健康状况，即是否健康、是否已从疾病或伤害中恢复、是否患有慢性疾病，一直在起作用。与 100 年前相比，我们如今的药箱里包含的药品更少，原因在于随时可以获得医疗保健，所以手头不需要保存很多药品。

我们假设你的药箱里可能有以下药品：抗过敏药、抗生素、止痛药和抗抑郁药。下面将依次讨论它们。

抗过敏药

澳大利亚是发达国家中过敏性疾病发病率偏高的国家之一——影响大约 20% 的人口；因此，一些抗过敏药物出现在私人药箱里也就不足为奇了。你可能对食物过敏、对昆虫叮咬过敏，或者对花粉过敏，而这些都会引起你的过敏反应。对于对花粉过敏的人来说，花粉颗粒附着在鼻腔黏膜上，导致花粉过敏原被释放。过敏原与抗体将形成复合物。该抗体以高浓度存在于过敏人群中，从而触发组胺的释放；而组胺是引起花粉症和其他许多过敏症状的原因（图 9.4）。因此，你的药箱里可能包含一些抗组胺药，如 Aerius（地氯雷他定）、Benadryl（苯海拉明）、Claratyne（氯雷他定）、辅舒良（丙酸氟替卡松）、雷诺考特（布地奈德）、Telfast（非索非那定）或 Zyrtec（西替利嗪）（图 9.5）。

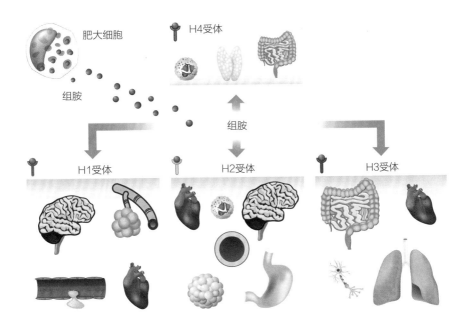

图 9.4　在体内发现的不同类型的组胺受体

来源：designua/Adobe Stock。

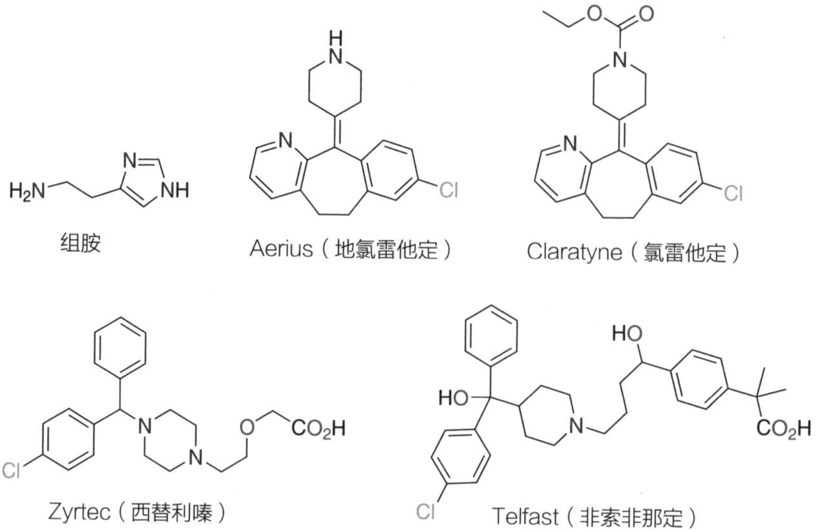

图9.5　组胺和用作抗组胺药的各种药物

抗生素

　　抗生素在你的药箱里的唯一原因是你现在正按照处方服药。自然产生的青霉素是由青霉属的一些真菌合成的。青霉素的特征是 β–内酰胺（一个四元环，其中含有氮原子）与噻唑环（一个五元环，其中含有硫以及与四元环相同的氮）结合，并具有能区分不同青霉素结构的 R 基团（图9.6）。青霉素类药物对杀死革兰氏阳性菌最为有效，对革兰氏阴性菌的作用较弱。

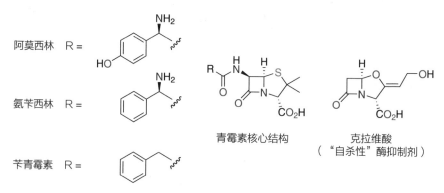

图9.6　常见的青霉素的结构和用作"自杀性"酶抑制剂的克拉维酸的结构

大约 1% 的人对青霉素有过敏反应。可以用作处方药的常用青霉素包括阿莫西林（有或无克拉维酸）、氨苄西林和苄青霉素。

将克拉维酸添加到一些青霉素中，作为β-内酰胺酶的替代靶点，它会破坏β-内酰胺环使得药物失活。以这种方式使用的克拉维酸被称为"自杀性"酶抑制剂。

还有一种常见的β-内酰胺类抗生素，即头孢菌素类。最初人们是在 1948 年从一种真菌中将它分离出来的，如今还在不断开发中。至今我们有了所谓的第五代头孢菌素，它们对杀死革兰氏阴性菌更有效，对β-内酰胺酶有更强的耐药性。你的药箱里可能有头孢菌素，其包括头孢氨苄和头孢克肟。

大约 1% 的人对β-内酰胺类抗生素过敏，这意味着他们不能服用青霉素或头孢菌素。尽管最近的研究表明，随着年龄的增长这种过敏反应会消失，但早前被诊断为过敏的人通常不会被重新测试，所以他们在一生中将不断地服用替代药物。在你的药箱中，β-内酰胺类抗生素的替代药物可能是红霉素、甲氧苄啶、庆大霉素、克拉霉素、环丙沙星或多西环素（图 9.7）。

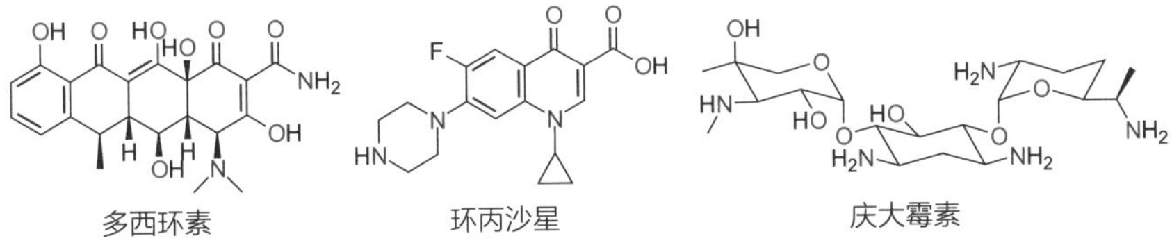

多西环素　　　　　环丙沙星　　　　　　庆大霉素

图 9.7 在你的药箱中可选择的非β-内酰胺类抗生素

止痛药

如果你药箱里的止痛药不多于 1 种，那么你很可能没有药箱。镇痛意味着"疼痛消失"，止痛药通过作用于我们的中枢和外周神经系统来阻断我们认为是疼痛的信号。有很多止痛药可供消费者选择，有些是处方药，有些是非处方药，甚至你可以在当地的超市买到其他类的。你可以从非甾体抗炎药（NSAIDs）、COX-2 抑制剂和阿片类药物中选择。那你会选择哪一种呢？世界卫生组织已经开发了"止痛梯"（或"镇痛梯"）——作为疼痛等级药物选择的指导（图 9.8）。

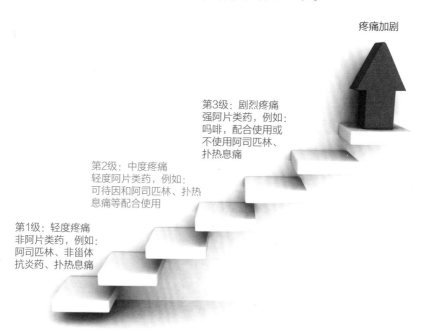

疼痛加剧

第3级：剧烈疼痛
强阿片类药，例如：
吗啡，配合使用或
不使用阿司匹林、
扑热息痛

第2级：中度疼痛
轻度阿片类药，例如：
可待因和阿司匹林、扑热
息痛等配合使用

第1级：轻度疼痛
非阿片类药，例如：
阿司匹林、非甾体
抗炎药、扑热息痛

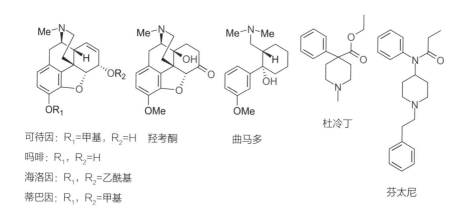

可待因：R₁=甲基，R₂=H　　羟考酮

吗啡：R₁，R₂=H

海洛因：R₁，R₂=乙酰基

蒂巴因：R₁，R₂=甲基

曲马多

杜冷丁

芬太尼

图 9.8　世界卫生组织开发的"止痛梯"和一些用于治疗疼痛的药物

来源：（staircase image）VERSUSstudio/Adobe Stock。

1899 年，德国拜耳（Bayer）制药公司首次以阿司匹林的名义销售乙酰水杨酸。众所周知，它会导致胃出血，虽然对大多数人来说，出血量很小，只有 1 ～ 2 mL；但对其他一些人来说，可能是数百毫升，而在这种情况下就需要紧急住院接受治疗。可溶性阿司匹林通常是乙酰水杨酸的钠盐或钙盐，但当到达胃时，阿司匹林会以细晶体的形式立即转化为母体化合物，这可能会减轻胃的痛苦。最近研究发现，与单独服用阿司匹林相比，服用含有维生素 C 的阿司匹林可以降低对胃的损害。

阿片类药物展示了结构与生物活性相关的原理，以及结构的微小变化如何对活性产生重大影响。沙利度胺的例子已经说明了这一点：R 型与 S 型分子是彼此的镜像，但却显示出截然不同的生物活性。如果你赞同生物活性的锁匙原理，那么很容易理解分子（钥匙）结构的微小变化是如何改变其与受体（锁）的结合方式的。可待因是从罂粟中提取的生物碱，与吗啡和蒂巴因共存。蒂巴因没有表现出镇痛作用（它会引起惊厥），而吗啡和可待因的唯一区别是可待因中的甲基在吗啡中被氢替换。然而，这种微小的变化足以使可待因的镇痛效力降低到约为原来的 1/10。海洛因是一种由吗啡合成的阿片类药物，在一些国家被用作强力镇痛剂。海洛因是一个前体药物的实例，其分子可以穿过血脑屏障。在大脑中，乙酰基被酶去除，形成吗啡，具有生物活性。羟考酮是一种强效合成阿片类药物，由蒂巴因制备而成，因其副作用小而被广泛使用。曲马多、杜冷丁和芬太尼均为完全合成阿片类药物，不依赖于鸦片供应（图 9.8）。它们的结构与激发它们的天然化合物有明显的不同，但它们仍然是阿片受体的一部分。药物化学家花了无数时间来改进方法，以寻找活性更高但毒性更小的分子。

抗抑郁药

抑郁症已经发展成为社会上的一种主要疾病。制药公司认识到对抗抑郁药物的需求，于是为人们提供了大量处方药。对经济合作与发展组织（OECD）中 33 个成员国的调查显示，冰岛是抑郁症患者最多的国家，紧随其后的是澳大利亚（表9.7）。

表9.7　每天每1000人服用抗抑郁药的剂量（2011年）

国家	剂量 /(1000 人·天)
冰岛	106
澳大利亚	89
加拿大	86
丹麦	85
瑞典	79

来源：http://www.oecd.org/els/health-systems/Health-at-a-Glance-2013.pdf。

　　在调查期间，冰岛的主要产业——银行业的失败造成一场金融危机，成为影响其公民生活的经济因素。但澳大利亚的情况是什么原因造成的呢？在过去的10年里，使用抗抑郁药物的剂量翻了一番；而这可是在经济繁荣时期，采矿业的发展正处于鼎盛时期。人们指责是开了过量的药，那么开的都是什么药呢？

　　有许多不同的药物可以治疗抑郁症，因为它不是一种单一的疾病，患者经常需要尝试几种药物后，才能找到一种能有效治疗自身疾病的药。常见的有四类：选择性5-羟色胺重摄取抑制剂（SSRI）、三环类抗抑郁药（TCA）、单胺氧化酶抑制剂（MAOI）和非典型抗抑郁药（ATA）（图9.9）。

　　血清素（5-羟色胺，即5-HT）是一种神经递质，其水平与抑郁症有关。当血清素被释放时，可以穿过突触间隙，让受体接收信号被诱导，也可以被再吸收。选择性5-羟色胺重摄取抑制剂限制了其被吸收，导致神经递质在细胞外浓度更高，从而使人产生幸福感。选择性5-羟色胺重摄取抑制剂类药物是最常见的抗抑郁药，你的药箱中可能有舍曲林（左洛复）、西酞普兰、帕罗西汀或氟西汀（百忧解）。

　　三环类抗抑郁药是早期用于治疗抑郁症的药物之一，始于1950年氯丙嗪的发现。这类药物还通过抑制5-羟色胺的再摄取而发挥作用，但它们不具有选择性，也作用于其他神经递质，如去甲肾上腺素和多巴胺。正因为如此，使用三环类抗抑郁药会有更多的副作用，而且通常只有在其他药物没有产生预期结果的情况下才会开此处方。常用的三环类抗抑郁药包括阿米替林、去甲替林、氯米帕明和丙咪嗪。

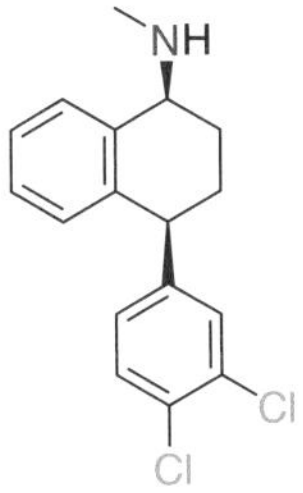

舍曲林（左洛复）

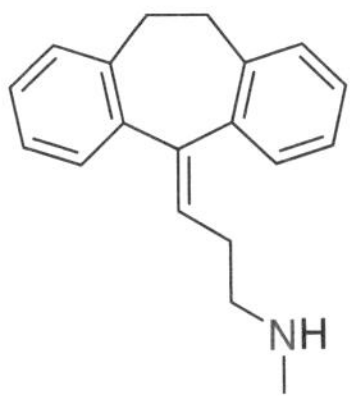

去甲替林
一种三环类抗抑郁药

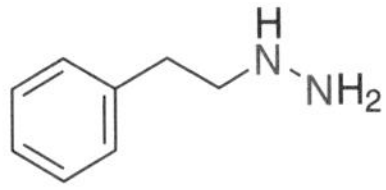

苯乙肼
一种单胺氧化酶抑制剂

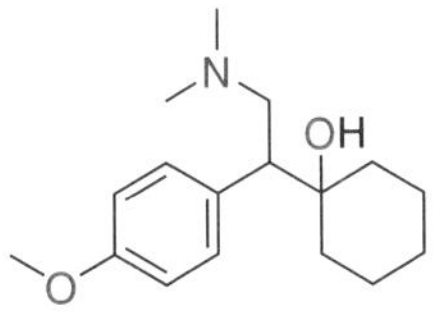

文拉法辛（怡诺思）
非典型抗抑郁药

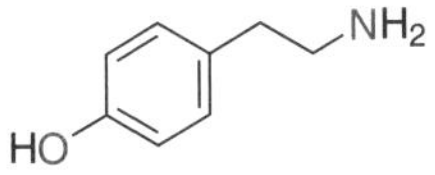

酪胺
一种神经递质

图9.9 常用处方抗抑郁药的例子

神经递质的平衡对于我们保持精神稳定——不沮丧也不狂躁至关重要。人体控制神经递质（神经递质的化学结构中含有胺类的官能团）水平的一种方法是使用一种称为单胺氧化酶（MAO）的酶。它会改变化学物质和人体的反应。如果抑郁症是由低水平的神经递质导致的，则给予抑制单胺氧化酶作用的药物（MAOI），从而导致神经递质浓度升高和精神状态变好。但是，神经递质并不是我们身体中唯一的胺，单胺氧化酶对它们所作用的胺没有选择性。最主要的问题是：一种叫作酪胺的化学物质如果被抑制，则不会按照单胺氧化酶的要求被去除。体内高含量的酪胺会导致高血压，从而导致头痛、瞳孔散大、心悸，或在某些情况下出现内出血和心力衰竭等问题。与单胺氧化酶抑制剂药物产生不良反应的食物有数百种（>200种），因此很少将单胺氧化酶抑制剂作为处方药。应该禁止食用的含有酪胺的常见的食物包括奶酪、腌鱼、腌肉、腊肠、虾酱、牛油果和豆制品（酱油、豆腐）。如果你的药箱里有单胺氧化酶抑制剂，它可能是以下其中一种：异卡波肼、司来吉兰、反苯环丙胺或苯乙肼。

最后一类抗抑郁药是非典型抗抑郁药。这类药物是针对诸如去甲肾上腺素和/或 5-羟色胺等神经递质的新药。它们包括 5-羟色胺和去甲肾上腺素再摄取抑制剂（SNRI，例如文拉法辛或度洛西汀），以及去甲肾上腺素再摄取抑制剂（NERI 或 NARI，例如瑞波西汀）。在美国，肾上腺素的名称是去甲肾上腺素。

药物半衰期

当你把一种不属于你身体的外来化学物质摄入体内后，你的身体会努力消除它。一半的化学物质被消除所需的时间称为半衰期。消除可能意味着药物未经改变就从体内排出，也可能意味着它仍在我们体内，但已被代谢（它已被改变为不同的化学物质）。药物半衰期的规定值可以作为范围或平均值给出。为什么？因为不同的人具有不同的消除药物的能力。

根据给药方法的不同，药物的半衰期也会有很大的不同。以强力止痛药芬太尼为例：如果是静脉注射，它的半衰期为 10 ～ 20 分钟；如果作为透皮贴片使用，半衰期为 20 ～ 27 小时。不管最初服用了多少药物，在 4.5 个半衰期之后，只有初始剂量的 5% 仍然存在。这表示了半衰期几何级数的衰变性质。表 9.8 显示了本章提到的各种药物的半衰期。

许多药物在没有改变结构的情况下从体内排出。以过敏药物西替利嗪（仙特明）为例。进入你身体的药物中有一半被排泄出来（主要是通过尿液）时，并没有改变结构。药物及其代谢产物进入污水系统，但经过处理后，仍有许多留在水中，并可能重新进入生活用水。

表 9.8　各种药物的半衰期

药物通用名称（通用品牌名称）	半衰期
阿莫西林（阿莫西林）	60 min
地尔硫卓（合心爽）	3～4 h
西替利嗪（仙特明）	8 h
可卡因	50 min
可待因（Codral 感冒流感缓解日用片）	2.9 h
迷幻药或摇头丸	7 h
芬太尼（柠檬酸芬太尼）	10～20 min
芬太尼（多瑞吉）	20～27 h
庆大霉素	2～3 h
莨菪碱（唐诺塔）	2～3.5 h
氯雷他定（开瑞坦）	8 h
西地那非（万艾可）	3.5～4.5 h
舍曲林（左洛复）	26 h
沙利度胺（沙利度胺新基）	5.5～7.3 h
文拉法辛（怡诺思）	8 h

体育运动中的"毒"品

有关体育运动中的"毒"品内容已经成为人们日常交谈的一部分，社会对于控制体育中的药品的愿望催生了世界反兴奋剂机构（WADA）和澳大利亚体育反兴奋剂管理局（ASADA）。归根结底，在体育运动中使用"毒"品只不过是在作弊——在个人层面上是由自我意识和获胜所能带来的潜在经济利益所驱动的。

但是，我们可以在药柜中找到什么体育"毒"品呢？答案是睾酮。睾酮——一种在男性睾丸、女性卵巢和肾上腺中分泌的激素——是第一种以可控方式提高运动成绩的药物。该分子于 1935 年首次人工合成，这促使一项关于其在男性性发育中的作用的科学研究得以开展。研究发现，它通过蛋白质合成和从骨髓中产生红细胞来刺激生长。

睾酮可以被肠道吸收，然后通过肝脏迅速代谢，从而失去活性，因此它不能作为口服活性药物。曾有将其作为一种脂溶性药物注射进体内的尝试，但该分子可以渗入血液，并经第一次代谢后就失去活性。最终，该分子被转化为一种"前体药物"，其中羟基被转变为酯基，使分子更具脂溶性，从而限制其进入血液和失去活性。

1972 年慕尼黑夏季奥运会上，民主德国获得 66 枚奖牌，其中包括 20 枚金牌，并在奖牌总榜上位列第三名。在 1976 年蒙特利尔夏季奥运会上，民主德国赢得了 90 枚奖牌，以 40 枚金牌的成绩领先于美国，但美国在总成绩上击败了民主德国。值得注意的是，在游泳项目中，该国以 19 枚奖牌的成绩名列第二；在女子项目的 13 个项目中，该国获得了 11 枚奖牌。对于当时一个人口只有 1700 万人的国家，这样的成绩是不可思议的。

历史告诉我们，实际上民主德国有一个国家运行的涉及类固醇（如睾酮）的系统的兴奋剂计划。民主德国运动员的成功是为了显示训练方法的优越性，但不幸的是，训练方法与此毫无关系。

睾酮是一种用于治疗男性性腺功能减退的药物，在男性睾丸激素替代疗法中使用。它可以作为一种处方药，现在可以按照与腋下除臭剂类似的方式局部给药。

娱乐性"毒"品

在你的药箱里，可能会有娱乐性"毒"品，但却不应该有。任何一个娱乐性"毒"品排行榜上，酒精都应该排在首位。毫无疑问，它是全世界最常用的"娱乐性'毒'品"。2014 年，全球酒精销售额估计超过 1 万亿美元，产量超过 2100 亿升。

酒精在我们体内的代谢相当有趣，这也解释了为什么我们中的一些人会宿醉不醒，而另一些人则不会。虽然脱水肯定是导致宿醉的一个因素，但酒精的不完全代谢会导致其变成一种叫作乙醛的分子，该分子具有毒性，是引起头痛和呕吐的罪魁祸首（图9.10）。

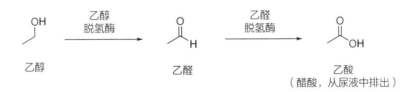

图9.10 酒精的代谢

现在，我们将只讨论娱乐性"毒"品，并将讨论范围进一步限制于那些仅在非法市场上才能买到的娱乐性"毒"品。根据2014年全球毒品的调查数据，全球18个国家或地区的78 819个人中，大麻的使用量最高（图9.9、表9.11）。为什么表9.9中只有6个条目？因为大多数常用的娱乐性"毒"品都是合法的，尽管它们偏离了预期用途。如果把所有的娱乐性"毒"品都包括在内，大麻会排在第三位，酒精和烟草会排在前两位！

表9.9 2014年使用最多的（非法）娱乐性"毒"品

"毒"品	在过去12个月中使用者占受访者的百分比 / %
大麻	48.2
摇头丸（MDMA）	23.4
可卡因	16.4
苯丙胺	11.7
致幻菌	10.6
麦角酸二乙基酰胺（LSD）	10.1

来源：http://www.globaldrugsurvey.com/facts-figures/the-global-drug-survey-2014-findings/。

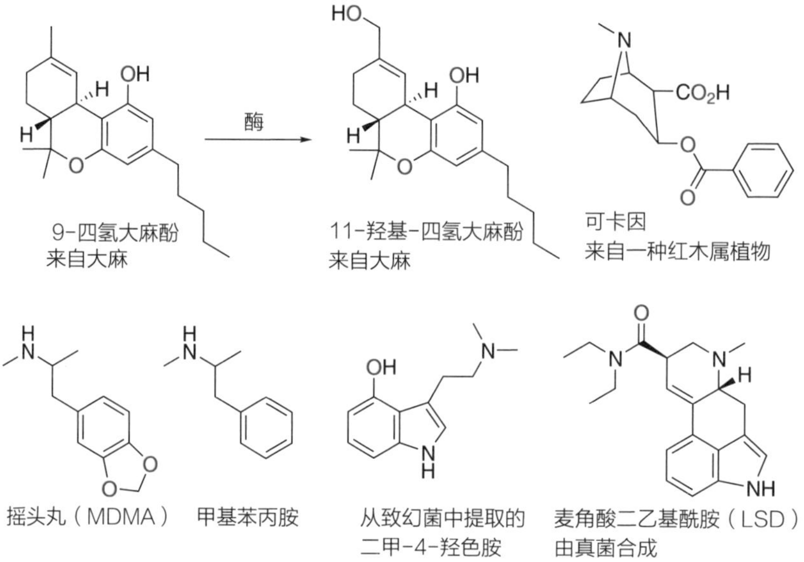

图 9.11　使用最多的非法药物的结构

9-四氢大麻酚
来自大麻

11-羟基-四氢大麻酚
来自大麻

可卡因
来自一种红木属植物

摇头丸（MDMA）

甲基苯丙胺

从致幻菌中提取的
二甲-4-羟色胺

麦角酸二乙基酰胺（LSD）
由真菌合成

　　大麻（大麻花苞、大麻树汁）是从印度大麻、苜蓿大麻或野生大麻属植物中提取的，几千年来一直被用作药物。在印度文化中，为纪念湿婆神而喝下的大麻是用牛奶、香料和大麻制成的。尽管如此，最常见的还是通过吸烟和进食来用药。大麻素是存在于这些植物中的精神活性物质，最有效的成分是9-四氢大麻酚。与吸烟相比，吃这种植物会产生不同的、更有效的效果。吸烟时，活性成分是9-四氢大麻酚；而进食时，9-四氢大麻酚被肝脏代谢后产生的11-羟基-四氢大麻酚，更容易越过血脑屏障。有趣的是，与大麻同科的另一种植物是啤酒花，我们用它来酿造啤酒。

　　摇头丸中的一种有效成分是亚甲基二氧基甲基苯丙胺（MDMA），是亚甲基二氧基类迷幻药中最常见的一种。它是一种药物，通常被参加音乐节的人们用来增加快乐感。作为一种合成药物，最初于1914年作为食欲抑制剂被制备。1986年，这种毒品在澳大利亚被定为非法药物。

　　可卡因是一种生物碱，来自植物古柯。这些植物已经使用了几千年。可卡因在1915年是我们的药箱中的药物之一。虽然仍然作为局部麻醉药在使用，但它作为兴奋剂使用却要普遍得多。可卡因作为盐酸盐以结晶形式存在，通常是以吸入（用鼻子吸）形式被吸食的；而生物碱形式的可卡因是一种非晶体固体，通常以吸烟形式被摄入体内。

苯丙胺在这里被用来描述一类化合物，而不是一种特有的分子，尽管苯丙胺本身就是这类药物之一。苯丙胺因具有兴奋剂作用而被用于娱乐活动，最常见的苯丙胺是右旋苯丙胺和甲基苯丙胺。一个学校里的老师合成甲基苯丙胺的故事，被改编为热播电视连续剧《绝命毒师》（*Breaking Bad*）。这些毒品最近由于被滥用和对社会的负面影响而被妖魔化。值得注意的是，右旋苯丙胺（阿得拉）和甲基苯丙胺（冰毒）都被用来治疗注意缺陷多动障碍（多动症）。

致幻菌因其产生幻觉的特性而被使用了几千年。澳大利亚最常见的致幻菌是鹅膏菌属和几种裸盖菇属（图9.12）。这些蘑菇的化学成分有很大的不同，鹅膏菌属的活性成分是麝香酚，而裸盖菇属中含有更多的致幻分子——二甲基–4–羟色胺和二甲基–4–羟色胺磷酸。

图9.12　（左）鹅膏菌属和（右）裸盖菇属

你有没有想过为什么红色和白色是圣诞节的主要颜色？其实这些颜色是参照北欧使用鹅膏菌的习俗而采用的。萨满的灵兽是驯鹿，他们会穿着红白相间的服装，在冬至（北半球的 12 月 22 日）前后分发作为礼物的鹅膏菌干。也许圣诞老人和驯鹿不是圣诞节前夜唯一会飞的东西！

图 9.13　彼得·勃鲁盖尔（Pieter Bruegel，1525—1569）描绘麦角中毒的受害者的油画——《乞丐群》

尽管人们普遍认为麦角酸二乙基酰胺是天然化合物，但其实它是一种合成化学物质。LSD 这个名字来源于 lysergsäure diethyamid（säure 是德语的"酸"），其在英语中是麦角酸二乙胺的意思。这种药物在 1939 年首次合成，几十年来一直广泛用于临床，直到 20 世纪 60 年代才开始被禁止使用。它经常与 19 世纪 60 年代和 70 年代的反主流文化（嬉皮士）运动有关。这种药物来自一种由麦角真菌产生的化学物质。真菌感染黑麦等谷物，如果这些谷物随后变成面包，那么真菌中的化学物质会导致血管收缩或抽搐（取决于实际产生的化学物质），而长期接触会导致麦角中毒。血管收缩可导致坏疽、肢缺损甚至死亡（图 9.13）。

这种抽搐会导致心理障碍——患者经常因其怪异行为而被指控使用巫术。

拓展阅读

《澳大利亚处方》（*Australian Prescriber*），https://www.nps.org.au/australian-prescrimer（是一家独立的同行评审期刊，为卫生专业人员提供关于药物和治疗的关键评论，由澳大利亚政府提供资金）。

《动物起源药物》（Pharmaceuticals of Animal Origin），http://www.health.qld.gov.au/qhpolicy/docs/gdl/qh-gdl-954.pdf。

《追踪生物制剂的发展情况》（Tracking Growth in Biologics），http://www.pharmtech.com/tracking-growth。

《澳大利亚制药业》（Australian Pharmaceutical Industry），http://industry.gov.au/Industry/IndustrySectors/PharmaceuticalsandHealthTechnologies/Pharmaceuticals/Pages/default.aspx。

一些常用药品的品牌名称，http://www.merckmanuals.com/professional/appendixes/brand-names-of-some-commonly-used-drugs?startswith=a。

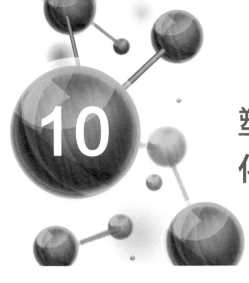

10 塑料和玻璃中的化学

看看你周围！如果你身边没有几种类型不同的塑料和玻璃，我会感到不可思议，甚至可能你也一样会不可思议。在过去的 100 年中，塑料甚至改变了我们的生活方式。在本章中，我们将研究它们是什么以及我们在哪些地方使用它们。

表示"塑料"的英语单词"plastic"源自希腊语中的"plassein"和"plastikos"，描述了模制的特征。用来描述塑料的另一个词是聚合物，在英语中是"polymer"，从希腊语"polumeros"衍生而来。该词恰巧是一个由多个部分组成的词，来自"polu"（意思是许多）和"meros"（意思是部分）。尽管天然聚合物以纤维素、木质素、蛋白质和 DNA 等形式存在于我们身边，但在本章中，我们将重点介绍非天然或合成聚合物（我们将它们称为塑料，以与天然聚合物相区分）。在这个行业的早期，人们一直担心"塑料"一词低估了新材料的所有神奇特性，因此举行了一场寻找更好材料的竞赛。苯酚、尿素、甲酚、酪蛋白和乙酸盐，是当时塑料的基本原料。

最早真正的可塑性聚合物可能是蹄角，即一种基于角蛋白的热塑性材料。最早在 13 世纪，霍纳斯（Horners）的崇拜公司（Worshipful Co.）首次用这种材料制作鼻烟盒和酒杯，并将蹄角压扁成在窗户和灯笼上使用的透明的薄片。正是这种比手工雕刻更快、所需技术更少、成本更低的特性，刺激了塑料行业的扩张。龟甲也是基于角蛋白的材料，是另一种有吸引力的成型原料。

古英语中"lanthorn"的意思是灯笼，它反映了动物的角作为半透明的面板在灯笼中被使用。英国塑料协会每年都会颁发塑料创新与设计奖，该奖被称为霍纳斯奖。

在南亚次大陆上，人们在紫胶虫还处于幼虫期时就将其捕获，然后用其为清漆和油漆工业生产紫胶。紫胶溶解在甲醇中，并干燥成硬质热塑性薄膜；该薄膜会快速交联，以降低溶解性。加上适当的填料，紫胶也用作可模塑材料。直到20世纪40年代后期，由于紫胶具有细化模具细节的能力，这使得它被用于制作留声机唱片。

合成聚合物的发展历史如表10.1所示。

表10.1　合成聚合物的发展历史

时间	事件
1839年	观察到苯乙烯（从植物安息香中提取的一种天然化合物）的聚合反应
1843年	橡胶（天然橡胶）硫化
1846年	舍恩拜因（Schönbein）用硝酸处理制备纸张所需的硝酸纤维素（硝化纤维素）
1855年	发明了油毡
1862年	在伦敦，帕克斯（Parkes）展出了第一种由硝酸纤维素和樟脑组成的塑料——帕克辛（Parkesine）
1872年	海厄特（Hyatt）兄弟为第一台塑料注塑机申请专利
1880年	卡尔鲍姆（Kahlbaum）开发了聚甲基丙烯酸甲酯（有机玻璃）
1884年	第一种合成纤维（一种纤维素基材料，称为霞多丽）获得专利
1885年	柯达（Kodak）发明了一种生产硝化纤维胶片的机器
1894年	人造纤维（人造丝，另一种基于纤维素的合成纤维）获得专利
1897年	酪蛋白-甲醛聚合物被研制出来

时间	事件
1898 年	艾因霍恩（Einhorn）制备了聚碳酸酯，虽然直到 20 世纪 50 年代才开始使用它
1907 年	申请了酚醛树脂专利。这是第一种在工业上使用的全合成塑料，由苯酚和甲醛制成
1908 年	发明了玻璃纸
1910 年	醋酸纤维素，最早发明于 1865 年，用于电影胶片。这种材料后来被纺成纱线用于纺织工业
1912 年	聚氯乙烯（PVC）的首次工业应用获得了专利。1835 年左右，勒尼奥（Regnault）偶然发现了这种材料
1915 年	制造出二甲基丁二烯橡胶
1919 年	第一项脲醛树脂专利被申请
1922 年	施陶丁格（Staudinger）表明，橡胶是异戊二烯单元组成的链。他同时扩展了这一理论，并借此识别出塑料是由长原子链组成的
1924 年	首次制备聚乙烯醇
1930 年	法尔本（Farben）发现了一种商业化生产聚苯乙烯的方法
1931 年	杜邦发明了氯丁橡胶（DuPrene），它至今仍然是大多数潜水服的材料
1935 年	英国帝国化学工业集团（ICI）开发了聚乙烯，该物质于 1939 年开始进行商业化生产
1937 年	杜邦公司的卡罗瑟斯（Carothers）申请了一种聚酰胺聚合物（现在称为尼龙）的专利
1937 年	法尔本开发了聚氨酯
1938 年	杜邦发现了聚四氟乙烯，也就是人们熟知的特氟龙
1939 年	三聚氰胺甲醛树脂由于其优越的性能而开始取代脲醛树脂
1940 年	陶氏公司生产莎纶纤维（聚偏二氯乙烯）
1941 年	聚对苯二甲酸乙二醇酯（PET）专利被申请
1943 年	硅酮成为市售产品

时间	事件
1950 年	研发出奥纶（聚丙烯腈）
1951 年	首次合成聚丙烯
1955 年	环氧树脂成为市售产品
1958 年	聚碳酸酯投入商业生产
1973 年	PET 用于制作软饮料瓶
1977 年	ICI 研发了聚醚醚酮（PEEK）
1987 年	巴斯夫制造的聚乙炔的电导率是铜的 2 倍
1989 年	剑桥大学发现了发光聚合物
1990 年	ICI 推出生物醇——第一种可商业使用的可生物降解塑料
2005 年	美国国家航空航天局（NASA）正在研究一种聚乙烯聚合物，它比铝材质更轻、更结实

聚合物类型

分子可以像一串回形针一样串在一起，由此产生的化合物称为聚合物或高分子。这一群体的一些天然材料（生物聚合物）是纤维素（占植物质量的 30% 左右）、天然橡胶、角蛋白（指甲和头发）和甲壳素（甲壳类动物和昆虫的外骨骼）。一些合成材料包括塑料、合成纤维和合成橡胶。这些聚合物的小构件叫作单体。单体的化学组成、聚合物链的结构以及链之间的相互关系的不同，决定了各种聚合物材料的不同性质。

分类塑料的方法有许多种，我们将在本章讨论其中的几种。一种方法是根据它们的熔化能力将其分成两组。仅在一个维度上延伸的塑料（线型聚合物，见图 10.1）是一组，它们被归类为热塑性聚合物。因为分子链可以独立移动，所以随着温度的升高，它们逐渐软化，并最终熔化。例如聚乙烯，它在大约 85℃ 时会软化。在牛奶中发现了另一种容易得到的线型聚合物——酪蛋白。酪蛋白可以从牛奶中分离出来（使用犊牛胃中的凝乳酶或酸）。当酪蛋白通过与甲醛反应而交联时，会形成一种可固化（硬化）的塑料，这代表了第二组——热固性聚合物。因为它们在二维或三维空间相互连接，在加热时不会熔化；相反，它们会因为气体的释放而起泡，并最终燃烧。酪蛋白塑料被用来制造纽扣和织针。

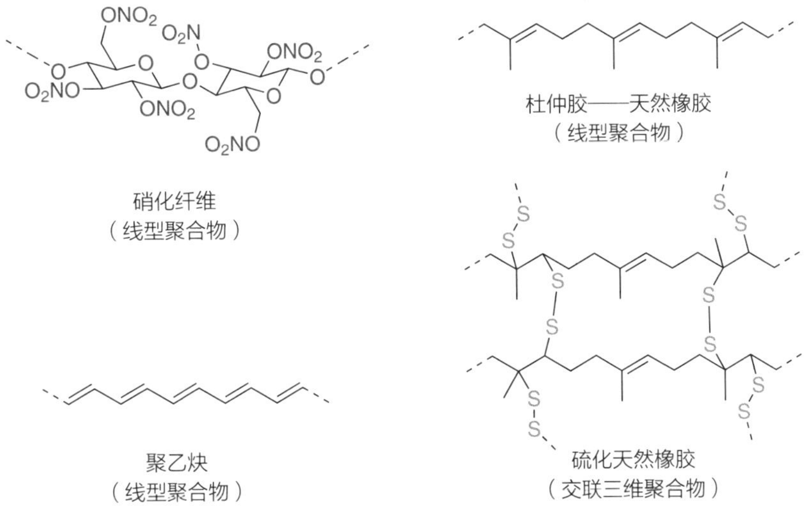

硝化纤维
（线型聚合物）

杜仲胶——天然橡胶
（线型聚合物）

聚乙炔
（线型聚合物）

硫化天然橡胶
（交联三维聚合物）

图 10.1　一些聚合物的结构（虚线代表结构的延续）

1907 年，在美国工作的比利时人利奥·贝克兰（Leo Baekeland）在寻找一种虫胶替代品时，通过混合苯酚和甲醛制出了合成塑料（胶木）。胶木是一种热固性塑料，至今仍被用作绝缘材料和刹车片。

脲醛树脂是一种醛缩合聚合物（稍后解释），其结构因反应条件的不同而不同。图 10.2 中给出了其交联聚合物的结构。聚合物通常会被配制成具有纯化木浆填料的模塑粉。由于树脂和纤维素的折射率相似，在相界处几乎没有光散射，因此很容易产生淡色产品。当与氨等温和的碱性物质混合时，这种树脂可用作建筑产品的黏合剂，如制作中密度纤维板（MDF）。但这种产品的耐水性和耐热性均低于酚醛聚合物，因为酚取代了尿素。（见第 8 章"牙膏"、第 13 章"涂料"和附录 9）

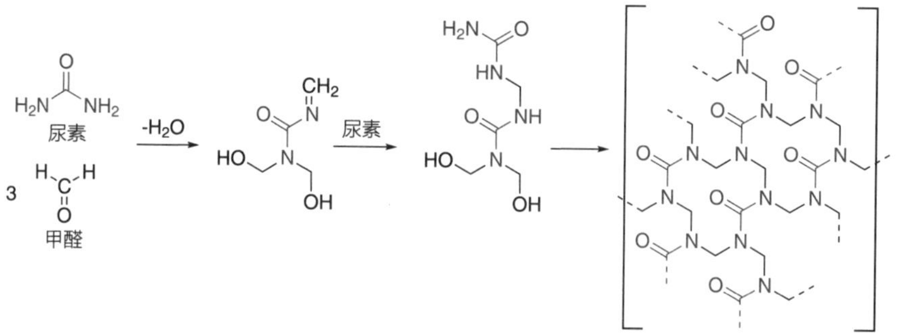

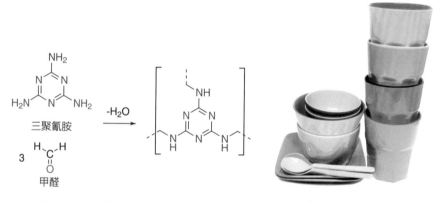

图 10.2　脲醛树脂链段

如果尿素被另一种叫作三聚氰胺的有机化合物所取代，就会得到一种与三聚氰胺同名的聚合物（图10.3）。三聚氰胺经常被用于制作塑料餐具等厨房用具，因为它可以被模压、着色，并且可以反复加热到100℃而不会降解，因此可用于洗碗机。但是，三聚氰胺制品不应在微波炉中使用（见第5章）。

图 10.3　（左）三聚氰胺－甲醛聚合物中的重复单元；（右）三聚氰胺器皿

来源：（右）jcsmilly/Adobe Stock。

　　层压塑料和胶合板（如富美家板和层压板）是将几片材料（通常是纸或布）浸渍在塑料中，然后将这些材料压在一起，在烘箱中加以硬化而成。富美家板因其用作云母（一种用作电绝缘体的矿物质）的替代品而得名。

在聚乙烯或聚苯乙烯中，原子链（主链）是碳原子的连续链，这样的聚合可归类为均相聚合（图 10.4）。如果主链上的某些碳原子被称为杂原子的其他原子取代，则该聚合称为非均相聚合。例如，尼龙和聚碳酸酯等聚酰胺都是非均相聚合产生的（图 10.4）。这些聚合物可以进一步分为均聚物和共聚物。均聚物可以是均相的或非均相的，其特征是具有重复性单元（单体），例如在聚乙烯（如购物袋）中，单体为乙烯（—CH$_2$—CH$_2$—）。一种共聚物，虽然可能均一或不均一，但至少包含两种单体，并且这些单体可以以多种方式排列以产生交替共聚物、无规共聚物、嵌段共聚物和接枝共聚物等（图 10.5）。例如，尼龙是一种非均相交替共聚物。

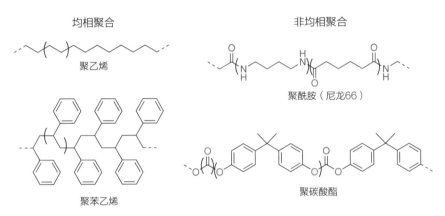

图 10.4　聚乙烯、聚苯乙烯、聚酰胺和聚碳酸酯的结构

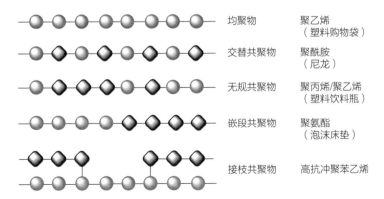

图 10.5　均聚物和不同类型共聚物

我们已经知道聚合物是由更小的单元（单体）组成的长链，但我们如何将这些单体连接在一起呢？聚合机理主要有两种：加成聚合和缩合聚合。

加成聚合

含有双键的化合物的加成聚合也称为链生长聚合。这个过程就像排列多米诺骨牌，每张多米诺骨牌代表一个单体。在多米诺骨牌倒下之前，什么都不会发生，同样，当单体被放入反应容器时也是如此，因为启动反应需要引发剂。对于多米诺骨牌，通常是用手指推倒第一个后会引起连锁反应。类似地，引发剂与第一单体引发链式反应后，第一单体与第二单体发生反应，第二单体与第三单体发生反应……以此类推（传递）。该反应一直进行到与另一个自由基反应而终止传递（图 10.6）。线型聚合物乃至所有聚合物中应用广泛的简单的聚合物之一——聚乙烯（PE）就是这样制成的。当链长超过约 1000 个单体（$n \approx 1000$）时，范德瓦耳斯力的作用（见第 4 章）克服了热运动，材料变得相对坚硬；线形分子链部分缠结并形成无定形（无结构）区域，可赋予材料强度和更高的熔点（见第 19 章的"做一个有弹性的聚合物球"实验）。

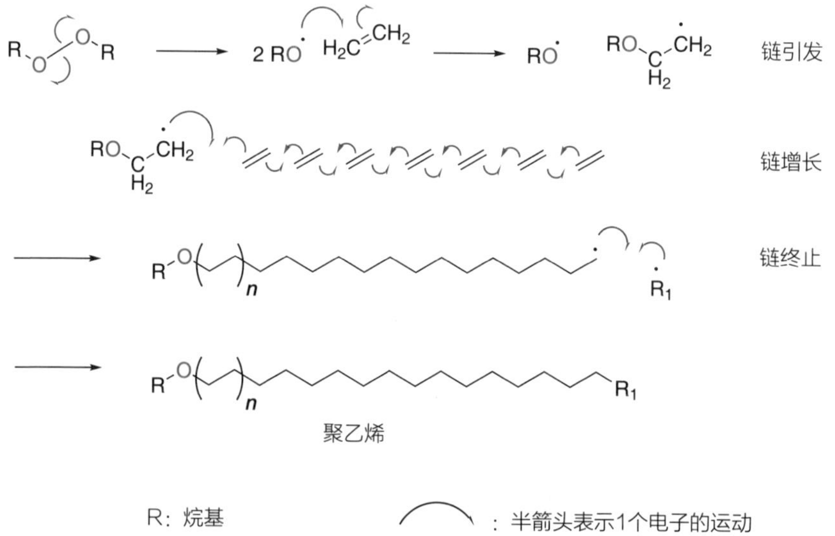

图 10.6　自由基（加成）聚合的机理表现为链引发、链增长和链终止三个重要步骤

当一个原子有一个未配对的电子时，它被称为自由基。其表示方法是：在该电子所属的原子旁边加一个点（这个点即代表该电子）。每个键中都有两个电子，因此当一个键断裂时，一个电子可以朝一个方向移动，而另一个电子则朝相反的方向移动（键均裂），或者它们都可以朝同一个方向移动（键异裂）。

聚乙烯

聚乙烯年产量超过 8000 万吨，是世界上使用最广泛的塑料。它是在 20 世纪 30 年代中期被发现的，并在第二次世界大战期间作为雷达设备中使用的高频电缆的绝缘体而受到关注。反应条件的变化导致聚乙烯的种类繁多，其中很重要的是高密度聚乙烯（HDPE）和低密度聚乙烯（LDPE）。

顾名思义，高密度聚乙烯由其密度定义，该密度必须大于或等于 0.941 g/cm^3。该材料是热塑性塑料，具有高拉伸强度，因此可用于各种消费产品，包括塑料玩具、水管和塑料瓶。它是一种易于回收的塑料，带有树脂识别代码 2。

低密度聚乙烯是一种热塑性塑料，其密度为 0.910 ~ 0.940 g/cm^3。这导致分子不能紧密堆积，因此观察到的聚合物密度较低，分子间范德瓦耳斯力较弱，具有较低的拉伸强度。

极限运动塑料制品

许多皮划艇都是用聚乙烯制成的，这意味着船体在撞击岩石时不会破裂。滑翔伞（和降落伞）的材质通常是防撕裂尼龙，而将飞行员悬挂在伞下方的绳索是由超高密度聚乙烯［例如迪尼玛（Dyneema）］制成的，每根绳索能够负担大约 200 kg 的重量。

其中一位作者把生命托付给了他的塑料知识

来源：Russell Barrow。

聚丙烯

如果你在澳大利亚买过东西，就会对聚丙烯很熟悉——聚丙烯是澳大利亚钞票的原料！它是通过加成聚合制造的，其中乙烯单体被丙烯单体（$CH_2 = CHCH_3$）替代。全球生产的这种材料的数量超过5000万吨。该聚合物被用于消费产品，包括塑料钞票、医用缝合线、外卖容器、药品容器、塑料园艺工具、瓶子和瓶盖以及纺织纤维。对于聚丙烯，聚合反应在沿着聚合物主链的每隔一个碳原子处产生支链，结果可获得几种不同的支链排列，从而赋予最终产物不同的性能。这被称为立体异构（图10.7），并且在商用聚丙烯中主要应用全同立构。

聚丙烯主链上的支链有三种可能的出现方式。当支链取向呈随机方向时，该聚合物称为无规则聚丙烯，简称无规聚丙烯。当支链取向呈规则方向时，它们可以全部位于聚合物骨架的一个面上，或者它们可以在两个面上交替出现。这两种聚合物分别称为等规聚丙烯和间规聚丙烯（图10.7）。等规聚丙烯可以形成螺旋，这导致聚合物具有高熔点（大约165℃）并凝固成硬质材料；间规聚丙烯具有较低的熔点（大约130℃），通常更适合成型应用；无规聚丙烯是一种类似软橡胶的材料。

洗钞票没关系，只要不熨烫

塑料钞票，就像聚丙烯食品容器一样，是由拉伸的聚丙烯制成的，可在120℃的温度下保持稳定。这种钱是可以洗的，但下面这篇来自2005年12月13日《堪培拉时报》的文章则给出了一个警示。

储备银行赔付了烫坏的钞票

圣诞节来临之际，一家银行向一名叫加兰（Garran）的男子的账户中存入100澳元，以补偿其熨烫时弄坏的两张金额为50澳元的钞票。

这名男子说这些钞票在他拿到手的时候已经有很严重的皱褶，所以他把钞票熨烫了一下，但却使它收缩了。当他把这些钞票带到银行时，被告知必须把它们送到储备银行，由储备银行决定是否可以支付部分或所有的价值。他后来才知道，他可以把这些钞票带到堪培拉的储备银行立即进行评估。

因为这些钞票是通过银行系统寄来的，他被告知需要等三个月才能得到答复。上周《堪培拉时报》与该行联系后，该行同意向这名男子的账户汇入100澳元；但有一个条件，即如果储备银行评估这些纸币后认为价值低于100澳元，那么将对支付额进行调整。

储备银行的一位发言人说：以这种方式受损的纸币，遭受贬值是很不常见的。

他警告人们不要熨烫钞票，虽然这种聚合物能承受100℃的高温，但熨斗的温度大约为250℃。聚合物钞票没有记忆性，所以把它们放在一个重物（比如一本很重的书）下，就可以消除大部分的皱褶。

——格雷厄姆·唐尼（Graham Downie）

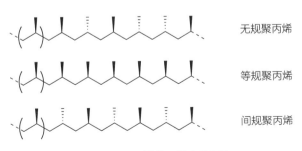

无规聚丙烯

等规聚丙烯

间规聚丙烯

图10.7　聚丙烯的三种立体异构

烯类聚合物

除了聚乙烯和聚丙烯，还有其他重要的商业用途的乙烯基聚合物（乙烯基是链末端的双键）。如乙烯分子中的一个氢原子被氯取代，就会形成氯乙烯；同一碳原子上的两个氢被取代，就会形成偏氯乙烯；用 CH_3COO——来代替乙烯中的氢，就会形成醋酸乙烯酯。这些单体和其他单体都可以很容易地发生聚合。其分子结构和典型用途见表10.2。

乙烯基聚合物和共聚物是线型聚合物中最重要和最多样化的一类。这是因为聚氯乙烯可以用于生产具有广泛物理性能的复合材料。聚氯乙烯可用于制造各种产品，从檐槽、水管到非常薄而柔软的外科医用手套。

表10.2　烯类聚合物

单体	聚合物（缩写）	用途
均聚物，含有单一单体		
乙烯	聚乙烯［各种密度，包括高密度聚乙烯（HDPE）、低密度聚乙烯（LDPE）等］	软饮料（水、果汁、运动饮料）瓶、地毯和羊毛夹克纤维、垃圾袋、垃圾箱、家具
丙烯	聚丙烯（PP）	钞票、汽车应用配件（指示器盖、蓄电池电缆）、耙子、扫帚、刷子、存储容器
氯乙烯	聚氯乙烯（PVC）	建筑用塑料材料（装饰、围栏）、管道、交通锥、园艺软管
偏氯乙烯	聚偏二氯乙烯（PVDC）	浴帘、人造草皮、渔网、涂层、胶带。商标名是莎纶，但不应该与莎纶塑料膜混淆，后者现在是低密度聚乙烯塑料
醋酸乙烯酯	聚醋酸乙烯酯（PVA/PVAC）	木胶、装订用胶、墙纸胶、信封胶

单体	聚合物（缩写）	用途
均聚物，含有单一单体		
苯乙烯	聚苯乙烯（PS）	办公文具托盘、直尺、相机外壳、木材替代品、可发性聚苯乙烯（EPS）泡沫防护包装
四氟乙烯	聚四氟乙烯（PTFE）	电线绝缘体、轴承、齿轮、不粘炊具
甲基丙烯酸甲酯	聚甲基丙烯酸甲酯（PMMA）	玻璃替代品、安全玻璃、镜片(眼科手术)、骨接合剂(外科手术)、指示牌
丙烯腈	聚丙烯腈（PAN）	纤维(游艇帆、钢筋混凝土、遮阳帆)
共聚物，含多种单体（参见图 10.5）		
丙烯腈　丁二烯　苯乙烯	丙烯腈-丁二烯-苯乙烯（ABS）	运动用具（高尔夫球杆头、皮划艇）、乐器组件（单簧管、钢琴组件）、玩具（乐高）、文身墨水
共聚物，含多种单体（参见图 10.5）		
苯乙烯　丁二烯	苯乙烯-丁二烯（SBR）	丁苯橡胶，用于汽车轮胎、鞋子(鞋跟和鞋底)、口香糖、纸张涂层
丙烯腈　丁二烯	丙烯腈-丁二烯（ABR）	丁腈橡胶，用于橡胶手套、O 形圈、垫圈、合成革等

氯乙烯聚合成 PVC 可以以三种不同的方式进行。在悬浮过程中，单体液滴分散在水中并聚合。在大规模生产过程中，采用特殊搅拌的方式使液态氯乙烯在无水的情况下聚合。但是，制造 PVC 的最常见方法是：在加热条件下，使用催化剂让氯乙烯以乳液形式（使用表面活性剂）分散在水中。单体聚合成聚合物的固体颗粒，悬浮在水中，然后将其离

心并进行干燥处理。大分子量意味着聚合物更硬、强度更大，但是这种类型的聚合物更难加工。醋酸乙烯酯也通过乳液聚合方法制造，因为大多数 PVA 用于制造乳胶涂料（乳胶漆或水性漆）。最后在其中加入增塑剂和颜料。当涂料涂在物体表面时，水蒸发并留下含有颜料和增塑剂的聚合物膜（见第 13 章中"涂料"内容）。

乐高积木是由乙烯基共聚物 ABS（参见表 10.2）制成的。这些积木是如此坚固，以至需要大约 375 000 个乐高积木一个一个地堆叠起来，才能使底部积木破裂。不过不要在家尝试！这种结构的高度约为 3500 m，差不多是世界上最高的建筑——阿拉伯联合酋长国约 830 m 高的哈利法塔的 4 倍。

来源：BillionPhotos.com/Adobe Stock。

聚苯乙烯

聚苯乙烯（见表 10.1）是一种无定形的透明聚合物，其中大体积的苯基会抑制结晶，导致聚合物在加热到 94℃ 以上时软化；因此，不能对由该聚合物制成的容器进行加热灭菌。用它制成的产品（例如水杯）会闪闪发光，很有吸引力。这是因为聚苯乙烯具有 1.6 的高折射率。当撞击坚硬的表面时，它们还会发出独特的金属声。邮政信封上透明的窗口就是由聚苯乙烯制成的。

通过添加 5% ～ 10% 的丁二烯单体可制得具有抗冲击性的共聚物，它可以改善聚合物的脆性；但这意味着相界处会发生光散射，并且该产品是不透明的。聚苯乙烯易燃，能被许多溶剂软化，对光敏感。它燃烧时会熔化并致使烟雾弥漫。如果熔化的聚合物落在皮肤上，会粘在皮肤上，造成严重烧伤。高浓度的聚苯乙烯溶解在汽油中能够形成凝胶，这种混合物被用于一种叫作凝固汽油弹的武器（凝固汽油弹的名字来源于原始的汽油凝胶剂——环烷酸和棕榈酸的铝盐）。

由于玻璃化转变温度（Tg = 94℃）和熔点（Tm = 227℃）之间存在较大差距，因此聚苯乙烯易于加工（见附录10）。其注射成型用于制造瓶子和罐子，而挤压成型用于生产薄板，然后可以对其进行热成型以制作冰箱衬里和隔热板。与丙烯腈共聚生成的苯乙烯 – 丙烯腈（SAN），能够提供质量稍好的产品。

缩合聚合

缩合聚合是指两个单体连接在一起，并在此过程中会产生一种副产物（冷凝物），通常是水。当单体具有 2 个活性（官能团）基团时，可得到线型（热塑性）聚合物，例如形成聚酰胺。最初的合成聚酰胺是尼龙，它被用来代替降落伞伞丝（图 10.8）。当使用具有 3 个或 3 个以上官能团的单体时，会得到支链（热固性）聚合物。

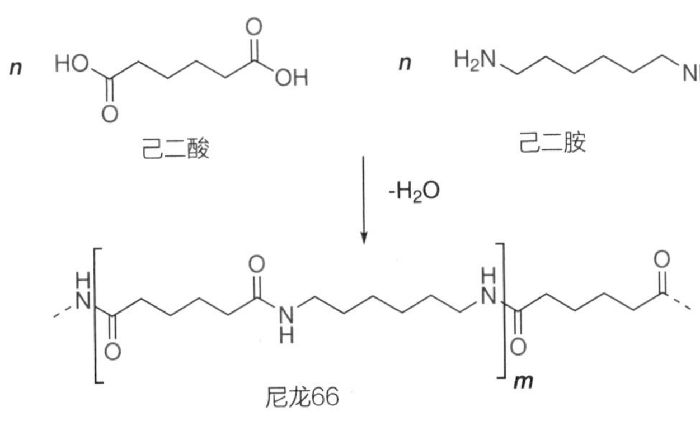

己二酸   己二胺

-H₂O

尼龙66

图 10.8　双官能单体之间的缩聚反应形成交替共聚物尼龙 66

拉伸使链排列整齐，链之间的氢键增加了纤维的强度（图 10.9）。两种不同的单体都有 6 个碳原子，因此这种聚合物被称为尼龙 66。通过改变链长可以"组装"出许多不同的尼龙。如果单一的双官能单体一端含有氨基，另一端含有羧基〔如 $H_2N(CH_2)_5COOH$〕，就可以得到尼龙 6。尼龙是坚硬的塑料之一：可以承受反复的冲击，还具有低摩擦的优点。碳链越短，尼龙的吸水性（吸湿性）越强。对于工业应用（例如尼龙轴承），长碳链可降低吸水性（见第 11 章中的"尼龙"）。

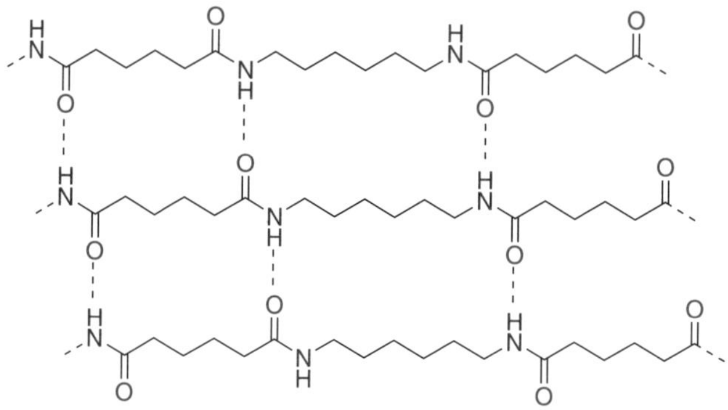

图 10.9　尼龙 66 分子链间的氢键

　　酰胺键也存在于蛋白质中，而蛋白质是由氨基酸单体形成的生物聚合物（聚酰胺）。蚕丝是一种由蚕合成的蛋白质，自从学会养殖家蚕以来，人类就一直在使用它（见第 11 章中"蚕丝"内容）。值得注意的是，科学家们已经将负责蚕丝生产的基因转移到其他生物体中。在澳大利亚，联邦科学与工业研究组织的科学家已经从蜜蜂（是的，蜜蜂！）体内提取了基因，并在细菌中表达了这些基因，因此细菌培养物现在就能够生产蜂丝聚合物。而在北美，科学家在雌性山羊体内表达了蜘蛛的基因，因此牛奶中含有蛛丝——可以将其收集起来并用于外科手术中的可生物降解缝合线或替代芳纶。

　　芳纶纤维是由对苯二甲酰氯（与用于制造塑料瓶的 PET 的单体相同）与对苯二胺缩合而成的。这就产生了一种具有连接芳香族基团的酰胺键的聚合物，称为芳纶（芳香族聚酰胺的简称）。芳纶（图 10.10）在许多方面已取代石棉，并用于轮胎、个人防护装备（例如防弹衣）、运动器材、乐器和许多其他地方。它与环氧树脂结合，用于制造独木舟和帆船上的布料。芳纶是液晶聚合物的早期实例，在这种纤维中，分子的刚性链在熔体或溶液中仍可保持其刚性。

按同样重量计算，由芳纶制成的纤维比钢的强度还要大。

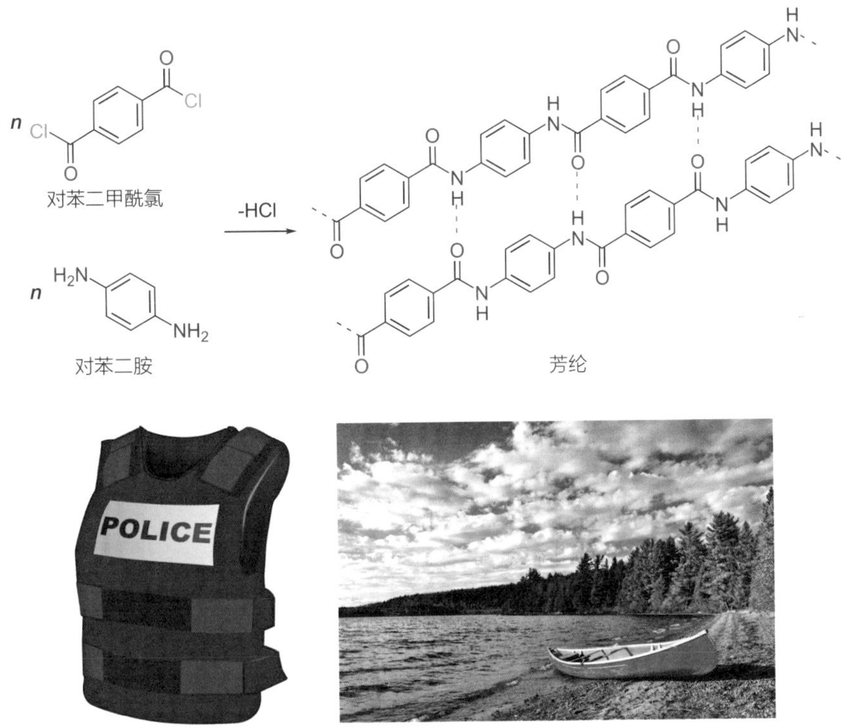

图 10.10　（上）芳纶，显示出链之间的氢键（虚线表示）使聚合物具有刚性结构；
（下）一些芳纶产品

来源：（左下）Robert Mizerek/Adobe Stock；（右下）Elenathewise/Adobe Stock。

聚酯纤维

通过形成酯键代替酰胺键（图 10.11），我们可以获得聚酯纤维。聚酯薄膜材料具有异常的强度和电阻，因此被广泛使用。

常见的聚酯之一是聚对苯二甲酸乙二醇酯。当用于制造瓶子时，它以聚对苯二甲酸乙二醇酯的形式销售；当以纤维出售时，它的名字叫涤纶或"的确良"，看看你的衣服标签。如果说它是聚酯或聚酯共混物，那么很有可能这种纤维是聚对苯二甲酸乙二醇酯。该聚合物还可以应用到游艇帆和许多医疗器材中。该合成过程是一种缩聚反应，其中预先形成的乙二醇与对苯二甲酸在较高温度和低压下使用催化剂反应生成聚合物（图 10.12）。

水对聚酯的水解作用是微不足道的，但是酸和碱都能使它们更快地水解（酯键断裂）。当水解发生时，纤维不再完整，你的衣服就会出现破洞。在家里你经常遇到的碱包括除臭剂中的氢氧化铝、下水道和烤箱清洁剂中的氢氧化钠，以及玻璃清洁剂中的氨水；而酸则最常见于醋、柑橘类水果和酸奶中。

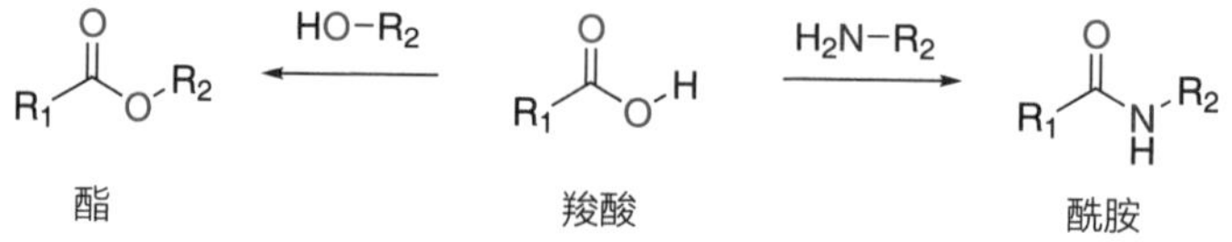

图 10.11　由常见的有机酸前体形成的酯和酰胺

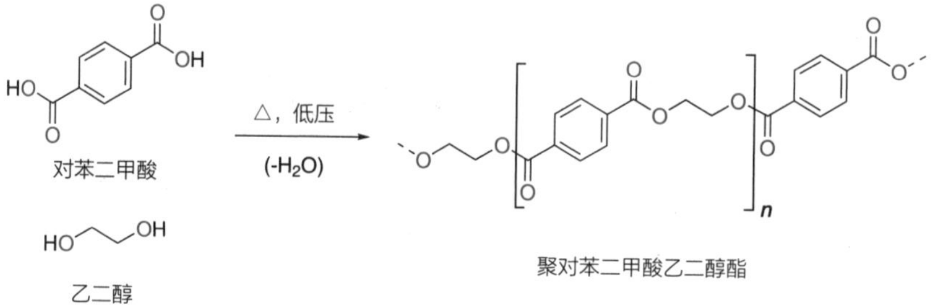

图 10.12　聚对苯二甲酸乙二醇酯的形成

实验

储存食品和饮料的塑料瓶通常由 HDPE、PET 或 PP 制成。你应该能够通过压印在瓶表面的树脂识别代码来识别它们。把开水倒进空容器里，注意发生了什么。

HDPE 瓶变得柔软且易弯曲。PET 瓶的体积缩小到一半大小，但瓶本身保持坚硬。当充满沸水时，PP 容器也许有点发软，但形状基本无变化。

弹性体

弹性体是一种弹性聚合物，经常用于橡胶材料。天然橡胶可视为异戊二烯的线型（热塑性）聚合物，其中所有双键均具有顺式取向（图 10.13），赋予其无定形结构。这与另一种天然存在的聚异戊二烯胶（杜仲胶）相反，在该胶中双键都具有反式取向（图 10.13），使分子结晶，从而形成更坚硬的材料。自然界的聚合反应不使用异戊二烯，而是使用天然存在的异戊烯焦磷酸（图 10.13，另请参见图 10.1）。

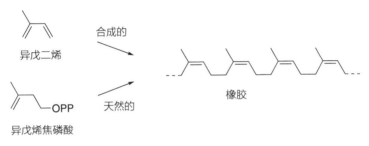

图 10.13 橡胶的形成

> 与某些森林地区相关的蓝色是由植物释放出的大量异戊二烯所致。悉尼以西的蓝山山脉和美国东部的蓝岭山脉得名于异戊二烯吸收阳光后所呈现的蓝光。

严格来说，"弹性"是指材料在被拉伸后恢复到其原始形状的程度。不过，在一般用法中，它也意味着材料可以拉伸的程度。从第二个意义上讲，弹性体中的聚合物链是有弹性的，因为链可以松开而不会断裂。

正如古德伊尔（Goodyear，固特异轮胎创始人）所发现的那样，橡胶的弹性首先是通过与硫交联而提高的。该工艺包括用硫加热橡胶，其效果是降低分子链的自由度，使橡胶更难拉伸，能够迅速恢复其原始形状（图 10.14）。

合成橡胶是由相关单体生产的。使用钠催化剂聚合丁二烯（$CH_2=CH-CH=CH_2$）可生产丁腈橡胶。氯丁二烯［$CH_2=C(Cl)-CH=CH_2$］单体聚合后可生产氯丁橡胶——一种耐油橡胶（见第 15 章中"潜水服"内容）。共聚物诸如丁苯橡胶（SBR，参见表 10.2）的产品可用于汽车轮胎。为了生产完全顺式的聚合物（其弹性比不完全顺式的聚合物高得多），必须使用特殊的立构调节催化剂。

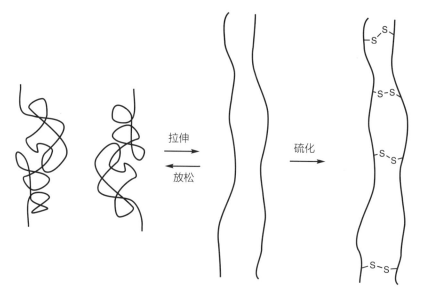

拉伸
放松
硫化

图 10.14　橡胶的弹性和橡胶的硫化

硅橡胶

硅橡胶或聚硅氧烷具有硅原子和氧原子的主链（图 10.15），可以通过不同的侧链连接到硅原子上，而硅原子是四价的（有四个键）。聚合物具有热稳定性和化学惰性——在很宽的温度范围内（–90℃～250℃）具有弹性，而且具有优良的不粘特性。它们因此在厨房中广受欢迎，被用作面包模具及蛋糕托。它们最常见的家庭用途也许是在房子内的潮湿区域（如淋浴间、水槽和窗户周围）用于防水密封。

聚二甲基硅氧烷（R代表甲基）

图 10.15　（左）硅橡胶（或聚硅氧烷）的结构；（右）烤箱中可使用的器皿

来源：（右）victosha/Adobe Stock。

泡沫

聚氨酯、聚氯乙烯、聚苯乙烯和橡胶乳胶泡沫占据市场主导地位，广泛用于包装材料、标牌、家具和床垫中。对于橡胶，玻璃化转变温度 Tg（见附录 10）如此之低，所以仅能使用柔性泡沫；而对于聚苯乙烯，玻璃化转变温度 Tg 如此之高，所以只能采用刚性泡沫。聚氨酯可以配制成任意一种类型。这些泡沫可以就地固化，这使其在包装行业和诸如塑料鞋底等产品的生产中具有很大的通用性。

发泡剂变化多样。在制造泡沫橡胶时，乳胶以很快的速度混合，同时会使泡沫中含有空气。聚氯乙烯泡沫是通过添加在加热时可分解为气体的发泡剂来生产的。聚苯乙烯珠粒用戊烷（C_5H_{12}）浸渍，而戊烷在 36℃时会汽化，使聚合物中产生气泡。常见的发泡剂是偶氮二甲酰胺（图 10.16），其加热时会释放出氮气、二氧化碳、一氧化碳以及氨气，所有这些都会导致发泡。

除用作发泡剂外，偶氮二甲酰胺还用作食品添加剂。当用作食品添加剂（代码为 E927）时，用于漂白面粉，其在面粉中与水反应生成联二脲（图 10.16）。它作为工业化学品和食品添加剂的双重用途引起了人们对化学物质的恐惧，这促使赛百味（Subway）发表声明宣布他们不会使用含有偶氮二甲酰胺的面粉。

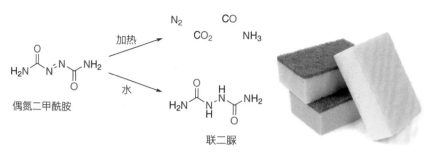

图 10.16 （左）偶氮二甲酰胺和（右）用偶氮二甲酰胺制成的厨房海绵

来源：（右）Volha Drabovich/Adobe Stock。

在一定条件下，某些聚合物可以分解成其组分单体。例如聚甲基丙烯酸甲酯，它在蒸馏时还原为单体甲基丙烯酸的衍生物。

在很低的程度上，脲醛树脂在有水存在的情况下会分解成单体。这会向空气中释放甲醛（一种有毒气体，对健康有影响），尤其当脲醛树脂泡沫是家庭绝缘材料的主要成分时要考虑其安全性。但这并不全是坏消息，因为在农业中，土壤中的微生物分解的脲醛树脂是氮肥的有益来源。土壤中的细菌把这些聚合物分解成二氧化碳（不是有益气体，因为它是一种温室气体）和氮，这些氮可以被植物根部的细菌用固氮酶"固定"。

你听说过病态建筑综合征吗？在这里，建筑材料（例如泡沫保温材料）会释放出毒素，使居住者生病。美国国家航空航天局的科学家公布了一份能过滤空气中毒素使吸入的气体更健康的植物清单。不起眼的菊花（杭白菊）是很好的植物之一，它能够去除空气中的苯、甲醛和三氯乙烯。研究表明，每 9.3 m^2 至少有 1 棵植物才足以净化空气。这意味着澳大利亚平均每个住宅需要摆放 24 盆菊花。

其他不会分解成最初的单体而会分解成其他产物的聚合物包括聚氯乙烯、尼龙和丙烯腈。聚氯乙烯在分解过程中会形成盐酸，这是火灾中的一个主要问题，即聚氯乙烯燃烧向空气中释放有毒物质氯化氢，其一旦被水浸泡，就会产生水溶性酸，从而对环境造成额外的破坏。

含氮聚合物，如尼龙和丙烯腈，在低氧和高温情况（如火灾）下形成氰化氢，而这是一种致命的气体。

环氧树脂

"环氧"一词用于描述一组聚合物或树脂（预聚物），其化学特性由环氧官能团（图 10.17）决定。环氧树脂常用作黏合剂，其相关介绍将出现在第 13 章的"黏合剂"内容中。但是，除了用作黏合剂外，此聚合物还广泛用作金属涂层、电子设备以及船只和飞机的材料，其中树脂用于制造纤维复合材料。

纤维复合材料由纤维和聚合物基体组成，其中最容易辨认的是玻璃纤维（使用聚酯和苯乙烯作为聚合物基体，而不是环氧树脂）。环氧基复合材料中的纤维通常是玻璃纤维，但实际上可以是任何东西，包括碳纤维和芳纶。利用其可生产出一种重量轻且坚固的材料——非常适合船体和飞机。例如，波音 787 梦幻客机的机身和机翼中使用了碳纤维或环氧树脂复合材料，这大大减轻了其重量，从而使飞机更省油。它的强度几乎是铝基飞机的 3 倍，抗拉强度约为 1700 MPa，而铝合金的抗拉强度约为 600 MPa。常用的基质是使用环氧氯丙烷和双酚 A 以制备双酚 A 二缩水甘油醚，其首字母缩写为 BADGE（图 10.17）。

双酚 A   环氧基   环氧氯丙烷

BADGE

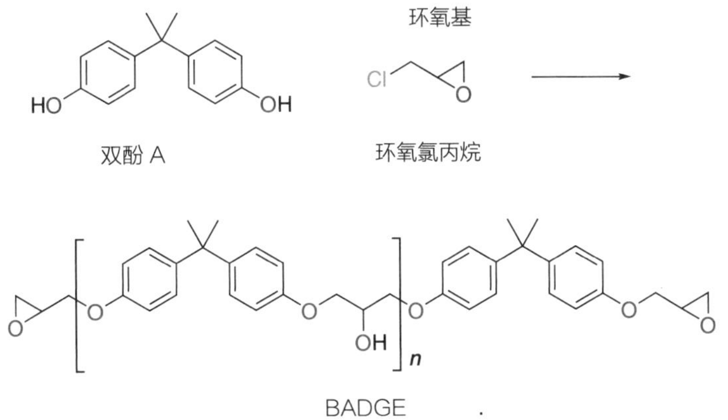

图 10.17　聚合物 BADGE 的生成

刚性塑料

根据塑料的机械性能，可以对其进行分类。对塑料分类的重要方法之一是测量它们的硬度随温度变化的发展情况。"模量"这个术语用来描述聚合物在压力（负荷）作用下的硬度。当聚合物被加热到玻璃化转变温度（Tg）时，其模量迅速下降，以致聚合物失去刚性。如图10.18所示，不同的聚合物在温度作用下具有明显不同的刚性。聚合物的交联量和结晶度是决定其刚性的重要因素。

从消费者的角度来看，我们可以把塑料分为硬而韧和软而柔两类。硬而韧的塑料具有很高的拉伸（伸长）强度，在最终断裂之前可以有相当大的拉伸量。这类中表现最好的是工程塑料，它们相对昂贵，而且有专门的用途。聚缩醛就是一个例子。它们非常耐磨，能抵抗有机溶剂和水。这些塑料用于管道系统，以代替黄铜或锌以及家具脚轮。打火机、剃须刀和钢笔通常是用聚缩醛塑料制成的，因为它们具有不易脏的光滑表面。

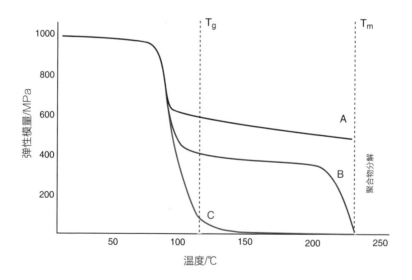

图 10.18　三种塑料的模量与温度的关系

（A 具有高交联度，B 具有高结晶度，C 代表无定形高分子）

聚碳酸酯是另一类硬而韧的塑料，通常被用来代替玻璃；因为它们是透明的，而且在很宽的温度范围内，其尺寸和抗冲击性也能保持稳定。婴儿奶瓶、公共汽车候车亭窗户和屋顶用塑料板只是其用途的几个例子。由于聚碳酸酯具有防火性，因此可用于制作消防员的口罩、飞机内部模塑件和电子设备。在运动器材中，板球运动员和摩托车手使用的头盔、雪地摩托车手使用的头盔，以及棒球头盔，都是由它制成的。最常见的塑料光学镜片材料是聚碳酸烯丙基二甘醇酯（哥伦比亚树脂CR39）和相关材料（CR64，EX80）。

聚碳酸酯是在一种叫作相转移催化的过程中通过缩聚反应制得的（图10.19）。聚合物的两种组分处于不同的非混合相中——一种在水中，另一种在有机溶剂中——因此它们不会直接发生反应。季铵盐（分子链较短的阳离子表面活性剂，见第4章）与水溶性组分的负离子（见图10.19中的双酚A钠盐）发生反应，形成一种有机溶剂可溶盐（第14章中将介绍这种盐，它被用于测量游泳池中的三聚氰酸水平）。它将进入有机层，在那里与其他组分（光气）反应，释放出季铵阳离子，然后季铵阳离子迁移回水中。

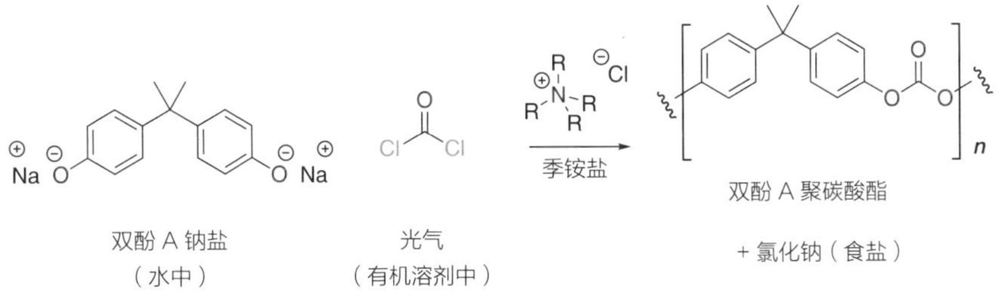

双酚A钠盐   光气   双酚A聚碳酸酯
（水中）   （有机溶剂中）   + 氯化钠（食盐）

图10.19　双酚A基聚碳酸酯的相转移催化聚合

高密度聚乙烯不被认为是工程塑料，但确实是一种坚硬的塑料。然而，在注塑过程中，材料内部会产生应力，从而导致键断裂。这些裂纹一直扩展到可见裂纹出现，致使聚合物表面变得粗糙。这种现象称为环境应力开裂或龟裂（见第3章）。

尼龙机械性能优异、耐溶剂腐蚀，是不可润滑的齿轮和轴承的理想材料。大约 50% 的模制尼龙配件以小齿轮（雨刷）、正时链轮以及各种夹子和支架的形式成为汽车的一部分。一种特种尼龙被开发用于密封钢罐的侧面，以代替铅焊料。合成该尼龙的是分子链非常长的长链二元酸（其碳链从 C_{18} 到 C_{52} 不等），这增加了尼龙分子的黏合力。

最著名的氟塑料是聚四氟乙烯，它非常坚硬、坚韧，不易燃，并且具有独特的耐化学腐蚀性能。不粘煎锅是使用这种具有耐化学腐蚀特性的塑料的典型例子。用聚四氟乙烯制造纤维的发现纯属偶然：当时一位研究人员非常不耐烦，于是打开了一根中心加热过的聚四氟乙烯棒，从而发现了纤维，并导致了戈尔特斯品牌的开发。除了用作雨鞋和雨衣的材料外，戈尔特斯产品还具有显著的生物相容性——在外科手术中被用于替换受损的心脏组织和动脉，在高压下输送血液不会渗漏。戈尔特斯产品也被认为是一种可用于整形手术的材料，因为它可以让细胞生长到多孔结构中，并将该材料融入外科植入物中。

包装用塑料

塑料包装在现代社会中无处不在。表 10.3 列出了所使用的某些塑料及其用途。（见第 19 章的实验"测试聚合物"。）

表 10.3　包装用塑料

包装材料	属性	用途
玻璃纸	坚固、透明、便宜、食品认证	食品包装、泡罩包装、信封上的透明窗口
低密度聚乙烯	密度为 $0.910 \sim 0.940$ g/cm³；相当柔软，可拉伸，坚韧、耐腐蚀、廉价、半透明；拉伸后无法恢复、熔点低、易氧化	薄膜包装、管形材料、挤压瓶
高密度聚乙烯	密度大于 0.941 g/cm³。与低密度聚乙烯相比，它更硬、强度更高，拉伸性更差，熔点更高，更不透明	吹塑瓶、垃圾桶、实验室用具

包装材料	属性	用途
聚丙烯	强度高、刚性好、熔点高，极易氧化，需要多组分抗氧化体系	收缩膜
聚苯乙烯	刚性合理、坚固、坚韧、化学稳定、相对便宜	透明的、未改性的"晶体"聚苯乙烯：水杯和药瓶。定向聚苯乙烯泡沫：新鲜产品的包装。橡胶改性聚苯乙烯（"抗冲击聚苯乙烯"甚至仅仅是"聚苯乙烯"）：最广泛地用于模制和热压食品包装中
聚对苯二甲酸乙二醇酯	质轻、抗摔、热稳定、容易回收	碳酸饮料瓶、塑料袋、鞋、手套、帽子、夹克

塑料容器的潜在问题

每一种新的高分子材料，连同它的优点，都可能带来意想不到的问题。如果问题是可以预见的，那么可以对它们进行测试；如果不是，我们倾向于从经验中学习。

脱附（产品中化学物质的释放）

在 20 世纪 70 年代，人们对 PVC 单体和增塑剂迁移到含有脂溶性成分的食品（如黄油、人造黄油、植物油、水果饮料和酒精饮料）中的问题非常关注。根据 AS2070 "食品接触用塑料" 的相关规定，在与食品接触的包装的塑料类型中，PVC 已被其他塑料代替。

现在安全问题已转向双酚 A（图 10.19）。80 多年来，双酚 A 一直被认为具有模仿雌激素的作用，并被指出对健康有害。2012 年，双酚 A 产量超过 45 亿千克，其中大部分用于聚碳酸酯和环氧基聚合物。聚碳酸酯用于许多塑料食品容器中，而环氧基聚合物用于锡罐上以防止内容物腐蚀。双酚 A 会被释放到食物中，然后被人摄入；而用微波加热塑料容器会加速聚合物的分解并增加食物中双酚 A 的含量。美国食品及药物管理局表示，塑料食品容器的双酚 A 含量偏低并不需特别关注，但正在监测有关情况。这并没有阻止许多制造商通过积极宣传他们的塑料不含双酚 A 来转移公众视线和寻求竞争优势。

光降解

长时间暴露在阳光下的大多数塑料都会表现出不同程度的降解。太阳光中的紫外线和蓝色光的能量，足以引起聚合物键断裂；聚甲基丙烯酸甲酯（如珀斯佩有机玻璃）和聚碳酸酯除外。减缓这种影响的一种方法是添加一种化合物，该化合物将吸收辐射并将其有效地转化为热量。二苯甲酮衍生物之所以被使用（特别是在聚丙烯中），是因为它在 290 ~ 400 nm 波长范围内具有很高的光吸收率（见第 15 章中的"防晒霜"）。

增塑剂

增塑剂用于软化塑料，因此经常被使用。在聚氯乙烯中，其含量可占成品的 50%。邻苯二甲酸酯最常用，尤其是邻苯二甲酸二 (2-乙基己基) 酯（DEHP）和邻苯二甲酸二丁酯（DBP）（图 10.20）。

这些化合物中的一些对环境和健康有着严重的影响，特别是可能会干扰人体的内分泌。最近，以邻苯二甲酸盐为基础的增塑剂，被认为与乳腺癌、出生缺陷、生育问题和肥胖有关。2012 年的一项研究发现，职业性接触这些化学物质的女性患乳腺癌的风险是一般女性的 5 倍。邻苯二甲酸酯被认为可模仿雌激素（如雌二醇，图 10.20），并被证明能与雌激素受体结合。

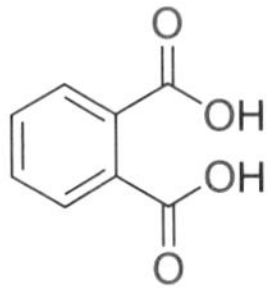

邻苯二甲酸

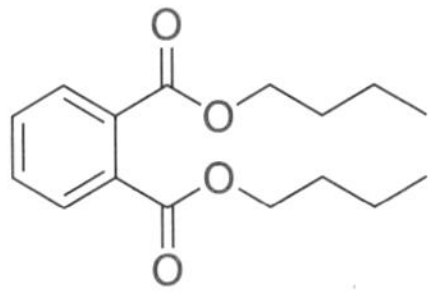

邻苯二甲酸二丁酯

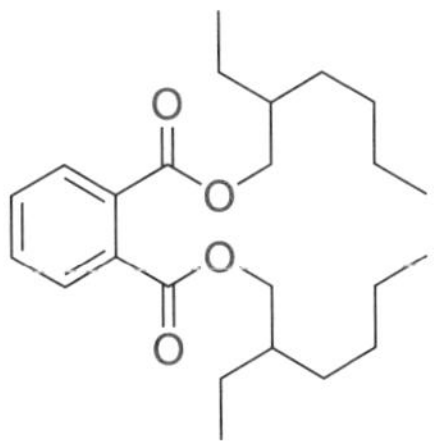

邻苯二甲酸二
(2-乙基己基)酯

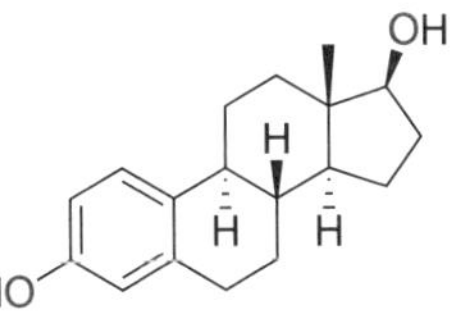

雌二醇

图 10.20　邻苯二甲酸酯类增塑剂和人体激素雌二醇

聚合物降解

除增塑剂外，聚合物还含有添加剂，其可以稳定聚合物，防止聚合物因热、光和氧化而降解。高密度聚乙烯、聚苯乙烯，特别是聚丙烯，无论是在加工过程中还是暴露于环境中都非常敏感。例如，氧化导致聚合物链中的键断裂，降低了聚合物的分子量并使其韧性降低且变脆。这可以通过加入抗氧化剂来解决，例如丁基羟基甲苯（BHT）和丁基羟基茴香醚（BHA），它们也可用作食品中的抗氧化剂（BHA 的食品添加剂代码为 E320，BHT 的食品添加剂代码为 E321）。

这些延长聚合物寿命的添加剂还意味着这类聚合物降解可能需要数百年，甚至数千年，这导致了严重的污染问题。埋在垃圾填埋场中的塑料在缺少光和氧气的情况下只能依赖于细菌降解，而细菌的降解速度非常缓慢。为了在这个过程中起到辅助作用，聚合物已经被改性，其中加入了一些旨在增强其生物降解性的添加剂。然而，最近针对这类聚合物降解情况的研究表明，其降解率并没有显著增加。在美国，要使一种产品以"可生物降解"的形式销售，其必须在 12 个月内"完全回归自然"。

> 已经证明，塑料在海水中的降解速度比在陆地上的快；但即使在那里，仍然存在严重的污染问题。与北太平洋环流相关的太平洋洋流聚集了大量塑料，而被称为"大太平洋垃圾带"（实际上包含了几个垃圾带）的塑料碎片含量估计为 5.1 kg/km^2。在一项研究中，在 1 km^2 的海洋中已收集了超过 750 000 块塑料。

回收

回收不一定是对环境友好的事情。最终，回收应该具有能源优势，提供主要的经济收入并能够激励回收者。例如，与利用铝土矿生产铝相比，回收铝要便宜得多，同时可节省约90%的能源。

对于塑料，回收商将瓶子磨碎，用空气将细小的塑料颗粒分离出来，然后根据不同的塑料密度，在水中使用沉淀或气浮工艺将 PET（密度为 1.33 ～ 1.52 g/cm^3）从 LDPE（密度为 0.91 ～ 0.94 g/cm^3）和 HDPE（密度为 0.94 ～ 0.97 g/cm^3）中分离出来。不同来源的 PET 通常被回收做成模制品、纺织品和地毯，以及枕头填充物和户外抓绒衣服。

但是，结晶聚合物（如聚烯烃）的混合物具有不同的熔点——LDPE 的熔点为 110℃，HDPE 的熔点为 120℃，PP 的熔点为 160℃。当这样的混合物在没有进行强烈混合的情况下熔化时，少数成分的小晶体会被分离出来。这很难辨识，可能会导致新产品的缺陷。

塑料回收标志

1988 年，塑料工业协会（SPI）引入了一种简单的符号系统，并将其印在塑料上，以帮助识别塑料，达到有效分离，从而实现最佳回收利用。用于制造各种塑料的不同树脂很容易由里面带有数字的三角形符号加以识别（表 10.4）。

表 10.4　塑料回收标志及其对应的塑料用途

标志	塑料名称（缩写）	塑料用途
♳ 1	聚对苯二甲酸乙二醇酯（PET，PETE）	软饮料瓶、水瓶、果汁瓶、运动饮料瓶、地毯纤维和抓绒夹克
♴ 2	高密度聚乙烯（HDPE）	非食品用瓶子、建筑用木塑复合板（铺板、围栏）、管道、桶
♵ 3	聚氯乙烯（PVC）	建筑用塑料材料（装饰、围栏）、管道、交通锥、园艺软管
♶ 4	低密度聚乙烯（LDPE）	垃圾袋、垃圾桶、家具、景观木塑板
♷ 5	聚丙烯（PP）	钞票、汽车应用（指示器盖、蓄电池电缆）、耙子、扫帚、刷子、存储容器
♸ 6	聚苯乙烯（PS）	办公桌文具托盘、直尺、相机外壳、木材替代品、可膨胀聚苯乙烯泡沫防护包装
♹ 7	其他（O）	一般不回收。例如，聚碳酸酯安全眼镜、用于 3D 打印的聚乳酸和一次性塑料杯

来源：http://plastics.americanchemistry.com/Plastic-Resin-Codes-PDF。

生物降解塑料

为了有效规避由塑料引起的日益严重的污染问题，人们开发了生物可降解聚合物，这些聚合物中通常含有酯基或酰胺键。例如，聚乳酸（PLA）是一种热塑性聚酯，由玉米淀粉或甘蔗中的乳酸聚合而成（图 10.21）。这种聚合物可用于塑料袋、一次性盘子和餐具以及医疗用具，它很容易降解成无毒的乳酸。聚乳酸具有较低的玻璃化转变温度（60℃～65℃），因而其只能被制作成用于盛放冷物品的容器。

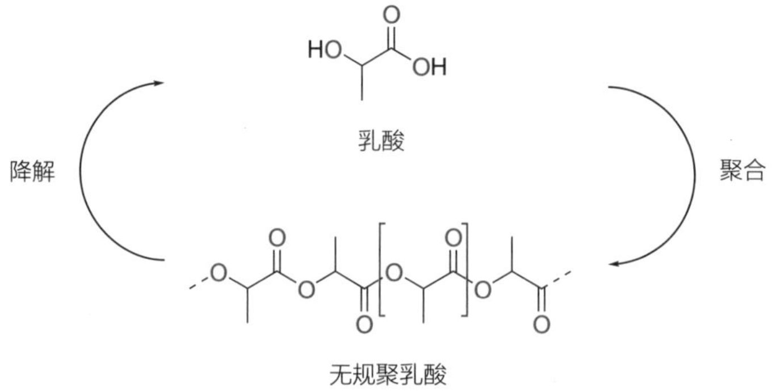

图 10.21　乳酸的聚合和降解

玻璃

有一种普遍的观点认为玻璃是一种过冷液体，在环境温度下具有黏性。有许多关于玻璃的故事，如玻璃在自身重量的作用下流动，古老的窗户玻璃的底部比顶部厚，玻璃在储藏后发生凹陷。我们必须找到其他解释，因为具有商业用途的玻璃在常温下实际上是刚性固体。当普通材料冷却时，它们会突然从液态变为固态，并且分子会重新排列并立即就位。在玻璃中，液态中无规则排列的分子被锁定在固体中，在冷却时并没有进行任何重新排列。发生这一切的原因尚不清楚！

典型的玻璃包含（按质量计）70%的二氧化硅（SiO_2）、15%的氧化钠（Na_2O）、10%的氧化钙（CaO），以及5%的其他氧化物。钠和钙是以碳酸盐的形式加入的，之后失去二氧化碳形成玻璃中的氧化物。在此过程中形成的玻璃称为苏打玻璃，其在650℃时会软化。由于木炭炉中的温度可以高达1000℃，因此古人发现了上述过程。

缓释玻璃

一种用氧化磷代替钠和钙的玻璃的溶解速度非常缓慢，可用于农业和医药的缓释制剂。

在石英玻璃中，每个硅原子被4个氧原子包围着，呈四面体结构，并且每个这样的结构都与另一个四面体相连。当处在玻璃化转变温度以下时，这些键是刚性的；而在该温度以上时，它们会断裂并形成新化学键。添加钠或钙的离子氧化物会造成原结构中 Si—O—Si 键断裂，从而使其强度变弱，导致石英玻璃的熔点降低约 1000℃。在硼硅酸盐玻璃（通常称为派热克斯耐高温玻璃）中，三氧化硼基团代替了一些四氧化硅基团，并使玻璃具有较低的热膨胀率——非常适合烹饪和实验室环境（图10.22）。（见第 19 章的实验"消失的把戏"）

图 10.22　在实验和烹饪情况下使用的耐热玻璃器皿

来源：（左）Jonald John Morales/Adobe Stock；（右）irinagrigorii/Adobe。

清脆的酒杯玻璃

如果我们拿一组不同成分制成的酒杯来听听它们彼此碰撞时的响声，就能明白不同溶质或改性离子对其性能的影响。特殊的金属氧化物有特殊的效果。廉价（易于加工）的苏打玻璃没有响声。钠离子可以在玻璃中"跳动"，这种跳动能有效地将撞击玻璃的振动转化为热量并抑制响声。铅玻璃会发出一种清脆悦耳的响声（因为铅离子不跳动）。此外，铅玻璃具有较高的折射率和较高的亮度。

英国玻璃

玻璃瓶是英国人发明的，它结实得足以承受起泡酒的压力。它被称为"verre anglais"，并在 1670 年左右传入法国。当时，法国葡萄酒通常不用瓶装，而是放在桶里。

有色玻璃

有色玻璃中的每种颜色均由金属氧化物提供。钴产生蓝色，锰产生紫色，铬产生绿色，铜产生红色或蓝绿色（图10.23）。铀发出荧光绿色，特别是暴露于紫外线下并在黑暗中观看时。尽管铀的辐射水平很低，但它仍具有放射性。

图 10.23　由不同金属氧化物形成的多种颜色的玻璃

来源：Howgill/Adobe Stock。

玻璃的自然颜色（边缘处最明显）是绿色到黄色，这是由铁杂质造成的。通过添加二氧化锰（MnO_2），有色铁（Fe^{2+}）被氧化成颜色较浅的铁（Fe^{3+}）。长时间暴露在阳光（紫外线）下，掺锰玻璃中的锰会被氧化，促使玻璃变成蓝色的"沙漠紫水晶玻璃"，而现代玻璃只会变成脏脏的棕色！

鲁珀特（Rupert，1619—1682）王子是一位发明家，他发现将熔化的玻璃从棒的末端滴入冷水中会产生坚硬的蝌蚪状固体玻璃滴。透过一张偏振片（或宝丽来太阳镜）前后观察，可以清楚地看到玻璃中的主要应变图案。

这些鲁珀特王子的玻璃滴通常在被锤子击中头部后仍能完好无损。然而，如果尾巴被刮伤或者靠近头部的地方被折断，所有的应力就会立刻释放，小玻璃滴会碎裂成一堆灰尘。

如今，商用玻璃板也以同样的方式进行钢化。在玻璃几乎熔化（620℃）时，用空气喷射使其表面快速冷却。当内部慢慢冷却和收缩时，它会将外部表面向内拉，使其压缩。压缩后的玻璃很结实。

致命的专利权

在罗马皇帝提比略（Tiberius）统治期间（公元 14—37 年），有一个工匠制造了精美的玻璃花瓶。与所有其他罗马（苏打）玻璃不同，这些玻璃花瓶可以摔在地板上而不破裂。在那个年代，专利是一个未知的概念。提比略为了保护这项发明（和他收藏品的价值），首先确保没有其他人知道这个方法，然后立即处决了这个工匠！这个秘密消失了，但这个工匠可能已经注意到当地的金匠将硼砂用作金属熔剂，并试图看看硼砂是否会改善熔融玻璃的流动性。虽然没有成功，但他很可能已经发明了硼硅玻璃。如果是这样的话，康宁（Corning）公司的专利是否还有效？

使用混凝土法制作耐热玻璃

1952 年，美国康宁公司无意中发现了一种玻璃复合材料，里面嵌有微小的晶体。这些微量矿物质将脆弱的玻璃变成了坚硬的陶瓷，正如将花岗岩骨料添加到脆弱的水泥中以形成坚固的混凝土一样。（利用相同的压缩原理来增加预应力混凝土的强度，就像玻璃一样。）

这些玻璃陶瓷的使用温度要比普通玻璃的高得多。1958 年，康宁锅诞生。到 1966 年，新的配方制成了玻璃陶瓷炉灶（如 Ceran™）。用这种材料制成了广受欢迎的陶瓷康宁餐具，它们经久耐用，可是康宁公司的利润却因此而下降。但其产品还一直在销售。

玻璃可以通过快速冷却和浸泡在氯化钾（KCl）溶液中进行"化学"增韧。这样可以用较大的钾离子取代表面附近的一些钠原子，使表面受到压缩应力。钛化合物加入玻璃中可以生产出较轻的玻璃瓶。

光致变色镜片

将氯化银（AgCl）掺入玻璃中，这种物质在受到阳光中紫外线照射时会变暗（就像胶片一样），由此诞生了第一个光致变色光学镜片。变黑是通过吸收电子将银离子（Ag^+）转换为金属银（Ag）的结果。这种颜色在黑暗中会再次消失。如今，其他具有更强和更快响应的材料也被使用。

意外也会发生

康宁的氯化银感光玻璃意外过热导致了一个令人惊讶的新现象——玻璃变得永不透明且显然无用。然而，人们很快发现，这个玻璃几乎坚不可摧。这为我们带来了陶瓷烤箱。

几个世纪以来，玻璃会在 600℃下结晶（变得不透明），而这需要几个月的时间。加入银（和 / 或钛、磷，以及其他许多物质）后，该过程将在数小时内完成，并产生非常坚固的晶体。

因此，我们可以看到：组分的微小变化会引起性质的巨大变化。例如，具有 74% 的二氧化硅、16% 的氧化铝、6% 的二氧化钛和 4% 的锂氧化物的配方的物质在加热时不会膨胀。这就是我们现在拥有的微晶玻璃。有些微晶在加热时不会膨胀，而有些具有很高的抗断裂能力。除了透明性，微晶玻璃几乎在各个方面都优于玻璃。

拓展阅读

弗雷德·W. 比尔迈耶（Fred W. Billmeyer）所著《高分子学教科书》（*Textbook of Polymer Science*）第 3 版。

库尔特·纳索（Kurt Nassau）所著《颜色的物理和化学：颜色的十五个原因》（*Physics and Chemistry of Color: The Fifteen Causes of Color*）。（从侧面看颜色，包括晶体。）

哈罗德·A. 威特卡福（Harold A. Wittcoff）、布赖恩·G. 鲁本（Bryan G. Reuben）所著《工业有机化学品》（*Industrial Organic Chemicals*）第 3 版。

塑料历史学会，http://www.plastiquarian.com/index.php?id=2&pcon。

聚合物术语表，http://web.mit.edu/10.491-md/www/CourseNotes/Polymer_CN_Glossary.html。

11 纤维里的化学

本章涉及先前关于塑料的章节中所包含的许多材料。然而，材料加工时的形状和它们最终的实体形状不同。这章中用到的分类方法也与前文的不同，并且我们在化学方面的关注较少。随着塑料的出现，天然纤维几乎消失了，直到人们开始关心资源的可持续性。在这章讨论的纤维中，混合物在较长时间内确保了天然纤维和合成纤维之间的大致平衡。

动物纤维

羊毛

羊毛一般来自人们自己驯化的羊（图 11.1）。羊毛纤维呈一种天然的卷曲状，这使得它们在被制成纱线或者布料时，不会紧密地靠在一起。由此形成的孔隙可捕获空气，以充当一种良好的隔热物。羊毛纤维在断裂之前可以被弯曲多达 20 000 次，而这种柔韧性使得羊毛成为制造地毯的绝佳材料。

图 11.1　美利奴羊毛

来源：　kiravolkov/Adobe Stock。

羊毛的主要性能之一是，它能从空气或者汗液中吸收大量的水分。这种吸收作用在潮湿环境下导致其（湿）膨胀，当再次干燥时又促使其恢复到原来的尺寸。反复的扩张和收缩会导致其损伤，这种损伤被称为润湿疲劳。羊毛可以吸收高达自身重量35%的水分而不显得潮湿。羊毛和被吸收的水有着古老的联系。

基甸（Gideon）被骗了吗？

基甸对上帝说："你若照你所说的，借我的手拯救以色列人，我会将一团羊毛放在禾场上；若只有羊毛上有露水，其他地方却是干燥的，我就知道你必照着你所说的话，借我手拯救以色列人。"

确实如此，次日早晨，基甸起来，将羊毛拧一拧，拧出满盆的露水。

基甸对上帝说："求你不要对我发怒，让我用羊毛再试一次；但愿羊毛上是干的，其他地方都有露水。"

那夜上帝就是这样做的：只有羊毛上是干的，其他地方都有露水。

——《圣经·士师记》6：36～40

羊毛中的空气含量有90%，所以热导率和比热容都极低，这也是羊毛穿起来这么舒服的原因。这就意味着当夜间温度降低的时候，整夜留在室外的羊毛的温度会比地面的下降得更快，甚至会低于露点（空气中的水蒸气开始凝结时的温度）；而周围的地面的温度仍在露点之上。

关于原始羊毛假定值的计算表明，每千克羊毛约有200万根纤维，每千克羊毛提供5 m^2 的表面积（假设纤维为16 cm长，直径为0.05 mm）。以色列曾经有过高达3 mm的露水凝结记录。假设羊毛上的露水平均只有一半（1.5 mm）的高度，加上渗入外层纤维（没有黏合到一起）的1.5 cm露水，5 kg的羊毛可以收集约3 L（3 kg）的水。纤维表面是排斥水的，所以当太阳升起时水滴将会凝聚并且聚集到羊毛的中心，以避免被蒸发掉；而蒸发会带走地面上的露水。（在沙漠中，沙粒正是以这种方式收集水分的。）

只有同时满足几个精确的条件，才会有真正的露水从空气中"沉淀"下来——必须有晴朗的天空、高湿度的表层空气、风（风速为4～10 km/h），以及一个良好的隔热表面。稍微改变一下环境就会阻碍真正露水的形成，但是水滴仍然会出现在草和树叶上。这种"假露水"的形成可能是由于土壤中水的凝结，或是由于植物脱水——水珠通过草的顶端或叶子的边缘渗出。这样的过程将使羊毛干燥，同时在周围产生"露水"。前一晚约十分之一的露水会被羊毛的内部纤维完全吸收（假设羊毛在前一晚已经干透了）。

如果基甸是一个有怀疑态度的物理化学家，他将会在露水从周围环境消失后的第一个早晨和第二个早晨露水消失前检查羊毛，来验证这些理论。相反，他是一个真正的信徒，并继续攻击了米甸人（Midianites）……嗯！

来源：C. H. 吉勒斯（C. H. Giles）所著《基甸的羊毛测试：最早记录的气相吸附实验》（Gideon's Fleece Tests: The Earliest Recorded Vapor Phase Adsorption Experiment），摘自《化学教育学报》（*Journal of Chemical Education*）1962 年第 39 期第 584 页。

一些粗糙的羊毛产品会引起人们的瘙痒，因为处于皮肤表面下的痛觉感受器受到了机械性刺激。这不是过敏反应。直径小于 $30\,\mu m$（$30 \times 10^{-6}\,m$）的纤维是让人感到舒适的，羊毛纤维的直径分布可以用激光粒度仪（Laserscan，CSIRO 的一项发明）来测量。较长的纤维在负荷下会弯曲，因此不会刺激痛觉感受器。

蚕丝

最重要的商用蚕丝来自会结茧的家蚕（图 11.2），其中包括 78% 的蚕丝蛋白、22% 的丝胶蛋白。在热水中，丝胶蛋白会软化，蚕丝会散开。在一个蚕茧中，其纤维的总长为 3000 ～ 4000 m，但只有约 900 m 的纤维是可用的。将茧的外侧和内芯缠绕的纤维与受损的茧分开处理，以制成绢丝。野生柞蚕丝来自未经培育的蚕。增重的蚕丝含有金属盐，这使得丝绸更便宜、更有垂感，但更不耐用。蚕丝制品在时间、日晒和汗渍等因素影响下会变薄，并且会因强效肥皂而变黄。

中国的嫘祖被认为是养蚕治丝方法的始祖，这个生产过程一直被保密，直到公元 555 年，有人将蚕卵"走私"了出去。827 年，西西里岛被阿拉伯人占领，并成为丝织产业的中心。在 16 世纪，该工业在法国里昂建立。300 年之后，因为蚕病的侵袭而致使经济灾难到来。这导致人们急切地希望找到一种合成替代品。由硝酸纤维素制成的夏尔多内人造丝（Chardonnet silk）是第一种人造丝，并于 1889 年在巴黎世界博览会上首次展出。

图 11.2　柔软的蚕茧和家蚕蛾

来源：（左）florinoprea/Adobe Stock；（右）xyo33/Adobe Stock。

沉迷于丝绸

　　1678 年，当罗伯特·胡克〔Robert Hooke〕通过向弹簧上加注物质发现了以他的名字命名的物理定律后，他也开始思考化学——他被这种比他的金属弹簧还要结实的奇妙的丝线（以质量计算）吸引住了。

　　"我经常思考，也许能找到一种方法，制作一种人造的黏性合成物。它很像蚕那种分泌物，虽然与蚕丝不同，但至少比蚕丝或任何其他物质更好。这是从蚕的分泌物中提取的线索。"

　　蚕丝不遵守胡克定律，除非是在很小的范围内。

　　在蚕茧展开的过程中，几根丝用湿胶黏合在一起，就形成一种可编织的纤维。这与按所需厚度生产的合成纤维形成对比。然而，这种黏合并没有使蚕丝纤维更结实。其破坏前的最大应力（抗拉强度）可达 600 MPa，而羊毛在 200 MPa、钢在 500 MPa 左右。棉花像蚕丝一样结实，但不能拉伸那么多（8%，而不是蚕丝的 25%）。各种纤维的性能见表 11.1。

表 11.1　各种纤维的性能

纤维	弹性模量 / GPa	抗拉强度 / (MPa 或 N/mm^2)	干伸长 / %	抗磨强度	抗碱性	抗酸性
仿真丝						
天然丝	7～10	350～600	20～25	****	ns	ns
尼龙 66	6	800	19	******	*****	ns
涤纶	15	900	20	*****	***	****
芳纶	150	2800	4	*****	****	**
仿毛						
绵羊毛	1～3	150～200	30～40	**	ns	ns
腈纶	5	280	35	***	**	****
仿棉						
棉花	6～11	250～800	6～8	**	******	ns
人造丝	9	340	25	**	******	ns
大麻	29	850	2	**	******	ns

注：★越多越好；ns 表示不满意。

来源：改编自 H. G. 埃利亚斯（H. G. Elias）所著《大型分子》（*Mega Molecules*）。

尽管蚕茧和羊毛都是由氨基酸链构成的蛋白质，但蚕丝比羊毛要坚韧得多。蚕丝分子链的某些部分可能会紧密地堆积在一起（呈结晶状），这赋予了蚕丝强度；但它也包含了不规则的复杂链，这保证了它的易扩展性。

合成材料的制造过程中采用了同样的改变结晶度的方法。在尼龙 6 中，结晶度较低(<15%)的被用于制作购物袋，结晶度较高（75%～90%）的被用于制作轮胎线，结晶度最高（>90%）的被用于制作钓鱼线和攀岩绳，20%～30% 结晶度的被用于制作女士内衣，60%～65% 结晶度的被用于制作袜子。

在干燥状态下，蚕丝的玻璃化转变温度 Tg 为 175℃。在较高的湿度下，由于水分的塑化作用，Tg 会降低。其可能类似于羊毛的干 Tg 为 170℃（表 11.2），而在吸收 35% 的水后，湿 Tg 为 -10℃。低 Tg 使蚕丝在低温下保持其性能，以及负荷突变时所需的良好动态性能，所以蚕丝可用于降落伞。因此可以理解为什么人们对丝绸有许多军用方面的想法。（见附录 10）

表 11.2　普通纤维的主要干、湿玻璃化转变温度（近似值）

纤维	干玻璃化转变温度 /℃	湿玻璃化转变温度 /℃	最大洗涤温度 /℃
棉花	约 200	接近于 0 22（80% 湿度时）	可以煮
黏胶人造丝	高于分解温度	<0	可达 60
聚乳酸	60～65	—	—
丙烯酸	100	约 80	可达 40
涤纶	约 70	约 50	—
尼龙 6	约 52	约 0	可达 60
尼龙 66	约 56	约 0	可达 60
聚丙烯	-10	—	—
羊毛	170	<0	可达 40
蚕丝	175	<0（10% 吸水率）	—

蛛丝

蛛丝（图 11.3）也有一段有趣的历史。在 1710 年，法国物理学家列奥米尔（Reaumur，因温度标尺而出名）计算出，需要 27 648 只雌性蜘蛛才能产出 1 磅（1 磅 ≈ 0.454 千克）重的蛛丝。1897 年，中国代表团赠送给维多利亚女王一件由蛛丝制成的礼服。来自美国黑寡妇蜘蛛和英国园蛛的丝都曾被用作望远镜瞄准镜和双筒望远镜的十字准线。

特克斯（tex）是衡量纤维、纱线和螺纹的线密度单位，定义为每千米的质量克数。实践中最常用的单位是分特（decitex，缩写为 dtex），意思是每万米的质量克数。其计算公式为：破坏纤维或网线所需力除以其线密度（质量/单位长度）。这不同于通常的断裂强度（断裂时承受的拉力除以纤维横截面积，单位为 N/m² 或 Pa）。

图 11.3　蛛丝

来源：Russell Barrow。

在相同重量下，蛛丝比钢丝更坚韧。蛛丝的可靠性是人类肌腱的 50 倍，它比橡胶更难断裂。它主要由甘氨酸和丙氨酸组成，但其秘密在于微观结构。微观结构是通过 X 射线衍射法得到的。这种物质以液体的形式从蜘蛛体内排出，它不受温度或空气变化的影响。但是当蜘蛛从天花板掉落到地板上时，该物质通过拉伸作用形成了结实的纤维。

在巴拿马发现的络新妇蛛（图 11.4）可以一次生产 300 m 长的牵引蛛丝。它的 7 个腺体可以生产出 7 种专门用于织网的丝，每一种都具有独特的机械、生化和功能特性，如包裹昆虫、将织网的丝线系在树上等。在一张网中，有长达 30 m 的丝，不同的部分有不同的性质。络新妇蛛每天都要重新织网，更换黏性补丁部分，因为它们的网很脆弱，受天气变化影响很大。

芳纶在断裂前可以拉伸 4%，而蛛丝可以拉伸 15%，所以可在突然的负荷下伸长。蜘蛛网是通过将猎物的动能转化为热能来捕获昆虫的。因为蛛丝没有弹性，所以不会反弹而再次把猎物抛出去。

图 11.4　络新妇蛛

来源：davemontreuil/Adobe Stock。

大多数的狼蛛对于牵引丝来说太重了。在电影《小魔煞》（*Arachnophobia*）中，制片人明显是把钓鱼线绑在蜘蛛身上了！

皮革

皮革在吸收和释放超过 20% 的水蒸气（如汗水）方面的能力仍然领先于它的人工合成竞争对手，它既能透气也可以很好地隔热。皮革主要是由畜养动物（牛、绵羊和山羊）的皮制成的。猪皮用于香肠和明胶生产。少量皮革所需的皮来自袋鼠、鳄鱼、蛇、鱼和鸟等。用于制革的化学物质必须穿透兽皮表面才能与之发生反应。因此，皮革生产的每个阶段都需要一些时间。单宁酸的关键特性是它的水溶性，即能从溶液中沉淀蛋白质（见第 6 章）。

植物纤维

棉花

棉花来自棉籽的保护层。它主要由碳水化合物纤维素组成。

不论是单独还是混合使用，棉花都为世界上的大部分服装提供了原料。因为棉花在潮湿时更加结实，所以能经得住定期的洗涤。棉花的质量取决于纤维的长度、细度和色泽。它可以用于热天或冷天的服装，从最细的纱布到粗纹棉布牛仔裤。澳大利亚大多数的棉花用于出口，而纺织品由进口获得。

亚麻织物

亚麻织物是由亚麻植物茎部的纤维材料（也叫纤维素）制成的。它是最古老的纺织纤维，曾被用来包裹埃及木乃伊。在 18 和 19 世纪，亚麻织物被工人和农民制作成工作服；因为它结实、耐洗、耐用。亚麻织物不掉毛，但悬垂性不好，抗弯曲性及抗磨损性差——接缝区和边缘区纤维弯曲处可能容易开裂或出现磨损。虽然亚麻织物吸湿性很强，但天然的蜡可以保持织物表面的潮湿，而且干得快，所以它是茶巾等制品的首选材料。工业革命使棉花相比亚麻更容易加工，所以今天亚麻织物很贵，被认为是一种贵重的织物。

天然橡胶

天然橡胶来自橡胶树的汁液。橡胶是一种典型的弹性聚合物或弹性体。拉伸使随机的分子链对齐并暂时结晶（同时强度增大）。橡胶轮胎不受裂纹扩展的影响。

自发收缩意味着链的排列是随机的。这增加了熵，并导致橡胶从外部吸收热量，让周围环境变冷。橡胶受热收缩，冷却则膨胀。

实验

橡皮筋和熵

如下图所示，用两根冰激凌棒拉伸橡皮筋。用吹风机加热橡皮筋，观察发生了什么。相反地，像尼龙这样的聚合物在加热时会膨胀。

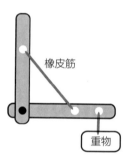

橡皮筋

重物

现在，拿一根粗橡皮筋或一只纯橡胶手套（薄的、乳胶的医用外科手套），迅速拉伸，然后贴在嘴唇上去感受它的温度——它变热了。保持拉伸 30 s 左右后，让它冷却到室温，然后让它突然收缩到自然长度。再次把它贴在嘴唇上来感受它的温度，能感觉到它变凉了。不管怎样，这是打破谈话时冷场的好办法。

拉伸时，随机分子链有序排列会减小系统的熵，并以散发热量的形式增加周围环境的熵（见第 17 章和附录 11）。

半合成纤维

人造丝是一种合成纺织材料，由天然原料，即从植物中提取的再生和纯化的纤维素制成。人造丝是在 19 世纪末发展起来的一种蚕丝的替代品，是第一种人造纤维。

首先，天然纤维素被转化成一种液体化合物，之后从喷丝头上的小孔中挤出，化合物转化为以纤维形式存在的纤维素。制造人造丝的工艺多年来一直在改进中。

第一种成功的工艺是用硝酸把棉花纤维素转化成可溶但易燃的硝酸纤维素（夏尔多内人造丝）。棉花纤维素被推过喷丝头，射流在温暖的空气中硬化成纤维，然后通过化学处理将这些纤维重新转化为纤维素。

第二种是铜氨人造丝，它是通过将纤维素溶解在氧化铜和氨水中制成的。让纤维素强行穿过比设计直径大的孔，接下来，通过一种被称为拉伸纺丝的工艺拉长并扭曲它（在拉伸作用下），从而生产出一种非常细、强度大的纱线，用于制作薄纱和袜子。

第三种是醋酸人造丝，它是通过将纤维素浸在醋酸中，再用乙酸酐处理制成的。醋酸人造丝比其他的人造丝更能抵抗污渍和折痕，并可加热塑化，便于熨烫。它需要特殊的染料，当醋酸与其他纤维结合时，可实现单一染料的双色效果。醋酸人造丝被用来制成防震玻璃的中间膜。

胶卷最初也是由（易自燃的）硝酸纤维素制成的，后来又由比较稳定的醋酸纤维素制成（安全胶片）。后来，聚酯也被用于生产胶卷。

第四种工艺是最成功的人造丝生产方法。这是通过在碱性二硫化碳中溶解纤维素，将黄原酸纤维素制成黏稠的橙色溶液的方法，因此制得的产品被命名为"黏胶"（图 11.5）。黏胶纤维通过喷丝头被纺入硫酸中，以沉淀纤维。它的优点是可以从木材纤维开始，而不需要预先去除木质素。

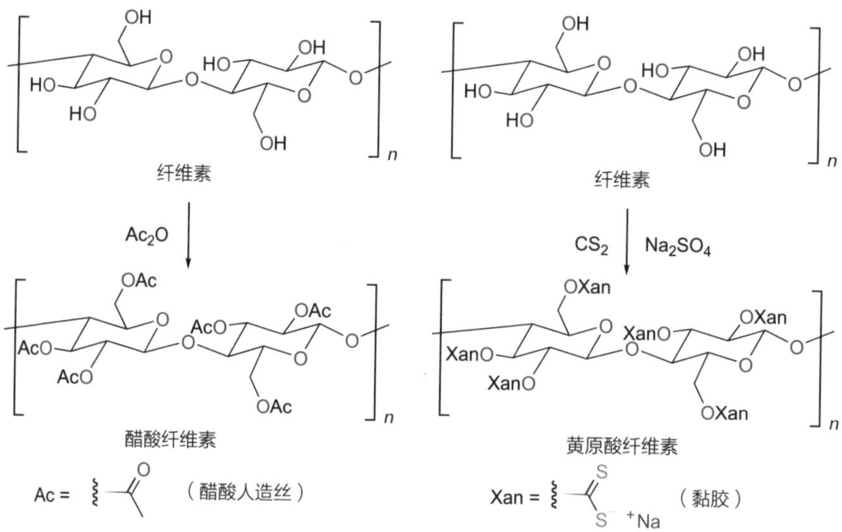

图 11.5　醋酸人造丝和黏胶的结构

在生产过程中，可以根据需要对长丝进行加工和改造，以控制光泽、强度、拉伸率、长丝尺寸和横截面。人造丝织物的性能各不相同。常规的人造丝只能干洗，而"高湿模量"人造丝可以机洗。

就像纸浆生产中的第一阶段的化学反应一样，人造丝的生产也可能是人们出于对环境因素的考量。与气体二硫化碳释放到大气和盐副产品流入水体有关的环境问题导致了新类型人造丝的开发，如莱赛尔纤维。它是通过将木质纤维素溶解于无毒的氧化胺溶剂中得到的，该溶剂可从再生纤维中洗涤出来，可以回收再利用。

高强度人造丝是在生产过程中通过拉伸长丝以使纤维素聚合物结晶而制成的，它已经取代了棉花和尼龙作为加固汽车轮胎的材料。人造丝也与木浆混合用于造纸。人造丝的发展呈现出化学制品的最佳状态和最广泛的用途。

2010 年初，美国联邦贸易委员会对一些存在误导性广告宣传的制造商和零售商提出了警告，因为他们将人造丝产品贴上了"竹子"的标签。虽然可以提取竹纤维来制作人造丝，但由于化学处理方法的差异，两者在法律规定上是分开的。竹纤维可以做成舒适但昂贵的衬衫，所以它很不寻常。真正竹纤维衣服将附有标签，具体注明竹纤维含量（图 11.6）。

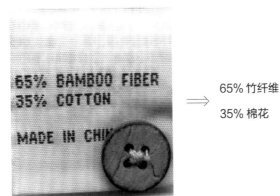

图 11.6　货真价实的竹纤维衣服

来源：Ben Selinger。

合成纤维

尼龙

1938 年，一种消费品对美国市场产生了前所未有的影响。这个产品是什么呢？尼龙。它以低调的方式——韦斯特博士牙刷的"埃克斯顿"（Exton）刷毛首次亮相。第二年，尼龙长袜在纽约世界博览会上由其创造者——杜邦公司向公众展示，当时尼龙长袜被吹捧为"和钢铁一样结实，像蜘蛛网一样轻柔"。1940 年 5 月 15 日，尼龙长袜开始在美国，且仅在纽约销售，几个小时内就卖出了 400 万双。其上市第一年就卖出6400 万双。

尼龙是如何命名的

这个产品（用于长袜）的商业名称开始被建议为"norun"，因为它比蚕丝更不易抽丝。因为长筒袜有时会起卷，所以"norun"被倒拼成"nuron"。然而，这个词太接近神经元（neuron），可能会被理解为一种神经紧张剂。而在亚洲"nulon"的发音遇到了商标问题，所以其被改为"nilon"。由于说英语的人发音不同，为了消除歧义，这个名字最终变成了"nylon"——尼龙。

早期的化学家们认为，通常在烧瓶底部得到的焦油残渣（现在被称为聚合物），是由更简单的单体通过不明确的物理吸引力结合在一起构成的。德国化学家赫尔曼·施陶丁格（Hermann Staudinger）认为它们是由真正的化学键连接而成的，但整个化学界都反对这一想法，因为当时已知的最大的分子包含的原子数不超过 200 个。施陶丁格于 1926 年在瑞士苏黎世的告别演讲中言辞尖刻，据说他把讲稿钉在剧院门口，并且模仿路德（Luther）大喊："这是我的立场。" 27 年后，当他因为自己的研究而获得诺贝尔奖的时候，化学界的态度已经变得温和了。

　　当华莱士·休姆·卡罗瑟斯（Wallace Hume Carothers）研究施陶丁格聚合物理论时，在 1930 年发现氯丁二烯的聚合作用产生了一种有趣的聚合物，叫作氯丁橡胶。后来氯丁橡胶在美国参与的战争（1941—1945）中作为橡胶的替代品发挥了重要的作用。

　　然后卡罗瑟斯开始研究尼龙（聚酰胺）。这是把两种成对的不同单体"串"在一起制成的聚合物。如果你认为聚合物是一串回形针，那么尼龙的回形针有两种不同类型，而且每个回形针的长度可以独立改变。

　　1935 年，他发现了用于纺织纤维的最好的尼龙。它有弹性，比蚕丝更结实，不溶于水，也不溶于溶剂。这两种单体分别有 5 个和 10 个碳原子，因此被称为纤维 510。杜邦公司开始寻找更便宜的原材料，于是纤维 66（尼龙 66）应运而生（图 11.7）。

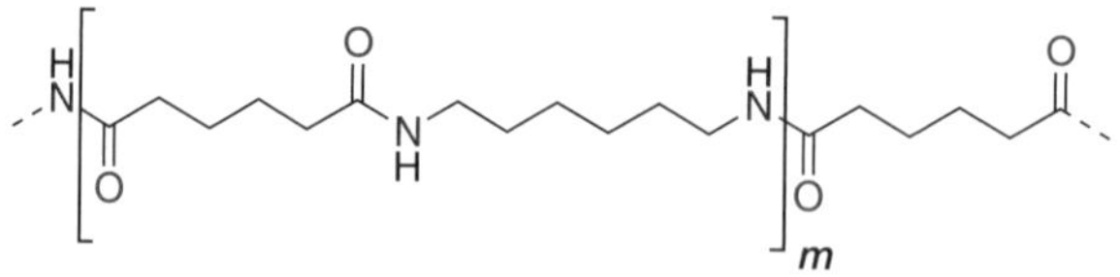

图 11.7　尼龙 66

　　1941 年 12 月，日本偷袭珍珠港的时候，已经掌握了遏制美国战争力量的两种关键的天然原材料——橡胶（用于制作轮胎）和蚕丝（用于制作降落伞）。日本是蚕丝的主要供应国，橡胶来自东南亚，而东南亚当时处于日本的控制下。

卡罗瑟斯当时已经发明了氯丁橡胶或合成橡胶（在许多应用方面都优于天然产物，尤其是接触到油时）。尼龙便代替蚕丝成为制作降落伞布、防弹衣、牵引绳和轮胎帘子线的材料。所有的尼龙制品都被征用，尼龙袜被成千上万的爱国妇女捐献给了政府。

用化学方法思考，直到最后

就在关于尼龙的专利申请提出的前3周，尼龙的发现者华莱士·休姆·卡罗瑟斯由于认为自己在科学上是失败的而患了越来越严重的抑郁症，最后饮用了含有氰化钾的柠檬汁自杀了。

为什么是柠檬汁呢？他把化学知识应用到了最后。柠檬酸把氰化钾转化成氢氰酸，也就是实际的毒药，因此发作起来更快。当然，他也可能认为胃酸会起作用，因为胃酸比柠檬酸的酸性更强。

事实上，氰离子是有毒的，因为它会取代氧气与血红蛋白紧密结合，最终导致死亡。然而，并不是所有形式的氰化物都是有毒的，有些甚至会成为食品添加剂。例如，添加剂 E536（亚铁氰化钾）被用作一种抗结剂，用于从红酒中去除铜（第 12 章中提及的"波尔多杀菌剂"）。

柠檬酸（pK$_a$=3）   氢氰酸（pK$_a$=9）

如今，美国大约有一半的化学家致力于聚合物的制备、表征和应用。关于尼龙，使用这种"万能"材料的日常用品包括纺织品、油漆刷、钓鱼线、运动鞋、网球拍、家具装饰材料、缝纫线、轮胎帘子线、绳索、袋装食品的薄膜、船上的帆与绳索、齿轮、油封、包装材料、软管、梳子、拉链、铰链、注射器、眼镜框和滑雪板等。

尼龙（以及后来的聚酯）的多功能性在于它们可以由不同链长的单体制成，因此它们具有各种各样的用途：从适合与身体接触的适度透水织物，到可以取代齿轮中金属的坚固的工程材料。

聚氨酯

聚氨酯（图 11.8）是在适当的催化剂和添加剂存在的情况下，由多元醇（每个分子中含有 2 个或更多活性羟基的醇）与二异氰酸酯或异氰酸酯聚合物反应生成的（见第 10 章）。因为不同的二异氰酸酯和多种多元醇可以用来生产聚氨酯，所以可生产广泛的材料以满足特定应用的需要。

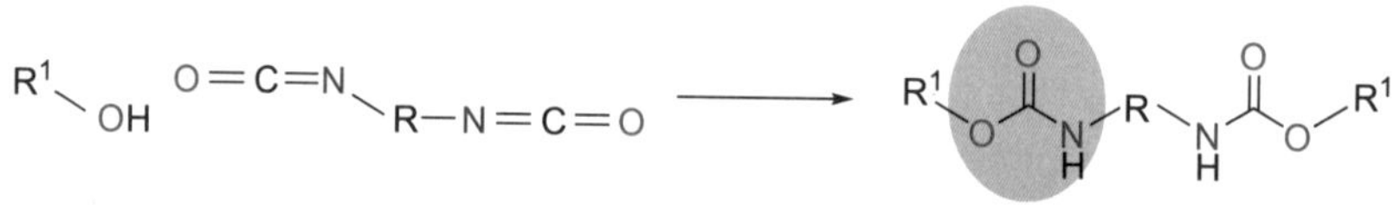

醇与二异氰酸酯反应生成氨基甲酸酯（官能团突出显示）

此链段为聚合物提供柔性和弹性

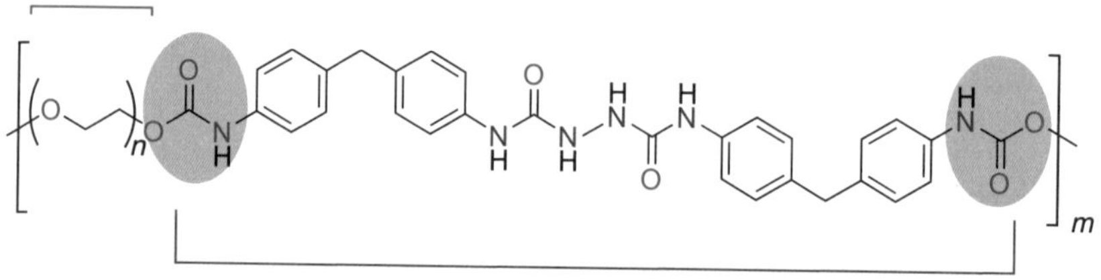

刚性链段，保证聚合物强度和耐久性

图 11.8　氨基甲酸酯官能团是由醇和二异氰酸酯反应生成的，使用多元醇（多羟基化合物）可得到聚氨酯

聚氨酯以多种形式存在，包括柔性泡沫塑料、刚性泡沫塑料、耐化学涂层、专业胶黏剂、密封剂、弹性体。但并不是所有的应用都获得了成功，如作为隔热材料的聚氨酯泡沫在室内慢慢分解时会影响健康——与使用石棉隔热材料的结果相似。聚氨酯分解后分散成粉末（图 11.9）。

图 11.9 穿破的凉鞋中的聚氨酯生成的黑色黏性粉末

来源：Ben Selinger。

运动装备中的纤维

莱卡（人造弹性纤维品牌）和芳纶都是聚合物，但由于它们的化学成分不同，所以它们的性能也不同。

芳纶质量轻、柔软，强度是相同质量下钢的 5 倍。当它与碳纤维织物、耐高温的环氧树脂结合在一起的时候，就成为制作轻型、坚固和安全的皮划艇的理想材料。类似的坚固且轻便的材料也用于残疾人运动员的假肢，以及在轮椅上运动时戴的保护手套。你可以在网球拍、滑雪板、头盔、护腿板和排雷服上找到它。

相比之下，莱卡的拉伸伸长率能达到 600%。最神奇的是，它能与大多数天然纤维和合成纤维相结合，保持大多数纤维的一般外观。它的贴身性降低了运动时的阻力，减少了身体与物体接触的风险，因此适用于跳高或撑杆跳高。

还记得 2000 年悉尼奥运会上的凯西·弗里曼（Cathy Freeman）吗？在奥运会 400 米决赛中，她选择了一个连体的带帽的"猫装"——据说可以提高成绩。鲨鱼皮游泳服（Fastskin™）是由莱卡和尼龙结合制成的，它模仿了鲨鱼皮，在奥运会游泳比赛中引起了轰动。据说，鲨鱼皮肤上的齿状鳞片可以减小阻力，提高速度。

在芳纶中，骨干苯环具有刚性，而莱卡的"之"字形链具有柔性和可拉伸性（图 11.10）。虽然氢键的作用很弱，但会叠加起来。在芳纶中，氢键有序排列，起着重要的作用；在莱卡中，氢键只是偶尔靠近到可以排列起来，所以效果较弱，但足以把拉伸的分子拉回来。

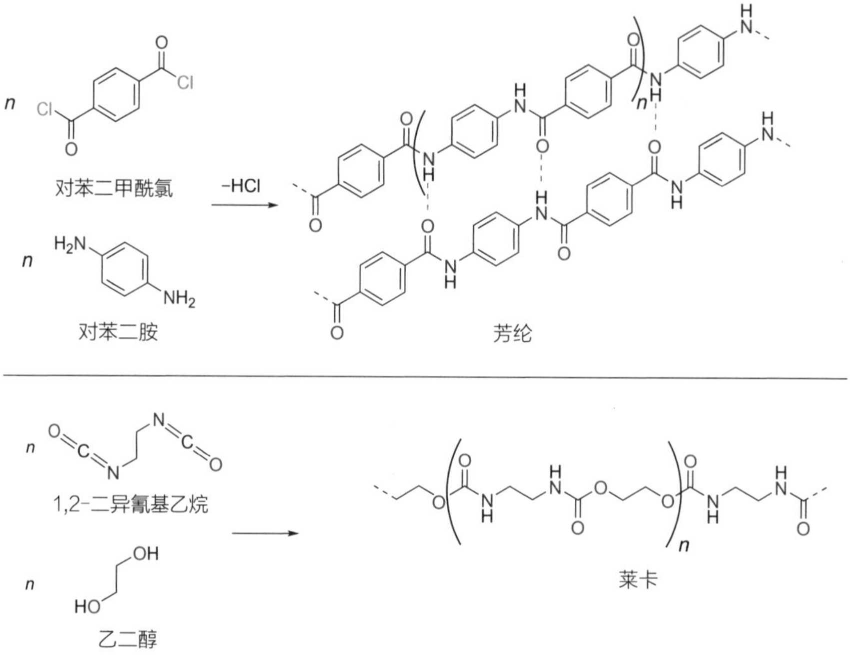

图 11.10　芳纶和莱卡的结构

无纺布

纸是一种传统的非织造材料，直接由纤维素纤维制成。直接用纤维制成，而不是首先把生产出的线织成布的物品有很多。羊毛毡制成的帽子是一个典型的例子。

如今，无纺布可以在西装的内层、大衣、胸罩和垫肩的衬垫、一次性尿布的衬垫，以及羽绒被的填充物、软垫家具和汽车地毯中找到。你也可以在金属清洁球和地毯底毡里找到它们。过滤器中通常使用无纺布过滤气体，如吸尘器袋、空调和燃煤发电站的烟雾过滤器中使用的都是无纺布。无纺布用于茶叶袋、葡萄榨汁机中以过滤液体，或用于土木工程项目以稳定土方工程，或用于农业覆盖。航天飞机轨道器的上表面覆盖着涂有硅树脂的无纺布毡。无纺布是纺织业发展最快的领域。

钛无纺布垫用于髋关节植入物，使骨组织穿过纤维网孔在纤维之间生长。藻酸钙（来自海藻）用作无纺布伤口敷料，它与伤口中的液体发生反应形成凝胶。

你可能经常会买到一些"普通"（小作坊制）的产品。你可能更喜欢穿着精致而非邋遢的朋友，但肯定不喜欢那些会蒙骗你的劣质（质地薄）的朋友！一个女孩若被描述为有亚麻色的头发和缎子般的皮肤，可能会很高兴，但肯定不愿被描述为拥有尼龙般指甲或亚克力般的个性，除非她是一个思维混乱的人。这些习语起源于何处？在这些习语中，"小作坊制"用于形容普普通通的，没有经过质检的商品。"质地薄"是指编织得很松散、很脆弱的劣质商品。

织物隔热效果如何？

衣服隔热效果可以用单位 clo 表示。clo 与用于描述住宅和商业建筑隔热性能的 R 值相同，大小也相近。

$$1 \text{ clo} = 0.155 \text{ K} \cdot \text{m}^2/\text{W} = 0.88 \text{ R}$$

在这里，K 指开尔文，m 指米，W 指瓦特。

另一个使用的描述隔热效果的单位是 tog：

$$1 \text{ tog} = 0.1 \text{ K} \cdot \text{m}^2/\text{W} \approx 0.645 \text{ clo}$$

$$1 \text{ clo} = 1.55 \text{ tog}$$

词语"tog"是一个俚语（澳大利亚、英国），指衣服或泳装。

某些基本隔热值可作为典型情况的参考：

· 裸体：0；

· 夏季服装：0.6 clo；

· 滑雪服：2 clo；

· 轻型极地装备：3 clo；

· 重型极地装备：4 clo；

· 极地羽绒被：8 clo。

爱护面料

保养标签

在澳大利亚，保养标签是强制性的。从我们洗衣服的经验和查看护理说明来看，我们怀疑它更多的是在保护生产商，而不是提供有用的信息。很多进口商品似乎尤其如此。

"干洗"意味着用水洗衣服还是可以的，"只干洗"可能更确切。"单洗"表明该染料可能会掉色。最重要的是，千万不要忽视任何贵重衣物的护理说明。

织物和可燃性

衣服易燃的严重性被恰当地概括为："如果你的房子着火了，你的生命和皮肤或许能幸免。如果你的睡衣着火了，你可能会失去你的皮肤，甚至你的生命。"

20世纪70年代，澳大利亚积极开展了减少儿童睡衣事故发生概率的工作，并引入了关于服装可燃性的标准。启发并导致这一结果的基础研究归因于一个人——汤姆·A.普雷斯利（Tom A. Pressley），他在澳大利亚联邦科学与工业研究组织的蛋白质化学部门工作。

服装的可燃性取决于面料（纤维）、服装的时尚设计。大多数烧伤是由棉纤维和人造丝等纤维素织物引起的，这些织物会迅速被点燃并燃烧起来（图11.11）。

图 11.11　燃烧的裤子（展示其可燃性）

来源：styf/Adobe Stock。

丙烯酸纤维比棉花更难点燃，但一旦点燃，燃烧速度很快。聚酰胺（尼龙）和聚酯在点燃前会熔化，在没有点燃的情况下会收缩——收缩会导致与皮肤粘连。混合纤维，例如尼龙等人造丝，是高度易燃的。相比之下，蛋白质纤维（如蚕丝和羊毛）的可燃性较低。

纤维织成织物的方式也会影响织物的可燃性。例如，可以证明，当棉绒线在干燥器中被干燥并暴露在火源下时，火焰会迅速蔓延到凸起的绒面上，然后逐渐点燃下面的织物。

时尚也发挥了作用，因为服装的设计可以改变织物接触氧气的难易程度。易接触氧气，当然会促进燃烧。

澳大利亚的服装现在主要是进口的。令人遗憾的是，在澳大利亚的相关服装标准实施40年后，正如持续不断的起诉案件所显示的那样，服装的可燃性问题再次成为一个主要的问题，尤其是儿童的睡衣。

熨烫

织物吸收的水分起着塑化剂的作用，逐渐降低 Tg 使织物具有"可塑性"（见附录 10）。在温度约为 20℃，相对湿度约为 80% 时，棉纤维的 Tg 会下降并低于环境温度。所以当棉织物慢慢地从空气中吸收水分时，它们又会被塑化。这意味着你熨烫得很好的棉质衬衫会变形。棉与涤纶混合后往往具有较差的吸水性，能较长时间保持其形状。熨烫能去除水分，使织物在冷却时形成新的形状。

你试过铝制的吗？

如果你是一个非常传统的人，可能仍然会使用由铁制成的熨斗。但更有可能的是，熨斗的底板是铝（通常是陶瓷涂层）或不锈钢！铝比不锈钢更轻、更便宜、更易导热。

来源：Sergey Ogaryov/Adobe Stock。

尼龙和涤纶的 Tg 较低，所以应该使用温度较低的熨斗。熨烫羊毛所使用的熨斗和其他纤维所使用的熨斗是一样的。通过水和热的组合使温度达到 Tg 以上，然后设置新的形状，再经过冷却或干燥使温度达到 Tg 以下，这样形状就固定好了。蒸汽是用来将水注入织物中，从而降低织物 Tg 的。

当用干衣机烘干棉质毛巾时，水在毛巾翻滚过程中被除去。这种持续的搅动阻止了纤维之间毛细力（吸引力），否则纤维会粘在一起（见

第3章）。在干衣机的干燥温度下，纤维分子链之间的氢键在织物几乎完全干燥之前不会发生变化。因此，建议在完全干燥和干衣机冷却之前，将100% 棉织物从干衣机中取出，以防止出现大量起皱和有折痕的情况，并保持棉织物蓬松。另外，在室外晾晒时棉花的状态取决于风的条件。无风时，布料会干燥成团；有风时，风会起到室内干衣机中搅拌器的作用。

想要永久定型，就像固定发型一样也需要水和热度。为了缩短时间，经常利用低温和化学药品。

为了获得更持久的效果，人们按照化学的方法将硫醚键断开，然后用过氧化氢将其固定成新的形状（见第8章）。在永久性压烫的衣服中，甲醛是主要的化学物质，但它正在被作为交联剂的DMDHEU（二羟甲基二羟基乙烯脲树脂，图 11.12）和 DMEU（二羟甲基乙烯脲树脂）等化学物质取代。我的同事加拿大化学家乔·施瓦茨（Joe Schwarcz），很好地阐述了与永久性压烫有关的问题。

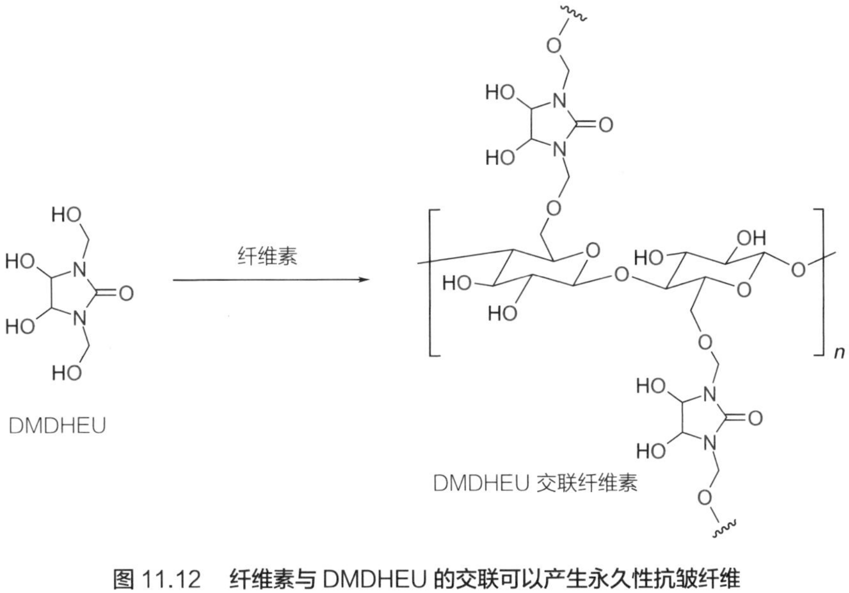

图 11.12　纤维素与 DMDHEU 的交联可以产生永久性抗皱纤维

拓展阅读

马里·舍塞尔（Mary Schoeser）所著《丝绸》（*Silk*）。

12 花园里的化学

让我们走进花园，检测土壤、肥料和杀虫剂。我们还会去探秘性引诱剂（针对害虫）和其他生物防治药物。

如果你进入你家后院，把手伸进泥土里，你会发现一些东西。它们在物理和化学成分上会有很大的不同，这取决于你住的地方和你对园艺的热衷程度。我们可以用颜色和质地（图 12.1）来描述土壤，也可以用其化学、物理和生物特性来进行描述。

图 12.1　显示不同土壤颜色和质地的土壤剖面

来源：Perytskyy/Adobe Stock。

土壤颜色

有机质会使任何土壤变黑，所以表层土壤通常比下层土壤要黑些。浅色或灰色土壤中的氧化铁（三价铁）经常被淋溶，从而使土壤呈黄色、橙色、棕色或红色。一些渍水土壤的绿灰色是由铁的还原态（二价铁）造成的。

土壤质地

土壤颗粒的大小见表 12.1。土壤给人的触感或其质地取决于粒径的分布，特别是黏土的含量。

表 12.1　土壤的当量直径和比表面积

颗粒	当量直径 /mm	比表面积 /(cm^2/g)
砾石	> 2	—
粗沙	2 ～ 0.2	23
细沙	0.2 ～ 0.02	90 ～ 230
粉沙	0.02 ～ 0.002	450
黏土	< 0.002	8×10^6

土壤质地是通过用手处理潮湿的土壤并将触感与一系列标准土壤的触感进行比较来确定的（见第 19 章的"确定土壤类型"实验）。三角形图（图 12.2）是根据沙土、粉土和黏土这三种成分的比例来分类土壤的。

水很容易渗入几乎没有淤泥或黏土的沙土中，因此在灌溉中可以接受含盐较高的水，但肥料很快就会滤出（需要使用缓释配方）。

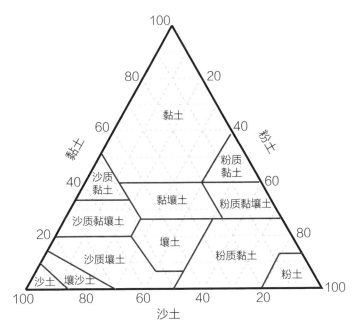

图 12.2　土壤质地的一些等级

土壤酸度

在昆士兰北部的东海岸，土壤是基于厌氧红树林沼泽类型的地形形成的。还原条件促使硫化铁（黄铁矿）形成。当这些土壤被翻耕或开采时，氧气（O_2）和水分（H_2O）导致硫化物氧化后形成硫酸（H_2SO_4），从而使这些土壤呈酸性。

$$4FeS_2 + 15O_2 + 14H_2O \longrightarrow 8H_2SO_4 + 4Fe(OH)_3$$
硫化铁　　　　　　　　　　　　　　　　　固体

当这些土壤被施以石灰以提高 pH 值时，任何多余的石灰都可以水解被添加到土壤中的有机磷农药（见下文）。这些农药是用来对付土壤中的害虫的，比如祸害甘蔗的线虫，水解可使有机磷失效。化学上，石灰由生石灰、氧化钙或熟石灰组成。在农业方面，石灰通常指的是粉状的石灰石，其主要成分是碳酸钙，但也含有大量的碳酸镁。

黏土通常很难耕种，因为它在潮湿时会变黏，并且在干燥时会变硬。

其原因是它缺乏沙子大小的颗粒，有机物（腐殖质）含量太少，钠含量太高。它非常适合密封土坝，但会给排水带来困难。它含有的矿物质的类型也非常重要。在黏土中加入沙土可以改变其结构，但是，如图 12.2 所示，大约需要 40% 的沙土量才能用黏土制备出壤土。这是不切实际的，除非在小范围内操作。钠过量的问题可以通过加入非常难溶的石膏或石灰来解决，其会缓慢地释放少量的钙离子。二价钙离子会促使一价钠离子离开黏土颗粒，然后这些颗粒聚集成较大的团块，由于团块不那么紧密，从而使空气和水更易循环。在整个表面均匀施加的典型施用量是 0.5 kg/m^2。

土壤有机碳

土壤中含有大量的有机物，土壤的碳含量相当于地表植被的总碳量。但是，每种土壤的碳含量可能有所不同，从沙质土壤中的不足 1% 到泥炭土壤中的超过 40% 不等。当土壤有机物被微生物氧化时，二氧化碳会自然释放。这个数量取决于温度、通风量和湿度，每年每平方米的土壤碳含量为 80 ～ 550 g。

通过排除淹没土壤的水，然后在土壤上耕种，全世界每年的二氧化碳排放量增加 150 ～ 180 Mt（10^6 t）。尽管与 2010 年约 370 亿吨的全球二氧化碳排放量相比，这个数字很小，但澳大利亚在耕种过程中释放的二氧化碳量约占同年总排放量的 50%。通过减少或取消耕作（使用除草剂而不是人工除草），避免了表层土壤的通风（以及它的矿化），每年可以减少约 30 Mt 的二氧化碳排放量。另外，由于减少使用化石燃料，二氧化碳排放量减少了 10 Mt。

一种更有效的方法是增加土壤中的碳存储量。退耕还林中树林的碳储存率为 75%，枯枝落叶的为 15%，土壤的为 10%。

土壤矿物

沙土和粉土含有多种矿物质，虽然它们的化学性质不同，但机械性质相似。而黏土的矿物质情况却并非如此，黏土矿物的两种主要类型（高岭石和蒙脱石）在物理性质上差别很大。由于黏土矿物的晶体形状具有非常大的比表面积（图 12.3），所以颗粒之间的形状和化学键决定了其物理特性（见第 3 章）。蒙脱石黏土被称为活性黏土，当水分子从其晶格中的原子层之间进入时，它将会发生膨胀，其大小是之前的 3 倍多。由于它们在干燥时收缩的速度不同，因此它们会给建筑工程带来问题。树木会使地基下的土壤变干，从而导致建筑物开裂。根据土壤的结构和组成来衡量其适合耕作的程度称为土壤耕性。

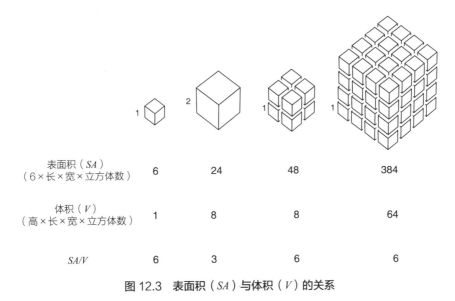

表面积（SA） （6×长×宽×立方体数）	6	24	48	384
体积（V） （高×长×宽×立方体数）	1	8	8	64
SA/V	6	3	6	6

图 12.3 表面积（SA）与体积（V）的关系

土壤化学

土壤为植物根系提供了着力点，也为其生长提供了必需的化学元素。氮、磷、钾、钙、镁、硫为大量元素，锰、硼、铁、铜、锌、钼、钠、氯、钴为微量元素。其他元素对植物来说不是必需的，但它们被吸收并且对以植物为食的动物来说是必不可少的。一种元素的可利用性不仅取决于其存在的数量，还取决于其存在的形式、从矿物中释放的速度，以及土壤的 pH 值。正离子被带负电荷的黏土和腐殖质颗粒所吸附。过量的钾可以阻止镁的吸收，反之亦然。即使土壤中有足够的锌，过量的过磷酸钙也会导致锌缺乏。过量的锰可以抑制钴的吸收，而钴对于在豆科植物根瘤中的固氮菌来说却是必不可少的。

土壤的 pH 值对元素的有效性具有关键影响，如图 12.4 所示。

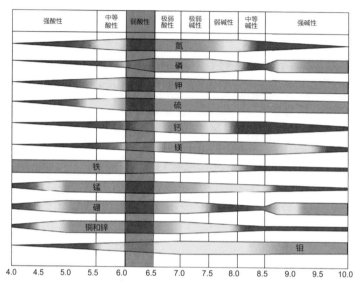

图 12.4　土壤 pH 值和养分有效性

来源：《优质矿物》（*Superior Minerals*），新西兰。

因此，重施石灰（添加富含钙和镁的矿物质）会降低铁和锰的可利用性；而硫酸铵会导致 pH 值下降，并可能导致钼缺乏和锰中毒。

尽管这些在植物中复杂的相互作用被普遍认可，但人们对于它们也适用于人类似乎一无所知。因此，在用血汗钱购买商店中含有有限成分的补品时，请多留意。这样做还有助于减少污水导致的化学污染。

植物的养料

卷心菜到底是什么？我们看到的是一组匀称排列的叶子，而蠕虫看到的则是深入土壤中的根部系统。叶子和根都能为整株植物"抓住"养分。如果你把 2 kg 的卷心菜放在烤箱里烘干——所有的水都蒸发掉，则仅剩下 160 g 的干重。燃烧会将其变为约 12 g 的灰白色灰烬，同时释放出二氧化碳气体。灰分仅为卷心菜原始质量的 0.6%，并含有多种元素（图 12.5）。

图 12.5 （左）2 kg 卷心菜和（右）12 g 灰分

来源：（左）monticelllo/Adobe Stock；（右）dule964/Adobe Stock。

空气中的二氧化碳含量只有 0.033%，但这是动植物中有机碳的唯一来源。温室施肥的一种形式是人为地将二氧化碳含量增加到 0.1% ~ 0.15%。虽然这微量的二氧化碳是可以直接使用的，但是大量的氮（空气的 78%）只有作为铵根阳离子（NH_4^+）或硝酸根阴离子（NO_3^-）"固定"后才能被植物利用。每年，全世界范围内生活在豆类根瘤中的微生物，例如根瘤菌，会至少固定 175 t 氮。

磷是一种重要的元素，特别是在能源利用的生物化学过程中尤其重要。澳大利亚的土壤几乎都缺乏磷。在种植和农产品出口方面，每公顷土地出口的谷物是 3 ~ 6 kg，从土壤中清除的干草是 5 ~ 15 kg。当我们吃下农产品以及随后排便后，养分将通过污水从土壤转移到海洋中，同时我们还必须向土壤提供持续的"输入"。过磷酸钙是由进口磷矿和硫酸加工而成的。当添加到土壤中时，一些磷被土壤矿物"固定"，另一些磷则可被植物吸收。"固定"的比例随每次添加而降低。血液、骨骼和其他有机肥料可以提供缓释配方中的营养成分。

钾是很重要的矿质元素，它参与植物茎的伸长过程和外壁细胞的增厚过程。缺乏钾会导致植物组织中糖和硝酸盐的积累。糖为微生物提供养分，因此植物更容易受到疾病的侵害。钾存在于云母和黏土颗粒表面。

钾的缺乏主要发生在潮湿的沿海地区。钾肥的优质来源是草木灰（因此被称为"钾盐"）、水泥厂产生的烟道粉尘、海藻和尿液。

钙是细胞分裂和细胞壁组成的必要元素。仅在高降雨量地区的沙质、酸性土壤中才有可能出现钙贫瘠。

镁是产生叶绿素所必需的成分，因此对光合作用至关重要。缺乏镁的情况与缺乏钙相同，但是高剂量的钾也会导致缺镁。

硫对半胱氨酸和蛋氨酸极其重要，对蛋白质生产也是必不可少的。硫也是植物中许多气味成分中的一种（例如，抱子甘蓝、卷心菜和洋葱）。食用芦笋后，尿液的气味是由硫化物引起的（见第6章）。在沙质土壤中硫的流失是一个问题。从硫酸盐中很容易获得硫，这与过磷酸盐（肥料）可以提供磷类似。海边附近来自海洋飞沫的硫酸盐是其一个主要的来源。

燃烧高硫化石燃料增加了大气中的二氧化硫。当二氧化硫与水结合时，会转化为硫酸，然后随雨水进入土壤并降低土壤pH值。这种酸雨在工业革命后成为一个主要问题。后来使用低硫燃料，减弱了酸雨的程度，以至于欧洲一些农业密集的地区现在出现了缺硫情况！

微量元素

铁是光合作用中叶绿体的必需元素。铁在所有土壤中以氧化物和硅酸盐的形式大量存在。然而，土壤中其他成分会干扰其有效性，特别是石灰，无论是添加的还是自然形成的石灰石。"石灰诱导失绿症"是这种疾病的名称，其在柑橘、浆果、甜菜、菠菜、豌豆等植物，以及许多从自然酸性土壤环境转移到碱性土壤环境的本地植物中经常发生。

锰作为光合作用中光系统II的一部分，参与了水还原为氧的过程。它以不溶性氧化物的形式存在于土壤中，由细菌作用于可溶化合物而形成（特别是在碱性土壤中）。

铜在酶的产生过程中是必不可少的，而酶对植物细胞的功能发挥起到至关重要的作用。酸性沙土、壤土和砾质土壤中会有缺铜现象。铜的毒性可以通过含铜喷雾剂发生作用，例如在葡萄园中通常用作杀菌剂的波尔多液。

锌参与植物激素——生长素（负责茎的伸长和叶的膨大）的产生。

硼对钙的吸收很重要。海水中硼的含量很高，因此源自海洋沉积物的土壤有时会有毒性。石灰可以降低硼的毒性。

钼是固定大气中氮的细菌所必需的物质，因此钼对豆类植物尤为重要。此外，植物还需要利用可溶性氮化合物形成蛋白质。钼与铁矿物有关，在碱性土壤中溶解得更快。

固氮细菌（以及某些植物）也需要钴。因此，像钼一样，豆科植物中的钴缺乏会被视为氮缺乏。土壤中的钴可能不足，或者只是被氧化锰吸收了。

肥料

当植物生长的土壤中缺乏营养成分时，可以用肥料来提供。然而，制造肥料和其他农用化学品的原材料中总会含有杂质。用于制造过磷酸钙的进口磷矿含有多种金属元素，包括镉、铬、铅、汞、铀和钒等，以及砷。有些矿床含有足够的铀，使其值得开采。其他的则含有大量的氟化物。

有些行业被发现利用制造农用化学品来处理其工厂废弃物——工厂不必为了处理废物而向设备齐全的垃圾填埋场支付高昂的费用，而是将烟灰赠予或出售给化肥公司；化肥公司再将烟灰卖给毫不知情的消费者，从而赚取利润。20 世纪 90 年代初，一家美国公司向对此未加监管的澳大利亚倾销了一种含有大量铅的硫酸锌产品。

镉是一种毒性很强的金属，在食品方面引起了极大关注。一旦通过食物（或空气）被吸收，它就会在体内积聚并引起一系列病症，包括骨痛和肾衰竭。1912 年在日本暴发的这种病症被称为"痛痛病"。

过磷酸钙中的镉会直接增加土壤负荷。此外，由于肥料能刺激根系生长和植物活力，因此进一步提高了土壤对镉的吸收能力——真是祸不单行。与许多其他金属不同，镉主要被植物吸收，主要是储存在叶子（如菠菜、卷心菜和莴苣）和根部（如土豆、胡萝卜和花生）中。

缺锌土壤中的小麦吸收大量的镉。在牧场杂草（如金盏草）中，镉的富集系数为 10。随着时间的推移，农业土壤中的镉含量会积累到令人无法接受的水平，而盐分的增加也有助于植物吸收镉。因为澳大利亚食用大量土豆，所以这种食物最受关注。镉最终富集在动物内脏和海鲜中。

下次看到一些肥料时，请阅读标签。在维多利亚州和新南威尔士州，如果肥料中的重金属浓度超过农业土壤中的典型背景值，将会受到警告。作为全球贸易活动协调的一部分，澳大利亚提高了一些食品中镉含量的标准。这不一定符合当地的利益。

持久力

每个人都有切花保鲜的秘诀，而花艺行业在研发有效的药剂方面有着对可观利益的考量。切花衰败和枯萎有几个原因。一个常见的原因是乙烯气体的存在，只要微量的这种催熟激素（仅为 0.000 01%）就可以起作用（用于催熟香蕉，见第 6 章）。乙烯气体会导致康乃馨等切花"休眠"。

商业花卉保鲜剂小袋中的白色粉末通常包括硫代硫酸银（STS）（图 12.6）。这种化学物质是由从胶片未曝光部分剥离出来的银，沉积在照相显影用过的"定影液"中形成的。STS 可阻止铜的代谢，进而干扰乙烯的产生。目前最常见的用途是在为露营者提供的净水器中充当氯中和剂。我们的身体也会自然产生硫代硫酸盐，以中和人体细胞释放的微量氰化物，从而杀死细菌。

花卉保鲜剂中通常含有诸如 8-羟基喹啉柠檬酸盐（8-HQC，见图 12.6）等杀菌剂，以抑制细菌繁殖和堵塞花茎内部；但稳定的池氯是一种替代品。细菌一般不喜欢酸性溶液，所以花瓶内的水要用柠檬酸（图 12.6）或硫酸铝酸化。关于使用阿司匹林的报告好坏参半，但大多数对照实验并不支持其产生的效果。糖（0.5%～2%）亦会作为花卉营养剂被添加到保鲜剂小袋中。

水质对切花很重要。钙和镁含量高的硬水对它们不利，但是将硬水去离子化，用钠代替钙和镁也是不理想的。蒸馏水是切花的理想选择。

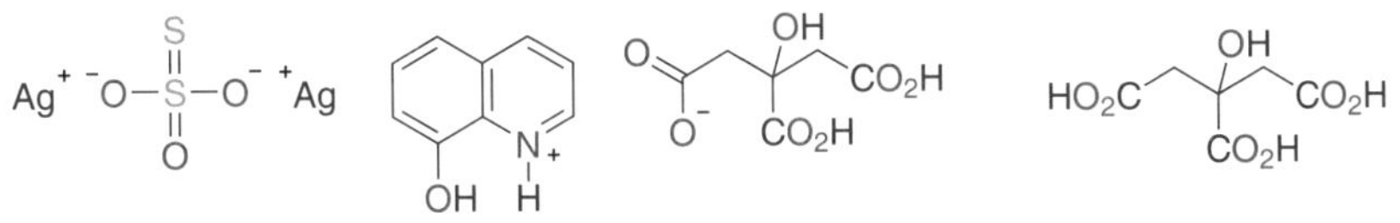

硫代硫酸银   8-羟基喹啉柠檬酸盐   柠檬酸

图 12.6　切花的保鲜剂

切花会很快失去水分，因此低温和相对较高的湿度是对切花有利的；但湿度不能过高，否则将导致水凝结和真菌生长。以一定角度切割花茎可以增加水分与植株接触的表面积，重新切割花茎可使通道保持通畅状态。保持切花的新鲜还可以用到一些专业技术，如"脉冲"技术，就是将新鲜采摘的花朵短时间放入含糖的浓缩配方中（见第 19 章的"花卉的生命维持"实验）。

堆肥

堆肥实际上只是一种在受控条件下加速自然腐烂进程的方法。其基本成分是有机物质、微生物、水分和氧气，以及少量土壤（图 12.7）。有机物是细菌和真菌的食物，必须具有适当的碳氮比（25∶1 至 30∶1）来满足它们的营养需求。

图 12.7　后院涉及有机物质分解的堆肥

来源：Elenathewise/Adobe Stock。

堆积物的含水量非常重要。湿度低于 40% 时，分解不会发生；高于 60% 时则气流减少，堆积物变成厌氧堆。大小合适的堆中，微生物每天需要许多立方米的空气。恰当的水分含量为 55%，感觉像是湿的，但又不是很湿，就像被挤压的海绵一样。

如果将温度计放在堆肥中，你会发现一些有趣的变化。工作中的微生物会产生热量，温度在 2～3 天内会上升到 55℃～60℃（堆得越大，温度越高，且在冬季变化更明显）。在大约 40℃ 时，工作的微生物就会发生变化，因为喜欢与我们人类的温度一样的起始微生物会失去活力，所以其工作会被其他喜欢较高温度的微生物接管。给堆肥通风，会导致温度暂时下降 5℃～10℃。高于 60℃ 的温度会杀死细菌，使腐烂过程减慢，直到料堆再次冷却。

如果添加新的植物材料，细胞液会将堆肥的初始 pH 值降至弱酸性。随着发酵的开始，酸度增加，pH 值进一步下降。在热堆阶段，氨的产生升高了 pH 值，使料堆变成碱性。当微生物利用氨并将其转化为蛋白质后，腐殖质的自然缓冲能力得到了控制，最终 pH 值降至接近中性。石灰会导致氨的流失，所以最好将其添加到土壤中，而不是堆肥中。

在分解的早期阶段，产酸细菌和真菌占据主导地位，消耗糖、淀粉和氨基酸。高温菌（嗜热细菌）分解蛋白质、脂肪和半纤维素（类似于纤维素，但由甘露糖、半乳糖和葡萄糖组成）。其中一种放线菌分解纤维素。高温的一个重要功能是杀死寄生虫和危险生物，以及杂草种子。微生物在其生命过程中"燃烧"了原始堆中的大部分碳，并以二氧化碳的形式逸出。料堆的干重减小了 30%～60%，体积减小了约三分之二。

如果观察一堆只完成了部分任务的堆肥，你会发现堆肥中的物质的颜色已经变成了白色或灰白色。这是因为放线菌一直在辛苦工作。如果堆肥变干，这些白色的孢子就会散布开来，可能会有刺激性，所以要保持堆肥湿润。

如果把青草堆放在一个坑里，用塑料布或土壤密封住，那么厌氧菌会占据主导地位，而后产生的就主要是乳酸和醋酸，没有其他反应发生。此时该堆肥的 pH 值为 4～5。这种产品叫青贮饲料。这种草与泥炭或泥炭藓一样，经过腌制或发酵保存，并被用作牲畜的饲料。

有机食品更好吗?

我们将忽略化学家对于"有机"的定义与该术语的普通食品用法之间的冲突。如果没有化学家首先发现和定义"有机",人们仍然会相信"生命论"——自然形成的物质与人工合成的物质之间的分裂。哎呀,他们仍然会这样做!

与传统食品不同的是,围绕有机食品的争议没有减弱的迹象。积累的证据表明两者存在差异,但这些差异一般很小,无论是在营养方面还是在残留水平方面的影响都无关紧要。

2012 年的一项大型研究得出的结论指出:"对于有机食品比传统食品更有营养的说法,公开已发表的文献中缺乏强有力的证据。食用有机食品可以减少接触农药残留和抗药性细菌。"

2012 年发表在《自然》(Nature)杂志上的一项结合了 66 种有机农作物的研究的结果显示,其产量比常规农作物低 25%。然而,深入研究后发现,某些农作物几乎没有差异。有机技术对豆类、多年生植物和苹果等果树作物有效。没什么可惊讶的。豆科植物自己固氮,树木大范围地生根以寻找水和养分。

农业的碳足迹比工业的更明显,它是水的最主要的使用者和污染者,也是生物多样性丧失的主要推动者。将传统方法和有机方法的最佳方面结合起来,将是全面改善各成果的途径。一方面,这可能意味着扩大转基因作物的使用范围;另一方面,利用有机农业规则所规定的使用准则有利于创新。并非所有有机规则都是合理的。讽刺的是,在葡萄藤上喷硫以保护葡萄免受霉菌侵害是允许的,而且被认为是天然的方法,但这会给农场工人带来呼吸系统问题。相反,以麦角固醇生物合成的现代杀菌剂是非常安全的。

另一个有机农业矛盾的例子是使用一种"天然"杀虫剂,如鱼藤酮,被作为鱼藤粉出售。澳大利亚维多利亚州农村地区帕金森病发病率较高,可能与此有关。一段时间以来,人们建议重新评估有机农业的效果。

这些科学分析没有涵盖在农贸市场直接与农民谈论农产品所带来的

情感价值。它关闭了传统生产中增长、分配和消费之间不断拓宽的通道。许多消费者发誓说有机食品味道更好、保存时间更长，但这可能是因为它是在农贸市场购买的，而且更新鲜！从逻辑上讲，有机食品不太可能大规模生产，但我们可以尝试将两种世界观的精华结合起来。

灰水

水是了不起的东西。水映照着湛蓝的天空，此时你肯定会说水是蓝色的，但我们都知道它其实是清澈无色的。那么，当人们谈论"灰水"时，他们的意思是什么？以干净、清澈的自来水为基点，人们判断水质时，认为它是"白色"的。这些水是从水坝、湖泊或河流中收集的，经过处理（包括氯化杀菌）后适合各种场景应用，包括饮用。

污水被称为"黑色的水"，在被排放到环境中之前必须经过处理。处理的程度不等，可以通过简单的化粪池处理，也可以通过污水处理厂或净化厂复杂的大规模三级处理。然而，房子周围很多水并没有被严重污染成黑色，其颜色也绝对不是白色，而是灰色。

浴室、水槽、洗衣机和其他厨房用具所产生的相对清洁的废水被认为是灰水。灰水和黑水（污水）的主要区别在于有机负荷。

灰水约占家庭用水的38%。如果不加处理，肥皂、洗发水、牙膏和清洁剂会留在水中；如果在一个地方使用灰水，则它们会随着时间的流逝而积聚在土壤中。在较重的土壤（例如黏土）中，这种颗粒在土壤中的堆积现象更为明显。但是对于所有土壤，你还应定期使用清洁的白水来冲洗掉堆积的颗粒。

洗衣水（约占家庭用水的23%）的颜色在你进行洗涤循环时会进一步变淡。第一次洗涤循环的水中含有化学成分，切勿在花园中使用。例如，过硼酸盐（含氧漂白剂）中的硼对许多植物有毒。洗涤剂产品（包括肥皂）都含有大量的钠，并且钠会在土壤中积累。但是，随后经过冲洗周期产生的水的灰度要浅得多，应该没问题。厨房废水一直被认为是深灰色的（实际上可能像污水一样"黑"）。食物和油脂会滋生细菌，而洗碗机的洗碗粉（实际含有的洗涤剂很少）是除清洗下水道和烤箱所用的清洁剂之外家中碱性最强的产品。它可以显著改变土壤的 pH 值，因此不能在花园中使用。

当人们谈论"灰水"时，通常会把注意力集中在水的质量上——但这只是故事的一半。真正重要的是，你把灰水放在哪里。黏土往往会吸附漂浮在灰水中的所有颗粒，随着时间的推移，这些颗粒会累积到有害的水平。然而，沙土排水性非常好，向沙质土壤排放相同的灰水会导致相同的有害化合物的缓慢积累。

使用灰水

- 仅在你的花园里使用非常"浅"的灰水（清洗周期中、洗手池或洗澡盆中最后一次冲洗的水）。
- 切勿仅用灰水浇灌。
- 一定要用干净的自来水冲洗掉有害的污染物，而不是用灰水。
- 切勿在任何食用植物上使用灰水。
- 磷酸盐会杀死一些本土植物（尤其是山龙眼科植物）。如今大多数洗涤剂的磷酸盐含量低于 0.5%（也被认为不含磷酸盐），但仍要当心。
- 不要总是将灰水倒在同一地点，把它泼洒开。
- 了解你的土壤！在黏土中积聚有害化合物的机会要比在轻质、沙质土壤中的大得多。
- 喷洒灰水是危险的，即把它喷到土壤表面上并不安全。使用灰水的风险最低的方式是将其输送到地下灌溉管道中。
- 地方议会和卫生部门会针对你能用灰水做什么和不能做什么发表很多意见。这会因地区不同而不同，一定要先征求他们的意见。

储存未经处理的灰水是违法的——灰水有助于微生物的滋生，其中某些微生物可能很危险——但是可以将带有溢流排水口的小型调压罐直接连接至污水处理系统。储存灰水还会产生难闻的气味，并吸引苍蝇和蟑螂。

杀虫剂

昆虫的体积可能很小，但它们却占世界动物总量的 76%。这可能一直是动物生命的主要形式。古埃及的象形文字中已经提到过蝗群的可怕影响（现在蝗虫估计有 15 000 吨）。蝗群随处可见，但大多数昆虫不那么显眼。如果你检查几平方米典型的放牧草地，数一数所有的幼虫，很可能会发现在下面吃草的幼虫的重量大于从上面吃草的羊的重量。农业的发展和植物的集中生长对昆虫来说是一个了不起的进步，这使得它们的觅食和繁殖集中起来。农产品的储存和生活用水水库的建设也会帮助昆虫生存。

用化学物质抑制昆虫的生长可以追溯到古代。霍默（Homer）提到了硫黄燃烧的熏蒸作用，老普利尼（Pliny the Elder）知道用苏打水和橄榄油来处理豆类的种子，并用砷来杀死昆虫。

之后，在 1867 年发现了巴黎绿［醋酸亚砷酸铜（二价铜）］，在 1878 年发现了伦敦紫［一种含砷化合物的混合物，包括亚砷酸钙 $Ca_3(AsO_3)_2$ 和砷酸钙 $Ca_3(AsO_4)_2$］。它们在美国被用来阻止科罗拉多甲虫的传播，这促使 1906 年产生了可能是世界上第一项有关杀虫剂的立法——《食品、药品和化妆品法》（Food, Drug and Cosmetic Act），以及 1910 年产生了《联邦杀虫剂法》（Federal Insecticide Act）。美国在1927 年设定了苹果中砷的最高残留限量。

在 1913 年，人们发现用于抵抗梅毒的有机汞化合物可有效保护种子免受昆虫侵袭。在两次世界大战之间，人们在杀虫剂中引入了焦油，这种焦油是通过杀死休眠于树上的卵来控制蚜虫的。1938 年，人们发现了第一种有机磷酸酯杀虫剂——焦磷酸四乙酯（TEPP），并且苏云金芽孢杆菌也是首先被用作微生物杀虫剂（图 12.8）。

第二次世界大战期间，德国发现了二氯二苯基三氯乙烷（DDT）和有机磷化合物。战争结束后，美国和德国发现了有机氯杀虫剂——氯丹。不久后，氨基甲酸酯被用作杀虫剂。1950—1955 年，首次出现了合成的拟除虫菊酯、丙烯菊酯和杀虫剂马拉硫磷。第一种光稳定的拟除虫菊酯——氯菊酯是在 1973 年推出的，它成功地应用于热带的蚊帐中，以防止生活在疟疾疫区的人们在床上被蚊虫叮咬。

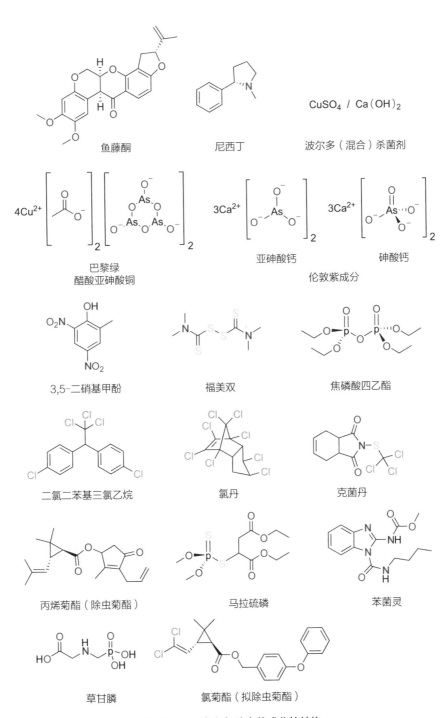

鱼藤酮　　　　　尼西丁　　　　波尔多（混合）杀菌剂

巴黎绿
醋酸亚砷酸铜　　　　亚砷酸钙　　　砷酸钙
　　　　　　　　　　　　　伦敦紫成分

3,5-二硝基甲酚　　　福美双　　　　焦磷酸四乙酯

二氯二苯基三氯乙烷　　氯丹　　　　克菌丹

丙烯菊酯（除虫菊酯）　马拉硫磷　　　苯菌灵

草甘膦　　　　氯菊酯（拟除虫菊酯）

图 12.8　历史上各种农药成分的结构

之后，人们开始关注杀虫剂的使用问题。1962年，雷切尔·卡森（Rachel Carson）出版了具有里程碑意义的著作《寂静的春天》（*Silent Spring*），书中对诸如DDT之类的持久性杀虫剂对环境的影响提出了警告。然而10年后的1972年，澳大利亚科学院仍然建议使用DDT。

杀虫剂有时在功能上可分为：

· 胃毒剂（需要昆虫摄入）；

· 接触性毒剂（通过外部覆盖物吸收）；

· 熏蒸剂（气体）。

化学上较重要的杀虫剂类别是：

· 无机物；

· 有机氯化合物（氯化烃），例如DDT和艾氏剂；

· 有机磷化合物（例如对硫磷）和氨基甲酸酯，以及作用类似的化学品（例如涕灭威、甲硫威、抗蚜威）；

· 植物提取物（植物源农药，例如鱼藤酮、除虫菊素及其合成类似物）和除虫菊酯。

引诱剂、驱避剂和增效剂是可单独使用或与杀虫剂结合使用的其他类别的化学品。

无机杀虫剂

无机杀虫剂几乎全是胃毒剂，只有在昆虫摄入之后才起作用。由于这个原因，它们主要对咀嚼类昆虫有效，但对吸吮类昆虫（如蚜虫和蚊子）不是很有效。与有机农药相比，无机农药的效果在环境中一般更持久。

典型的无机杀虫剂是重金属化合物，特别是铅、汞、砷和锑，但其他一些化合物，例如氟化物盐（如氟化钠）、硼砂、硫和多硫化物在其中的使用有限。

酸式砷酸铅（$PbHAsO_4$）是一种典型的重金属化合物。它有毒，而且效果持久。它不溶于水，因此只有通过摄入才有效。铅会与酶的关键部位紧密相连，而且是非特异性的。它不能被植物吸收。亚砷酸钠曾经被用作杀死蜱虫的试剂，也作为除草剂（杂草杀手）被使用。

毒性迁移

布冈夜蛾从澳大利亚北部昆士兰州迁徙到 1000 千米外的南部雪山的运动，是地球上颇壮观的昆虫群体运动之一。数千年来，这些飞蛾一直都到澳大利亚最高的山上夏眠（相当于冬季的冬眠）。在最近的几十年里，它们在堪培拉的许多路灯周围做绕圈飞行，并会在尴尬的地方死去，例如议会大厦。事实上，当时死亡的昆虫被收集在那里以进行分析——这在世界上任何国会中都是首次。

在此旅程中，飞蛾体重的 65% 都是脂肪的重量，它们数以百万计地被山地侏儒负鼠等本土动物吃掉。不幸的是，布冈夜蛾还带有砷。有一种理论认为，这来源于直到最近还在北部草原上使用的砷化物。每只蛾类幼虫占据平均 1 平方米的面积，因此它们共同在一个非常大的区域内消耗砷。

这是怎么被发现的？线索是洞穴周围死去的植被，在那里布冈夜蛾聚集在岩墙上的数量每平方米高达 27 000 只。新南威尔士国家公园和野生动物管理局的野生生物生态学家肯·格林（Ken Green）博士发现，从洞穴中冲洗出来的死蛾含有很多的砷——一种已知的除草剂的成分。

污染物的迁移通常是通过风、水或食物链进行的（见第 2 章）。而这种方法很不寻常，因为是飞蛾的行为导致了毒性的传播。砷的来源是从每平方米 1 只幼虫的"稀释态"到洞穴中的每平方米 27 000 只蛾子的"浓缩态"。

可能会有一个积极的结果：野狐每年吃掉 5 亿只飞蛾！但是，尚不清楚其中所含的砷对野生动物的影响。

氟化钠（NaF）和冰晶石（Na_3AlF_6）释放出氟化物离子，使 Mg^{2+} 沉淀为氟磷酸盐，并破坏了镁依赖性酶。它们被添加到对动物有毒的非特异性杀虫剂中。

硼砂（$Na_2B_4O_7$）被用作毒杀蟑螂和蚂蚁的药剂。它对哺乳动物仅具有轻度毒性。

元素硫和石灰硫［硫（多硫化物）的溶解形式］通过空气氧化为
SO_2 而起作用，对螨虫、蜱虫和真菌有较好的防治效果。但是，它作为
杀虫剂用途有限。

家庭园艺师广泛使用两种铜化合物——波尔多混合物（硫酸铜和石
灰的混合物）和巴黎绿，它们对人类有毒。硫酸铜会引起人呕吐并促进
自身排泄。

植物性杀虫剂

这里介绍几种著名的植物源的杀虫剂。尼古丁是一种有效的杀虫剂。
鱼藤酮类杀虫剂（出售的鱼藤粉）的药效不是持久性的，必须每3天喷
洒1次。它们也被用来毒死鱼。大蒜油已被证明对蚊子、家蝇和其他害
虫的幼虫有效。

一些古老和著名的植物源杀虫剂是由除虫菊酯类化合物组成的。这
些是从除虫菊花中提取出来的。除虫菊是一种菊科的类似雏菊的植物，
起源于波斯（现今伊朗），在19世纪中期被种植在欧洲东南部。除虫
菊酯对飞行昆虫有显著的"击倒"效果，但杀死这种昆虫还需要其他毒
素，如胡椒基丁醚。除虫菊酯对鸟类和哺乳动物的毒性极低，但对鱼类
的毒性很高。目前，全球主要的除虫菊酯是由设在塔斯马尼亚的澳大利
亚植物资源公司生产的。然而，合成的拟除虫菊酯更具光稳定性，现在
被广泛应用于田间。

柠檬烯（柑橘果皮油）是植物杀虫剂的最新添加物［尽管弗朗西
斯·德雷克（Francis Drake）爵士在1572年使用过］。它对跳蚤、虱子、
螨虫和蜱虫都有效。它有类似除虫菊酯的作用。印棟树的油提取物含有
一种叫作印棟素的活性成分（一种柠檬苦素类的降三萜化合物）。它是
一种淡绿色粉末，有大蒜的气味，具有广泛的杀虫、杀菌活性，并能影
响昆虫的生长。

有机氯化合物

据估计，腺鼠疫在 6 世纪造成 1 亿人死亡，随后在 14 世纪又造成 2500 万人死亡。斑疹伤寒在第一次世界大战中导致 250 万俄国人死亡，是巴尔干半岛战线崩溃和俄国军队在东线战败的关键因素。疟疾长期以来是使人衰弱和最致命的疾病。早在 1985 年，就有 300 万人死于埃塞俄比亚的一场流行病；1968 年，锡兰（现今斯里兰卡）的有关病例超过 100 多万。

这些疾病有什么共同点？它们都是通过昆虫传播的。DDT 在一段时间内对跳蚤（鼠疫）、虱子（斑疹伤寒）和疟蚊（疟疾）均有一定的控制作用。

在发达国家，DDT 已被其他化学和物理手段所取代。

1939 年，瑞士盖伊制药实验室发现 DDT 具有杀虫特性。这是一个重大事件。在这一发现之前，可用的杀虫剂主要是天然产品。DDT 是一种高效杀虫剂，无论是接触还是摄入，对哺乳动物的毒性都非常低。其口服 LD_{50}（半数致死量）为 300 ~ 500 mg/kg；真皮注射 LD_{50} 为 2500 mg/kg。它几乎无臭无味，化学性质稳定（但现在被视为一个主要缺点）。它是由低成本原料一步反应而成的，因此价格低廉。

越来越多的昆虫通过自然选择对 DDT 产生抗药性，这些昆虫的酶恰好能够将 DDT 解毒为 DDE。DDE 在分子结构上比 DDT 扁平，这种形状上的变化消除了毒性。化学性质稳定和脂溶性的 DDT 及其代谢分解产物 DDE，往往积聚在处于生物食物链顶端（相对于昆虫类）的鸟类和鱼类的脂肪中。这种在物种进化过程中发现的浓度增加的现象被称为生物放大。鸟类体内 DDT 及 DDE 浓度的水平达到很高时，足以产生生物活性，并扰乱雌性激素的新陈代谢，导致产卵时蛋壳非常薄，很容易破裂。

人类也处于食物链的顶端。有机氯会富集在脂肪组织中，包括母亲的乳汁里。世界卫生组织发布了有关母乳中持久性有机污染物的调查结果。从 1993 年至 1997 年，澳大利亚逐步淘汰了有机氯，直到最后禁止使用有机氯。数十年后，母乳中的残留物仍然存在，尽管含量正在缓慢下降。专业协会对澳大利亚的农药使用进行了彻底的审查，为决策过程提供了关键且客观的观点。

有机磷杀虫剂

有机磷杀虫剂种类繁多，具有极强的活性、持久性、特异性和功能性。它们广泛用于农业，最近也作为家用杀虫剂得到广泛使用。它们均为磷酸酯或硫代磷酸酯，其通式分别为 $(R^1O)(R^2O)(X)P = O$ 或 $(R^1O)(R^2O)(X)P = S$（图 12.9）。其中 R^1 和 R^2 是具有短碳链的基团，并且特别选择了 X，以便可以直接或在体内发生反应后将其从分子中除去。这个基团是建立在减少物质的持久性的基础上的。

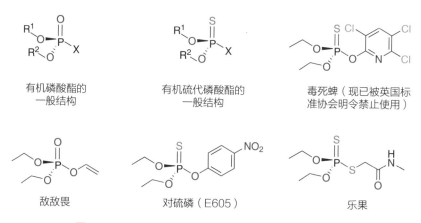

有机磷酸酯的一般结构

有机硫代磷酸酯的一般结构

毒死蜱（现已被英国标准协会明令禁止使用）

敌敌畏

对硫磷（E605）

乐果

图 12.9　杀虫剂中重要的有机磷酸酯或有机硫代磷酸酯

神经性毒剂的发现

1937 年德国，施雷德（Schraeder）在进行有机磷化学杀虫剂的研究时，发现了神经性毒剂。第一种神经性毒剂叫作塔崩。这些化合物不仅能杀死昆虫，也能杀死人类——溅到皮肤上 0.2 mg 都可致命。事实上，工人在作业时发生的每一次事故都是致命的。在神经性毒剂中，磷酸酯的 X 基团是不易去除的（有意设计）。虽然根据 1925 年《日内瓦公约》（Geneva Conventions）的规定，使用神经性毒剂是非法的，但从那以后神经性毒剂一直还在被使用（例如在中东冲突中）。

大多数有机磷化学杀虫剂都是接触性毒物，通过昆虫表皮迅速被吸收。然而，在喷洒过程中，它们也可以通过人体皮肤被吸收。图 12.10 显示一名当地工人喷洒杀螟硫磷来控制蚊子的数量。虽然本图中的人得到了适当的保护，但在许多疟疾流行的热带气候地区，工人在实际操作杀虫剂喷雾器的过程中会由于酷热而不穿戴个人防护装备。

图 12.10　喷洒杀虫剂防治蚊患

来源：taromanaiai/Adobe Stock。

有机磷杀虫剂被吸收后，会使体内一种叫作乙酰胆碱酯酶的酶失活，而乙酰胆碱酯酶是正常神经功能所必需的。这种酶的失活使神经递质乙酰胆碱在体内积聚，从而导致肌肉痉挛和某些腺体的过度活动。显露的症状有头痛、疲劳、头晕、流涎过多、出汗、视力模糊、瞳孔缩小、胸闷、恶心、腹绞痛和腹泻。治疗方法包括诱发呕吐、脱掉衣服和彻底清洗皮肤。在疟疾流行地区，有机磷化学杀虫剂对健康的影响（有时）通过现场血液测试以监测乙酰胆碱酯酶活性来判断。

不同的有机磷化合物与酶的结合比其他化合物更强，并且有些是不可逆的。接触后，不随意肌中的酶的状态需要数天时间才能恢复正常（如果肌肉功能可以完全恢复的话）。在红细胞上发现的另一种酶的活性只有在新的红细胞产生时才能恢复。

使有机磷杀虫剂风险最小化的一种方法是控制其持久性——这些物质在化学降解之前能够保持多长时间。持久性有机磷杀虫剂主要是硫代磷酸酯。硫的存在使它们对水的抵抗力增强，从而延长了其作用时间。这被认为是可以接受的，因为硫代磷酸酯的活性不足以对其他动物产生毒性，但可以杀死昆虫。其他生物缺乏能够将硫代磷酸酯转化为有毒的活性磷酸盐类似物的酶。这是一个生物启动或激活非活性前体的例子。

敌敌畏（DDVP，即二甲基二氯乙烯基磷酸酯）是一种相对易挥发（低分子质量）的广谱杀虫剂，但对哺乳动物有相当大的毒性——狗口服的半数致死量（LD_{50}）可低至 100 mg/kg。它的效果不是很持久，半衰期是 8 h（水温 25℃，pH 值为 7）。该化合物被用于封闭的昆虫诱饵缓释制剂中。敌敌畏能在空气中水解成更安全的产物，但是在此之前，其蒸气会导致不可接受的健康危害。

毒死蜱是一种有机磷酸盐，在澳大利亚用于保护农作物和建筑物免受白蚁侵害。它毒性中等，在实验动物中的 LD_{50} 为 32～1000 mg/kg。长期以来，人们优选使用 DDT。然而，现在 DDT 只能在低浓度下使用，因为在家中使用 DDT 过于危险。生物防治和机械屏障可作为白蚁防治的首选方法。

超级白蚁

在澳大利亚的大约 200 种白蚁中，有一种在体型和食量方面很突出，它就是达尔文澳白蚁。它可以长达约 15 mm，体型是其他白蚁的 3 倍。它存在于南回归线的北部，虽然偏爱木材，但众所周知它会侵蚀塑料电缆、牛粪垫、纸张、羊毛、玉米、袋装盐、象牙、沥青、鹅卵石、硬质橡胶、铅，甚至台球！如果达尔文澳白蚁决定在你的房子里吃零食，那么你可以贴在墙上听到它发出的声音。好一个超级回收者！而实际的消化是由多种共生于白蚁肠道中的单细胞生物完成的。

在发展中国家，毒死蜱会危害使用它的大多数农民的健康。即使在理论上限制其用量的国家，人们也担心它会对儿童造成影响。世界卫生组织估计，每年有 300 万起中毒事件发生，其中有 20 万人死亡，且 99% 发生在发展中国家。在美国每出现 1 例急性中毒病例，就会有约 600 起此类事件发生在越南农业工人中。

杀菌剂

有趣的是，真菌（而不是细菌、病毒或昆虫）对我们的作物造成了最严重的破坏。马铃薯晚疫病虽然现在被认为是由一种卵菌而不是一种真正的真菌引起的，但它却造成了爱尔兰的饥荒。而小麦叶锈病和黑穗病是由麦角菌造成的，霉菌则破坏了葡萄酒。这些只是几个具有重大历史意义和引起严重社会后果的例子。

用内吸性杀菌剂治疗植物比用口服药物治疗动物更困难，因为植物缺乏真正的循环或排泄机制。接触型杀菌剂是在真菌渗透到植物体内之前直接对其进行攻击，最早使用的是无机化学物质。硫黄的使用可以追溯到 2500 年前；波尔多混合物（农用石灰和硫酸铜）于 1885 年被推出；1934 年引入了二甲基二硫代氨基甲酸的铁盐和锌盐。相关化合物克菌丹被广泛应用于果树上，并通过释放真菌体内的硫光气（$CSCl_2$）起作用。代森钠是一种相关化合物。需要铁来激活的 8- 羟基喹啉(喹啉醇、喔星)，用于户外设备防霉。

1968 年合成的苯菌灵（苯来特）问世，并取得了巨大的成功。它对于保护储存的种子（用于种植）特别有用，因为它取代了非常危险的汞和六氯酚——二者会杀死误食种子的人。由于威胁到孕妇和育龄妇女的健康，苯菌灵已于 2006 年从澳大利亚市场上除名。

众所周知，大蒜中的含硫抗生素对多种细菌和真菌具有抑制性，而大蒜汁在实验室已被证明能抑制营养琼脂平板上真菌孢子的生长。大蒜提取物能显著减少接种真菌孢子的豆芽种子中的病害，并促进根系的生长。所以，吃萨拉米香肠，对玫瑰花呼吸吧！然而，熟大蒜显然不具有活性。

除草剂

除草剂是人类用来杀死不需要的植物的化学物质。这些化合物可以是完全非选择性的（杀死每一种植物）或是非常有选择性的（只杀死某些植物）。

使用有选择性地破坏植物的化学物质起步很慢。1895—1897年，人们发现硫酸铜溶液可以杀死一种杂草（野芥子），而不对作物造成伤害；在1911年，稀硫酸被用于类似情况。很快，人们发现二硝基邻甲酚也有除草之效。20世纪30年代出现了模仿天然植物生长素（植物激素）——吲哚乙酸（IAA）的化学药品，即苯氧乙酸。与天然植物生长素不同，苯氧乙酸不会被植物破坏。它们在促进未受精的果实成熟和根部生长方面也非常有效。

化合物2,4-二氯苯氧乙酸（2,4-D）和2,4,5-三氯苯氧乙酸（2,4,5-T）用于处理有害的杂草，例如女贞。2,4,5-T对黑莓也有效，因此已成为广泛使用的城市和家庭除草剂（图12.11）。

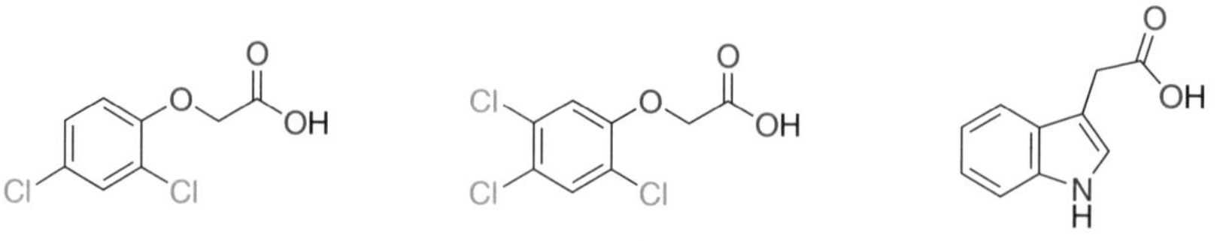

2,4-二氯苯氧乙酸   2,4,5-三氯苯氧乙酸   吲哚乙酸

图 12.11 不同除草剂的结构

2,4,5-T 与造成动物出生缺陷有关。结果发现，问题的原因是有少量杂质——在制造过程中形成的二噁英（图12.12）。豚鼠体内的 LD_{50} 为 0.6 μg/kg。它是脂溶性的，和 DDT 一样，可以浓缩。因此，2,4,5-T 于 1994 年在澳大利亚被停止使用。

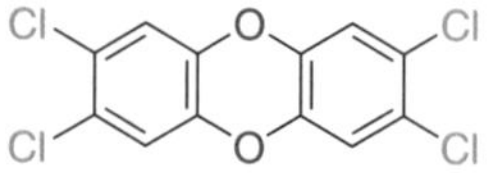

图 12.12 2,3,7,8-四氯二苯并-对-二噁英（痕量分析）

抗除草剂作物

在大量喷洒除草剂的农田土壤中，里面的细菌已经进化到可以降解所使用的除草剂。科学家们已经提取了这些基因（从能够降解除草剂的微生物中选择），并将它们植入作物中，以期免受除草剂的侵害。这使得可以向作物喷洒非选择性除草剂，在不杀死作物的情况下杀死杂草。一种类似的方法是利用在那里自然进化（有时经过进一步的基因改造）的微生物对危险的化学"场所"进行生物降解。对除草剂的抗性只是正在开发的众多特性之一。

另一个发展方向涉及植物自己生产杀虫剂。Bt 棉花（例如 Ingard™）有一组来自细菌（苏云金芽孢杆菌）的基因，它可以制造一种天然的杀虫剂。这种天然农药在光照下将迅速降解，所以只在短时间内有效。因此，在植物生长季节的大部分时间里，农药的表达效率更高；但是，它在当地"持久"存在，并可能产生潜在的抗药性这一威胁。2000 年悉尼"绿色"奥运会上，Bt 棉广泛出现在服装中。

世界上最受欢迎的除草剂是草甘膦［N–(膦酸甲基)甘氨酸］（见图 12.8），它是 Roundup™ 和 Zero™ 中的活性成分。它被用来杀死已长出的杂草。草甘膦对哺乳动物、鸟类和鱼类的毒性极低。草甘膦可以被强烈吸附在土壤颗粒上，并失去活性。钙和镁也会使其失活，所以浇灌用水的硬度应该小于 100 mg/L（以碳酸钙计）或 80 mg/L（以钙计）。

这种除草剂是第一批使用生物技术保护重要作物的一种（这并不奇怪），利用了大豆的抗草甘膦基因。虽然这导致该除草剂的使用量增加，但其他除草剂（通常不太良性）的使用量减少了，而且由于允许的最低耕作制度，土壤受到的侵蚀也减轻了。在经任何动植物滋养的土地中，每单位土地上的大豆能产生最多的蛋白质，并且大豆作为一种植物具有异常良好的氨基酸特征（包含更多的必需氨基酸）。豆油是美国使用的主要食用油。

关于生物技术的使用和抗药性的产生还有很多争论。除草剂与粮食作物种子相结合的方式"束缚"了农业，这是一个严重的社会公平问题（特别是在较不发达国家），而且人们对转基因生物的安全性表示关切。在澳大利亚，农用和家用杀虫剂由澳大利亚农药和兽药管理局（APVMA）与各州共同监管。澳大利亚农药和兽药管理局最初是澳大利亚国家注册局（NRA），是政府法定机构。其名称被迫变更是由于与一个具有完全不同权限的美国组织相联系！（另见附录4。）

不，草甘膦不会杀死你的爱犬！

如果你把一瓶草甘膦浓缩液倒进碗里，你的狗食用后也许会中毒；但如果你的狗吃的是被喷过草甘膦的草，就不会中毒了。为什么？因为草甘膦通过干扰莽草酸的生化途径发挥其毒性作用。哺乳动物没有这种途径，所以它对我们（和狗）相对无毒。事实上，普通食盐氯化钠的毒性几乎是草甘膦的2倍。有关草甘膦的争议仍在继续，我们在未来无疑将听到更多关于这种化学品的消息。

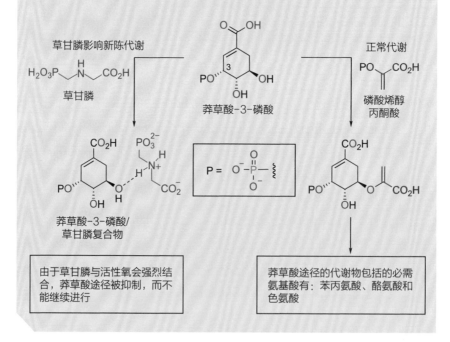

由于草甘膦与活性氧会强烈结合，莽草酸途径被抑制，而不能继续进行

莽草酸途径的代谢物包括的必需氨基酸有：苯丙氨酸、酪氨酸和色氨酸

清洗可以去除农药残留吗？

对于在进食前清洗水果和蔬菜去除农药残留的有效性，存在很多观点，包括美国国家环境保护局（USEPA）的和无数报纸报道的。清洗的主要作用是减少微生物污染。农药的去除程度将取决于这种化学物质在水中的溶解性；但鉴于它们本来是可以抵御一些雨水的，大多数可能不是很容易溶解。洗涤剂不太可能有用。如果已采用最佳的农业作业方法，特别是关注喷洒后的停留时间，那么农产品的残余农药含量应远低于可容许的最高含量。

害虫的生物控制

开发新型杀虫剂和寻找生物防治措施的主要原因是，昆虫对现有方法产生了抗药性。有些昆虫对有机氯、有机磷和氨基甲酸酯类化合物具有抗药性——至少在不会给作物带来残留问题的水平上。关于产生抵抗力的一种说法来源于查尔斯·达尔文的适者生存观：如果一种杀虫剂杀死了99%的昆虫种群，那么存活下来的1%的昆虫就含有最适合对付这种毒素的物质，也正是这些昆虫孕育了下一代。所以杀虫剂会培育出具有抗药性的昆虫！

一种替代方法是利用它们的天敌（或外来敌人），而不是使用化学物质来对付植物或害虫。在这种方法上最著名和最成功的应用可能是处理昆士兰州南部和新南威尔士州北部的一种植物——仙人掌。20世纪20年代后期，从阿根廷引进澳大利亚的仙人掌蛾的毛虫，实际上吃掉了约2500万公顷的仙人掌林。在昆士兰中部钦奇拉附近的布纳加仙人掌蛾纪念馆（图12.13）是为纪念这种小毛虫的壮举而修建的。

自第一舰队引进牛以来，牛的粪便就为丛林蝇和吸血水牛蝇提供了丰富的繁殖场所，以致破坏了澳大利亚的生态平衡。澳大利亚有本地的蜣螂分解埋葬粪便，它们的进化是为了应付本地有袋动物的颗粒状粪便，但对于数量庞大的牛粪，它们无法快速分解。来自非洲的蜣螂，生活在大型素食动物的粪便中的历史已有数千年，被发现似乎很容易处理澳大利亚牛群的粪便。因此它们于 20 世纪 70 年代初被引入澳大利亚。

图 12.13　著名的布纳加仙人掌蛾纪念馆

来源：Bruce Elder，http://www.aussietowns.com.au/town/chinchilla-qld。

　　生物防治的其他实例包括一种控制入侵杂草马缨丹的昆虫、一种被发现可有效抵抗骨节草的真菌，以及一种商业上用来控制毛毛虫的细菌。

　　最早广泛使用的一种防制方法是，利用苏云金芽孢杆菌以色列亚种抵御蚊子和其他幼虫。苏云金芽孢杆菌以色列亚种产生的毒素能有效杀死各种蚊子、蕈蚊和黑蝇，而对其他生物几乎没有影响。一个主要的优势是苏云金芽孢杆菌以色列亚种产品似乎只影响少数非目标物种。

性引诱剂

控制昆虫颇有趣的方法之一，就是利用信息素。它是从体表分泌出的化学物质，可以用来标记踪迹、发出警报，或者如标题所示，用来吸引配偶。性引诱剂通常由雌性排出，用来吸引异性。这些化合物可在极低浓度下被雄性动物探测到，并可被人类或其他生物用来引诱雄性动物进入陷阱或迷惑它们。田间试验表明，舞毒蛾的性引诱剂在野外有效区域的剂量低至 1.0×10^{-13} g。有趣的是，1961 年，关于发现引诱剂结构的第一个说法是错误的。这方面的研究很困难。1967 年，研究人员利用数十万只雌性舞毒蛾的腹部尖端（包含产生性引诱剂的腺体）分离出微量的引诱剂，并在 3 年后合成了这种化学物质（图 12.14）。这本书的作者之一拉塞尔·巴罗目前正在进行一项科学研究，重点是确定黄蜂的性引诱剂相关信息。这些黄蜂被兰花引诱以实现授粉（图 12.14）。兰花以其欺骗性的授粉策略而闻名，这可追溯到 1862 年的查尔斯·达尔文的观察。

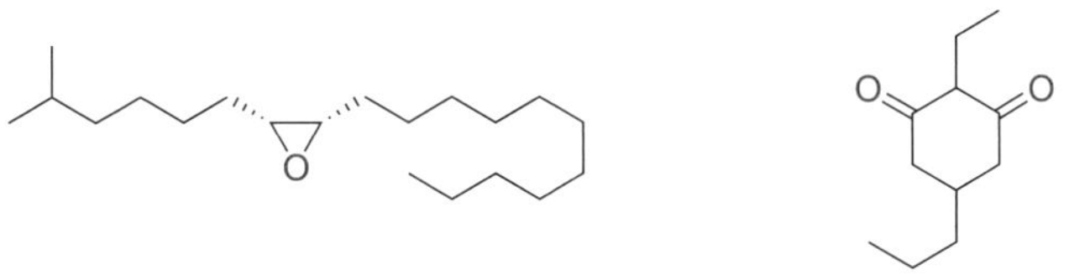

舞毒蛾性信息素   黄蜂性信息素

图 12.14　舞毒蛾和黄蜂的性信息素

果蝇引诱剂

20 世纪 50 年代，艾伦·威利森（Alan Willison）在一家对香水感兴趣的小型化学公司工作。在工作中，他合成了对羟基苄基丙酮 ［4-（4- 羟基苯基）- 丁基 -2- 酮］。他将一些材料洒在鞋子上，然后将它们放在窗户前面的长凳上，以使化学物质蒸发。许多像苍蝇一样的昆虫飞了过来，他认出它们是果蝇。他与妻子作为飞蝇观察员在家做一些工作——将该化合物与某些衍生物进行比较。他还联系了新南威尔士州农业部的哈里·弗兰德（Harry Friend）。

新南威尔士州农业部在 1959 年发表的年度报告中有一段很谨慎的话：

"对康科德公司的威利森先生在当地生产的化学物质——对羟基苄基丙酮以及一些类似的化合物进行了有限的测试。作为昆士兰果蝇的雄性引诱剂，它显示出一定的价值。"

1960 年的年度报告用了整整十段的篇幅，描述了由联合碳化物公司设计的毒气捕集器。该机器中加入了一系列改良性引诱剂和马拉硫磷，再加上一点"Alacor"（多氯联苯的混合物），以减少有机磷杀虫剂的蒸发。这首次证实了消灭雄性飞蝇的可行性。

1961 年，一项关于诱蝇酮的美国专利（2974086）——威利森用作诱饵的衍生物被发布。这种衍生物的优点是：不像直链苯酚那样容易被氧化，而是在实际应用中被水解为直链苯酚（假设美国专利局当时费心查阅了澳大利亚的出版物，那么这种衍生物就不可能绕过威利森的"先前发现"）。这种化学物质也被称为覆盆子酮，天然存在于覆盆子中。其含量为 0.2%，而合成覆盆子香料中的含量为 2%。

来源：汤姆·贝拉斯（Tom Bellas），摘自 1996 年 8 月与威利森夫人的一次讨论。

哺乳动物也会产生有气味的化学物质，这些物质可以被同一物种或不同物种的其他哺乳动物发现。其中一些物质可以在汗液、呼出的气体、尿液和粪便中找到。它们可以向其他动物提供信息（就像尿液分析为医生提供的信息一样），还可以充当性引诱剂、报警信号、识别信号，或者用于标记痕迹和领地。一些哺乳动物也有特殊的气味腺（见第 8 章）。

保幼激素

保幼激素控制昆虫在幼虫期的发育速度，之后将停止分泌以促使其发育为成虫。应用蚊子保幼激素可使蚊子保持在无害的幼虫阶段。此激素已被生产出来了，合成激素比天然化合物的效力强得多。这项技术对处于成虫期的害虫是有效的，但对幼虫期的害虫（如农田里的有害毛虫）无效。

雄性绝育

在某些情况下，通过放射源辐射雄性昆虫而使其绝育，然后将其放入昆虫种群中散开。许多昆虫物种的雌性一生只与雄性交配一次，因此在统计学上，迅速消灭一个地区的某个物种是可能的。该技术已成功应用于隔离区果蝇的防治。最大的控制计划是针对美国得克萨斯州的螺旋蝇（一种飞蝇）进行的，而防止螺旋蝇向北移动的"屏障"现在已经被推至墨西哥南部。

驱虫剂

在不那么极端的层面上，有几种产品可以使昆虫远离，至少可以让其远离你。过去，驱虫剂含有香茅油等具有强烈气味的油。这些产品不仅阻挡了昆虫，也阻挡了朋友。后来发现，需要让昆虫与产品接触，而不仅是让其闻到气味。在对 7000 多种化学物质进行研究后，美国农业部发现只有少数驱虫剂是真正有效的。人们发现 N,N– 二乙基间甲苯酰胺（DEET）的持续时间是其他任何药物的 2 倍。邻苯二甲酸二甲酯（DMP）也非常有效，但对于塑料手表"玻璃"和眼镜来说，它是一种相当好的溶剂。该研究发现其他化合物如驱蚊醇（E-Hex）和避蚊酮（3,4– 二氢 –2,2– 二甲基 –4– 氧代 –2H– 吡喃 –6– 甲酸丁酯的注册商标）也有效（图 12.15）。

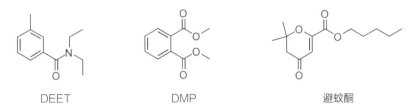

DEET   DMP   避蚊酮

图 12.15　DEET、DMP 和避蚊酮的结构

在织物上，驱虫剂不会像在皮肤上一样快速地被擦掉，并且可持续存在数天而不是数小时，而且会永久染色并损坏某些合成材料和塑料。

尚未充分强调的一点是，你应该知道要驱除哪种昆虫。澳大利亚丛林蝇对澳大利亚各地的人们来说都是臭名昭著的（"澳大利亚敬礼"的动作就是由一只手从脸上拂去苍蝇演变而来的）。

从 1947 年开始，人们就知道像 DMP 这样有效的驱虫剂对丛林蝇没有任何作用，而作为很好的驱虫剂之一的 DEET 也没有什么价值。1961年，一种含有有效驱虫剂的气雾剂被引入澳大利亚市场（如来自戴维·格雷公司的 Scram™）。它含有 5% 的驱蝇啶，通过加入除虫菊酯增效剂 N-辛基 – 二环庚烯二甲酰胺可以延长其持久性。每天使用几次这样的气雾剂可以防止苍蝇落下，但不能防止它们瞬间接触到测试地点。其他澳大利亚制造商也销售含有这种驱虫剂的喷雾剂，以及其他用来驱除蚊、沙蝇等的杀虫剂。如果要驱赶的是丛林蝇（或者其他蝇！），那么该气雾剂加增效剂就是你的最佳选择。

拓展阅读

在澳大利亚注册使用的化学品可查网址 http://apvma.gov.au/node/10831。

凯文·汉德瑞克（Kevin Handreck）所著的《下面的园艺》（*Gardening Down-under*）。

J. R. 哈里斯（J. R. Harris）所著的《板球场的崩塌》（The Crumbling of Cricket Pitches），摘自《澳大利亚科学家》（*The Australian Scientist*）1961年 4 月第 173 ～ 178 页。

约翰·C. 拉德克利夫（John C. Radcliffe）所著《澳大利亚的农药使用》（*Pesticide Use in Australia*），可 在 http://www.atse.org.au/Documents/Publications/Reports/Climate％20Change/Pesticide％20Use％20in％20 Aust％202002.pdf 中获取。

推荐的农药通用名称，澳大利亚标准 AS 1719—1994，第 132 页。

乔治·W. 韦尔（George W. Ware）所著《农药教材》（*The Pesticide Book*）第 4 版（一本非常好的教科书，适合各类读者使用）。

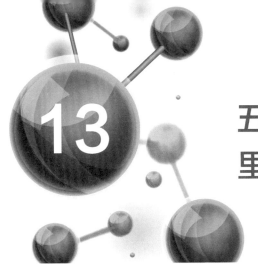

13 五金店和文具店里的化学

在本章中，我们将介绍五金店和文具店众多商品中的几种。让我们一起来探索涂料、墨水、黏合剂、石膏和混凝土等物质的发展与演变。

涂料

涂料可以用来装饰和保护天然材料及合成材料，是保护当地环境的屏障。它们可以大致分为装饰涂料（应用于建筑物和施工现场）和工业涂料（应用于工厂中的工业制成品，如汽车）。

第一次世界大战之前，几乎所有的色素、亚麻籽油、松节油和清漆都输入到澳大利亚，然后批量出售给商人，他们再根据需要调配自己的涂料。20世纪20年代中期，即用型硬质亮光漆和硝基漆得到发展，这促使整个市场格局发生变化——室内装潢师携带"色卡"与客户共同商讨配色方案，并从制造商处订购即用型涂料，以便尽快完成交付。20世纪50年代和60年代，受大众媒体广告的影响，更方便使用的涂料被研发，且喷涂技术得到改进和发展，所以当时75%的房屋由业主自己粉刷。

直到20世纪50年代早期，涂料中使用的溶剂主要是天然多不饱和油，如桐油、鱼油和亚麻籽油。可以将亚麻籽油用松节油稀释，先用铅白——碱式碳酸铅 [$2PbCO_3 \cdot Pb(OH)_2$] 大范围着色，然后用着色剂小范围着色。

作者的童年记忆之一是将磨碎的碱式碳酸铅与"煮过的"亚麻籽油

混合，大约几个小时后会得到一种白色的非常黏稠的奶油状混合物，然后用更多的亚麻籽油进一步稀释，最后得到父亲认可的稠度的物质。当我重访儿时的房子时，我发现下面那间防空洞里的未被动过的涂料已经保存了至少50年。

涂料的成分

涂料的基本功能——保护物体表面不受光、水和空气的影响——是通过在表面涂上一层耐腐蚀的、不透水的、有弹性的薄膜来实现的。薄膜的主要组成部分是：

· 色素——提供颜色和增加遮盖力。

· 黏合剂（聚合物、树脂、塑料）——形成一种基质来固定颜料。

· 溶剂（有机溶剂或水）——降低黏度并在干燥后消失。

· 填充剂（较大的颜料颗粒）——提高附着力，增强薄膜，节省黏合剂。

· 添加剂——对液体涂料或干膜进行改性，包括分散剂、硅酮、触变剂、干燥剂、抗沉淀剂、杀菌剂和除藻剂。

黏合剂和溶剂统称为涂料载体。黏合剂是一种或几种聚合物，可以溶解在涂料中形成溶液，或悬浮在涂料中形成乳浊液。现代涂料中最常用的三种黏合剂是丙烯酸树脂、醇酸树脂和环氧树脂。

涂料中的聚合物

许多涂料中的黏合剂是乙酸乙烯酯和丙烯酸酯的聚合物。它是长链线型高分子聚合物，在溶剂中会卷曲和缠绕。与乙酸乙烯酯发生缩聚反应的其他丙烯酸酯有丙烯酸乙酯、丙烯酸丁酯，或是丙烯酸丁酯与2–甲基丙烯酸甲酯的混合聚合物。环氧树脂也可以用于可清洗涂料，我们将在本节后面的"黏合剂"中讨论其化学性质。

涂料中使用的聚合物是由单体缩聚而成的。乙酸乙烯酯单体是由乙酸蒸气、乙烯（水果成熟所需的化学物质）和氧气在氯化铂和氯化铜的催化作用下混合加热制得的（图 13.1）。

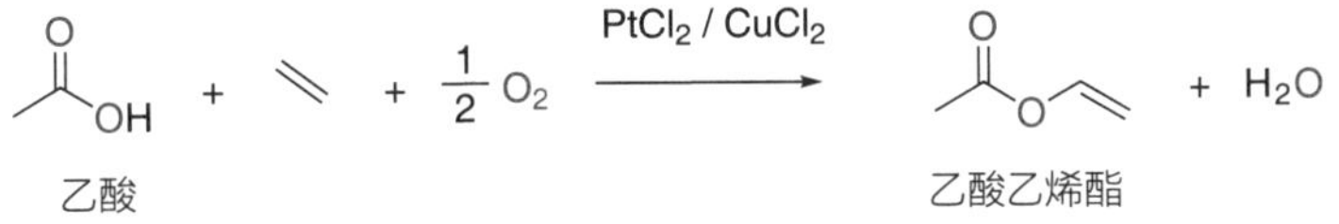

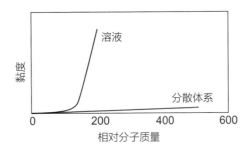

图 13.1 乙酸乙烯酯的生成

含聚合物的涂料（塑料涂料）在 20 世纪 40 年代被引入工业领域，并几乎成为所有"油基"涂料（例如室内漆、醇酸磁漆、内层漆和底漆）的基础。但是，还存在着一个问题：当适宜聚合度（分子质量）的聚合物溶解在有机溶剂中时，在不显著增加溶液黏度的情况下（防止涂料扩散），溶液的最大浓度远低于 50%（单涂层所需的最佳浓度）。如图 13.2 所示，溶液中聚合物的卷曲和缠绕，使得溶液黏度随聚合物相对分子质量的增加而急剧增加。

图 13.2 聚合物溶液（有机溶剂）、水中聚合物分散体系的
相对分子质量与黏度之间的关系（纵轴高度仅供参考）

来源：CIEC Promoting Science at the University of York；http://www.essentialchemicalindustry.org/materials-and-applications/paints.html。

随着乳胶漆的研发，这个问题得到了解决。天然乳胶（例如橡胶和蒲公英汁液）中的大量天然聚合物以乳浊液的形式分散在水中，乳胶漆正是模仿了这一点。通过乳化过程，涂料就可以溶解更多的聚合物以形成更好的涂层，并且可以避免涂料黏度显著增加引起的涂料难以涂匀的问题。这种合成乳胶是由下文中讨论的乳浊液聚合制成的。水性漆由此诞生了。

水基丙烯酸漆的干燥速度相当快，并且与有机基漆相比，它对环境

的影响更小。水性漆可以用于艺术创作、室内装潢，也可以应用在一些工业生产中，特别是当交联剂被添加到涂料中用来连接聚合物分子链时，可以增加涂层强度。

爱因斯坦为涂料所做的贡献

1906 年，爱因斯坦撰写了一篇论文，并在文中推导了刚性球形颗粒稀释悬浮液的有效黏度方程。

$$\eta/\eta_0 = 1 + 2.5\varphi$$

上式中，η_0 为纯水的黏度；η 为球形颗粒溶液的黏度；φ 为球形颗粒的体积分数。从这个方程式可以看出，若球形颗粒体积占胶体的 50%，其黏度仅会增加至纯水的 2.25 倍。

乳浊液的聚合反应

现在我们来讨论乳浊液的聚合过程，这一过程引起了油基漆至水基漆的变革。在第 4 章中，我们通过添加肥皂或表面活性剂来使不溶于水的油性污垢溶解。表面活性剂在水中形成胶束的微团，微团中心（非极性烃基）会促进油性物质溶解。

乳浊液的聚合反应过程：首先是将油性单体添加到表面活性剂溶液中，使其分散在胶束中；然后单体在胶束内部聚合，而由此生成的聚合物具有很高的聚合度（分子质量），即非常长的卷曲链——正如爱因斯坦阐释的那样，其不会对水溶液的黏度造成显著影响。

用于引发聚合反应的化学物质必须是水溶性的，通常使用过硫酸钾。过硫酸钾曾经是 Napisan™ 产品（如洗衣粉）中的活性氧漂白剂的组成成分（见第 4 章）。

这种胶束包裹的水性漆在喷罐中相当稳定，对于粒径为 0.1 μm、固体含量为 50% 的典型涂料，颗粒之间的间距仅为 0.1 μm！由于聚合物颗粒带相同电性而彼此排斥，因此这种胶束很稳定。当涂料被喷涂后，随着水分的蒸发，聚合物颗粒会靠得更近。在颗粒靠得非常近时，范德瓦耳斯力（见第 4 章）成为主要作用力，导致颗粒会彼此接触和黏附。如果温度高于临界值（称为最低成膜温度），则相互接触的颗粒会结合在一起，并逐渐变平，最终形成连续的膜。最低成膜温度与玻璃化转变温度密切相关（见附录 10 ）。

温度低于玻璃化转变温度时，硬度最大；温度高于玻璃化转变温度时，弹性最好。硬度和弹性这两个指标必须保持平衡。我们可能希望涂料更易于喷涂，但是这样涂料就会变得难以固化。

表面硬度铅笔测试法

表面硬度铅笔测试法在澳大利亚已经使用了近一个世纪。它是一种用来测试涂层抗划硬度的简单的方法。在此测试中，使用 6 B ～ 8 H 硬度等级的铅笔。在莫氏硬度表上，这个范围介于 1 和 2 之间（见第 5 章）。铅笔可以用来测量清漆和涂料的硬度和抗划性。让铅笔以 45° 角紧压涂层并推动其向前，在不会留下划痕的前提下，使用的硬度最高的铅笔的等级即为涂层的抗划硬度。不同厂商的铅笔硬度的标定略有不同（就像是衣服不同的尺码标准！），因此最好使用同一厂商的同一系列的铅笔来进行测试。目前，该测试方法有一个国际标准——《涂料和清漆：通过铅笔测试确定涂层硬度（ ISO 15184:2012 ）》。

压力下的流动

对于涂料的另一个要求是要有足够的流动性，以便其能轻松地喷涂在表面上，但在喷涂完成之后又不至于滴落。也就是说，涂料在静止时需要像凝胶一样黏稠；但是在利用刷子涂刷时，涂料又能在压力下流动。这有点像番茄酱，可以将其从瓶子里摇出来，但是它应该粘在香肠上面，而不能从侧面流下来。这种特性被称为触变性。相反，流动阻力随应力的增加而增加的特性被称为膨胀性。调整触变性到最佳水平，以便在涂料再次凝胶化之前，刷子涂刷的痕迹能够变得平整。在混合聚合物中使用聚酰胺（尼龙），可以制备出这些"不易滴落"的涂料。

覆盖能力

涂料的覆盖能力与着色剂和聚合物的折射率的差异相关。反射率 R 可以粗略表示覆盖能力:

$$R = (n_1 - n_2)^2 / (n_1 + n_2)^2$$

上式中,n_1 为着色剂的折射率;n_2 为聚合物的折射率。因此,n_1 和 n_2 的差异越大,则涂料的覆盖能力就越大。反之,在半透明牙膏(见附录 9 与第 8 章)和半透明脲醛树脂(见第 10 章)的设计中,利用折射率差异的最小化以减少光的散射。

添加到涂料中的传统的白色着色剂是铅白[碱式碳酸铅,化学式为 $2PbCO_3 \cdot Pb(OH)_2$]和锌钡白(30%ZnS+70%$BaSO_4$)。如今,主要使用的白色着色剂为二氧化钛(TiO_2)。它主要以两种矿物形式存在,即金红石和锐钛矿。与锐钛矿的折射率(2.561)相比,金红石的折射率(2.631)更高。因此金红石涂料具有更高的覆盖能力,但反射的光略带黄色。TiO_2 还可以通过粉化(外层逐渐粉化以覆盖表面)来实现涂料的自清洁,这非常适合白色涂料,但用在彩色涂料中会导致涂料褪色。有的涂料包含这两种形式的 TiO_2,然后将其按照不同比例进行调配,以达到最好的性能。

通过向涂料中添加空心乳胶球,可以进一步增加光的散射量(通过增加折射率差)。当将特氟龙粉末添加到乳胶球中时,这些粉末会迁移到漆膜的顶部。由于特氟龙表面黏着性较低,所以涂层更易于清洁。涂料还在不断地发展和革新中。

特种涂料和涂层

耐热涂料

普通涂料在吹风机的热风下会起泡、炭化并分解。烤箱、加热器、蒸馏器、发动机、涡轮机等设备的涂层必须非常耐热。带有硅酮媒介、金属粉末(Al、Zn、Sn 等可反射和传导热量的金属)和耐热着色剂(Cr_2O_3、

Fe$_2$O$_3$、C、TiO$_2$、CdSe）的涂料被广泛应用于各行各业。含有饱和脂肪酸的聚酯类非干燥醇酸树脂涂料可以被烘烤，称为烤漆。耐热涂料需要和玻璃釉及瓷釉区别开（见本章下文关于"玻璃釉"的内容）。

防火涂料

在涂料中添加多种化合物，使其成为不易被点燃的防火涂料。第一种防火机理：这些化合物（磷酸盐、钨酸盐、硼酸盐和碳酸盐）在加热时会分解，生成的气体不支持燃烧，因此涂层不会被火焰点燃。第二种防火机理：添加在涂料中的物质受热熔融，会在涂层表面形成类玻璃层。第三种防火机理：添加不可燃成分——硅酮、氯化树脂或矿物粉末。水性漆在使用前通常是不可燃的，但干透后会变得易燃。

防污和杀虫涂料

防污和杀虫涂料在海洋建设领域有许多应用，通常含有无机毒素（主要是铜盐和汞盐）或有机分子（例如五氯苯酚）。含锡基团已经被直接引入聚合物中。研究表明这些物质对于抑制海洋生物污损非常有效，但是也会引起其他重要海洋生物的变异。

荧光涂料

荧光涂料分为两类：

·荧光涂料吸收紫外线辐射，只有被辐射时才能发出可见光。其中添加了硫化锌、硫化镉以及有机染料。

·荧光涂料被紫外线停止照射之后，仍能继续在黑暗中发光数小时。荧光体（引起荧光的化学物质）包括 ZnS（绿色、黄色或橙色）或 CuS 和 SrS（淡蓝色）。可以使用其他盐来改变光的颜色。

颜料质量对艺术家很重要

列奥纳多·达·芬奇（Leonardo da Vinci）可能不是他那个时代

最伟大的画家，但是他在绘画技术上的优越性确保了他的作品被流传下来，而与他同时期的很多画家的作品没有流传下来。他画作上的颜料层的厚度仅为 25 ～ 50 μm，具有非常出色的防护性能。与此相比，报纸的厚度为 75 μm。

墨水

大约 2000 年前，斐洛（Philo）指出，橡树和坚果树的树干上的增生部位（由于昆虫的侵害）的汁液提取物与某些黏土混合后，物质的颜色可变为深蓝色。这是由于黏土中的铁与汁液中的单宁发生了反应。

公元前 400 年，由铁盐（亚铁离子）、坚果树增生汁液（单宁）和树胶组成的稳定的复合物形成了使用了几个世纪的墨水（见第 19 章的"制作墨水"实验）。刚写在纸上时，墨迹颜色为蓝黑色，然后迅速变为深黑色（含铁），同时墨水与纸形成了化学键。随着时间的推移，墨迹会褪色，变为旧文件中常见的暗褐色（铁锈）。褪色反应的最后一个过程会释放出酸，这会使纸腐烂。柠檬汁（柠檬酸）可通过与铁络合来漂白早期的墨水（参见下文的"隐形墨水"）。

印刷这本书的油墨可能仍是基于煤烟（炭黑）形成的。煤烟也是影印、激光打印和墨汁的基本着色剂。早期，炭是从油灯侧面收集的，并可与金合欢树或核果树的树胶、明胶或蛋清一起悬浮在水中。炭非常牢固，但墨水会脱落。

公元 700 年前后，由鸟羽毛制成的翎笔传到了西方，并被使用了大约 1000 年。最坚固的翎取自外翼，当惯用右手的书写者使用时，取自左侧羽毛的翎笔能够向外弯曲。鹅翎是最常见的，天鹅翎是上等品，但在被用于制成细笔的羽毛中，乌鸦翎是最好的，其次是雕、猫头鹰、鹰和火鸡的羽毛。在许多现代语言中，"钢笔"一词的意思与"翎"的是相同的（例如英语中的 feather 和拉丁语中的 penna）。

隐形墨水

密写（也称为隐形）墨水也有着悠久的历史。斐洛发现了制作密写墨水的第一个配方。他提取了树木上叫作瘿的增生组织中的汁液，发现在与潮湿的矿物（可能含有高含铁量的黏土）混合后，这种液体（含有单宁酸）的颜色变得非常黑。然后，他使用无色瘿汁液提取物进行书写，并使用矿物质溶液让其显色。

隐形墨水的配方有许多，关于间谍使用它们的故事也有很多。简单的密写方法是使用无色液体进行书写，加热时字迹会显现。法国大革命期间曾经使用过柠檬汁。尿液是囚犯最爱使用的液体。第二次世界大战期间，很多液体的组合都被使用过。酚酞（从治疗便秘的药丸中提取）在中性和酸性溶液中是无色的，但是在碱性溶液（例如氨水或苏打水）中会变为粉红色。

墨水般的水域

大雨过后，由于铁–单宁的结合，澳大利亚原始林区中的溪流通常会变色。这是一个美学问题，而不是健康问题。

巴西亚马孙州马瑙斯附近"泾渭分明"的奇观，是充满铁–鞣酸的索利蒙伊斯河（Rio Solimões）由于流速、温度和密度的差异，无法与正常的、充满泥土的内格罗河（Rio Negro）混合，由此绵延了数公里。

来源：Ben Selinger。

圆珠笔

圆珠笔的原始专利于 1888 年 10 月 30 日由约翰·J. 劳德（John J. Loud）获得。它的顶端装有一个微小的滚珠轴承，这个滚珠旋转时会沾有墨水，然后墨水会被涂在粗糙的表面上（这并不意味着可以在纸上书写）。

出生于匈牙利的记者拉斯洛·约瑟夫·比罗（Laszlo Jozsef Biro）拥有许多头衔：画家、作家、雕刻家、医科学生、催眠师和发明家（他发明过可靠的自动变速箱）。1938 年，拉斯洛和他的兄弟哲尔吉（György）获得了比罗圆珠笔的专利。1940 年，由于战争席卷了欧洲，比罗兄弟移居阿根廷，并于 1944 年申请了新的专利。英国政府为英国皇家空军（Royal Air Force, RAF）购买了专利使用权，以圆珠笔取代在高空漏液的钢笔。

如何免除债务

早期的圆珠笔油墨是以油酸（来自橄榄）为基础的，并且无法完全变干。这样一来，笔迹就很容易从纸上被"涂改"，因而有助于伪造。银行禁止使用早期的圆珠笔填写支票！

笔尖处的油墨蒸发后会形成保护层，所以在使用前必须先画几次，以将保护层刮掉。被涂到纸上后，墨水会在水和空气的作用下迅速凝固。通过溶剂蒸发并渗透到纸中，墨迹完全变干。墨水大约由 10 种成分组成，酞菁（一种以叶绿素和血红蛋白为模型的合成色素，也可作为 CD 和 DVD 的存储介质）通常是组分之一。甲基化酒精是最适合快速处理圆珠笔污渍的物质。

圆珠笔目前在书写市场上独占鳌头，只有改进的毡尖笔有可能撼动圆珠笔的市场地位。

黏合剂

尼布甲尼撒（Nebuchadnezzar）在几千年前的巴比伦（Babylon）建筑中使用了沥青，所以巴别塔（Tower of Babel）上也可能使用了沥青。古埃及人在制造家具时把阿拉伯树胶、蛋清和动物胶作为黏合剂使用。面粉和水调制的糨糊被用于装订由莎草纸制成的"书"。到了16世纪，动物胶被再次用于制造家具（一些工艺在中世纪已失传）。直到20世纪，黏合剂技术几乎没有大的发展，只有一些小的改进。

为寻找黏合剂的合成替代品，人们做了很多的尝试。1907年，贝克兰（Baekeland）博士发现酚醛树脂（胶木）非常适合被用来制造胶合板，而脲醛树脂（可冷加工）适用于接缝。其他的高分子变体包括间苯二酚–甲醛树脂和环氧树脂。

在第一次世界大战中，使用酪蛋白和血清白蛋白黏合的胶合板对于船只和飞机的制造十分重要。1920年，飞艇船体是用铜线缝合在一起的。第二次世界大战见证了合成黏合剂的飞速发展。靴子曾经是通过缝制和钉合固定在一起的。如今，90%的建筑使用了黏合剂。

1933 年，巴尔曼（位于悉尼）男孩罗兰·乔治·怀特黑德（Roland George Whitehead）发明了一种简单的溶剂型胶水，它被称为"泰山之握"（Tarzan's Grip™）。这个男孩是一位马戏团中的大力士——这也许是胶水名称的灵感来源。由于无法合法进入美国，他通过尼亚加拉河从加拿大游到美国。在回到澳大利亚之前，他一直在美国工作。通过自学的化学知识，他发明了自己的胶水。销售人员扮成穿着极简丛林装的泰山和珍妮夫妇在购物中心发放赠品，从而使胶水的销售额得以提升。如今"泰山之握"仍可以从犀利牌（Selleys）处购得。

马丁·塞利（Martin Selley），原名萨利（Sally），1897 年出生于德国的一个犹太家庭，他的家庭自 17 世纪起就住在那里。在第一次世界大战中，他是一名受过表彰的士兵；但在纳粹统治下，他被迫逃离柏林，并在 1939 年 8 月第二次世界大战爆发前一个月抵达了澳大利亚（途中在英国短暂停留）。

他唯一可以从德国带走的资产是其父亲在柏林工厂开发的优质腻子的专利配方。在萨里山（Surry Hills）的一座房屋中，他使用 50 kg 容量的二手搅拌机将磨细的石灰石（碳酸钙）和亚麻籽油混合在一起制作成品。

接着，他制作了一种金属接合剂，用以修理漏水的水壶和锅碗瓢盆。接合剂装在由一台经过巧妙改装的二手香肠机制成的管子中出售，第一年售出了 1400 支。之后他对该产品进行了改进，用以修复不能再从英国进口的慢燃烧炉。战后对亚麻籽油（从印度进口）的限制意味着需要寻找替代品，于是他从石油精炼厂的树脂和油中找到了一种。他发现这种材料可以替代多达三分之一的亚麻籽油。

犀利牌在 1963 年被出售给了英国漆业（British Paints），此后经历了很多次所有权变更。具有讽刺意味的是，20 世纪 70 年代，犀利牌的持有者之一是与纳粹勾结的德国公司最高色彩集团（I. G. Farben Höchst）。这真是一个奇怪的闭环！

黏合

"黏合"可以用来表示各种操作,一些常见的例子,如密封信封、使用创可贴和用透明胶带黏合撕开的纸张。黏合是指通过薄的且通常是连续的中间层将固体材料固定在一起。

现如今,在五金店可以买到各种包装的不同类型的黏合剂,由于不同黏合剂的黏合类型不同,人们很容易挑花了眼。与机械紧固件相比,使用黏合剂需要对被接合表面进行更精细的处理,而机械紧固件在不洁净表面的接合方面性能卓越。大多数黏合剂的黏合度需要一定的时间才能达到机械强度,黏合时通常需要施加压力以确保被黏合的物体紧密接触。

如果我们能够找到一种可浸润被黏合表面并趋向固化的液体,则任何两种固体都能被粘在一起。水可以浸润木材,也可以凝固成冰,所以使用水可以将木材冻在一起,而且其黏合效果符合木器胶标准中的大部分规定!可以将木器胶视为一种熔点更高(70℃~80℃)的冰的变体。

液体能否浸润固体(在固体表面铺开以形成薄层)仅取决于液体和固体的表面能(见第3章)。当液体浸润固体时,某些固–气界面和液–气界面会被固–液界面所代替。

酪蛋白胶(来自牛奶蛋白)曾经很受欢迎,但由于其中或多或少含有石灰和奶酪,所以一旦受潮,酪蛋白胶就会变质。彻底变质后,酪蛋白胶的气味闻起来就像是腐烂的卡芒贝尔奶酪。

用胶黏合是一种简单、牢固且成本效益好的连接方式。这些优势对孩子和工程师来说都是有吸引力的。当许多简单的零件需要同时固定在一起,而不是依次固定在一起时,为节省成本,可以选择酚醛树脂和环氧树脂黏合剂。欧洲空中客车公司就是一个例子。麦克唐纳·道格拉斯公司(McDonnell Douglas)YC15飞机的胶合部分的长度为12 m,而且通过了12万小时的稳定性测试,所以不会出现使用铆接结构时的灾难性故障。然而，与传统的连接方式（如焊接、铆接、螺栓连接）不同，目前还没有方法可以准确评估胶合部分的黏合强度，尽管航空航天工业已经有了对于包含多种材料的复杂结构的研究经验。

粘住它

为了达到预期的效果，相较于黏合剂内部的黏结力，黏合剂必须更强烈地黏附在基材上。也就是说，其黏附力必须比内聚力强。由此，胶合件只能在黏合剂或基材内部断裂，而不能在部件与黏合剂的界面处断裂。

黏合过程可分为两种类型——物理黏合和化学黏合。利用冷却或是溶剂蒸发的黏合过程，称为物理黏合。淀粉、动物胶和聚乙酸乙烯酯乳浊液（白乳胶）均能通过水的蒸发而固化。在可能接触到水的地方，还需要具备其他的性质，黏合剂才能起效。例如，室外用的白乳胶中含有一些交联的聚乙酸乙烯酯。化学黏合的原理是通过化学反应使黏合剂性质发生改变。一个例子是氰基丙烯酸酯体系（强力胶，在中国的俗称为502胶），当其与微量水反应时会迅速聚合。黏合强度取决于多个因素，包括基材的厚度和强度。黏合强度与重叠面积的关系不是简单的线性关系，当重叠面积达到一定值后，黏合强度就不再增加了。

加入一些弹性材料可以吸收能量，阻止裂纹扩散。这种基体聚合物通常是丙烯酸酯，但要作为两个独立的组件使用时，需要在接合处的每一侧施用。施用聚合物的另一个作用是可以溶解因不正确的表面清洁方式而产生的油脂，否则这些油脂会影响胶合效果。

对于不需要满足上文提到的防止裂纹扩散的要求的情况，溶剂型黏合剂被广泛使用（鞋类、层压材料、底板、屋顶瓦片、汽车内饰和外饰）。

现在，有机溶剂中的天然橡胶几乎被一系列的聚合物（如聚氯二丁烯）所代替。与涂料一样，由于蒸发溶剂的成本以及对环境和工人健康的影响，溶剂型黏合剂也将被取代。热熔胶已经成功被研发。热熔胶的主要成分是乙烯－乙酸乙烯酯共聚物或乙烯－丙烯酸乙酯共聚物（例如手艺人使用的胶枪）。但是，热熔胶在高温下会再次熔化，因此不建议将其用于厨房中。

压敏胶

压敏胶于 1845 年首次被用于医用胶带中，主要由涂在布料上的天然橡胶组成。在 20 世纪 20 年代，3M（Minnesota Mining and Manufacturing），即明尼苏达矿业及制造公司推出了遮盖用胶带纸，用于以两种色调喷涂汽车车身。随后，3M 使用醋酸纤维素和丙烯酸黏合剂开发了创可贴和类似的胶带。

压敏胶正在取代贴邮票时使用的"舔粘"胶，但压敏胶中的成分会给集邮者带来困扰。丙烯酸黏合剂在浸泡时会脱落（在胶水和邮票之间有一个水溶性层）。但是，邮票的发行时间越长，黏合剂渗入邮票中的剂量就越多，也就越难以被去除。

便利贴

1968 年，斯彭斯·西尔弗（Spence Silver）博士（在 3M 任职）尝试开发一种稳定的压敏胶，并取得了巨大的成功。它非常稳定，自身会卷曲成微小的球体（相当于纸纤维末端的大小），且不会展开。它不会溶解，也不会熔化。阿特·弗赖伊（Art Fry，也在 3M 任职）提出了一个好点子，即将这些微球涂在纸上。它们只能暂时附着在另一张纸上，因为一个球与平坦表面的接触面积很小，就像在平地上的球一样。他将这个点子写在"便利贴"上汇报给了老板！

胶带

胶带中的黏合剂很黏，但是随着时间的推移，黏合剂会流动并从侧面漏出。旧胶带卷侧面会变得很黏，上面沾着很多灰尘。

使用旧胶带卷时，拉开的胶带在松开时会趋于套叠（松开的同时卷成圆锥形）。造成这种现象的原因是胶带最初缠绕时的张力，以及黏合剂对胶带的润滑作用。在张力的作用下，中心部分的黏合剂被推向外侧，就像用手指挤压柠檬核，可以将柠檬核从指缝间挤出。

胶带中包含着十分复杂的实验原理。

热熔胶

为取代熔蜡，热熔胶被开发出来。它由多种塑料的混合物和添加剂制成，但通常都在 80℃左右熔化。然而，最新的聚氨酯（预聚体）黏合剂可以永久固化，不会再次熔化。对于致力于研究解胶剂的专家而言，研究聚氨酯黏合剂的解胶剂会非常困难。

实验

取一卷透明胶带，按照以下步骤进行实验。注意：你可能需要尝试不同品牌的胶带。不是所有种类的胶带都能做成功！

以正常速度（1 cm/s）拉出胶带，可以观察到胶带保持透明。然后，以非常缓慢的速度（1 mm/s）拉出胶带。在这种情况下，胶带变得不透明，并保持着不透明的状态。

这是为什么呢？在缓慢拉动胶带的过程中，两层胶带之间的黏合剂在力的作用下被拉成胶丝，这些胶丝会被拉断并落回胶带上。你可以通过放大镜观察到这些胶丝。通过快速拉动，胶丝会提前断开，并留下较少的可见沉积物。

黏合剂就像是混合在一起的蜂蜜，可以形成难以断裂的胶丝，又像是在断裂前被拉伸了少许的合金。具有这种混合特性的材料被称为黏弹性材料（比如橡皮泥）。

如果将胶带在冰箱中冷却后再做刚才的实验，则用较低速度拉出胶带也能保持胶带的透明，因为黏性更大的黏合剂胶丝在断裂前能够被拉伸的时间更短。

聚乙酸乙烯酯黏合剂

聚乙酸乙烯酯黏合剂是乳状液体，通常装在挤压瓶中出售。聚乙酸乙烯酯黏合剂指的是由水中的聚合物、填充料和增塑剂组成的乳胶，是橡胶胶乳的类似物。它们在密封的容器中得以很好的保存。对于多孔基材，如纸和纸板，使用黏合剂的固化时间较短（2～3分钟）；对于非多孔基材，如抛光的木制品和陶瓷，则固化时间较长（12小时）。多余的黏合剂可以在其固化前用湿抹布擦去。黏合线是透明的，固化后的黏合剂不会被烃类溶剂（如矿物油和润滑油）溶解。添加有酸性硬化剂的黏合剂具有较好的耐水性。胶合处在加热时会软化，而且通常具有较差的抗蠕变能力。

塑料胶

塑料胶主要用于连接塑料，通常是透明的溶液。它们通过蒸发溶剂而固化，但接缝处不是很牢固。它还可以用于很多轻质物品的黏合，例如模型、书籍、陶瓷装饰品和皮革。

有些塑料需要特殊处理。乙烯基塑料（一类塑料，例如用于充气玩具、游泳池衬里和一些室内的塑料装饰）可以和任意其他种类乙烯基塑料粘在一起。聚苯乙烯黏合剂可以用于黏合聚苯乙烯玩具。聚乙烯是非极性的，因此必须通过在空气中用火焰加热（但不能使其熔融）来引入某种极性。可以将水涂在塑料上，使表面呈现出适当的极性。之后，可以使用除水基黏合剂（例如，聚乙酸乙烯酯黏合剂）以外的大多数柔性黏合剂来黏合塑料。酪蛋白胶和淀粉胶在聚乙烯和聚丙烯瓶上的黏合效果很好。

合成橡胶黏合剂

合成橡胶黏合剂包括弹性体（接触型、压敏型）黏合剂和硅橡胶黏合剂。它们比天然橡胶更加牢固。氯丁橡胶黏合剂通过蒸发溶剂固化，而其他合成橡胶黏合剂则通过吸收水分固化。

强力胶

柯达公司首先将一种有趣的家用胶水伊士曼（Eastman 910）用于

工业用途。强力胶是一种单组分体系，通过单体 2- 氰基丙烯酸甲酯的聚合反应制备，如图 13.3（b）所示。

它是一种非常坚固的黏合剂，固化速度非常快（10 ～ 120 秒），可黏合多种材料。它可以由氰基丙烯酸甲酯、氰基丙烯酸乙酯或氰基丙烯酸丁酯单体来制备，但其中需要添加合适的稳定剂。弱碱（例如吸附的水）会导致其阴离子快速聚合。因此，应该将胶水涂成细线形，以便水蒸气可以与所有胶水接触。例如，要将镜子与底板黏合在一起时，为使水蒸气可以接触到胶水，建议将胶水涂成细线形，而不是将胶水大量摊开。氧气的存在可以抑制聚合反应，因此，盛放胶水的容器中应当留有适当空气。

强力胶可以非常牢固地黏合间隙小于 0.5 mm 的被黏合材料，但连接处较脆，耐温和耐湿性较差——适用于电子元件和轻型电器元件。强力胶因为可以在某些材料上"显现出"潜在指纹而受到警察的青睐。由于产生有毒蒸气（空气中的安全浓度为 2 μL/L 以下）和过短的固化时间，人们对强力胶的安全性表示怀疑。胶水会非常牢固地黏附在皮肤上，并难以去除（如果被粘住，请尝试使用丙酮！）。

环氧树脂

"环氧树脂"一词可以用于指代多种树脂和固化剂，不同的环氧树脂的性质有很大差异。从化学角度讲，环氧树脂分子包含 1 个以上的环氧基，如图 13.3（a），并且能够被固化剂或催化剂转化为热固性塑料。

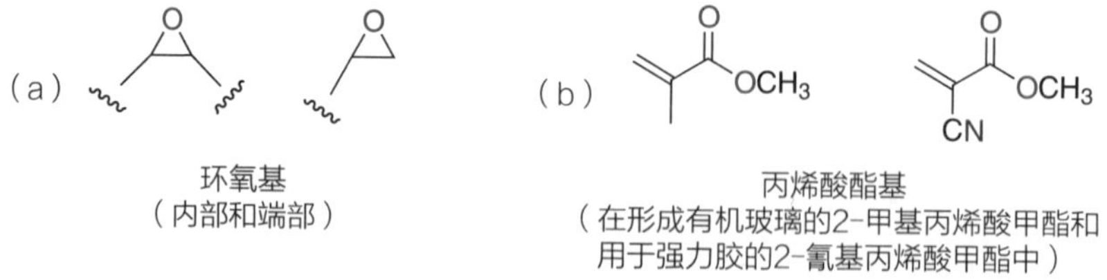

（a）环氧基
（内部和端部）

（b）丙烯酸酯基
（在形成有机玻璃的2-甲基丙烯酸甲酯和用于强力胶的2-氰基丙烯酸甲酯中）

图 13.3　环氧基与用于制造聚合物（包括有机玻璃）的丙烯酸酯官能团

环氧树脂对很多材料（包括金属、木材、混凝土、玻璃、陶瓷和多种塑料）具有良好的黏附力。其黏合性能好的原因是，固化的树脂中存在极性基团。由于环氧树脂的固化过程中没有水或其他副产物释放出来，因此环氧树脂黏合剂的收缩率非常低。通过调整配方，环氧树脂可以承受非常高的温度，并且具有很强的化学耐受性。最常用的固化剂是胶水中的胺发生反应所生成的多官能度胺（可以减少有害胺类的挥发）。澳大利亚国会大厦的花岗岩外墙就是用环氧树脂固定的。

环氧树脂的硬度很高但是易碎。环氧树脂的硬度是丙烯酸酯的30倍，但是丙烯酸酯的柔韧性和弹性更好，更不容易断裂。

甲醛树脂

甲醛树脂与胶木（最早的合成塑料）有关。许多不同的甲醛树脂都有专门的用途：脲醛树脂应用在低应力的饰面薄板上，例如将胶木和木材黏合，用于制造刨花板；间苯二酚 – 甲醛树脂和苯酚 – 甲醛树脂用于船舶和户外设备的制造。苯酚 – 甲醛树脂还可以用在刹车片和离合器衬片中，以将耐高温的干磨料（石棉的替代品）黏合到基材上。

玻璃釉和陶釉

玻璃釉（在北美被称为瓷釉）是碱式硼硅酸盐玻璃质薄层，釉层的温度膨胀系数（材料在加热时体积变大的程度）略低于金属基材的。热的无机玻璃质附着在热的金属上，在冷却时可以保证釉层被压紧——金属的收缩量较大。这个过程的基本原理是玻璃质具有高抗压强度。陶釉和玻璃釉类似，不同的是，陶釉的基材是非金属的（例如黏土，其温度膨胀系数较低），故无法承受很大的张力且易碎。

玻璃釉和陶釉的烧制原理是相同的。

与人们的预期相反，玻璃釉不是隔热材料，当它以薄涂层的形式被使用时反而成为热的良导体，因此可以用于烤箱。

瓷漆是另一种完全不同的材料。它是一种普通涂料，可以通过在较低的温度下烘烤干燥来除去溶剂。

石膏

我（本·塞格林）沉浸在位于澳大利亚首都领地（Australian Capital Territory, ACT）南部的纳玛吉国家公园的自然美景中，这里是堪培拉鲜为人知的秘境之一。我对 2003 年 1 月森林火灾之后再生的桉树感到惊讶。唯一破坏气氛的是，我刚刚跌倒了，摔断了腿。大约 3.5 小时之后，我才被抬上担架，然后就使用吗啡了！

贴石膏是下一个清晰的记忆。巴黎石膏（因来自巴黎蒙马特地区的采石场而得名）是通过将生石膏矿 $CaSO_4 \cdot 2H_2O$ 加热（煅烧）至约 150℃制备的。生石膏失去 75% 的水，或者说 $\frac{3}{2}$ 个水分子，而形成 $CaSO_4 \cdot \frac{1}{2}H_2O$。加水塑形后，它会再次凝固而形成生石膏。

它是一种很好的制模剂，是传统的正骨工具。由于外部热量最初会使石膏中的水分子脱除（而不是升高温度），因此石膏被用于制作建筑板材，从而为结构元件提供一定的热保护（如 Gyprock™）。此外，石膏还有许多其他用途，包括制作豆腐（使豆浆凝结）、牙膏磨料、涂料填充剂、牙颌模型、水泥中的缓凝剂，还可以用作土壤改良剂。石膏中的钙对于促进土壤中非常细的黏土颗粒凝聚非常有效。这些黏土颗粒会导致土壤板结，从而容易造成积水，而土壤改良剂可以使土壤更好地排水。它对于钠含量过高的土壤（钠质土壤）特别有效。如果有太多的洗衣水排入土壤中，那么该土壤就会变成钠质土壤。由于石膏不会提高土壤的 pH 值，因此可用于喜酸植物的土壤中（见第 12 章）。

石膏微溶于水，因此石膏模型应当干燥保存。从长远来看，玻璃纤维是一种更实用的替代品。（虽然无法用墨水在玻璃纤维上签名，但是玻璃纤维依然很受欢迎！）

雪花石膏是一种细粒的石膏，古埃及人使用小的雪花石膏瓶来存放来自异国的各种化妆品。奈费尔提蒂（Nefertiti）王后拥有其中最好的一件收藏品。意大利的雪花石膏被称为"佛罗伦萨大理石"，也被称为墨西哥缟玛瑙，用来制造瓶和塑像。相反，"东方雪花石膏"实际上指的是大理石，一种矿化形式的白垩（碳酸钙）。

如果我要在一块老式的黑板上使用粉笔（Chalk，亦指白垩），我会用一块"白垩"（但其实不是白垩，粉笔的成分实际上是石膏）。这真的很绕！裁缝用的画粉通常是由滑石粉（硅酸镁）制成的。

银汞合金

牙釉质主要由羟基磷灰石矿物〔$Ca_{10}(PO_4)_6(OH)_2$〕和许多其他微量元素（总计 3%）组成。吸附在牙釉质表面的蛋白质可以在很大程度上防止细菌对外层釉质的攻击，但是细菌可以穿过外釉质层而对内表面造成损害。氟离子可以部分取代釉质中的氢氧根离子，从而使牙釉质更加坚固。

在治疗龋齿（蛀牙）时，会对病变区域进行钻孔以清除腐烂物质，然后对孔进行填充。填充牙齿的材料必须具有好的延展性，必须能够紧紧地附着在牙齿上而排除空气和唾液，并且必须耐磨、耐腐蚀、不变色，以及能够承受大的咬合力。

补齿合金虽然不再使用，但是它非常稳定和耐用。该合金由以下金属组成：银 66.7% ～ 74.5%，锡 25.3% ～ 27.0%，铜 0.0 ～ 6.0%，锌 0.0 ～ 1.9%。按照金属的配比，主要成分可用 Ag_3Sn 表示。在合金的制造过程中，锌作为除氧剂被添加。在将补齿合金填充到牙孔之前，需要将合金与汞（质量比为 1∶1）混合。

假定质量比为 1∶1，则反应方程式可以表示为（仅供参考）：

$$17Ag_3Sn + 37Hg \longrightarrow 12Ag_2Hg_3 + Sn_8Hg + 9Ag_3Sn（未反应的）$$

补齿合金中最容易被唾液腐蚀的成分是 Sn_8Hg。唾液与 Sn_8Hg 反应，并释放出 Sn^{2+}。如果存在沉淀剂或络合剂，如硫化物（来自鸡蛋）或柠檬酸盐（来自柑橘类水果），反应速率会加快。如果与活性较低的金属（例如金）接触，则腐蚀速度会加速。

汞蒸气会带来危害。由于职业原因，牙医必须定期使用汞蒸气，因此在密封型汞合金搅拌器被广泛使用前，它一直影响牙医的健康。

少量的汞确实会从被补的牙齿中蒸发，但是只有补牙后的最初几个小时会有汞蒸发出来，而且能在患者的尿液中检测到汞。早年间使用的铜汞补牙合金，在使用后的几个月里持续释放汞蒸气，很可能对健康造成危害。

由于火化逝者时会有汞从汞合金填充物中释放出来，因此在一些地区，在火化逝者前必须将含有补齿合金的牙齿摘除。

牙齿原电池

将一块铝箔覆盖在补齿合金上，可以产生电流（通过牙齿时大于 30 mA）。

硅酸盐水泥

自从人们开始建造房屋以来，就感觉需要一些黏合材料将石头和其他建筑材料黏合起来，用以建造坚固的墙壁和地板，并使其具有光滑的外观。经过考证，亚述人和巴比伦人使用了湿润的黏土，以达到建造坚固房屋的目的。埃及人将石膏矿煅烧或"燃烧"后与沙子混合，制成用于建造金字塔的砂浆。生石膏是二水合硫酸钙（$CaSO_4 \cdot 2H_2O$）。当加热到 121℃～132℃时，1 mol 生石膏损失 1.5 mol 水，生成半水合硫酸钙（$CaSO_4 \cdot \frac{1}{2} H_2O$）。当熟石膏与少量的水混合后，半水合物缓慢地转化为二水合物；由于这个性质，石膏可当作黏合剂使用。半水合物俗称巴黎石膏。它因 18 世纪后期法国化学家发现的经煅烧（热处理）后的石膏与水反应而定型的机理方面的作用而得名。

希腊人通过"燃烧"石灰石生产石灰，并发现如果混合物中还存在一些火山灰，则石灰与沙子可以混合得更好。

制造古罗马发明的所谓火山灰混凝土的主要反应是氢氧化钙 [$Ca(OH)_2$] 和正硅酸 [H_4SiO_4 或 $Si(OH)_4$] 发生的酸碱反应。万神殿就是用这种混凝土建造的。

$$Ca(OH)_2 + H_4SiO_4 \longrightarrow Ca^{2+} + H_2SiO_4^{2-} + 2H_2O \longrightarrow CaH_2SiO_4 \cdot 2H_2O$$

钙硅比和水分子数都是可变的。

许多的火山灰中含有铝酸盐 $[\,Al(OH)_4^-\,]$。罗马水泥可以在水下凝固。

随着罗马帝国的衰落，建筑水泥的质量下降，到 18 世纪中叶，水泥制造技术几乎消失了。直到 1824 年，英国瓦工约瑟夫·阿斯普丁（Joseph Aspdin）发现，如果石灰石中的黏土含量相对较高，并且将混合物加热到刚开始熔化时，不必向石灰中添加火山灰，也可以得到水泥。硬化后的水泥类似于在英国波特兰（Portland）开采的天然石灰石，因此这种产品被称为波特兰水泥。

> 最初的水泥硬化理论是由勒夏特列（Le Chatelier）和米凯利斯（Michaelis）于 1893 年提出的。两者都以在物理化学上的其他贡献而闻名。

许多石灰石矿床中都含有相当比例的黏土，例如"黏土石灰石"（也称为水泥岩）。因为在这种矿床中石灰石和黏土紧密混合，所以早期的水泥是由单一的水泥岩制备的。如果水泥岩中的石灰石和黏土比例适当，则可以制备出优质的水泥。

如果一种水泥的化学成分是正确的，但没有以适当的化合物形式存在，则这种水泥无法用作凝固材料。

混凝土

包含水泥、水、沙子、骨料（砾石）和空气的建筑材料被称为混凝土。混凝土最重要的工程性能指标是其抗压强度（抗压缩强度）。它的抗拉强度（抗拉伸强度）仅为其抗压强度的十分之一左右。混凝土的抗压强度的最低值通常规定为 20 MPa。通过控制水量，其抗压强度可以达到 30 MPa。用水量越多，混凝土抗压强度越弱，但它却越容易被用来涂抹和浇筑。由于细颗粒混凝土有更大的润湿表面积，因此需要消耗更多的水。

由于细颗粒混凝土的孔隙较多，因而这种混凝土抗压强度较弱。

骨料和水泥相比，它们所形成的混凝土有更高的抗拉强度——这表明硬化混凝土的最薄弱部分在水泥、骨料和沙子之间的界面处。由于这些性质，混凝土需要用钢网来加固，这也解释了为什么需要对工程结构预先施加压应力，以确保混凝土被压缩而不是被拉伸。

高铝水泥也被称为耐火水泥。由于高铝水泥的高性能和快速凝固的特性，故其在战争时期被用于制造军用机场。然而，它缺乏耐用性。高铝水泥在战后被用于建造廉价的住房时显示出了它这一缺陷。

将氯化钙添加到水泥中，可以缩短水泥的硬化时间。氯化钙加速了水合作用，而水合热使混凝土变得非常热。石灰石通常用作混凝土排水管中的骨料。酸性废料优先与骨料反应，可以延长混凝土的使用寿命。

混凝土在干燥地面上的固化过程和在水下的没有区别。混凝土的固化反应是一种水合反应。大型混凝土路面在固化完成前需要被覆盖上塑料布，以防止变干。水下混凝土需要加以保护，以免被冲走。在海水中应当使用耐硫酸盐的混凝土。

实验

糖会抑制混凝土的固化，导致混凝土的强度变弱。糖浆可以用来处理混凝土大量泄漏的问题。20 世纪 90 年代初，糖浆（糖）作为缓凝剂，用于英吉利海峡隧道的建设，以防止没有被清理的多余的混凝土固化。许多缓凝剂的作用机理因此被发现。在高硅酸盐浓度下，混凝土的固化过程加快，但产品的强度很低。

将少量水泥样品与浓度为 0 ~ 1% 的糖溶解混合，并记录其固化时间。

为什么混凝土会开裂？

混凝土的体积变化有几个原因。体积膨胀可能是因为其中含有杂质（例如 MgO 和 CaO）。碱可以溶解一些含有无定形二氧化硅或碳酸盐矿物的骨料。体积收缩可能由碳酸化（与空气中的二氧化碳反应）引起。当混凝土破裂时，钢筋会暴露出来，从而导致混凝土降解（见第 5 章）。

体积缩小导致开裂

大多数化学专业的学生都会做在空气中燃烧镁的实验。实验目的是测量镁与氧气反应的质量增加情况。很少有人讨论体积如何变化，以及原因。（空气中的氮气还会与镁反应生成氮化镁，但我们不打算将问题复杂化！）

镁的密度为 1.74 g/cm^3，氧化镁（MgO）的密度为 3.58 g/cm^3。

$$2Mg(s)+O_2 \longrightarrow 2MgO(s)$$

1.74 g $\longrightarrow$ 2.9 g（假设转化率为 100%）

1 cm^3 $\longrightarrow$ 0.81 cm^3

虽然质量增加了（显而易见，由于引入了氧原子），但是体积却减小了。反应过程的体积变化率为负值（−19%）。

即使有氧原子被引入，相同物质的量的 MgO 所需的体积也比 Mg 的小！

Mg^{2+} 和 O^{2-} 之间的离子键很强，可以使离子相互靠近（键长为 0.21 nm）。在单质镁中，Mg—Mg 金属键较弱（键长约为 0.32 nm）。与单质镁熔点（650℃）相比，氧化镁中更高的键能使其拥有更高的熔点（2800℃）。

这就解释了为什么单质镁和氧化镁的性质不同。金属单质具有光泽，具有很好的导电性和导热性，并且通常具有很好的可塑性和延展性；金属氧化物是绝缘的、易碎的、坚硬的和难熔的。

通过使用表面活性剂将空气截留在混凝土中，从而解决由水结冰（冰的体积比水的大 9%）带来的体积变化的问题。

暴露在海水中的混凝土不能含有石灰和氧化铝。与水泥化合所需的水的质量约为水泥质量的 16%；但为了有效混合，化合过程需要过量的水。

在裸露的建筑物中，大气中的二氧化碳与混凝土表面的石灰〔$Ca(OH)_2$〕可以缓慢反应，将其转化为石灰石（$CaCO_3$）。这与水泥的制备过程相反。这会降低钢架周围的碱度，导致钢架生锈。相同物质的量的铁的氧化物和氢氧化物的体积比铁单质的体积大，这种膨胀会导致混凝土开裂。

混凝土在二氧化碳排放量方面的贡献

随着国家的发展，对住房和基础设施的需求也在增加。为满足这些需求，混凝土成为迄今为止最常用的建筑材料，而水泥是混凝土的重要组成部分之一。水泥业排放的二氧化碳量占全球人为二氧化碳排放量的$5\% \sim 8\%$。

将含量丰富的低等级高岭土用作原料时，可以减少二氧化碳的排放。在古巴进行的现场试验得到的初步结论为：使用煅烧高岭土（排放少量的二氧化碳）来代替大部分熟料（通过在非常高的温度下加热石灰石制得的中间体，这个过程会释放二氧化碳）后，相同质量的石灰石生产的水泥的产量几乎是原配方的 2 倍。

拓展阅读

涂料

http://www.essentialchemicalindustry.org/materials-and-applications/paints.html（有关化学物质的更好的描述）。

https://en.wikipedia.org/wiki/Paint（更丰富的关联）。

黏合剂

https://en.wikipedia.org/wiki/Adhesive（不是一个完全开发的网站，但大多数都基于产品）。

14 游泳池里的化学

俯瞰澳大利亚郊区，你会看到很多由蓝色圆点点缀的后院。那些蓝色的圆点就是游泳池。但是，有些却是绿色的！原因是它们没有经过适当的化学处理。在这一章，我们不会告诉你该做什么，而会告诉你一些事情的原因及其背后的化学原理。

常规来说，一般使用固态池氯（70%的漂白粉）对游泳池进行消毒。对于海水泳池，则添加"液池氯"[浓缩的家用漂白剂，即次氯酸钠（$NaClO$）]。泵入二氧化氯（ClO_2）气体需专业人员操作。

这些产品都能生成活性化学物质次氯酸（$HClO$），前提是水池中水的 pH 值为 6 ~ 7。在高 pH 值下，次氯酸会转化为次氯酸根离子——这种形态的消毒效果较差。从理论上讲，水的 pH 值越低，消毒作用越强。但是，如果游泳池酸度过高，配件就会被腐蚀，对人的影响也是一样（并且气味会更难闻）。

次氯酸会氧化（"燃烧"）有机物质，例如身体排出的废物（尿液、汗液和细菌），而藻类可能需要另外处理。与空气中真实的燃烧不同，氯水"燃烧"是分阶段进行的。在此过程中会生成氯胺，它们会干扰氯的测定。有些氯胺会刺激眼睛并有强烈的气味。加入额外的氯（过氯化作用），以加快它们转化为氮气的速度，从而确保余氯量。为了防止氯因阳光照射产生损失，会使用氯稳定剂，例如二氯异氰尿酸和三氯异氰尿酸（室内游泳池不需要使用）。

一个维护良好的游泳池中的余氯含量为 1 ～ 3 mg/L（1 mg/L 是经过处理的饮用水中余氯含量的水平）。这还不到一瓶家用漂白剂中氯含量的万分之一。如果你把漂白剂稀释到这个量，它就不会有氯的气味了，同样你的游泳池也不会有。如果泳池有刺激性气味，那么不是氯的问题，而是挥发性氮化合物的问题！这些物质也有加重哮喘的"嫌疑"。

长期来看，其他"燃烧"的有机物质可能包括游泳者所需用品的染料，甚至是用品本身。任何所谓的"检测尿液"的化学试剂都会被"燃烧"掉。

臭氧也可用于净化泳池，但在氧化废物后就消失了。其没有残留的氧化能力，可通过加入少量氯以提供持续的氧化能力。以游泳池为例可以讲授各种各样的化学概念。这些概念包括 pH 值、酸和碱、缓冲液、平衡、氧化还原、氯的性质、电解、光化学、摩尔概念和法拉第定律等。本章其余部分将回答一些关于在你家后院泳池里发生的化学反应的问题。

加氯消毒池

为什么我们需要对游泳池进行氯化处理？即使是我们接触的非饮用水也必须保持相对不含微生物。当水被反复使用时，它很快就会被人体排泄物和花园碎屑污染。在 30℃ 的环境气温下，于 24℃ 的水中剧烈游泳时，泳池使用者平均每小时最多可流失 1 L 的汗水。汗液和尿液中含有钠盐、钙盐、镁盐以及含氮化合物，例如尿素和氨。这些物质可能令人厌恶，但它们既没有毒性也没有不卫生。我们使用强氧化剂，例如氯来对水进行消毒。尿素的分解速度很慢，因此高利用率的游泳池中的尿素浓度每升可能达几毫克。

当氯气从水中冒出时会发生什么？

$$Cl_2 + 2H_2O \rightleftharpoons HClO + Cl^- + H_3O^+ \tag{1}$$

将氯（Cl_2）添加到化学纯水中时，会形成次氯酸（$HClO$）和盐酸（HCl）的混合物。在常温下，该反应基本上在几秒钟内完成。在稀溶液中，当

pH 值高于 4 时，平衡（方程式中）向右移动，而此时溶液中几乎不存在没有溶解的 Cl_2。氯的氧化性保留在形成的次氯酸中，给氯溶液提供了主要消毒作用。

次氯酸快速解离并与氢离子、次氯酸根离子达到平衡。电离程度取决于 pH 值和温度：

$$H_2O + HClO \rightleftharpoons H_3O^+ + ClO^- \qquad （2）$$

$$碱 + 酸 \rightleftharpoons 共轭酸 + 共轭碱$$

电离方程中的两个相关物质 HClO 和 ClO^- 被称为酸及其共轭碱。水是一种两性分子，在这种情况下充当碱，氢离子（H_3O^+）是它的共轭酸。每种酸都有一个共轭碱，每种碱也都有一个共轭酸。

为什么人们不用氯气给游泳池消毒呢？氯气（Cl_2）是一种黄绿色的高密度气体。把氯气通入池水进行充气处理是一种非常简单且有效的消毒方法，但它很危险，只能由专业人员操作。它会导致金属快速腐蚀和塑料被破坏，并刺激眼睛、鼻子、喉咙和肺部的黏膜层。它会导致肺部充满液体，使受害者溺水身亡。第一次世界大战期间，氯气被用作化学武器。

加入泳池的各种氯剂的效果有没有差别？

请记住，所有形式的次氯酸钙、次氯酸钠以及氯气在水中都会形成相同的产物：

$$Ca(ClO)_2 + 2H_2O \rightleftharpoons Ca^{2+} + 2HClO + 2OH^- \qquad （3）$$

$$NaClO + H_2O \rightleftharpoons Na^+ + HClO + OH^- \qquad （4）$$

次氯酸根离子与氢离子建立平衡，每种物质的量取决于溶液的 pH 值。因此，无论使用氯气还是次氯酸盐，都可以在水中建立相同的平衡。其主要的区别是所得的 pH 值（请参见附录 1），不同的 pH 值决定了平衡状态下 HClO 和 ClO^- 的相对含量。

添加次氯酸盐倾向于增加 pH 值，而添加氯气则倾向于降低 pH 值〔参见反应式（1）〕。

pH 值对氯的影响

pH 值对池中氯的影响有哪些？次氯酸是一种弱酸，在 pH 值约低于 6 时会有一定程度的电离。在低 pH 值下的主要存在形式是次氯酸分子。当 pH 值为 6.0～8.5 时，主要存在形式从未电离的次氯酸分子到几乎完全电离的次氯酸根离子——发生的变化非常剧烈［见反应式（2）］。在 pH 值为 7.5（20℃）以上时，次氯酸根离子（ClO⁻）开始占主导地位，并在 pH 值为 9.5 时完全取代次氯酸分子（图 14.1）。

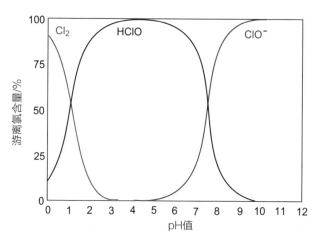

图 14.1　在不同的 pH 值下，HClO 和 ClO⁻ 在水中的分布

相比次氯酸根离子，次氯酸能更有效地杀灭细菌；因为次氯酸根上的负电荷被带负电荷的细菌细胞壁所排斥。此外，它是一种更强的氧化剂。

水中氯含量的测定

怎么测量水中的氯含量？在实验室中，氧化剂的含量传统上是通过它从酸化的碘溶液中释放碘的能力来衡量的。释放的碘是通过新鲜淀粉指示剂变成蓝色来检测的。

$$HClO + 2I^- + H_3O^+ \longrightarrow Cl^- + I_2 + 2H_2O$$

$$I_2 + 2S_2O_3^{2-} \longrightarrow S_4O_6^{2-} + 2I^-$$

用硫代硫酸钠反滴定法测定碘的释放量。

碘化钾与氯胺也会同时释放碘，因此它们如果存在，释放的碘也包含在滴定值内。

这种滴定法仍然是测定游离氯的实验室标准方法，尽管在水池中实际使用的方法更方便。例如，使用一种被称为 N,N- 二乙基对苯二胺的指示剂来测量氯，这种指示剂在有氯的情况下会立即产生一种红色溶液，其强度可用于估计氯的含量水平。另一种方法是使用试纸，试纸采用不同的指示剂，如酚红。

有效氯

"有效氯"是什么意思？为什么在实际使用中不能说氯气百分百有效？那是因为当一分子的氯气溶解在水中时，会形成一分子的盐酸和一分子的次氯酸 [见反应式（1）]。

只有后者是有活性的，因此只有一半的氯有效。尽管如此，我们仍将氯气的量设定为 100% 游离有效氯（FAC）。因此，溶液中所有具有活性的氯的化合物可能高于 100%。表 14.1 给出了各种物质的游离有效氯百分比。

表 14.1　各种物质的游离有效氯百分比

物质	游离有效氯 /%
Cl_2，氯气	100[①]
漂白粉 (CaO 和 $CaCl_2$)	35～37
$Ca(ClO)_2$，次氯酸钙	99.2
$Ca(ClO)_2$，商业制剂	70～74
NaClO，次氯酸钠[②]	95.2
商用漂白剂（NaClO，工业用）	12～15
商用漂白剂（NaClO，家用）	3～5

物质	游离有效氯 /%
LiClO，次氯酸锂	35
ClO$_2$，二氧化氯	263.0
NH$_2$Cl，一氯胺 / 氯胺	137.9
NHCl$_2$，二氯胺	165.0
NCl$_3$，三氯化氮	176.7
C$_7$H$_5$Cl$_2$NO$_4$S，哈拉宗	52.4
C$_3$Cl$_3$N$_3$O$_3$，三氯异氰尿酸	91.5
C$_3$HCl$_2$N$_3$O$_3$，二氯异氰尿酸	71.7
C$_3$Cl$_2$N$_3$NaO$_3$，二氯异氰尿酸钠	64.5

①根据定义。

②见 http://www.omegachem.com.au/docs/mega_handbook.pdf。（有一系列的贸易定义，最常见的定义解决方案的方法可能是从源头提供 100% 的游离氯。）

来源：W. H. 谢尔特迈尔（W. H. Sheltmire）所著《氯化漂白剂和消毒剂》（Chlorinated Bleaches and Sanitizing Agents），摘自《氯气的制造、用途和性能》（*Chlorine: Its Manufacture, Uses and Properties*）第 512 ～ 542 页。

一个非常令人困惑的巧合

考虑将纯氯气的可用氯值设定为 100% 的事实，纯 $Ca(ClO)_2$ 的 FAC 值为 99.2%。为什么？1 mol 的 $Ca(ClO)_2$ 产生 2 mol 的活性氯，而从 1 mol 的 Cl_2 中仅产生 1 mol 的活性氯，因此 $Ca(ClO)_2$ 活性氯的含量是 Cl_2 的 2 倍 [见反应式（3）]。但它的分子质量是 Cl_2 的 2 倍多（比例为 143 : 71）。这意味着它每克释放的活性物质与 Cl_2 的大致相同。因此，纯 $Ca(ClO)_2$ 的可用氯值通常被认为是 100%。

当释放其他氧化剂的物料溶解在水中时，会根据相同的氧化反应进行校正。二氧化氯将超过 200%。

电解氯化

在盐水池中，可以使用盐电解槽在池中连续生成次氯酸。

$$阳极：2Cl^- \longrightarrow Cl_2 + 2e^-$$
$$阴极：2H_2O + 2e^- \longrightarrow H_2 + 2OH^-$$
$$总反应：2Cl^- + 2H_2O \longrightarrow Cl_2 + 2OH^- + H_2 \quad （5）$$

使用这种氯化消毒方法后，池水的 pH 值随着氢氧化物的产生逐渐升高。可能需要添加一些盐酸来调节 pH 值，以提供最佳含量的次氯酸物质（图 14.1）。

有时会事先进行盐的电解，然后将次氯酸钠溶液（液体漂白剂）添加到池中。次氯酸钠固体不稳定。

pH 值的重要性

降低 pH 值会增加 HClO 的氧化强度，为什么不将池水的 pH 值降至 7 以下呢？首先，酸性强的溶液会腐蚀水池组件。在大理石水池（水泥砌筑的含碎大理石）和瓷砖水池中，酸性腐蚀情况甚至更严重，建议的 pH 值范围为 7.4 ～ 8.0。可以通过添加氯化钙（100 ～ 200 mg/L）以防止灌浆中钙盐的流失。

更重要的是氯（次氯酸）与氨、由有机废物产生的氯胺类化合物的反应。

$$NH_3 + HClO \rightleftharpoons NH_2Cl + H_2O（快）$$

$$NH_2Cl + HClO \rightleftharpoons NHCl_2 + H_2O（慢）$$

氯胺和二氯胺也相互作用：

$$NH_2Cl + NHCl_2 \rightleftharpoons N_2 + 3HCl$$

因此，氨通过氯胺氧化的总反应如下：

$$2NH_3 + 3HClO \rightleftharpoons N_2 + 3HCl + 3H_2O$$

在折点（游离氯含量急剧上升的点，见图 14.2）之外进一步添加氯可导致三氯化氮（NCl_3）的生成：

$$NHCl_2 + HClO \rightleftharpoons NCl_3（挥发性物质）+ H_2O$$

NCl_3 是引起所谓"氯味"的化合物之一，因为搅动水时，它很容易逸出，并且会严重刺激眼睛。

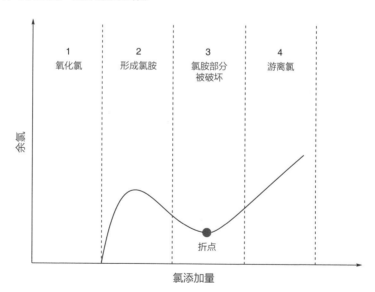

图 14.2　折点加氯反应中氯添加量和余氯之间的关系

一个主要的困惑是，测定的水中的氯含量是游离余氯的量还是游离氯加上氯胺（结合氯）的量。

pH 值越低，氯胺越容易形成。pH 值高于 7 时，它们的形成量极少，因此这是保持 pH 值高于 7 的另一个原因。

> 如果你在进入泳池之前先淋浴，而且从不在泳池里小便，则可以最大限度地减少氮化合物进入泳池。泳池的气味不是来自过量的氯，而是氯胺，这是水中氨基化合物过多造成的。你可以通过加入更多的氯来去除它们。

测量池氯含量

必须确保在所有有机物质都被氧化后，池中存在过量的"池氯"。故需要一些测量游离氯的方法。

想圆满完成对水中的游离氯的含量进行分析的任务是比较难的，需要用到商用测定的配套设备。

过氯化

当向水中添加各种形式的氯时，它可用于氧化任何它可以氧化的物质（如二价铁、硫化物、亚硝酸盐）。在满足此要求后，氯会如上面所述，与有机氮化合物进行反应生成氯胺。然后，额外的氯（pH 值＞7 时）将这些氯胺氧化为氮气，并可能进一步将其氧化为硝酸根离子。当所有这些物质都被氧化后，就会出现折点（图 14.2）。继续添加的氯没有用完，仍然以余氯形式存在，随时可以与现在添加到池中的任何新物质反应。这种所谓的过氯化是定期进行的，以保持有效的氯含量。其他强氧化剂包括过硫酸氢钾（$KHSO_5$）或过碳酸钠（$2Na_2CO_3 \cdot 3H_2O_2$），它们也会将任何氯化物氧化成氯气（见第 4 章中的"漂白剂"部分）。

池内 pH 值的测定

我们现在知道了控制游泳池 pH 值的重要性。我们可以用合适的指示剂测量 pH 值。pH 指示剂是如何工作的？我们选择了一种指示剂，它本身是一种弱酸，在次氯酸（HClO）转变为 ClO⁻ 的 pH 值附近时会改变颜色。

泳池水的 pH 值为什么会变化？

不断添加次氯酸盐粉末，使水的 pH 值升高。天然水的 pH 值通常约为 6，因为空气中溶解的二氧化碳会形成碳酸并将 pH 值降低到中性值 7 以下。连续添加次氯酸盐粉末可能会逐渐提高 pH 值［请参见反应式（3）和（4）］，一段时间后可能需要添加酸。通常用来降低 pH 值的"酸"是硫酸氢钠（$NaHSO_4$），因为固体比液体更易于存储。

对盐水的电解也是如此［见反应式（5）］，因此需要给盐水池的电解槽补加盐酸。

直接向水中添加氯会产生次氯酸，而氢离子会降低 pH 值［见反应式（1）］。由于氯气的危险性，该工艺仅可由专业人员操作。碳酸钠可用于提高 pH 值，虽然碳酸氢钠也可以使用，但效率较低。

缓冲溶液

缓冲溶液是一种添加到水中的化学物质，用来减弱酸或碱的添加对 pH 值的影响，如图 14.3 所示。缓冲溶液的量越大，改变 pH 值所需的酸或碱就越多。

图 14.3 中曲线最平坦的部分是一定量酸或碱的 pH 值变化最慢的区域，这是缓冲液最有效的范围。如果缓冲容量太小，想要控制 pH 值就很困难，因为此时 pH 值对少量添加的酸或碱相当敏感。当缓冲容量很大时，想要改变 pH 值则是非常困难的，因为此过程需要大量的酸或碱。

什么是碱度?

由于碳酸氢钠是碱性的（1 mol 溶液的 pH 值为 8.4），是最常用的缓冲液，因此"碱度"一词已取代缓冲容量成为常用术语。也可以使用酸性缓冲液，但是，"缓冲容量"比"碱度"更容易让人混淆。图 14.4 显示了添加酸是如何改变 pH 值的。

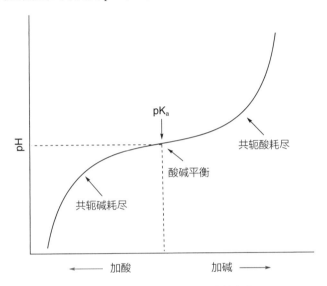

图 14.3　加入酸或碱后 pH 值的变化

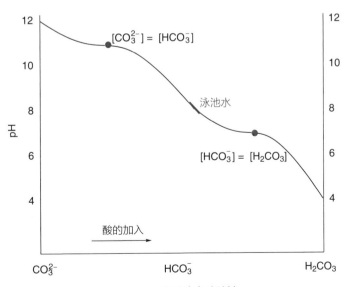

图 14.4　盐酸滴定碳酸钠

氧化剂强度

较强的氧化剂是什么意思？物质的氧化能力是通过标准半电池还原电位（以 V 为单位）来衡量的。这是在非常特殊的条件下给出的平衡值，因此只能提供实际情况的一般指示。电位越高表示氧化剂越强。

标准的电极电位 $E°$ 可用于两种相关的物质：一种是 HClO，pH=0 时 $E°$ =1.49 V；另一种是 ClO⁻，pH=14 时 $E°$ =0.94 V。

我们可以把这些联系起来，得到一个 $E°$ 与 pH 值的函数关系图，如图 14.5 所示。

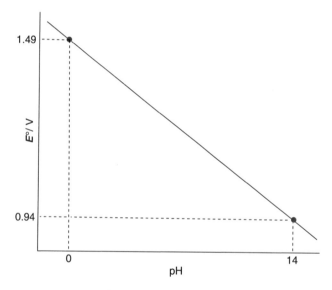

图 14.5　氯气氧化废物的 $E°$ 随 pH 值的变化

方程式和图 14.5 证实了前文所述：HClO（在低 pH 值下形成）是比 ClO⁻（在高 pH 值下形成）更强的氧化剂。

$$E°/V$$

$$HClO + H_3O^+ + 2e^- \rightleftharpoons Cl^- + 2H_2O \qquad 1.49$$

$$ClO^- + 2H_2O + 2e^- \rightleftharpoons Cl^- + 2OH^- \qquad 0.94$$

泳池化学品的储存

已知池氯是一种强氧化剂,那么在可能燃烧的材料附近储存它是否有危险?有!选择次氯酸盐对包括游泳池在内的水进行消毒,是因为次氯酸是一种强氧化剂。如果该物质与能被氧化(燃烧,但以氯作为氧化剂,而不是氧气)的物质接触,就可能会发生火灾。

次氯酸盐粉末 + 制动液(聚乙二醇基)——→火焰

警告:此反应非常危险,并被用作存储不当的示例。

请注意,当固体次氯酸盐粉末接触到水分(在任何 pH 值条件下)时,就会释放氯气。氯气作为气体不断逸出,这意味着随着反应的进行,为了保持平衡,氯气会持续产生——这是化学平衡移动原理的一个例子。

紫外线光解氯

为什么阳光下的游泳池会损失氯气?照射到地球表面的太阳光的主要紫外线光谱范围为 280 ~ 350 nm,所有含氯物质在该范围内都会吸收紫外线,其中 ClO^-(pH > 7)则显示出更强的吸收力(图 14.6)。

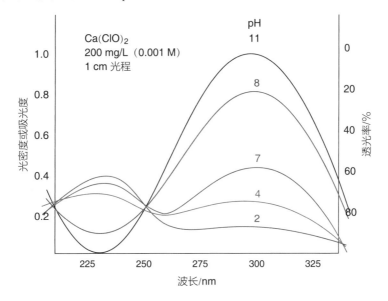

图 14.6　在推荐浓度下 1 m 深的池氯的紫外线吸收光谱

因此，在阳光的照射下，氯气从池水中迅速流失。据估计，池中被消耗的氯约90%以这种方式流失，这是光解（由光能引起的化学反应）的一个例子。浅池需要更频繁地添加氯。

$$2ClO^- \xrightarrow{\text{紫外线}} 2Cl^- + O_2$$

稳定剂

我们该怎么做才能阻止氯在阳光下的流失？有些化合物，如三聚氰酸，可以用来稳定游泳池中的氯。三聚氰酸是通过加热尿素或由其衍生物制成的。它以两种互变异构形式平衡存在（图14.7）。（三聚氰酸是一种选择性除草剂，对大麦和萝卜有剧毒，所以不要在花园里放池水！）

酰亚胺互变异构体   酰胺互变异构体

图14.7 三聚氰酸在平衡状态下的两种互变异构形式

三聚氰酸是怎么起作用的？

三聚氰酸与有效氯反应，在化学平衡时生成二氯异氰尿酸（图14.8）。

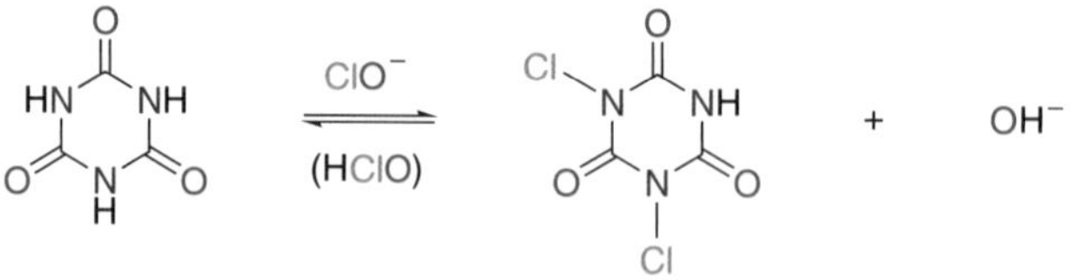

图14.8 三聚氰酸、二氯异氰尿酸和次氯酸的平衡

随着池中氯（如 ClO^- 或 $HClO$）的消耗，更多的 ClO^- 从二氯异氰尿酸中释放出来以重新建立平衡。因此，保持池中的氯恒定，直到所有二氯异氰尿酸都失去了氯。

商业化学品一般是三氯异氰尿酸和二氯异氰尿酸钠。氯代三聚氰酸不吸收太阳光中的紫外线。

二氯异氰尿酸钠比三氯异氰尿酸更易溶解，因为它是一种离子盐。

通过添加三聚氰酸和另一种来源的氯（更便宜），可以获得相同的效果。这会产生如上述反应中所示的氯代三聚氰酸。通过初始添加三种化合物中的任一种，三聚氰酸的量就可在池中保持恒定，即为 30 ～ 80 mg/L。这之后仅添加次氯酸盐（游离氯的浓度保持在 2 mg/L）即可。反应的平衡可体现出 ClO⁻ 的浓度是稳定的还是被稀释了。

新南威尔士州政府卫生与环境部的建议

除非由于飞溅或反洗，否则游泳池水中的三聚氰酸盐不会被消耗或流失。如果通过连续加入二氯代物或三氯代物来补充因消毒和氧化而不断消耗的游离氯，则三聚氰酸浓度会持续增加，并很快超过 50 mg/L 的上限。在不停止使用二氯代物或三氯代物的情况下，三聚氰酸含量可能增加到不受控制的水平，这将阻止游离氯进行有效的消毒和氧化。

稳定剂的正确使用方法是添加三聚氰酸、二氯代物或三氯代物，直到三聚氰酸浓度达到 50 mg/L。在此浓度下，应使用非三聚氰酸盐含氯产品，例如次氯酸钠、次氯酸钙或次氯酸锂，直到三聚氰酸浓度降至 25 mg/L。然后再使用氯代产品进行加量，直到其浓度再次达到 50 mg/L。

此外，亦可于晚上或 8 小时内没有人在泳池内游泳的情况下，向泳池注入三聚氰酸，使其浓度达到 50 mg/L。然后，在接下来的几周内三聚氰酸的浓度会先降至 25 mg/L，然后提高至 50 mg/L。使用三聚氰酸会降低池水的 pH 值。

稳定的游泳池在运行时必须维持至少 3 mg/L 的游离氯，并且稳定剂不得用于室内游泳池或者溴处理过的游泳池和水疗中心。

来源：http://www.health.nsw.gov.au/environment/factsheets/Pages/stabiliser-cyanurate.aspx。

我们能测量游泳池中三聚氰酸的含量吗?

要确定池中三聚氰酸的含量,可以让其与三聚氰胺进行反应,以形成一种能沉淀并散射光的盐(图 14.9)。浊度的多少与三聚氰酸的多少成正比。浊度是通过标准(纳氏)管中所需的溶液深度来测量的,该溶液的深度刚好能抹去管底部的一个标记。

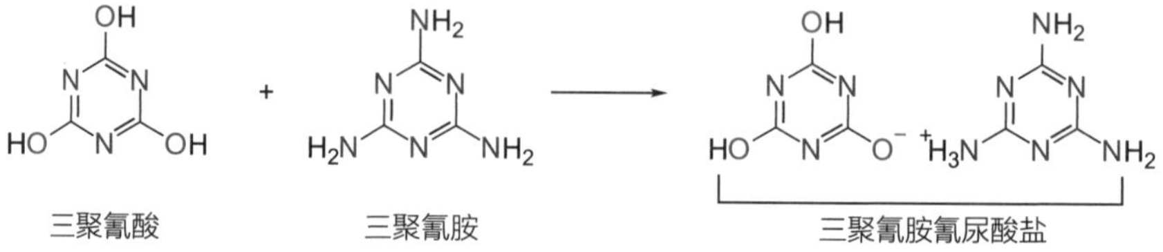

三聚氰酸　　　　　　　三聚氰胺　　　　　　　　　　　三聚氰胺氰尿酸盐

图 14.9　三聚氰酸和三聚氰胺形成盐

有趣的是,水中的阴离子表面活性剂可以通过与亚甲基蓝形成类似的盐来测定。形成的盐具有足够的亲液性(非极性部分的贡献大于离子的),可以从水中转移到有机溶剂中——根据有机溶剂中的颜色深度来估计阴离子表面活性剂的含量。污水处理系统中也使用了亚甲基蓝,但在这里它会被水中的还原物质漂白(见第 19 章实验"空气中葡萄糖的氧化")。

藻类处理

除了需要对水进行消毒以清除身体排出的废物和细菌外,藻类也可能是一个问题。与阳离子表面活性剂有关的物质通常用作除藻剂。

磷酸盐和藻类

如果藻类生长在一个典型的被氯化的泳池中,那么这意味着泳池至少含有 0.5 mg/L 的磷酸盐(对大多数藻类来说都是如此)。在光照(和氮)条件下,这种磷酸盐可以供 1 kg 藻类(黑点藻的化学成分通常是 97% 的有机物、2% 的磷酸盐、1% 的钙)生长。然而,磷酸盐可以通过沉淀去除。

向池水中加入大约 10 μg/L 的硫酸镧，可使磷酸盐含量降低到维持藻类生长所需的水平以下。镧与磷酸盐结合生成不溶性产物磷酸镧，而这种不溶性的磷酸盐对藻类来说是不可利用的。铝和三价铁也与磷酸盐结合生成不溶性三价金属磷酸盐。选择将哪种产品添加到水中取决于其他几个因素，包括 pH 值、染色电位和毒性。镧对含氧阴离子（如磷酸盐）的亲和性可用于治疗晚期肾脏疾病的除磷药物中（见第 1 章）。对于涉及新的非医疗用途的应用，已经在医药中使用的化合物将很容易通过监督管理系统。

稀土元素

有多种产品对某些稀土元素的需求量很大（见第 15 章）。稀土元素都集中在矿石中，必须被分离出来以供使用，这对平衡生产和需求来说可能是一个问题。镧用于一些混合动力汽车的镍氢电池中。

这里有两个用途值得注意：一个是去除泳池中的磷酸盐，这项专利是由澳大利亚《堪培拉法案》（Canberra ACT）的发起人申请的；另一个是制成一种镧改性膨润土，用于处理联邦科学与工业研究组织开发的湖泊和河流磷酸盐富营养化。使用这种配方需防止镧在水中溶解，不建议将其用于泳池中。

然而，去除藻类仍然可以利用多聚磷酸盐（虽然比利用单纯的磷酸盐速度要慢），所以镧的作用可能不会比传统的除藻剂好。最后，并不是所有的藻类都对磷酸盐的消耗敏感，故必须使用额外的氯和其他除藻剂来除去它们。

污泥处理

游泳池里的污泥怎么去除呢？可采用絮凝剂对浑浊的池水进行处理，而通常选用的是高电荷的离子，如来自明矾的 Al^{3+}（除了凝结黏土悬浮液外，铝离子还被用于凝结剃须伤口上的血液；同时它还被用于止汗剂中，以凝结腋下毛孔中的汗液。见第 3 章和第 8 章）。

溴

为什么有时建议用溴代替氯？溴在较高的温度和较高的 pH 值下更稳定。溴可形成与氯相当的化合物（溴胺），但没有氯胺的臭味。溴的对应物仍然和游离氯一样是有效的杀菌剂。溴在侵蚀金属和其他材料方面比氯更具腐蚀性。

溴不在室外游泳池和温泉浴场中使用（除非有顶覆盖），因为溴在阳光下的反应程度甚至比氯还强，而且似乎没有溴稳定剂。

拓展阅读

如果你只想解决游泳池问题而不必考虑化学反应，那么有许多网站提供快速解决的办法来帮助你。

https://www.betterhealth.vic.gov.au/health/healthyliving/swimming-pools-water-quality（政府网站是可靠的，网站下面甚至提供了应用程序）。

在简单的说明方面，维基百科看起来不错：http://www.wikihow.com/Diagnose-and-Clear-Cloudy-Swimming-Pool-Water。http://www.wikihow.com/Properly-Maintain-Swimming-Pool-Water-Chemistry。

对于真品来说，没有什么能比得上国家或国际标准。新西兰提供免费在线标准查询：https://law.resource.org/pub/nz/ibr/nzs.5826.2010.html。

查看其他国家的信息是很有用的，例如印度网站：http://mpcb.gov.in/envtdata/InnerPg_SwimmingPools.php。

沙滩上的化学

15

本章将从防晒霜开始讲起。根据澳大利亚的法律,防晒霜不属于化妆品,因此它的防护效果必须符合所声称的具有治疗作用的强制性标准。太阳镜也是如此。我们接下来聊一聊潜水衣,再探讨一下沙子中存在哪些物质。从深色的海沙中,可以提取出稀土元素,这些稀土元素是生产电子产品的重要材料。沙子的特性和沙子的黏度之间存在联系,我们将用化学的眼光重新审视这一过程。

阳光

入射的太阳光,其光谱范围从波长为 290 nm($1 \text{ nm} = 10^{-9} \text{ m}$)的紫外区直至红外区(热区),其中包含了可见光区。由于高层大气中的臭氧可以吸收紫外线,因此到达地面的紫外线是有限的。

紫外线会引起 DNA 中相邻的嘧啶碱基以二聚体的形式相连接(图15.1),导致细胞中的遗传物质被破坏。由于这种连接作用,一些对紫外线敏感的细菌无法进行 DNA 的复制,最终无法进行生长繁殖。正常的人类表皮细胞存在一种酶系统(光裂合酶),它可以修复这种损伤。这种酶的作用是切断二聚体并使遗传物质恢复正常。无法合成这种酶的遗传病患者极易罹患皮肤癌。

图 15.1　紫外线引起嘧啶碱基连接从而导致的 DNA 损伤及其修复

生活在全球不同地区的人类的肤色的差异，是人类为适应生活地区太阳光照强度而进化的结果。然而，随着人口的大规模流动，这种人与自然的平衡被打破：在气候炎热地区，皮肤白皙的人更易被晒伤和罹患皮肤癌；而在气候寒冷地区，肤色黝黑的人会由于皮肤中合成的维生素 D 不足而出现健康问题。在室外用衣物包裹全身或覆盖大部分皮肤的人，也会遇到同样的问题。

紫外光谱被分为三个区域：UVA 为 315 ～ 400 nm；UVB 为 280 ～ 315 nm；UVC 为 200 ～ 280 nm（该区域的紫外线也被称为超短紫外线）。生物活性最强的区域，即波长为 200 ～ 230 nm 的紫外线，被称为光化学紫外线。所有的 UVC 和大部分 UVB 的紫外线会被地球高层大气中的臭氧吸收，而大部分 UVA 的紫外线（光合作用所需的）可以透过臭氧。大多数 UVB 的紫外线无法穿透皮肤，但是 UVA 的紫外线可以到达皮下组织（图 15.2）。

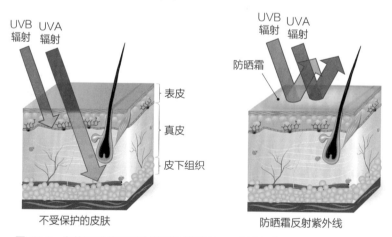

图 15.2　在使用和未使用防晒霜的情况下，不同波长的太阳辐射穿透皮肤情况
来源：designua/Adobe Stock。

皮肤对波长为 297 nm 左右的紫外线辐射最为敏感。皮肤对于波长大于 320 nm 的紫外线的敏感性，低于敏感性峰值的千分之一。将辐射强度 – 波长曲线与皮肤敏感性 – 波长曲线结合在一起，可看到曲线在波长 305 nm 处出现最大值（图 15.3）。

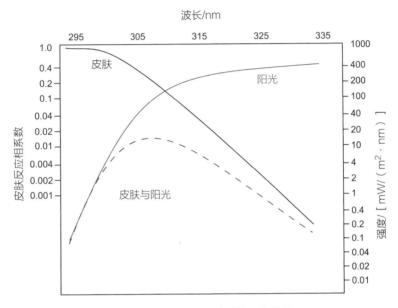

图 15.3 不同波长下皮肤的晒伤情况

强度较低的 UVA 可以导致皮肤被晒黑。虽然晒黑对于防止晒伤有些许的贡献（防晒指数约为 3），但还是会造成长期的伤害。化学鞣制的牛皮可以制成皮革，而晒制也可以使牛皮达到同样的效果。此外，晒黑还会导致罹患皮肤癌的可能性增加。

紫外线指数

2002 年达成了一项国际协定，即引入表示紫外线辐射生物危害性的物理量——紫外线指数。例如，在澳大利亚，夏季中午的紫外线强度（功率的度量）为 0.3 W/m² （每平方米表面的瓦特数）。这个值乘以系数 40，求得紫外线指数为 12——一个易于使用的衡量标准。紫外线指数的全天

变化曲线，可以在澳大利亚辐射防护和核安全机构（ARPANSA）的网站
（http://www.arpansa.gov.au/uvindex/realtime/）上实时获取。

紫外线辐射既有来自太阳的直射，也有来自天空向下的散射。这
两个部分对紫外线指数的贡献如图15.4所示。在一天中的紫外线指数
峰值时段，大部分紫外线来自太阳的直射；但是在晴朗的上午与下午，
散射的阳光仍是总紫外线的主要来源。即使在阴凉处，如果你可以看
到一大片天空，那就表示你暴露在了较强的紫外线辐射之下。这种情
况在航行时也会出现，所以水的反射不是（不一定是）导致人受到太
阳辐射的主要原因。

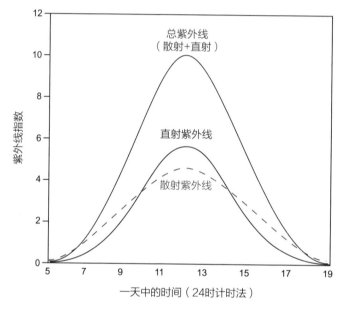

图 15.4　一天中直射阳光与散射阳光对紫外线指数的贡献

标准红斑剂量

由于全球不同地区不同季节的日照强度各不相同，因此规定了一个
太阳辐射能量的标准量，这个量被称为标准红斑剂量SED（1 SED
相当于 100 J/m²）。

用 100 J/m² 除以修正后的紫外线辐射功率值 0.3 W/m²［等于

0.3 J/(s·m²)］，可求得获得这些能量所需的时间为 333 s 或 5.6 min。

对于易被晒伤而从不被晒黑的人，约 2 个标准红斑剂量或晒 10 min 左右，就可以导致皮肤有轻微的晒伤。而对于白皮肤，这个值可增加至约 4 个标准红斑剂量或晒 20 min 左右。对于橄榄色和深色皮肤，这个值可增加至 6 个及以上标准红斑剂量。

不同时间不同天气下的日照强度是不同的，每日总标准红斑剂量也是不同的。天气晴好的日子，每日总标准红斑剂量约为 65 个；而在阴雨天，每日总标准红斑剂量约为 30 个。

晒黑与社会地位

关于白种人在寒冷环境中晒日光浴的历史学观点揭示了肤色与社会地位的关系。大多数历史记载着，白皮肤代表着更高的社会地位。因为工人、奴隶和苦工大部分时间都暴露在太阳下，而贵族则通过打伞、戴帽子和待在室内来躲避阳光。然而，工业革命使人们不再追求白皮肤——聚集在工厂里工作的工人们长时间地待在室内。这时能够晒太阳成为尊贵的象征，晒黑表示人们有大量空闲的时间到可以晒太阳的地方去旅行。

与我们皮肤晒黑有关的一类聚合物被称为黑色素。人体中存在着不同类型的黑色素，而且每个人天生含有不同数量的黑色素。黑色素的种类和数量决定了我们皮肤和头发的颜色。黑色素主要有真黑色素、褐黑素和神经黑色素。

黑色素对太阳的紫外线辐射做出的反应分为两个阶段。在第一阶段，皮肤表面的黑色素细胞产生的浅色（未被氧化）黑色素颗粒在紫外光的作用下转化为深色（氧化），如图 15.5 所示。这一过程会导致皮肤在 1 小时内被迅速晒黑，但这种晒黑会在 1 天内消失。第二阶段会产生更持久的棕褐色。在这一过程中，大量的赖氨酸——我们的皮肤蛋白质中含有大量赖氨酸——会转化为黑色素。第二阶段的晒黑即使不暴露在阳光下仍可保持数天。过多的日光浴会使皮肤颜色变深；除了因为产生了更多的黑色素，还因为聚合物分子链的长度增加了。

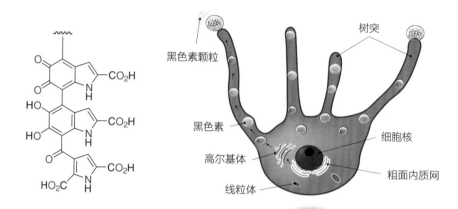

图15.5　（左）黑色素与（右）黑色素细胞

来源：（右）Adapted from designua/Adobe Stock。

然而，紫外线最终会破坏构成皮肤结缔和弹性组织的蛋白质。这会导致无法恢复的皱纹，以及皮肤的粗糙和松弛等问题的出现。

有一些方式，可以使皮肤不通过晒太阳达到晒黑一样的效果。由于这一过程没有黑色素的参与，因此可以说这是一种人造的褐色。这种褐色不能防止晒伤。在这一过程中，在活性成分（通常是二羟基丙酮）的作用下，皮肤中的蛋白质使皮肤呈现棕色。这种美黑素是一种以甘油为原料通过微生物法得到的产品，所使用的菌群与将乙醇转化为乙酸的菌群相同。

防晒霜

除了快速的短期晒黑反应，其他的晒黑反应都不能防止晒伤和皮肤癌。无论如何，晒黑都会对皮肤造成长期的损伤，所以其不再被认为是可取的。

如上文所述，由于皮肤的特征，未被晒黑的白皮肤暴露在正午的阳光下10～20分钟就会被晒伤，尽管在6小时后皮肤才会变红。这种变红现象在24小时后仍然不能消退。出现红斑所需要的照射剂量因人而异，也与皮肤种类有关。在防晒霜测试行业中，这个剂量被称为最小红斑剂量（MED）。标准红斑剂量是一定值，而最小红斑剂量是因人而异的。

被防晒霜防护的皮肤产生红斑所需的最小红斑剂量与未被防护的皮肤产生红斑所需的最小红斑剂量之比，为该防晒霜的防晒系数（SPF，与辐射的绝对强度无关）：

$$\text{SPF} = \frac{\text{受保护皮肤的最小红斑剂量}}{\text{未受保护皮肤的最小红斑剂量}}$$

> 透射光 I 与照射在表面的光 I_0 之比为 I/I_0。
> I/I_0 称为透射比。这个值也可以用百分数表示。
> 注意，SPF 是透射比的倒数，即为 I_0/I。

如果防晒霜的防晒系数为 10，这意味着从理论上讲，暴露在太阳下一段时间，使用防晒霜的皮肤接收的紫外线剂量是未使用防晒霜的十分之一。需要注意的是，最小红斑剂量是在最大日照强度（正午，如图 15.4 所示）下测定的，并且测量需要保持在辐射最强的位置上进行；但这样做通常是不现实的。因此，最小红斑剂量是本文中所涉及的一个比较保守的参数。

对于 SPF 的测量，应当在实验室内进行活体测试，即用紫外线照射在皮肤上。这项测试确定了防晒霜对光谱中 UVB 的防护作用（图 15.6）。

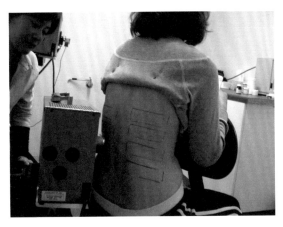

图 15.6　防晒霜性能的活体测试

来源：澳大利亚 Dermatest 有限公司（防晒霜和护肤产品评估机构）。

使用吸收光谱仪（体外）测试防晒霜对 UVA 透射的防护效果——可以确定防晒霜对紫外线防护的光谱范围。测试结果只有大于或等于产品所标注的 SPF 值的三分之一，这款防晒霜才算合格。将样品以 1.3 mg/cm² 的厚度仔细地涂抹在划分好区域的标准丙烯酸平板上。丙烯酸平板用于模拟皮肤，具有标准的粗糙度。防晒霜暴露于阳光下后，最初会迅速被分解，所以待稳定后才能记录测量值。

防晒系数与朗伯－比尔定律

根据朗伯－比尔定律，一定波长下，光量是否通过物质取决于三个参数，即吸光光程、吸光物质浓度以及吸收系数。

$$吸光度 = \lg \frac{I_0}{I} = Elc$$

其中，光需要穿透物质的厚度（光程）记为 l（以 cm 为单位）；防晒霜中的活性成分浓度记为 c（以 g/L 为单位）；可造成光吸收的活性材料本身的特性，称为吸收系数，记为 E（在吸收光谱的光谱区域内会发生变化）。

对于防晒霜，我们可以使用以下公式来计算防晒系数：

$$\lg SPF = \log \frac{I_0}{I} = Elc$$

相反，有

$$SPF = 10^{Elc}$$

由此，SPF 为 50，则 $\frac{I_0}{I}$ 为 50，$\lg \frac{I_0}{I} = 1.7$。

SPF 为 1 时（也就是没有用防晒霜），$\frac{I_0}{I} = 1$，$\lg \frac{I_0}{I} = 0$。

因此，SPF 与吸光度（Elc）呈指数关系。由于 E 和 c 为定值，所以单位面积的涂抹量（单位为 mg/cm²）可以影响涂层厚度 l（图 15.7）。如图 15.7 所示，在标准实验测试中，当防晒霜的使用量为

2 mg/cm^2 时，防晒系数可达 50。

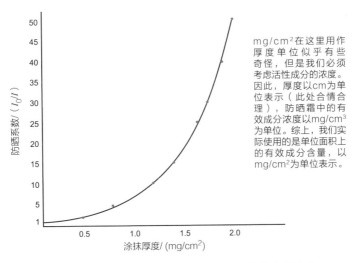

图 15.7　防晒霜的防晒系数随涂抹厚度增加的变化情况

对于吸收系数 E，图 15.3 为不同波长（在 UVB 范围内）的太阳辐射强度与皮肤敏感性的联合曲线。防晒霜中的活性成分应当尽可能多地吸收辐射，即使是在皮肤不太敏感的波长范围内的辐射。也就是说，防晒霜需要在皮肤与阳光作用结合最强的地方发挥最大的吸收效果。

通过化学物质对辐射的吸收，可以发现吸光度与波长的关系。吸光度是透射比的负对数。这符合朗伯－比尔定律，使用吸光度作纵坐标，可以让更大范围的数据显示在曲线图中。（更多有关对数标度的内容，请参见附录 3。）

选定了活性成分后，就需要调配浓度 "c"，以使防晒霜能够达到所标示的 SPF。在这个过程中，必须考虑的因素有：可能发生的光化学反应、防水性能、涂层的保持性，以及其他的影响因素。

三个参数（E、c、l）在朗伯－比尔定律中具有同等影响。防晒霜在制造时就具有固定的 "E" 和 "c"。使用者可以改变使用量，即 "l"。使用量由 2 mg/cm^2 减少到 1.2 mg/cm^2，相当于厚度由 1.7 cm 减少到 1.0 cm，减少了接近一半。这看起来无关紧要。然而，由于 SPF 与使用量呈对数关系，减少的一半使用量理论上会使 SPF 由 50 下降至 10。这会使防晒效果大打折扣！

防晒霜真的遵循朗伯 - 比尔定律吗？

当我们在皮肤上涂抹防晒霜时，应当涂多厚呢？l 应为多少呢？为防晒霜 SPF 设定的测试标准是，在 $1\ cm^2$ 的粗糙皮肤上均匀涂抹 2 mg 防晒霜。但是，消费者似乎会涂得更薄且面积更大（约为 $1.3\ mg/cm^2$），这会导致（理论上）SPF 由 50 大幅降低至 12.5。

为什么选择的这个较高的值似乎高于消费者期望的 SPF？许多实验室在研究皮肤粗糙度对防晒霜覆盖率的影响。国际标准化组织（ISO）规定的皮肤粗糙度为 $6\ \mu m$，也就是说，在使用防晒霜时，最开始的 $0.5 \sim 0.7\ mg/cm^2$ 用于填补"沟壑"，接下来使用的 $1.3\ mg/cm^2$ 才会在粗糙的皮肤上"均匀"地覆盖。因此，测试的只是 $1.3\ mg/cm^2$ 的"有效"涂抹厚度的性能。对于更老、更粗糙的皮肤，则需要使用更多防晒霜来涂敷。

综上，如果消费者按照 $1.3\ mg/cm^2$ 进行使用，其中的 $0.5\ mg/cm^2$ 用于填充，则防晒霜的有效厚度仅为 $0.8\ mg/cm^2$。他们预期的 SPF（50）则下降为实际的 20。

由于最小红斑剂量（使皮肤发红的光照时间）在使用时不够严谨，因此有效 SPF 的下降还没有看起来的那么糟糕。SPF 是依据最小红斑剂量导出的，而最小红斑剂量规定了照射的条件——与汤斯维尔或西班牙南部正午的照射角度及辐射强度相同。因此 SPF 在各种极端条件下都是一个非常保守的值。

其他朗伯 - 比尔定律应用的例子有：窗户上的遮阳棚的厚度（通常以质量表示）、保温层的厚度、R 因子以及防护服（见第 11 章）。说到防护服，有一种类似于防晒霜 SPF 的防晒等级表示法被用于服装，这种表示法被称为 UPF。这个标准是由 ARPANSA 制定的，该机构还负责监测核辐射安全（见第 18 章）。

消费者行为

消费者行为学研究表明，SPF 越高人们涂抹的防晒霜就会越少，因为他们认为少量的防晒霜就能提供足够的保护。防晒霜越黏稠，人们涂抹防晒霜的量就越小；反之，防晒霜越稀薄，人们涂抹的量就越大。与直觉相反的是，人们在使用喷雾式防晒霜时会比使用涂抹式防晒霜时涂得更厚。这是因溶剂的蒸发，人们觉得喷涂量仍然不足而选择多次喷涂。总之，消费者判断产品的使用量主要是依靠感觉，而不是依靠体积或质量。这就是消费者的规则，对吗（还是不对）？

定时补涂防晒霜对于保护皮肤是至关重要的，因为防晒霜会被擦掉或因光而分解。防晒霜的防水性也是一个影响因素。

不同国家对这一点的要求有很大差异，而澳大利亚对此最为严格。

防晒霜标准

自 1983 年一位英国标准的制定者主持了标准制定委员会并制定了世界首个防晒霜标准 AS 2604 以来，防晒霜的测试体系变得更加复杂、严格与全球化。标准制定委员会的第一项工作是使利益相关方达成共识。这一点需要时间——防晒霜原始标准的制定花了 6 年。第二项工作是要让消费者团体倒逼政府并提出要求：在澳大利亚销售的所有防晒霜都必须符合标准，以便消费者能够以合理的价格购买，并禁止市场炒作。第三项也是最后一项工作是说服超市和药房以消费者可承受的价格大量出售防晒霜，以此来鼓励消费者使用防晒霜并且涂抹足量——大型超市接受了这一挑战。

澳大利亚治疗药物管理局负责登记防晒霜相关信息，因为防晒霜具有治疗作用。登记号码可以在每个独立包装上找到（例如 Aust L 211397）。你可以通过澳大利亚治疗用品注册局（Australian Register of Therapeutic Goods）的网站（https://www.ebs.tga.gov.au），使用这个号码搜索产品。

这会为你提供与产品标签上标示内容相同的信息。然而，由于防晒霜是由零售商进行定期招标后而被制造出来的，因此你可以通过看 Aust L 编号是否改变来看你喜欢的产品的制造商或配方是否有所变化。你可以比较不同产品的有效成分。例如，某些活性成分已经确定会引起眼睛不适。

防晒霜的成分

有机防晒霜

有机紫外线防晒霜中的活性成分，可以吸收太阳辐射，并让其以较低的无害频率（荧光）再次辐射出来；或将其快速有效地转化为热量（化学光谱学家称为经历无辐射的跃迁），从而将光辐射引发的化学反应降至最小。

二苯甲酮（又称苯甲酰苯、苯酮等）是防晒霜中常见的基本成分。在核心结构大致不变的情况下，还有许多的二苯甲酮衍生物，例如，从二苯甲酮–3 到二苯甲酮–9（图 15.8）。

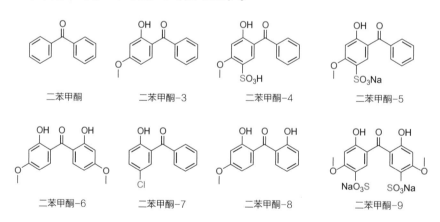

二苯甲酮　　二苯甲酮–3　　二苯甲酮–4　　二苯甲酮–5

二苯甲酮–6　　二苯甲酮–7　　二苯甲酮–8　　二苯甲酮–9

图 15.8　二苯甲酮及其衍生物

这些化合物还用于降低香水、肥皂、化妆品、发胶和染发剂中的香料和色素在紫外线下的分解。也有一些用作紫外线屏蔽剂被添加到塑料包装中。要将它们溶入油性防晒霜中并使其粘在皮肤上，需要将油性基团连接到二苯甲酮衍生物上，如阿伏苯宗和奥克立林（图 15.9）。基础分子中添加适当的添加剂，可以扩展吸收整个光谱，使其覆盖 UVA 与 UVB 辐射区域。请注意，吸收光谱几乎总是表现"吸光度（A）"与波长（λ）的关系。与用 SPF 的百分率作纵坐标相比，吸光度使用对数的形式表示，可以在纵坐标上表示更多的值。

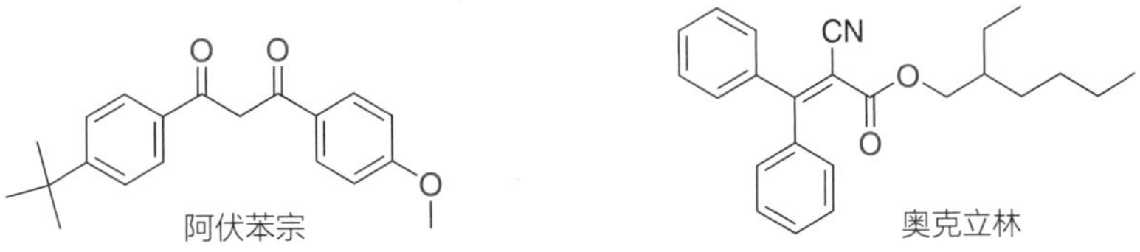

图 15.9 在防晒霜中添加阿伏苯宗和奥克立林以增加其油溶性

相同的基团添加到其他有效的防晒分子（如水杨酸）中后，可得到水杨酸 –2– 乙基己酯和水杨酸高孟酯（水杨酸三甲环己酯）。肉桂酸的衍生物肉桂酸酯（例如甲氧基肉桂酸 –2– 乙基己酯）是另一类紫外线吸收剂（图 15.10）。

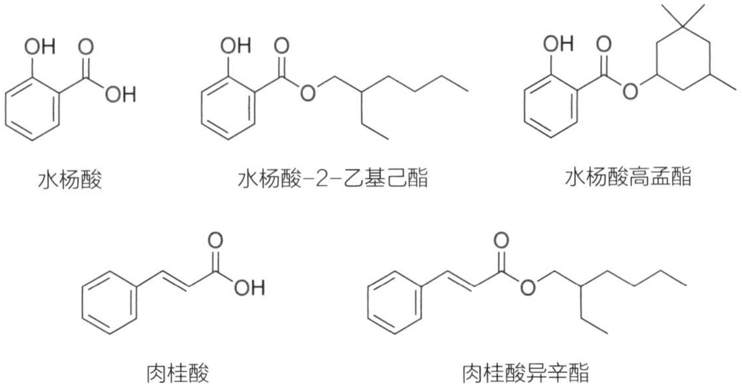

图 15.10 基于苯甲酸酯和水杨酸酯的紫外线吸收剂

无机防晒霜

无机防晒霜，例如曾经应用广泛的氧化锌和二氧化钛，被用在防护区域（主要是面部）的不透明层。这使它们变得明显，可以看出表面被完全覆盖，但效果你可能不喜欢。这些无机材料非常有效且比有机防晒霜更加稳定。然而，这两种金属氧化物都具有光催化活性（在无涂层的情况下）。这意味着在阳光的照射下，它们可以催化化学反应。20 世纪 90 年代的研究表明，在光照条件下，潮湿的氧化锌会生成过氧化氢。实际上，两种氧化物都可用于制造太阳能电池中的电极（见第 17 章）。

这些物质的粒径减小到微米（10^{-6} m）和纳米（10^{-9} m）级别后，可以使防晒霜变得透明，但其仍有效果。目前，联合使用有机和无机防晒活性物质，可以生产出最有效的防晒产品。

基底霜

如果类似于聚乙烯醇（PVA）的基底霜、化妆水或类皮肤聚合物配制不当，那么最好的防晒霜也不会起作用。

用于基底霜的聚合物有 1– 三十烯聚合物和 1– 乙基 –2– 吡咯烷酮（PVP / 二十碳烯共聚物）、丙烯酸酯 / C_{10} ～ C_{30} 烷基丙烯酸酯交联聚合物。对于这些物质的详细信息，你可以在澳大利亚国家工业化学品通告评估署或其他网站上找到。

基底载体必须提供一个连续稳定层，以抵抗毛巾（擦拭）、汗水和游泳的影响，且在阳光下也是稳定的。在进行市场监控时，应以苛刻的标准进行测试，以保证其性能。

对于从动物和蔬菜中提取的许多其他（天然的）成分，请记住，成分越多引发过敏的概率就越大。

没有可以"完全遮盖"的防晒霜。防晒霜就相当于一块花园遮阳布，具有高遮盖能力，但前提是需要有另一种不同的涂层来使粗糙的皮肤变得平滑。

验证防晒霜是否有减小患皮肤癌概率功效的方法和原理非常复杂。除了 6 个月以下的婴儿不得使用它们（化学物质更容易渗透婴儿皮肤，而且所涉及的比表面积更大），没有确凿的证据用以支持禁用防晒霜。但需要注意的是，结构相似的物质的性质也是略有区别的。

太阳镜

在 1978 年 9 月第 63 期的《堪培拉消费者》(*Canberra Consumer*) 中，有一份报告刊登了一位当地药剂师对各种太阳镜光透射率测试的结果。最令人惊讶的结果是，一些太阳镜，包括昂贵的"名牌"太阳镜，左、右镜片在紫外线区域下的光学性能差异很大（图 15.11）。这一点在平常的检查中并不明显，因为差异产生是在不可见但至关重要的紫外线区域。

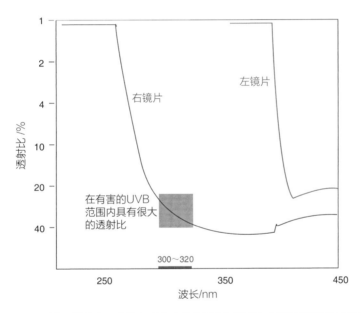

图 15.11　一副太阳镜的左、右镜片吸光度的差异主要体现在右镜片透射了大量的 UVB

当太阳镜的镜片材料由玻璃替换为塑料时，问题出现了。玻璃可以吸收紫外线（正如我们在关于防晒霜的话题中提到的）和一些红外线（见第 5 章中"卤素炉"内容）。但是，塑料在这些区域中没有固定的光学特性。

眼睛瞳孔的张开度与塑料太阳镜片对可见光的吸收量有关。但是，如果塑料削减的紫外线或红外线的量比可见光的量少得多，那么眼镜片（和视网膜）暴露在紫外线或是红外线下受到的总辐射量就会增加。过多的紫外线与红外线辐射会损伤眼睛。

《堪培拉消费者》应联邦商业和消费者事务部（Commonwealth Department of Business and Consumer Affairs）的要求，于1978年11月编写了一份报告。该报告建议对澳大利亚标准 AS 1067—1971 进行修订，并依照《贸易惯例法》（Trade Practices Act）第 62 条执行。1979 年初，澳大利亚标准协会成立了新的委员会，并着手制定新的执行标准。1985年10月1日，澳大利亚议会通过了强制性的相关安全标准，该标准要求所有的太阳镜（国产和进口）都必须满足新的澳大利亚安全标准的要求。制定太阳镜标准所需的时间要比制定防晒霜标准所需的时间短——它只用了 7 年时间，而防晒霜标准的制定则用了 10 年！

澳大利亚、欧盟和美国在太阳镜制造方面都有相关的标准。但是，AS/NZS 1067 是全球唯一的强制性的太阳镜标准。在该标准中，对于安全和性能的要求非常严格。所有在澳大利亚销售的正品太阳镜（不论廉价或者昂贵）都必须符合标准。有一些行业，需要特殊的防护要求；对于在夜间驾驶时佩戴的太阳镜，则有更严格的颜色要求。澳大利亚联邦和各州政府共同监督标准的实施。

例外的情况！

有些时尚眼镜不属于太阳镜的范畴，不需要符合上述标准。

偏光太阳镜可以很好地滤去水和雪反射的刺眼的光。但是使用偏光太阳镜看液晶显示屏时，就会出现一些有趣的事情，如屏幕显示的色彩会发生改变。

全方位保护眼睛是十分重要的。如果已佩戴太阳镜，在某些角度仍能看到眼睛的话，则眼睛仍有可能受到辐射的伤害。

不同波长的紫外线在眼睛中的透射率如图 15.12 所示。

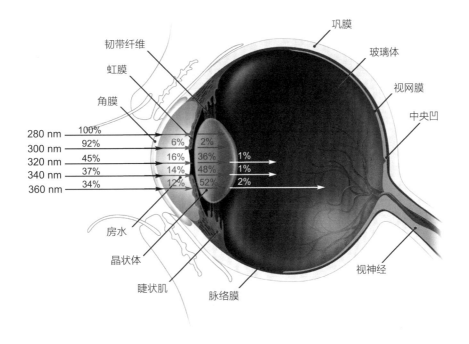

图 15.12 眼睛吸收紫外线的情况（图中的值是眼睛每层结构中吸收的
入射辐射的百分比）

来源：修改自 kocakayaali/Adobe Stock。

潜水服

20世纪70年代，美国国立大学化学博士罗伯特·G.吉尔伯特（Robert G. Gilbert）的一篇论文的标题为"在潜水服里撒尿：可怕的真相"。罗伯特还是一位冲浪者、合唱歌手、越南战争的反对者等。后来他成为悉尼大学的化学教授（在悉尼冲浪比在堪培拉更好）。关于潜水服的研究没有被登记在澳大利亚的国家优先研究项目中。然而，在炎热的夏天，这也许会使无聊到需要借酒消愁的理科生产生独特的兴趣。

如第 11 章所述，氯丁橡胶是由杜邦公司内才华横溢但患有抑郁症的化学家华莱士·休姆·卡罗瑟斯发明的。氯丁橡胶以天然橡胶为基料，而且其中含有很多氯原子（几乎占质量的一半）。氯丁橡胶用于制作潜水服，因为氯可以抗油脂和冲浪板上的蜡质。然而，尿液就是另一回事了。在尿液的化学组成中，其主要成分为尿素。人体通过消化蛋白质来摄取氮元素，过量的氮以尿素的形式排出体外。与所有的塑料和天然橡胶及人工合成橡胶一样，氯丁橡胶由线型高分子卷曲而成，就像意大利面一样。正是这种结构特点，决定了塑料和橡胶的性质。但是，尿素与氯丁橡胶接触就会使线型高分子在许多点发生交联，从而导致橡胶的弹性降低（见第10章）。在潜水服晾干后，变硬的部分就会裂开。这个过程很慢，但是也要注意，毕竟"千里之堤，溃于蚁穴"。

一项对潜水员的调查显示，79%的潜水员承认自己在潜水时小便，其余的21%说了谎。这除了造成潜水服的化学降解，还会产生气味！目前尚不清楚这是否会吸引或驱赶鲨鱼。因此，不必担心，穿着潜水服去探索远离海岸的大陆架吧，尽管你可能会听到来自胯部的发硬的氯丁橡胶部分断裂的声音。

为什么会在潜水服中小便？

人体暴露在低温下时会产生小便的冲动，尤其是在吸收你体内热量的环境（例如水）中时，这种冲动被称为"冷利尿"。为了最大限度地减少热量的散失，血管会收缩，从而促使毛细血管中的血液流入体内。这意味着，要在较小的空间内容纳相同体积的流体。这会导致血压升高，肾脏也会因此排出多余的液体，然后这些液体流入膀胱。在人未察觉时，潜水服就渐渐开裂了。

其他泳装

棉布从来不被认为是一种成功的防水材料。虽然棉布有很强的耐氯性，但棉布会缩水变紧。当棉质的T恤在比赛时被打湿后，湿的棉布会让人感到不适。

如今，各种面料都可用于制造泳装。泳装面料包括尼龙或尼龙与氨纶（聚氨酯）混合物，莱卡、斯潘德克斯（Spandex™）等品牌都有这种面料的产品。聚氨酯对氯（和溴）非常敏感，但是新开发的莱卡274-B

具有更强的抗氯性。尽管聚酯（PET）对这些化学物质的耐受性比尼龙强，但是染色所用的染料（被称为分散染料）在洗涤过程中与氯接触时，会以混合物的形式转移到弹性纤维上。另外，用于染尼龙的染料（酸性染料、铬染料）也可以用于染羊毛。当使用这些染料染色时，尼龙在接触湿的氯时也不会褪色。

尼龙面料比聚酯纤维面料更昂贵，也更耐磨。这对女式泳装尤为重要，因为厂商通常以泳装在水中"有弹性"为名义，出售小一号的泳装。其实不是这样！真正的原因可能是，厂商希望服装通过保持潜在的错位和膨胀来保证其强度。但这样布料会承受很大的拉力，有时会引发大的问题，使厂商面临许多消费者因不满意而要退货的难题。高分子化学家可以为你做的事情暂时就这么多！对于男式泳装，主要的挑战在于腹部周围的尺寸问题，这可以用较紧的绳子来解决，因此聚酯纤维（超细纤维）很适合男式泳装并且穿起来很舒适。想到穿着的泳装是由塑料瓶再生的 PET 制成，男士们也可能因此感到兴奋。

聚丙烯纤维是所有合成纤维中最轻、吸水率最低的材料，因此可用于制造户外防寒服（PET 也可以）和钓鱼线。聚丙烯对日光敏感，因此需要进行紫外线稳定化处理。高科技聚丙烯面料的泳装最初是为美国海豹突击队设计的，因为这种泳装可为潜水员保温。由于其出色的抗褪色、抗污渍和抗氯性能，聚丙烯也已经用于制造民用泳装。如果布料破散，其纤维还可以用来钓鱼！

衣物的护理说明印证了这些观点。漂白剂和泳池中氯的化学组成是相同的，因此有禁止漂白的标识意味着该泳衣在泳池中会缩短使用寿命（温泉中溴的腐蚀性更强）。除了尼龙之外，其他面料的衣服也建议分开洗涤，或者将相近颜色的衣服一起洗涤。管他呢，为保持经济发展，每个季节都买新的泳装吧！

发光的沙堡？

躺在悉尼北部黑沙滩上晒太阳，化学家很自然地会想到……辐射！

这次讨论的辐射是来自沙子的辐射而不是太阳辐射。到底是什么使沙子变黑？为什么人们在澳大利亚东海岸的弗雷泽岛上开采这种沙子？

开采到的沙子可用于提取金红石和钛铁矿，然后将提取到的矿物进行精炼以获得二氧化钛。这种二氧化钛可作为制造防晒霜色素的原料，也可以用在油漆和牙膏的颜料中。此外，通过冶炼二氧化钛也可以得到用于厨具和飞机中的钛金属，这些都是有价值的东西。但是留下了什么呢？

这也正是化学家们对于辐射的担心之处。独居石矿物是一种有价值的副产品，被留在了沙子中。它含有所谓的稀土金属，对于现代消费社会而言，稀土金属无处不在，已经变得必不可少。但是独居石还包含两种放射性元素——铀和钍。它们是具有相似化学性质和放射性的元素，并且具有相似的用途。独居石中含有 5% ～ 7% 的钍。

稀土金属

几乎每个带有开关的物品中都含有稀土金属。想想看，在 20 世纪 50 年代，我们只依靠十几个元素来制造大部分产品。我们对它们的名称很熟悉，比如铁、铝、铜以及一些准金属（如锗，包含锗元素的最早的晶体管收音机中的晶体管对热敏感，因此偶尔在海滩收听节目时会出现失谐现象）。然后就是硅。

那么现在呢？作为全球拥有智能手机的 20 亿人口之一，你是至少含有 30 种不同元素的设备的使用者。2012 年全球售出的 17 亿部智能手机，就使用了 440 t 稀土元素材料。对稀土元素供求关系的研究可能会超过对化石能源供求关系的研究。稀土元素使手机屏幕的玻璃更加坚硬，扬声器磁铁、耳机和振动马达中都需要稀土元素。稀土元素使电池组变得更小，具有更高的能量。稀土元素是清洁能源发展的关键。丰田普锐斯混合动力版的电池组中包含近 9 kg 的稀土元素。普锐斯只是众多混合动力汽车和电动汽车中的一款，而这两种品类中任意一种的保有量就已经超过了 200 万辆。稀土金属也用于制造风力涡轮机、太阳能电池和蓄电池。什么？风力发电厂也会有放射性废物的问题？所有的事物都有好的一面与坏的一面吗？

每个人都听说过铀，但铀的同系元素却被人们所忽略。钍可以用于发电，使发电更为安全——它很难熔断，不易发生爆炸。但它很容易被忽略。崇尚和平的人们再次认真地审视了钍核反应堆（见第17章）。野营所用的燃气灶的防火罩曾经就是由钍的氧化物制成的，而现在这类产品是用其他稀土金属制造的（比如铈），并被贴上了无放射性的标签。（顺便说一句，铈并不是那么稀有，因为它在地球上的含量与铜相同。但是谁听说过铈呢？）铀和钍都可以发射 α 粒子。

α 辐射是最危险但也是最安全的。α 辐射造成的伤害是 β 辐射和 γ 辐射的 20 倍，β 辐射与 γ 辐射也是常见的辐射。但是 α 粒子的体积和质量都比较大，无法穿透纸张或皮肤（图 15.13），只有在被吸入或食入时才会造成危害。对于采矿与精炼行业中不受保护的工人，这的确是个坏消息。

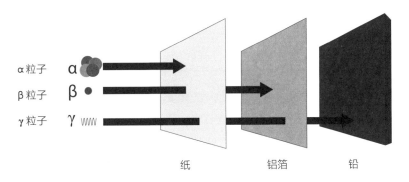

图 15.13　α、β 和 γ 粒子的穿透性示意图

来源：doethion/Adobe Stock。

这些 α 粒子（He^{2+}）是怎么起作用的？它们可以立即从任何地方捕获两个游离电子，然后变为无害的氦气（可用于填充孩子们的派对气球）。α 粒子会在工人的肺部或肠道内产生自由基，从而对人体造成伤害，因此要确保工人体内没有 α 粒子。

好消息是，黑沙中的辐射水平可以忽略，只有在采沙废料中独居石富集时，辐射才值得被关注。在正常情况下，孩子们还是可以在黑沙滩上快乐地玩耍。

在海滩上跑步与流体流动

你是否体验过在海滩上沿着水边的湿沙奔跑时"踩沙"的乐趣？沙地似乎像人行道一样坚固，踩在上面时似乎很难留有痕迹。但是，如果你站了很短的时间，沙地也会微微下陷并留下一个明显且有一点干燥的脚印。另外，在干燥的沙滩上跑步比较困难，因为沙滩会在你的脚下迅速凹陷。为什么会这样呢？

当干沙变湿时，水起到润滑剂的作用，并且使沙粒更有效地聚集在一起，从而导致沙子的流动性变差。然而，跑步者的脚在湿沙上突然施加的剪切力迫使颗粒彼此分开，形成了空腔，而水却还没来得及填入，由此产生的摩擦力阻止了颗粒的运动。另外，如果你站着不动，水就会流入，润滑脚下的沙子并使其重塑（见第 3 章）。

想要进一步了解黏度，请参考以下实验。

实验

取一个高脚杯，在底部放少量蜂蜜。将玻璃杯向一侧倾斜，使杯口微微向下，则蜂蜜开始流动。靠近杯壁的分子因受到杯壁的引力而很难流动。这些分子会减慢下一层分子的流动速度。每一层都会减慢下一层的流动速度，以此类推，这种作用存在于整个流体中。在一些熔岩流中也可以观察到这种现象，例如绳状熔岩，其分解后就形成了我们在火山活动地带见到的黑色沙滩（图 15.14）。

如果分子间作用力很弱，则阻力就处于表面附近；但是如果分子间作用力很强，阻力就会传递至整个流体中。温度升高会降低分子之间的吸引力，从而使液体的黏度降低。对于非牛顿流体，黏度还取决于剪切速率；黏度有时因受到剪切力而增大（膨胀）；有时又因受到剪切力而减小（触变）；有时两者的关系很复杂，取决于施加力的方式与作用时间。不同现象的机理是不同的。

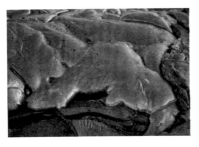

图15.14　（左）绳状熔岩表现出了流动液体的黏性，并解释了（右）黑沙滩的起源

来源：（左）John Penisten/Adobe Stock；（右）javarman/Adobe Stock。

我们可以用玉米淀粉和水的混合物（体积比为2∶1）来演示这一理论。这种悬浊液黏度较低，需要用勺子缓慢搅拌。当快速搅拌时，悬浊液会立即稠化为几乎为固体的糊状物；当缓慢搅拌时，糊状物会再次变为液体。

流体的触变则更容易理解。流体中存在一种松散的二级结构，它们充分结合后会使得流体具有高初始黏度。无须复杂的油漆配方，你就可以看到这个现象——只需要从食品柜里取出番茄酱瓶即可。当你敲击或摇晃瓶子时，剪切力会破坏二级结构并使内容物黏度降低。这将导致流体具有更好的流动性，甚至会洒得到处都是。淀粉凝胶中的弱氢键即为番茄酱中的二级结构，使番茄酱结合。触变行为对于乳胶漆的性能是十分重要的（见第13章）。

剪切稀化多见于食品和化妆品。在面包上抹上酱料制作三明治时，在面包不被撕破的条件下，剪切速率为100 mm/s左右（适合于匆忙做早饭的人），酱料黏度不超过10～30 P（P指的是泊，即黏度单位，1 P=0.1 Pa·s）。以下是一些常见流体的黏度（以P为单位）：棉花糖奶油，10 000 P；蜂蜜，100 P；机油，1 P；水，0.01 P；空气，0.0001 P。花生酱比人造黄油更难抹匀，因为在涂抹造成的剪切稀化下，花生酱的黏度比人造黄油的要高得多。蛋黄酱和芥末酱也具有与人造黄油相似的剪切稀化特性。

拓展阅读

防晒霜

特里·斯莱文（Terry Slevin）著《太阳、皮肤和健康》（*Sun, Skin and Health*）。

防晒标准 AS/NZS 2604，https://www.tga.gov.au/consultation/changes-tga-sunscreen-guidelines-and-related-legislation。

http://www.eurofins.com.au/dermatest/

http://en.wikipedia.org/wiki/Sunscreen

http://www.dermatest.com.au/Scientific/Zinc%20Oxide%20Alone.pdf

http://msykes.com/things/sunscreen/

潜水服

http://www.scientificamerican.com/article/how-speedo-created-swimsuit/

http://www.thedailybeast.com/why-ban-full-body-olympics-swimsuits-a-scientist-explains-polyurethane

http://www.chlorinethings.eu/home/blog/improving-stuff-with-chlorine-chemistry/better-sports-performances/want-to-swim-faster-than-a-fish

稀土金属

http://www.australianrareearths.com

http://www.rareelementresources.com/rare-earth-elements/rare-earths-at-bear-lodge#.VdJXq0tt04Y

16 金属和类金属的生物效应

我们生活在一个富含金属化合物的环境中。我们的身体利用某些金属以保护自己免受其他金属的伤害。这一章与我们在第 1 章中探索的化学形态的概念紧密相连——金属的形态决定了我们的身体对它的反应。本章我们仅选有限的几种金属和准金属进行论述，你也可以去探索有意思的其他金属。

重金属在工业中应用广泛。当释放到空气中或河流中时，它们打乱了元素的自然分布，也改变了金属在生物学上的可利用性。例如，酸雨降低了水体的 pH 值，使金属元素（如铝）从之前不溶于水的不可利用状态中释放出来。

元素的生物可利用性至关重要，因为我们对某些微量元素的需求非常低。如果摄入的这些微量元素超过我们需要的量时，就会产生副作用——身体中毒。我们大量使用的元素是较轻的元素，包括金属钠、钾、镁和钙，以及非金属碳、氢、氮、氧、磷、硫和氯。我们使用元素周期表第一过渡系的元素，例如氧化/还原过程中的铁和锰、氰钴胺素（维生素 B_{12}）中的钴、脲酶中的镍和用于控制葡萄糖的铬。锌对于免疫系统的正常运作非常重要，这就是你经常看到它与紫锥菊提取物混合出售来治疗流感症状的原因。排在元素周期表后部的较重的元素在任何情况下都不会被人体利用，因为许多元素是有毒的，必须将其排除在外。

尽管高剂量的金属常常导致中毒，但低剂量的各种金属已经在医学上使用了几个世纪。表 16.1 显示了一些金属及其用途。

表16.1　金属及其用途

金属	用途
锂 (Li)	抗抑郁
银 (Ag)	抗感染
铜 (Cu)	抗癌药
金 (Au)、汞 (Hg)	杀菌剂
铝 (Al)、锆 (Zr)	收敛剂
砷 (As)[①]、锑 (Sb)	寄生虫灭杀剂
硒 (Se)[①]	免疫系统兴奋剂

[①] 砷和硒是类金属。

形态决定风险

根据金属的物理和化学形态可判断该物质可能是剧毒或完全无毒。液态汞（如温度计玻璃泡或牙科用汞合金中的汞）无毒，但长时间接触时，液态汞释放出来的少量汞蒸气（但通常不是汞合金）很容易被吸到肺部，并可能导致中毒（见第 8 章中"牙齿"内容）。无机汞化合物的毒性取决于它们在体液中的溶解度。可溶硝酸汞在毛毡制作过程中的使用，导致早期业内可怜的专业人士变得"疯癫"。

毒性最大的汞是有机汞化合物，特别是烷基汞，它是由无机汞在河道沉积物中的微生物的作用下产生的。这些化合物虽然不溶于水，但极易溶于脂肪，因此能够储存在体内，平均存留时间约为 70 天。相比之下，无机汞只能在体内停留 6 天。因此，在持续接触低水平汞的情况和相同的暴露水平下，有机汞在体内的浓度可能是无机汞的 10 倍。

二甲基汞［$Hg(CH_3)_2$］是已知的毒性强烈的神经毒素之一。它与半胱氨酸形成复合物，并很容易穿过脑血管壁。大多数手套在防止接触二甲基汞方面没有任何作用，因为二甲基汞很容易穿其而过。1997年，美国达特茅斯学院的一名化学家因将几滴二甲基汞化合物洒在乳胶手套上而接触该化合物，以致死亡。

尽管可溶性钡化合物有剧毒，但是用于增加 X 射线检测内脏器官对比度的硫酸钡却非常难溶，所以是无害的。金属铅本身并不特别危险，尽管衬铅屋顶的积水曾经是一个相当大的问题。油漆中使用的某些形式的铅非常易溶于体液，因此是有毒的。铜是必不可少的金属，但是在澳大利亚医院中，通过铜管输送的水在透析液中发生反应，以至于产生了 1 mg/kg 的铜化合物，这会使储存在肝脏中的膳食铜摄入量增加约 10 倍。家用网状铜冷水管在短时间内形成铜锈保护层后，对人类用水来说是安全的。

铜质径流杀死鱼类

过去澳大利亚国立大学化学研究学院的图书馆周围有一个鸭塘。请注意，这不是鱼塘！由于建筑物的旧屋顶是用铜做的，因此每次下雨时，都会有足够多的铜浸入水中，然后杀死可能引入的任何敏感鱼类。现在旧的铜屋顶已经被替换了。

微量元素

有些微量元素对人们的健康和幸福至关重要。这并不奇怪，因为它们是我们周围环境的一部分。人体内钠和钾的含量与地壳中这些元素的含量非常接近，这一事实很好地说明了人与环境之间的密切关系。研究逐渐增加了必需微量元素清单，目前认为动物生命所必需的 14 种微量元素有铁、碘、铜、锌、锰、钴、钼、硒、铬、镍、锡、硅、氟、钒，其中有 10 种金属元素、2 种准金属元素和 2 种主族元素。随着实验技术的进一步完善，其他元素可能会被添加到这个清单中。例如，在超净环境中以及摄入纯结晶氨基酸和维生素后，14 种元素之中的 5 种——镍、锡、硅、氟和钒，最近被公认为是实验室动物饮食中的必需营养素。关于"新"微量元素的代谢功能及其在人类健康和营养方面的实际意义，仍有许多问题有待研究。

我们从食物和环境中获得微量元素。植物从它们生长的土壤中提取元素，其中一些元素是植物营养所必需的，后来被我们所吸收。食品的加工和包装可能会增加不良微量元素的含量，同时消耗必需的微量元素。现在让我们对一些金属和类金属元素进行更详细的讨论。

铝

有证据表明，过量的铝会引起短期（急性）毒性。在英国，硫酸铝被意外放进饮用水设施中，约 20 000 人处于硫酸铝含量增加的环境中至少 5 天。病例报告中显示有恶心、呕吐、腹泻、口腔溃疡、皮肤溃疡、皮疹和关节炎疼痛等症状。由此可见，饮用水中过量的铝不会对健康产生持久影响；所以得出的结论是，这种大量过度暴露的症状是轻微的、暂时的。

毫无疑问，铝具有神经毒性。例如，肾透析患者接触到透析液中的铝后，会患上痴呆（但不是阿尔茨海默病）。尽管铝对神经有毒，但铝盐很难穿过肠壁。在胃的酸性环境中，铝以 Al^{3+} 的形式存在，带电的离子物质无法穿过胃黏膜。相反，小肠内是碱性的，铝以不溶性氢氧化物［$Al(OH)_3$］的形式存在，物理上不能通过。然而，也有一些铝的复合物，特别是柠檬酸盐（来自果汁中的柠檬酸），可以穿过肠道。

铝的来源

我们以各种形式摄入少量的铝。成年人每天从食物和饮料中摄入 2.5 ～ 13 mg 铝。饮用水一般用明矾［$KAl(SO_4)_2 \cdot 12H_2O$］作絮凝剂来净化。这样会去除悬浮的黏土（一种不溶性铝的来源），并保留其余的可溶性铝。其每天在饮用水中的含量约为 0.2 mg。非职业接触者的肺中铝的吸收量每天高达 0.04 mg。另外，两粒平均大小的抗酸药片的铝含量可能超过 500 mg。

柠檬酸盐是肠道中正常的膳食分解产物，也是常见的饮料成分。据报道，在含柠檬酸的饮料中铝罐内的铝含量每年可增加至 0.9 mg/L。柠檬酸盐的存在可以升高血浆铝水平（与其摄入量无关）。

一些铝制平底锅比其他金属制平底锅更容易被腐蚀，并释放出更多的铝到熟食和开水中，特别是在用钢丝球或粗砂刷洗时。酸性食物会破坏具有保护性质的氧化层。众所周知，葡萄酒和蛋黄酱在铝制平底锅中会变色。

墨尔本的大部分水没有用明矾处理，而布里斯班的大部分水是用明矾处理的。墨尔本的水中可溶性铝含量应低于 0.05 mg/L（总铝含量应低于 0.1 mg/L），而布里斯班地区的水中可溶性铝含量应低于 0.1 mg/L（总铝含量应低于 0.2 mg/L）。美国环境保护局规定瓶装饮用水中铝的最高限量为 0.2 mg/L。世界卫生组织建议对社区饮用水供应实行同样的限量。澳大利亚水处理指南涵盖了有关铝的主要问题。

> 水是饮食中铝的一个次要来源，不太可能对身体吸收有显著的贡献。

一些食品添加剂，例如磷酸铝（食品添加剂 541）和硅酸铝（食品添加剂 554），用于加工食品。它们都是酸溶性的，用于 pH 值稳定、乳化、增稠、抗结等。在面包中，黑麦粗面包的食品添加剂含量范围为 350～13 000 μg/kg。

大部分止汗剂都含有聚合氯化铝（见第 8 章中"除臭剂和止汗剂"内容）。关于止汗剂与阿尔茨海默症和乳腺癌之间的联系，一直存在很多争议，但科学研究还没有在它们之间建立起相关性。止汗剂中的少量铝可以被吸收到血液中，但是它只占每天通过肠道吸收量的 2.5%。

铝化合物在水中的化学性质很简单，主要以两种形式存在。在酸性溶液（pH < 5.5）中，铝离子"附着"在 6 个水分子上。当 pH > 7 时，铝以 $Al(OH)_3$ 的形式存在，其不溶程度取决于周围可以与铝络合的其他元素。三水铝石（氢氧化铝的一种矿物形式）的 K_{sp} 值随 pH 值的增加而发生很大的变化（图 16.1）。

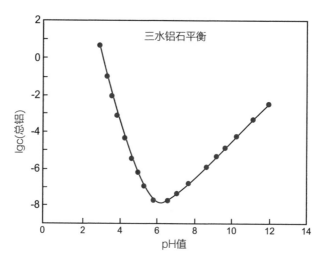

图 16.1　三水铝石平衡表明，铝的最低浓度出现在接近中性的 pH 值处

氟化物与铝形成稳定的络合物，在浓度为 $10^{-4} \sim 10^{-5}$ mol/L 时，AlF_2^+ 和 AlF_3 是最常见的两种络合物。

铝的生物可利用率

由于铝的复杂形式，铝的总摄入量与进入血液中的铝量（生物利用度）之间几乎没有关联。例如，茶中的铝含量很高（1000 ～ 3000 μg/L），但由于茶叶中的多酚类物质难以消化，因此被吸收铝的量很少。从水中摄取铝的效率按以下顺序降低：柠檬汁＞橙汁＞葡萄酒、咖啡＞番茄汁＞啤酒＞茶、牛奶。

铝很容易取代骨骼中的钙，而骨骼充当了一个被动的铝储存器，因此骨骼中的铝含量是衡量其长期摄入量的一个很好的指标。铝含量的范围从正常的干重 3.3 μg/g 到高于 200 μg/g（对于高铝饮食人群）不等。

砷

砷，被归类为准金属，是一种非常常见的元素，在地壳元素中丰度排第 20 位。它存在于火成岩和沉积岩中，特别是硫化物矿石中。砷通过冶炼和燃烧矿物燃料后产生的工业排放物释放到环境中。砷最常见的形式是无机化合物。然而，微生物的甲基化会产生挥发性的甲基砷化氢和有机砷酸。

在 DDT 出现之前，砷类药剂是主要的杀虫剂之一。砷对植物也有毒性，因此被用到除草剂中（见第 12 章中"毒性迁移"内容）。事实上，在它积累到足以对人类健康造成危害之前（与铜和镍是相似的），它通常会杀死植物。过去食物中的砷含量比现在高得多，而现在农业中很少使用砷。

似乎有一个摄入值，超过这个值，砷会在系统中积累；低于这个值，身体几乎能够排出摄入的所有砷。砷的正常摄入量为 $0.007 \sim 0.6\,mg/(kg \cdot d)$。这一元素似乎不太可能引起任何问题；砷中毒只可能发生在有职业危险的个人或被谋杀未遂的受害者身上。

食用含砷的土壤会带来很大的危害（例如，用脏手指把土壤转移到食物中或直接送到嘴里——这取决于你的年龄）。这些物质通过肺部后能够更高效地被吸收，因而吸入粉尘可能是一种潜在的危险。

1992 年，澳大利亚国家健康与医学研究委员会（NHMRC）/澳大利亚和新西兰环境保护委员会（ANZECC）的关于从直接（饮食）健康角度对受污染场所采取行动的指南，设定了"触发水平"：砷为 100 mg/kg（在环境中为 20 mg/kg）；铅为 300 mg/kg；镉为 20 mg/kg。

砷的环境含量远低于指南水平，因为超过 20 mg/kg 就会杀死大多数植物。

有机砷被广泛用作饲料中的添加剂，因为这些化合物似乎可以刺激生长并提高食品利用率。动物饲料中砷的含量通常为 35 ~ 40 mg/kg，在这个基础上，可食用组织中的砷有一定程度的积累——通常肌肉中的砷含量低于 0.5 mg/kg，肝脏中的低于 2.0 mg/kg。目前，砷在木材防腐剂中的用途有限（见铜铬亚砷酸盐），少量砷被用于玻璃制品和电子产品，如砷化镓晶体管和光伏电池。

撒尔佛散——埃尔利希试剂（Ehrlich）的化合物 606（砷凡纳明）——是第一种能够成功且相当安全地治疗梅毒的药物。该药在 1910 年开始使用，一直到 20 世纪 40 年代才被青霉素替代。撒尔佛散继续被用于治疗动物寄生虫病，例如犬心丝虫病。"戈西奥气体"是三甲基砷（Me_3As）——一种挥发性的有毒砷化合物，由生长在含有砷的舍勒绿（亚砷酸铜）壁纸上的霉菌产生。

拿破仑：死于墙纸?

关于拿破仑死亡的理论之一：他是被毒死的，不是其他人为了报复，而是他的墙纸（或者至少是它散发出的含砷的气体）有毒！砷会积累在一种存在于头发和指甲中的聚合物（角蛋白）中。法医对拿破仑的头发进行了分析，结果显示其中含有砷。19世纪20年代，一名游客对他家中留下的壁纸样本进行了砷检测，发现结果呈阳性。

砷以高浓度有机形式存在于海洋动物中，例如龙虾。砷甜菜碱（$Me_3As^+CH_2COO^-$）是其最常见的形式（图16.2）。它也以砷胆碱（$Me_3AsCH_2CH_2OH$）的形式被发现。我们以这种形式迅速排出砷，砷的形式显然没有任何改变。它的最大安全量非常高（10 g/kg）。

砷甜菜碱

图16.2　龙虾是有机砷化合物（如砷甜菜碱）的常见饮食来源

来源：（左）ead72/Adobe Stock。

砷毒性最大的形式是 As^{3+}，因为它会与维持生命所必需的酶中的硫化物或巯基发生反应。砷和各种相关的重金属中毒可以用二巯基丙醇［也被称为英国抗路易斯气剂（BAL）］来处理。二巯基丙醇是一种用于对抗在战争中使用的诸如路易斯毒气之类的含砷气体的化合物（图 16.3）。

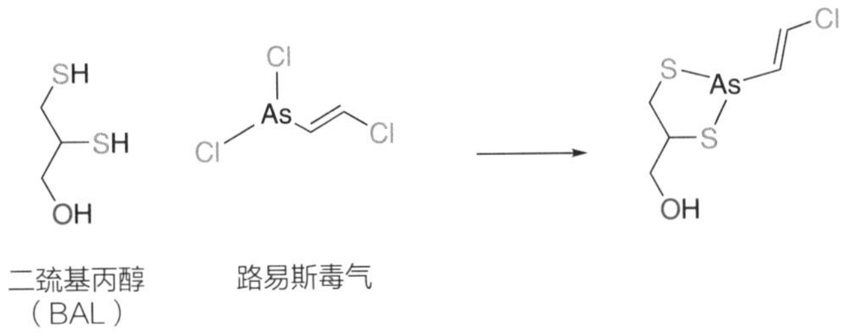

二巯基丙醇　　　　路易斯毒气
（BAL）

图 16.3　二巯基丙醇对含砷化合物路易斯毒气的作用

镉

镉化物在陶瓷釉料、油漆和塑料中用作色素（柠檬色、黄色、橙色和栗色）。镉用于电镀、轴承合金、焊接铝（镉/锌），以及核反应堆（作为中子屏蔽和控制棒）中。镍镉蓄电池中也有它的身影（见第 17 章）。有机镉化合物曾经用作 PVC 的塑料稳定剂和塑料脱模剂。镉看起来像锌，但是在弯曲时，粗粒镉发出类似于锡发出的爆裂声。

锌的开采和精炼，以及过磷酸钙肥料的使用均会释放出具有生物活性的镉。这种镉被土豆、莴苣等常见农作物被动吸收，但对植物无毒，因此土壤中的镉会对人体健康造成危害。它也会富集在滤食性动物身上。例如，在未受污染的水中生长的牡蛎中，镉的含量可能只有 0.05 mg/kg；而在受污染的水中生长的牡蛎中，镉的含量可能超过 5 mg/kg。

当我们通过饮食摄入镉时，很少（2%～6%）被吸收。然而，任何被吸收的镉都会留在我们体内，因此镉的含量从我们出生时的 0 开始逐渐增加。从空气中吸收镉的量更高（10%～15%）。香烟烟雾中含有镉：20 支香烟中镉的平均含量为 30 μg，其中约 70% 从烟雾中挥发出来。这意味着吸烟者会吸收大量的镉！储存的镉含量与高血压有明显的相关性，向雄性动物注射氯化镉会对睾丸造成不可逆转的损害。

强调镉对睾丸的影响是劝阻学化学的年轻男生吸烟的有效方法。

镉具有毒性，因为它会与锌和钙竞争。高浓度的镉会造成异乎寻常的影响。1955 年，日本人报告了一种叫作"痛痛病"的疾病。这个名字取自患者的哭声，并被翻译为"痛痛病"。这种疾病的特点是：开始时表现出一些轻微的症状，后来会觉得越来越痛。比如关节疼痛，最后由于骨骼萎缩而完全不能动弹，令人痛苦不堪。镉引起骨质疏松并全面抑制骨骼修复，从而使骨骼因承重而发生变形、断裂和塌陷。在日本，这种疾病与本地饮食中的稻米和大豆［镉含量为 0.37 ～ 3.36 mg/kg（干重）］有关。而且据了解，制备镉基涂料的工人也会患上这种疾病。

镉与锌化学相关（它们在元素周期表的同一列，见图 1.1），并在自然界和锌产品中与锌共存。锌 / 镉基团也与镁 / 钙基团相关，因此镉（和锶）可以与骨骼中的钙有效地相互作用。金属的相互替换性取决于它们的化学相似性和离子半径（见表 16.2）。

表 16.2　金属元素的离子半径（单位：皮米，10^{-12} m）

1组	2组				12组			14组
Li^+	Mg^{2+}	Ca^{2+}	Sr^{2+}	Ba^{2+}	Zn^{2+}	Cd^{2+}	Hg^{2+}	Pb^{2+}
152	160	99	113	135	74	97	100	121

锌和镉相互抑制彼此在人体内的吸收量和储存量，这可能是因为它们在竞争相似的蛋白结合点位。摄入大量锌可降低镉的毒性，而摄入大量镉会造成缺锌并增加镉的毒性。人体通过把镉沉积在肾脏和肝脏中排出体外。由于我们吃的动物也是如此，因此我们应该避免吃那些积累了大量重金属的年长动物的内脏。

铬

缺铬似乎会降低人体对葡萄糖的耐受性。这是因为铬是胰岛素的辅助因子，对于适当的葡萄糖代谢必不可少。摄入不足会导致铬缺乏症。人类对铬的需求量很难估计，因为人们对它在食物中的形态或其生物利用度知之甚少。肉类似乎是饮食中铬的最佳来源，并且每千克肉类可能含有数毫克铬。酵母发酵面包中的酵母也是铬的一个重要来源。

在一项涉及一组老年糖尿病患者的研究中，添加了啤酒酵母以补充饮食。研究结果显示，该组所有成员均有胰岛素减少、胆固醇水平降低的情况。

钴

钴是维生素 B_{12} 的重要成分，它位于平面四吡咯环的中心（图 16.4）。因此人体内的钴营养情况主要是维生素 B_{12} 的来源和供应问题。另外，反刍动物可以直接利用饲料中的钴，因为瘤胃微生物区会将钴转化为维生素 B_{12}（以氰钴胺素形式存在）。所有的日常饮食都含有远远超过维生素 B_{12} 所需含量的钴。钴的摄入量是每天 $0.15 \sim 0.6$ mg。每天摄入 $25 \sim 30$ mg 钴对人体有毒害作用。

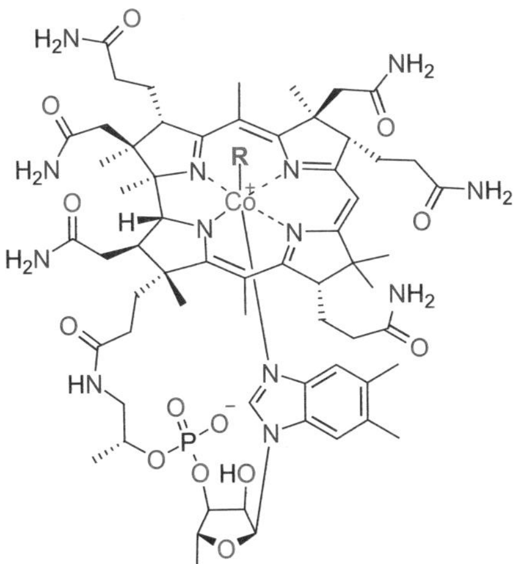

R = 5'-脱氧腺苷、甲基、OH、CN

图 16.4　维生素 B_{12}［存在四种具有不同 R 基团的维生素 B_{12}：腺苷钴胺素（R=5'-脱氧腺苷）、甲基钴胺素（R= 甲基）、羟基钴胺素（R=OH）和氰钴胺素（R=CN）。这些形式的维生素 B_{12} 在体内的生产和活动方式各异］

在每天饮用 12 L 啤酒的人中，钴被认为是导致心力衰竭的原因。将 1.2 ～ 1.5 mg/L 浓度的钴添加到啤酒中，用以改善其起泡性。在这个浓度水平下，重度饮酒者每天摄入 6 ～ 8 mg 钴。这个量在正常饮食中可以摄入，而不会产生不良影响。由此看来，心脏问题是由劣质饮食、高酒精摄入量和高钴摄入量共同造成的。

来源：AlanKadr/Adobe Stock。

铜

没有成年人缺铜的报道，即使在放牧动物严重缺铜的地区也是如此。但是，在以牛奶为主食的贫困社区，缺铜会导致婴儿贫血。婴儿的饮食每天每千克体重含铜量小于 50 μg 就会导致婴儿缺铜，并引发临床损害。铜是几种胺氧化酶的组成成分。在某些动物种群中，骨骼和结缔组织中血管弹性蛋白和胶原蛋白合成的缺陷可能是缺铜导致胺氧化酶活性下降的结果。饮食中的硫（以硫化物形式存在）会显著降低人体对于铜的吸收，而镉浓度约为 3 mg/kg 时会对铜的利用产生不利影响。婴儿每天似乎需要 50 ～ 100 μg/kg（体重）铜，而成人每天需要约 30 μg/kg（体重）。

小家伙的鬈发

婴儿通常被称为"卷毛"的情况是由基因缺陷导致铜吸收效率低下所致的。

肝脏、牡蛎、多种鱼类和绿色蔬菜是铜的较佳来源，但牛奶和谷类食品却会导致缺铜。事实上，铜是不受牛奶、脂肪和高脂肪食品欢迎的成分，因为它起到催化剂的作用，即使在非常低的浓度下也会促进脂肪的酸败。

铜经常与食物中毒有关，而食物中铜的浓度约为 20 mg/L 时可能会出现问题。在某些情况下，机器配制的碳酸饮料可能含有高浓度的铜。如果允许在不冲洗的情况下静置几天，来自铜供水系统的水也可能含有高浓度的铜（高达 70 mg/kg）。针对在食用冰块后立即患病的儿童，研究人员采集了 285 个样本（主要是违规品牌），并进行铜含量分析。少数样本的铜含量为 43 ~ 80 mg/kg，这足以引起呕吐。这是一个反复出现的问题，因为一些制造商使用镀锡铜模具制造冰块。如果在模具中放置时间过长，则用于制造冰块的酸性柠檬酸混合物将从模具的任何脱锡区域溶解铜。

铜手镯

铜手镯对关节炎有治疗作用吗？纽卡斯尔大学化学系的沃克在澳大利亚调查了这个问题。通过报刊，他联系上了约 300 名关节炎患者（其中一半人之前戴过"铜手镯"），并将他们随机分配进行心理研究。该研究包括交替佩戴铜手镯和安慰剂手镯（类似铜的阳极氧化铝）。结果显示，对于具有统计学意义的受试者来说，戴铜手镯似乎能带来一些治疗效果。

手镯中的铜溶于汗液，流失量约为每月 13 mg。如果这些物质被吸收到体内，其含量（超过 12 个月）将超过人体正常的铜含量。手镯上的汗水量约为 500 mg/kg，但如果汗水与铜手镯接触 24 小时，其浓度就会上升 100 倍（变蓝）。皮肤对某些物质具有渗透性，而铜也可以通过。

"能给我一副治疗关节炎的'铜手镯'吗？"

来源：迈克尔·塞林格，修改自 1976 年 9 月 18 日的《纽卡斯尔先驱晨报》（*Newcastle Morning Herald*）。

铅

古埃及人用铅给陶器上釉。铅也被罗马人用来制造水管和储存葡萄酒（这可能是铅中毒的来源）。

铅的毒理学很复杂。无机铅（Pb^{2+}）是一种常见的代谢毒物，在人体内蓄积，会取代骨骼中的钙。它抑制血红蛋白形成所需的酶系统（监测尿中氨基乙酰丙酸的水平以显示这种干扰）。特别是，儿童和青少年似乎容易遭受永久性损害（见第 13 章中关于含铅涂料的讨论）。

从 20 世纪 20 年代起，四乙基铅（图 16.5）作为一种抗爆剂被添加到汽油中，以防止排气阀磨损。1970 年，这种汽油添加剂约占世界铅消费量的 10%，美国为此每年消费约 26 亿吨铅。溴（从海水中分离）也被添加到汽油中，以便将气缸中的铅作为挥发性二溴化铅排出。这种化合物成为一种重要的大气污染物，很容易被人吸入。

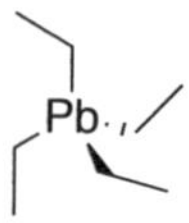

图 16.5　四乙基铅

铅的烷基化物（有机铅），如四乙基铅，具有比 Pb^{2+} 更大的毒性，而且在体内的处理方式也大不相同。四乙基铅是一种神经毒素，能引起反社会行为、智力降低，以及症状类似于传统精神病的疾病。它对孩子来说尤其危险。使用含铅汽油进行脱脂或清洁的危险性在很长一段时间都没有被认识到。诚然，人类生活在含有一定量铅的环境中——地壳平均含铅量约为 10 mg/kg。但我们也知道，每年开采的铅超过 200 万吨，而且据估计，自然流入并排放到海洋和河流的铅为 18 万吨。由于担心对环境和健康的影响，在 20 世纪 70 年代四乙基铅开始被逐步淘汰，并于 2002 年在澳大利亚被禁止使用。结果，随着含铅汽油被逐步淘汰，社区血铅浓度水平也下降了。有趣的是，犯罪率下降也与这有关。

一个令人不快的特征是，铅可能在被最初吸收后很长时间内仍可重新活化。例如，在身体突然需要钙的情况下，比如发烧期间、使用可的松治疗期间和老年时。它也可以穿过胎盘屏障，进入胎儿体内。

锂

1949 年，澳大利亚精神病学家约翰·凯德（John Cade）提出假设，躁狂症是由体内某种化学物质过多或缺乏引起的。他将躁狂症患者的尿液注入豚鼠体内，结果豚鼠死亡。

凯德当时认为尿素或尿酸可能是有毒物质，所以他想测试这种混合物。尿酸不易溶解，事实上，在关节处沉积的晶体会导致痛风和一些肾结石的产生。其中一种更易溶解的尿酸盐是锂盐，所以他用了尿酸锂。结果太惊喜啦！它不但没有引起躁狂症，反而让老鼠平静了下来。为了证明是尿酸盐在起作用，他用碳酸锂作为对照进行实验，结果发现老鼠产生了嗜睡症状——所以是锂起了作用。是时候进入下一阶段了。他对自己和抑郁症患者进行了碳酸锂测试，结果发现没有效果。但是它对躁狂症患者产生了巨大的影响，一旦停药，影响也就随之停止。现在人们认为锂的有效性很可能是因为其离子大小与镁离子相近。凯德的实验是一个很好的例子，即说明一个科学家最初可能会走错路，但要做好准备，然后回溯到正确的轨道即可通往成功。

由于尿酸锂的溶解性，锂溶液在 19 世纪被用于治疗痛风。它甚至为锂离子啤酒提供了基础，这种啤酒的名字来源于自流水中的碳酸锂在酿造过程中所起的作用。

另一种产品"七喜"的起源是"七喜柠檬汽水"，它的成分和吸引力也来源于含锂的泉水。鉴于锂的毒性稍高，它可能会产生与加入啤酒中的钴同样的灾难性后果。

随着电池技术和电动汽车的最新发展，锂已经成为一种非常受欢迎的元素，引发了人们探索供应需求迅速增长的市场的强烈兴趣（见第 17 章中"锂离子电池"内容）。

汞

公元前 4 世纪亚里士多德首次提到汞，当时它被用于宗教目的。更早些时，朱砂（HgS，亦称辰砂）被用作装饰性的战争涂料（化妆品）。帕拉切尔苏斯将汞用于治疗梅毒。1799 年，霍华德制备了高纯度汞，用作炸药的雷管。汞通常不能被任何其他金属所取代（也不能取代其他金属），因此，其独特的性能使其用途激增。

除铁外，几乎所有其他金属都能与汞形成汞齐（合金化）。钠汞齐是在用于生产氯和苛性钠的电解槽中形成的；许多汞化合物被用作工业催化剂；牙科汞合金也可以用汞制备（见第 8 章）。对于牙科汞合金，其必须在混合后 90 秒内融合，并形成光滑的糊状物。在 3～5 分钟内，将其固定在可移动的物质上，并保持 15 分钟。在 2 小时内，它必须具有足够的强度、硬度和韧性，以抵抗咬合和咀嚼的应力。它必须膨胀，以保持良好的边缘密封，但又不能过度增加牙齿的应力。它不得产生有毒或可溶性盐，或过度变色，或产生大量汞蒸气。

汞的平衡蒸气压（空气中 20℃时为 13 mg/m³）为推荐大气浓度的 200 倍。在汞合金中，汞的平衡蒸气压大大降低，通风可防止其达到平衡状态。

1953 年，日本水俣市发生了最严重的汞中毒事故，其原因是一家聚氯乙烯工厂排放的含有无机汞的废水进入了海湾。无机汞废物被厌氧微生物（耗氧条件）转化为有机汞，并以最致命的形式进入食物链（见第 17 章）。产生甲烷的厌氧菌优先使汞甲基化，从而导致大多数水生动物积累甲基汞，其浓度大概指示了该物种在食物链中的位置。因此，虾（位于食物链末端）体内的汞含量一般低于 0.05 mg/kg，而位于食物链顶端的鲨鱼体内的汞含量通常超过 2 mg/kg。马林鱼和剑鱼体内的汞含量约为 16 mg/kg。

硒

硒虽然不是一种金属，但却是一种准金属，是已知对哺乳动物最为重要的有毒元素。众所周知，硒化合物对汞的毒性有保护作用。来自世界许多地方的海豹和海豚表明汞和硒的积累之间存在关联，而硒通常存在于它们赖以生存的鱼类中。硒将有毒的有机汞解毒为不溶性的硒化汞。这种保护似乎也发生在人类身上。

硒还存在于第 21 种蛋白质源性（形成蛋白质的）氨基酸——硒代半胱氨酸（图 16.6）中。它存在于原核生物、真核生物和古细菌中，也存在于包括谷胱甘肽过氧化物酶在内的几种人类酶中。人类似乎没有因为缺硒而出现病理状况，但硒可以降低甲基汞的毒性，所以缺硒可能揭示了潜在的重金属毒性。

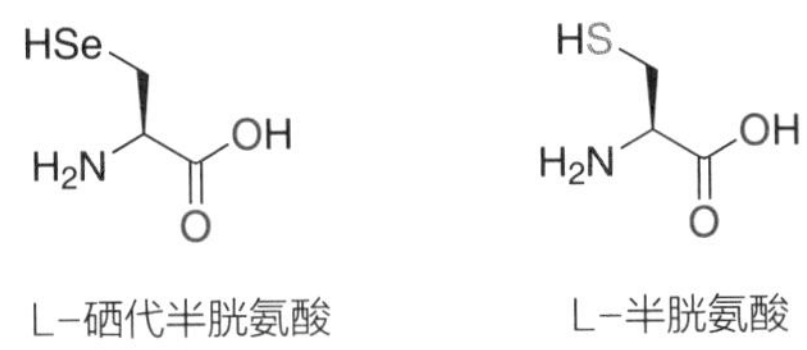

L–硒代半胱氨酸   L–半胱氨酸

图 16.6 硒代半胱氨酸是第 21 种蛋白质源性氨基酸，与其含硫近亲半胱氨酸并列存在

硒和硫在某些化学结构和反应中可以相互替代，但硫不能替代硒作为必需的营养物质。世界各地的硒摄入量差异很大，因此血液中硒的含量从委内瑞拉富硒地区的 0.8 g/mL 到埃及贫硒地区的 0.07 g/mL 不等。

锡

无机形态的锡通常被认为是无毒的，但是一个或多个有机基团连接在锡原子上产生的生物活性对大多数物种有害。有三个连接的基团（R_3SnX）时，其生物活性最强。如果链长因 n 个烷基的加入而稳定地增加，那么当 R 为乙基时，它对哺乳动物的毒性最高。另外，三丁基锡化合物表现出很强的抗真菌活性，被用作墙纸糨糊中的杀菌剂。它们对哺乳动物的危害较小。季铵盐（R_4NX）与三丁基锡氧化物结合形成水溶性配方。有机锡杀菌剂也被用于海洋涂料中。它们作为防污剂，保护物体表面不受海洋生物生长的影响，这就解释了为什么船体通常被漆成红色（图 16.7）。增加链长会进一步降低其生物活性，所以三正辛基锡化物的毒性较低。

有机锡化合物最大的用途是用作聚氯乙烯塑料的稳定剂（见第10章），并且含硫有机锡在赋予塑料耐热性方面的效果无与伦比。食品包装中的PVC允许使用几种二辛基锡化物。

图16.7　为了防止藻类和藤壶生长造成的污染，船体（在帆船底线以下）经常涂上铜或锡基油漆

来源：tempakul/Adobe Stock。

锌

直到近些年来，锌缺乏症才被认为是一个重要问题，但仅存在于猪和家禽的饲养中。现在，锌缺乏症被证实成为一些国家的公共卫生问题。饮食中锌不足会导致侏儒症、青少年性器官发育不全和伤口愈合困难。在埃及和伊朗已经发现锌反应性生长障碍的问题，那里的饮食主要是由高精面粉制备的无酵饼。在美国，如果中产阶级的儿童很少食用肉类（< 30 g/d），那么他们的身上也会出现相同的症状。

在传统饮食中，肉类是锌最重要的来源。锌的另一个优质来源是酵母，其含量可能约为100 mg/kg。成年人平均每天需要15 mg或更多的锌，而哺乳期的妇女则需要这个数值的2倍；但锌的生物可利用性与所消费的食物类型有关。例如，谷物和蔬菜中的锌含量似乎因某些谷物成分的复合作用而降低，这似乎是造成埃及人和伊朗人缺锌的主要原因。研究表明，混合西餐中实际只有 20% ～ 40% 的锌可以被吸收。

食物中锌含量过高也是不可取的。例如，悉尼大量学龄儿童因食用在镀锌容器中储存了一整夜的热饮而患病，其锌含量达到了约 500 mg/kg。

牡蛎和锌

1972 年，CSIRO 报告了从流经塔斯马尼亚首府霍巴特的德义特河中采集的牡蛎中锌的含量。在电解锌公司炼油厂下游，牡蛎从水中吸收了大量的锌，只要食用6只牡蛎，就会因锌中毒而呕吐。此外，还发现了高镉、高铜以及高汞含量的鱼（这可能来自更上游的澳大利亚新闻纸）。1975年 1 月 5 日，运矿船"伊拉瓦拉湖"号在前往炼锌厂的途中，撞上了横跨德文特河的大桥，将大桥一分为二。这对公司的公众形象没有任何好处。这次事故除了造成经济损失和社会动荡，也使得数千吨含重金属的矿石随后堆积在港口所在海域的海底深处，再也没有被打捞上来。

1988 年，河口外大多数牡蛎的金属含量均在塔斯马尼亚法律规定的范围内，但规定是为了确保大多数牡蛎的金属含量都在此范围内。这就使得我们质疑什么是真正的天然和安全水平。

该州西南偏远地区戴维港的牡蛎分析结果显示，虽然远离直接的工业和城市污染，但平均锌含量仍为 1000 mg/kg；贻贝的锌含量大多低于 40 mg/kg 的旧标准。这不能完全根据已知的生物富集率来解释（表 16.3），但可能与牡蛎组织中高含量的钙有关，它可能会抑制其酶中锌的利用率。贻贝的大部分钙都在壳中。金属在不同物种中的相互作用为我们提出了一个问题：如何最好地利用这些生物作为污染的生物监测器。

这就产生了一个有趣的问题：牡蛎自身是如何在如此大量的有毒金属中生存下来的（很明显，这对牡蛎具有生存价值，因为越不能食用，它繁殖的机会就越大！）。牡蛎显然具有变形虫状细胞，这让人想起人体的白细胞，其中小小的覆盖膜包（囊泡）中储存着铜和锌。这些细胞在牡蛎的所有组织中清除废物的方式与巨噬细胞几乎一样。巨噬细胞在我们的肺部周围寻找灰尘颗粒,并吞食它们以防止对其他细胞造成损害。牡蛎似乎是一个通过它的鳃慢慢地清除一些金属的"清道夫"。

表16.3　地壳和海水中某些微量元素的平均丰度以及某些海洋生物的富集因子
（单位：mg/kg）

元素	地壳	海水	扇贝	牡蛎	蚌
Be	2.8	0.000 001	—	1×10^6	—
Ag	0.1	0.0001	2.3×10^3	1.9×10^4	330
Cd	0.2	0.000 05[①]	2.3×10^6	3.2×10^5	1×10^5
Cr	100	0.0006	2×10^5	6×10^4	3.2×10^5
Cu	55	0.003	3×10^3	1.4×10^4	3×10^3
Mn	950	0.002	5.5×10^4	2×10^3	1.4×10^4
Mo	1.5	0.01	90	30	60
Ni	75.0	0.002	12 000	4000	14 000
Pb	12.5	0.000 03	5300	3300	4000
V	135.0	0.002	4500	1500	2500
Zn	70.0	0.005	28 000	1.1×10^5	9000
Hg	0.1	0.000 05	—	1×10^5	1×10^5

①在新南威尔士州的一些水域, 0.000 02 ~ 0.0008 mg/kg。

来源：S. R. 泰勒（S. R. Taylor）所著《地质化学》（*Geochem*），摘自《宇宙化学学报》（*Cosmochem Acta*）1964 年第 28 期第 1273 页。

拓展阅读

J. J. R. 弗拉乌斯托·达·席尔瓦（J. J. R. Fraústo da Silva）、R. J. P. 威廉姆斯（R. J. P. Williams）所著《元素的生物化学——生命的无机化学》（*The Biological Chemistry of the Elements—The Inorganic Chemistry of Life*），第 2 版。

17 能源领域的化学

　　在这一章我们着眼于能源问题。我们会探讨：什么是能源？如何创造能源？又如何利用能源？在电池方面，我们花费了很多时间，因为它是未来可持续能源的关键。当然，核能一直也是"热门"话题。

　　许多消费者关注能源，思考如何节约能源和寻找能源的代替方法。我们的日用品包装浪费能源，这需要处理。我们的汽车由大量不可替代的化石燃料提供动力；我们的发电厂则消耗能源，为我们的家庭调节温度或提供照明。对于一个装满能量饮料的铝罐，喝完饮料后扔掉似乎很浪费。但是吃一顿主要由化石燃料（有少量的太阳能贡献）提供能量的早餐麦片粥，然后在跑步机上漫不经心地慢跑，将它全部转化为废热，这是否也是一种浪费呢？我们作为高等复杂的生物体通过不断地消耗能源而生存。我们需要明白哪种方式是最合理的能源消耗方式。

什么是能源？

　　能源是人类生存以及一个能够养活和容纳不断增长的人口的先进社会得以形成的必要条件。但是什么是能源？我们可使用什么形式的能源？图 17.1 的能源时间轴展示了在整个人类历史中引入的主要能源形式。本章从消费者的角度来审视能源，但首先我们需要了解什么是能源（这不是一个简单的概念）。

大约时间	事件
公元前20万年	人类开始使用火
公元前2000年	在中国，化石燃料（煤）用来取暖和做饭
公元前424年	希腊人通过透镜利用太阳光取火
公元前200年	中国在燃气蒸发皿中使用天然气制盐
公元前200年	希腊人和罗马人以水车形式使用水能
公元前100年	希腊人使用风能
1年	石油应用于亚洲灯具中
1700年	欧洲的工业革命导致煤炭成为主要的燃料
1712年	发明第一台蒸汽机
1791年	伏特发明电池
1828年	美国挖掘第一口油井
19世纪30年代	根据法拉第发电原理发明了发电机
19世纪80年代	特斯拉发明了交流发电系统
20世纪50年代	苏联使用核能来发电

图 17.1 能源时间轴

你知道实施夏令时是为了节约能源吗？最初的观点是，由于夏天日照时间变长所以在晚上人为增加 1 小时的时间，以此利用自然光来节约能量。在塔斯马尼亚州这样一个以水力发电为主的经济体中，1967 年的一场严重的干旱，使该州重新引入夏令时，通过节约用电成功实现节约水。这一概念因被证明在生活方式方面具有优越性而广受欢迎，并一直延续至今。

作者之一（拉塞尔·巴罗）回忆说，他的高中化学老师曾这样介绍核聚变：太阳和星星能量的来源。他描述怎么获得氢（^1H）的两个同位素—— 一个是氘原子（^2H），另一个是氚原子（^3H），并将它们融合在一起形成一个氦原子（^4He）和一个中子（^1n）（图 17.2）。

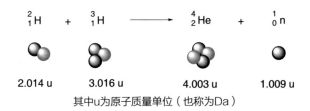

$$^2_1H + ^3_1H \longrightarrow ^4_2He + ^1_0n$$

2.014 u   3.016 u   4.003 u   1.009 u

其中u为原子质量单位（也称为Da）

图 17.2　氘和氚结合生成氦并放出能量

但是这有一个问题。当你把产物的质量相加起来，然后用反应物的总质量减去它后，你得到的质量比开始时要少了。丢失的质量去哪了？答案就是能量！爱因斯坦告诉我们能量和质量是可以互换的。

$$E = mc^2$$

式中，E 表示能量（单位为 $kg \cdot m^2/s^2$ 或者 J）；m 表示质量（单位为 kg）；c 表示光速（单位为 m/s）。

除了质量和能量的交换，能量既不能被创造也不能被消灭。这被称为热力学第一定律。

能量是做功或产热的一种方式，通过国际协议以焦耳（J）为单位计量。其他常用的单位是英热单位（Btu）和热量单位（cal），这些单位的相互转换如表 17.1 所示。我们购买能源是为了将它转化为做功的有用形式和无用形式——热。我们会选取有价值的能量，有用性等级可以显示其价值。如果你可以选择从发电厂以余热的形式购买能源，或者用同样的价格以电力或者石油的形式购买相同数量的能源，那么选择热能是愚蠢的。因为电或者石油可以很容易地转化为其他形式的能量，但热能却不行。如果发电站产生的热能不能被出售，它就亏损了（经济上）。但是热能在物理意义上并没有丢失，因为它在环境中消散转化了。

能量永远不会丢失或者损耗，而是以热的形式存在——这个概念十分重要。我们产生和使用的所有能量都会以热能的形式终止。在工业化之前保持稳定状态的地球，其热量被辐射到太空中；但是现在我们持续不断地排放过量的温室气体（如二氧化碳）到大气中，导致其热量的散失能力减弱。

能量有用性的降低由熵函数来衡量。有用的能量越少，熵越大。

表 17.1　能量单位及其转换

单位	缩写	转换
焦耳	J	1 J
热量单位①	cal	4.187 J
英热单位	Btu	1055 J

① 1C（大卡）=1000 cal = 1 kcal，它常被列于食品包装的说明中。

混乱度的争论

　　熵的增加通常与混乱度的增加有关。虽然这是一个可接受的首选解释，但并不完全正确（参见附录 11 中的进一步讨论）。

　　因为热量在能源结构的最底层，且约占所有能源最终使用量的一半，所以消费者直接将电能在电加热器中转化为热能的方式是浪费能源，即使转化率是 100%。更有效的获取热量的方式是十分必要的。

　　如果将电能用来驱动热泵系统，而不是将电能直接转化为热能，就可以更有效地利用电能。冰箱就是一个很好的例子（见第 5 章中"冰箱"内容），即使用电能把冰箱内部的热量输送到外部线圈。如果你的房子外部的墙上安装了一个类似的装置，而且后面有一个热交换线圈的话，你（有效地）打开门就有了空调。反过来或许更加方便，即反转内外热交换线圈的循环，你就有了一个反向的循环空调——房子被加热，外部被冷却（如果你有一个反向循环热泵，会发现它有一个循环周期；因为具有冷却效果，所以其经常发生冻结）。你使用电能转换成机械能来输出热量，这比直接在散热器里把电能转换成热能要有效得多。效率相对于直接转化提高了 100%，并且当温差较小时，效率可能更高。

　　除了用电来提供温差，我们还可以使用温差来发电。可以通过热机的手段利用温暖的地表和寒冷的深海之间的温差来发电。海洋热能转换（OTEC）的相对温差较小，所以其转换效率也较低（图 17.3）。

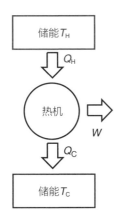

$$\frac{W}{Q_H} = 效率 = \left(1 - \frac{T_C}{T_H}\right)$$

T_C和T_H是输出、输入热机的冷、热温度，
用绝对温度（单位为K）表示（绝对零度：
0 K=-273 ℃）
W是所做的功（单位为J或者N·m，
1 J=1 N·m）
Q_H是系统吸收的热量（单位为J）

图 17.3　卡诺热机

大多数更高级形式的能源，如电能、机械能、核能、太阳能和化学能，都差不多同样有用。而热能是一种有趣的能源。虽然它是用处最小的能量形式，但它的用处是可以变化的。热量越高，它越有用。这个概念可以用卡诺热机来解释（图 17.3）。在 1824 年，萨迪·卡诺（Sadi Carnot）认为蒸汽机类似于水车——水下落驱动桨轮，水面到桨轮的距离越大，桨轮转动得越快（所做的功越多）。他假设蒸汽机中锅炉和冷凝器之间的温度差就是从水面到桨轮的高度差。热量进入发动机和离开发动机的温度差越大，它的用处就越大。卡诺始终认为热（热流体）和水是相似的储能形式，并取得了重大突破。

图 17.3 给出了热能转化为机械能的理论效率（卡诺的热机效率）。

能源和经济

一种看待能源效率的方法是看投入的能源产生了多少能源回报（EROI）。你不会想花费更多的精力只获取能源，而不从中获取能量。

EROI = 能源回报 / 能源投入

历史上，我们获得一次能源产出（煤、石油或者天然气）的能量所需的能源投入效率非常低。在 20 世纪早期，运送 100 桶石油需要消耗 1 桶石油（100:1），但今天的回报率接近 20:1。生物柴油、焦油砂、页岩油、太阳能和风能等较新的能源回报率略高于 1:1。这是理论上的盈亏平衡点，当降至 1∶15 时，就会有重大损失。利用 EROI 方程确定的最有效的能源是水能，其次是煤和石油。水能所需的投入要求限制了它的适用范围，即只适用于具有适当地理位置的降雨量大的地区。另外，煤是储量丰富并且相对容易获取的能源，因此具有很高的 EROI。对于石油能源，主要的能源投入是用于驱动机械将石油开采出来的石油。该式子不包括环境因素，例如污染或可再生潜力。

这说明，我们所获得的能量与用于开发能源所需的能量之间，存在显著差异。我们直接使用石油（精炼后）和天然气，但我们主要使用煤炭。这导致煤炭能量的巨大转换（和分配）损失。造成这种巨大损失的原因是，煤发电是通过产生热量（低能量形式）的形式进行的。回想一下，在冷凝器冷却水的过程中，与输出热的温度相比，输入热的温度越高，其状态越好，转换的热力学效率越高（图 17.4）。

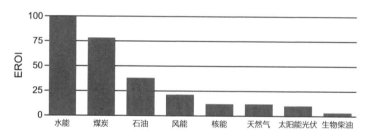

图 17.4　针对各种能源类型投资的能源回报

来源：戴维·J. 墨菲（David J. Murphy）、查尔斯·A. S. 哈尔（Charles A. S. Hall）所著《投资的 EROI 或能源回报》［EROI or Energy Return On（Energy）Invested］，摘自《纽约科学院年鉴》（*Annals of the New York Academy of Science*）2010 年第 1185 期第 102 ～ 118 页。

> 燃煤发电站在冬天比在夏天更有效率。图 17.3 中的方程解释了原因。

因此，我们应该研究除简单 EROI 方程外的其他因素。我们可以将发电消耗的能源作为一项公共基础，因为它是一种普遍有用的最终产品。这需要考虑到电厂的建造、运营、维护、补充燃料和退役等有关方面的花销。表 17.2 中的数据就是这样做出来的，并经过标准化的设定，即每种能源在任意的 60 年寿命内产生 0.5 万亿千瓦时的电力。它考虑了每个发电厂的平均容量系数。容量系数是一个简单的衡量标准，可用来表达工厂在持续运行时可产生的能量。

表 17.2　几种能源的每千瓦时成本（2011 年）

能量来源	成本 /（美分 / 千瓦时）	容量系数 /%
太阳	7.7	20
天然气	5.2	42
风	4.3	27
煤	4.1	71
核	3.5	92
水	3.3	44

来　源：http://www.forbes.com/sites/jamesconca/2012/06/15/the-naked-cost-of-energy-stripping-away-financing-and-subsidies/。

能源与农业

餐桌上完美烹制的饭菜标志着一长串耗能过程的结束，这些始于采矿。机械化农业需要机器，但它们的生产消耗大量能量，化肥、农药以及灌溉设施也消耗大量能量。从农场产出后，在大多数食品到达超市之前的加工和包装过程，仍需要消耗更多的能量。它们通常从超市被装上车，而后被运到家里。在厨房里，它们可能要在冰箱里待上一段时间，最后才被煮熟并成为一顿菜肴。

在能源方面，我们的现代食品系统非常昂贵。加工和分配会消耗大量能量，而消耗的量远远超过食品本身含有的能量。如果我们仅考虑 EROI（图 17.4），它将小于 1（理论盈亏平衡点）。这表明了该公式的局限性，在分子和分母中都考虑相同的能源来源才是最有意义的。但是目前农场投入的大部分能源都来自石油，这种资源随着自然资源的消耗而变得越来越昂贵。

重要的是，要区分在代谢食物时的燃料能量和食用食物时的营养能量。我们食用食物时仅吸收其四分之三的能量，而其余的则以热量的形式损失掉。人类及其牲畜从植物材料中所获得的燃料能量只占可以被植物有效吸收的阳光（照射在作物土地上）所产生的燃料能量的 0.01%。然而，这种植物材料的燃料价值比澳大利亚人燃烧的所有燃料能源的价值高约 1.5 倍。这些大量植物组织中只有约 15% 是可直接收获的，其余的被牲畜食用并转化为动物产品。

农产品在离开农场之前消耗的能量列于表 17.3。许多不具体的农业投入在预算中被忽略了，比如农业研究和推广。农产品离开农场走向餐桌时消耗的能量见表 17.4。

表 17.3　农产品在离开农场之前消耗的能量

		消耗的能量 /（×10^{12} kJ /a）
农场直接使用		54.6
· 燃料	46.2	
· 电力	8.4	
化肥		18.8
· 矿业	3.5	
· 制造业	5.5	
· 运输	9.8	
农机		6.8
· 采矿和制造		
农业化学品		4.4
农业劳动力		1.7
公路运输		1.0
总计		87.3

表 17.4　农产品从农场到餐桌消耗的能量

		消耗的能量 /（×10^{12} kJ /a）
农场运输		7.4
· 公路	5.0	
· 铁路	2.1	
· 谷物处理	0.3	

	消耗的能量 /（×10^{12} kJ /a）	
工厂加工（燃料）	55.3	55.3
食品和饮料包装		29.1
·钢罐	10.8	
·纸	8.5	
·纸的燃烧价值	4.3	
·玻璃	5.5	
工厂道路运输		7.7
商店汇总		99.5
从商店运送回家		33.0
冰箱制冷		46.0
家庭烹饪		42.0
餐桌汇总		121.0
总计		220.5

很明显，食品加工和配送比食品生产消耗更多的能源。表 17.4 中省略了一些间接项目，如用于建造食品工厂、冰箱和炉子的能源。离开农场的食物中的能源约有 14% 来自动物，而生产 1 J 肉（至少）需要消耗 3 J 谷物。加工、零售、煮食和消化过程中的损失很难估计，但似乎我们大约只吸收了食品离开农场后燃料价值的一半。

太阳能

太阳发出的能量以电磁（EM）辐射的形式到达地球，主要是在与红外线（IR）、可见光和紫外线（UV）辐射相对应的波长范围内（图 17.5）。在晴朗的天气条件下，进入地球的太阳能量平均为 1000 W/m^2。仅澳大利亚一个国家，每年平均就获得 58×10^{21} J 的太阳辐射的能量，这比我们每年的能源消耗量高 10 000 倍。尽管如此，太阳能只占我们电力使用量的不足 0.1%，而电力的主要能量来源是化石燃料（图 17.6）。

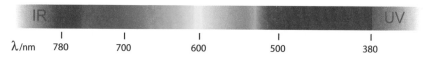

λ/nm   780   700   600   500   380

图 17.5　电磁辐射的波长

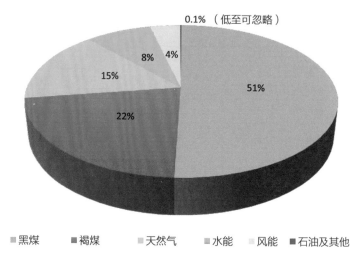

0.1%（低至可忽略）

8%　4%

15%

22%

51%

■黑煤　■褐煤　■天然气　■水能　■风能　■石油及其他

图 17.6　2012—2013 年燃料类型发电量

所有的化石燃料都来源于太阳能，通过光合作用（我们大部分能量的来源）产生。绿叶植物、藻类植物和蓝细菌都利用太阳的能量来产生化学能。这些生物利用阳光和叶绿素将二氧化碳和水结合，产生糖和氧气（图 17.7）。接下来是复杂的代谢周期，在这个周期中，有其他更复杂的分子产生。数千年来，这些反应促使绿叶植物、藻类植物和蓝细菌中产生了生物能，其中一些被地质条件改变和保存，形成了我们所知的煤、石油和天然气等化石燃料。

$$6\,CO_2 \;+\; 6\,H_2O \xrightarrow[\text{叶绿素}]{\text{太阳能}} \text{葡萄糖}（C_6O_{12}O_6）\;+\; 6\,O_2$$

图 17.7　光合作用

太阳热能

我们将太阳红外辐射感应为热量，并将其捕获在太阳能集热器中。最明显的例子是房屋屋顶上的平板太阳能集热器（太阳能热水器装置）。太阳的红外能量会加热具有高比热容的流体，例如水或防冻液混合物。通过热交换过程，这些热量被转移到生活用水中。生活用水被存储在一个保温箱中以备不时之需。

传热流体必须具有高的比热容。比热容是升高某材料一定温度所需能量的量度，单位为焦耳每克开尔文 $[J/(g \cdot K)]$。水具有很高的比热容 $[4.2\ J/(g \cdot K)]$，这意味着将 1 g 水的温度提高 1 K（1℃）需要 4.2 J 能量。

乙烯或丙二醇混合物等通常用作防冻化学品，因为它们的凝固点比水低得多（约 −37℃），而且与水不同的是，它们在冷冻时不会膨胀至热板破裂。与水相比，它们的比热容稍低，这是一个更重要的特性。

除了加热水，太阳能集热器还用于发电。可以将太阳能集中以加热液体，然后驱动一个传统的热引擎来发电，这被称为聚光太阳能（CSP）。太阳能集热器通常是抛物线形的槽或盘子（图 17.8）。反射器跟踪太阳并将其能量集中在反射器焦点处的吸收管上。该管内包含传热流体，其流动长度为"半管"。

图 17.8 （左）抛物线槽和（右）碟形太阳能收集器，将太阳光集中到含传热流体的吸收管中

来源：（左）Michael Flippo/Adobe Stock；（右）jdoms/Adobe Stock。

对于聚光太阳能热发电，我们需要一种能在高达400℃的温度下运行的优质热容材料。水不适合，因为它在这种温度下具有很高的蒸气压。重油［比热容约为2.2 J/(g·K)］在高温下会降解，并且易燃，如果吸收管破裂，则会造成污染。60%的硝酸钠（$NaNO_3$）和40%的硝酸钾（KNO_3）的固体混合物在240℃以上熔化，最高温度可达593℃（见附录5）。这种熔融混合物的比热容［约2.2 J/(g·K)］低于水，接近重油。它可以在更高的温度下使用，从而使热机效率更高（图17.3）。这些盐很容易储存，既便宜又无污染，可以作为肥料循环利用。

太阳能光伏发电

光伏电池可以直接利用太阳能发电（图17.9）。光伏效应是由法国科学家亚历山大·埃德蒙·贝克雷尔（Alexandre Edmond Becquerel）于1839年发现的，当时他发现某些材料在光照下会产生小电流。1870年，享利希·赫兹（Heinrich Hertz）将研究扩展到固体硒等其他材料，不久光伏电池被开发出来，其转换效率达到1%～2%。作者之一（本·塞林格）还保留了几台55年前的基于硒的不需要电池的照相曝光仪（图17.10）。

图17.9　光伏电池

来源：juanjo tugores/Adobe Stock。

图 17.10　由硒灯供电的照相曝光仪

来源：Ben Selinger。

爱因斯坦对这一概念进行了进一步的研究，并因在光电效应方面的研究而获得了 1921 年诺贝尔物理学奖。1954 年，第一个硅基光伏电池被开发出来；1955 年，西部电力公司开始销售光伏技术。硅使光电池研究成为一个正式的课题，而太空计划则将其商业化。巴基斯坦的真纳（Quaid-e-Azam）太阳能公园是最大的光伏技术发电厂。一期工程于 2015 年投入运营，发电能力为 100 MW。总体竣工后，太阳能公园将具备 1000 MW（1GW）的发电能力。

硅（原子序数 14）是从沙子中获得的，而沙子是不纯的二氧化硅（SiO_2）。硅的生产在钢冶炼过程中已经被应用于某些钢合金，但对于太阳能电池，冶金级的硅必须进一步提纯以得到硅的晶体形式——单晶硅（c–Si）。

硅具有 14 个电子（用来平衡 14 个质子），它们存在于三层电子结构中（图 17.11）。其前两层充满，分别包含 2 个和 8 个电子，而第三层仅包含 4 个电子。像大多数原子一样，硅通过与邻近原子共用电子来形成电子对。在纯 c-Si 中，所有原子都是硅，因此所有电子壳层都是充满的。电子是固定的，因此，此材料是不良导体。为了使其成为更好的导体，将少量其他元素小心且有选择性地掺杂进高纯度硅中，以生产出具有两种不同性能的材料。当 c-Si 掺杂低含量的硼元素时，硼元素仅形成三个键而不是四个键。这会导致相应的电子缺失，而电子带负电，留下了所谓的可移动的正电空穴，形成 p 型硅（p-Si）。

c-Si 中也可以掺杂磷元素。磷原子最外层有 5 个电子，和硅共用了 4 个电子后，还剩下 1 个电子。这就产生了 n-Si（图 17.11）。

什么是空穴?

想象一个加了塞子的试管，里面充满了水，顶部有一个气泡。翻转试管会使气泡上下移动。气泡中是没有水的，因此水里有一个"空穴"。把气泡想象成一个真实的实体，要比把它想象成没有水的实体容易得多。电子是真正的粒子，而空穴不是，但是把它们当成粒子来讨论是很有用的。

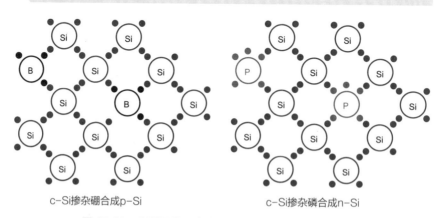

c-Si掺杂硼合成p-Si   c-Si掺杂磷合成n-Si

图 17.11　分别用硼和磷对硅进行掺杂合成 p-Si 和 n-Si

将这两种类型的硅制造成薄晶片，并将它们结合在一起以形成光伏电池。入射阳光允许电子从 n-Si 移动到 p-Si 中的空穴，从而产生由金属触点传导的电流（图 17.12）。p-Si 和 n-Si 的结构具有一些非常有趣的特性，你可以进一步探索。

光伏电池目前运行的最大理论效率为 48%。该电池效率低的原因是：照射到电池上 19% 的光能量太低，无法将一个电子从电池的一层激发到另一层，电流因此也不会产生；另外还有 33% 的效率损失，因为一些光提供的能量比产生电流所需的能量多，而这些额外的能量以热的形式损失掉了。在现实中，只有一个 p-n 结构的 c-Si 太阳能电池的效率极限是 33.7%，该极限被称为肖克利 - 奎伊瑟（Shockley-Queisser）极限。

砷化镓、碲化镉和砷化铝等半导体也可用于光伏电池。这些材料吸收较少的太阳能，产生较小的电流，却可提供更高的电压。然而，与硅相比，这些材料具有其他一些优点，比如对热的敏感性较低，能透过红外线波长的光，或者制造成本较低。未来很可能会出现与这些材料有关的废物处理问题。

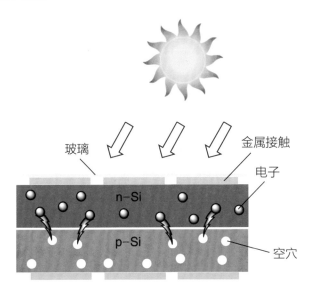

图 17.12　光伏电池的横截面

截至 2015 年 3 月，澳大利亚的太阳能光伏发电能力为 4100 MW，略高于能源需求的 1%。有了强制性的可再生能源目标，其价值将继续增长。但是一旦我们将发电装置安装在屋顶上，将如何使用它呢？阴天或晚上会发生什么？光伏发电所产生的电力大部分被输送到电网中，这对发电厂商来说往往是一笔额外的费用。但如果脱离了电网，那么所产生的电力就必须被积累（储存）起来。这就把我们带到了电池的领域。

可充电电池

生产和储存能源的能力，使我们能够在需要的时候随时随地获取能源。这种能力已经改变了我们的生活方式，并将继续改变我们的生活方式。我们把第一块电池的发明归功于两位意大利科学家：一位是它的启发者，另一位是它的发明者。启发者是路易吉·达洛伊西奥·加尔瓦尼（Luigi Aloisio Galvani），他在 1791 年发表了一篇关于动物的肌肉在接触某些金属时如何收缩的报告。这就是所谓的"动物电"。另一位意大利科学家亚历山德罗·伏打（Alessandro Volta）用金属线和导电液将某些金属连接起来，发现它们能产生连续的电流。这促进了伏打电池（也称为原电池）的发展以及在根本上促进了电池的发展。

传统的汽车依靠储存在电池里的电产生电火花来点燃汽油并启动汽车。当发动机运行时，通过交流发电机产生的电力会返回电池，电池寿命受到机械故障的限制。这种电池称为二次电池或储能电池。将电池与充电器连接，通过在一个方向上驱动一系列化学反应来储存电能。当伏打电池中的化学反应朝相反方向进行时，电流可以从电池中被提取出来。

铅酸电池

熟悉的 12 V 汽车电池包含 6 个电池，每个电池提供 2 V 电压。每个电池包含浸入硫酸中的一块正极板和一块负极板。正极板通过将二氧化铅（PbO_2）糊剂压入铅合金网格中制成，而负极板则包含高活性海绵状铅。电池的半反应和整体反应如下。

在正极板上：

$$PbO_2 + 4H^+ + SO_4^{2-} + 2e^- \underset{充电}{\overset{放电}{\rightleftharpoons}} 2H_2O + PbSO_4 \quad E° = +1.69 \text{ V}$$

在负极板上：

$$Pb + SO_4^{2-} \underset{充电}{\overset{放电}{\rightleftharpoons}} PbSO_4 + 2e^- \quad E° = -0.36 \text{ V}$$

总反应：

$$Pb + PbO_2 + 2H_2SO_4 \rightleftharpoons 2PbSO_4 + 2H_2O \quad E° = +2.05 \text{ V}$$

路易吉·达洛伊西奥·加尔瓦尼（1737—1798），不仅启发亚历山德罗·伏打（1745—1827）制造出第一块电池，还促成了有史以来最恐怖的故事之一的产生。玛丽·雪莱（Mary Shelley，1797—1851）受一只死青蛙被拴在电线上的启发创作了著名小说《弗兰肯斯坦》（Frankenstein）。

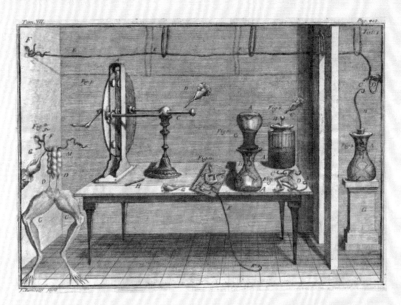

1791 年出版的加尔瓦尼的《电流在肌肉运动中所起的作用》
（De Viribus Electricitatis in Motu Musculari Commentarius）
中的插图

关于汽车电池的三个常见问题的答案

1. 末端的白色粉末是什么？

白色粉末可能是硫酸铅，根据以下反应生成。当水蒸发时，硫酸铅沉积下来：

$$Pb + H_2SO_4 \longrightarrow PbSO_4 + H_2$$

它是由电池的铅柱腐蚀引起的。

2. 末端周围的蓝色粉末是什么？

蓝色粉末是由连接到铅柱的铜的腐蚀引起的。这一次，当水蒸发时，硫酸铜沉淀：

$$Cu + 2H_2SO_4 \longrightarrow CuSO_4 + 2H_2O + SO_2$$

3. 为什么在封闭空间给电池充电很危险？

当电流通过电池进行充电时，会产生氢气。

$$2H_2O + 2e^- \longrightarrow H_2 + 2OH^-$$

封闭空间内氢气积聚后遇火花会导致爆炸。对于电池来说，爆炸会导致浓硫酸分散。

理论上，这些反应（放电／充电）是无限可逆的；但随着时间的推移，二氧化铅粒子失去与极板的电接触。在铅和二氧化铅来回转换的过程中，正极板的体积变化了60%——可用一种类似于滚动弹簧的压缩装置来补偿这一变化。

镍镉电池

铅酸蓄电池有几个优点：便宜而且容易制造，使用一种便宜的电解质——其密度用来指示电荷的状态，在大部分放电范围内保持一个相对恒定的电压。然而，它很重，也就是说其能量密度（单位：$W \cdot h/kg$）很低，并且电解液极具腐蚀性。

第一个替代铅酸蓄电池的是镍镉电池，即 NiCd 或 NiCad™。该电池在标准条件下理论上可以提供 1.26 V 的电压，但在实际操作中可以稳定提供 1.2 V 的电压。镍镉电池存在记忆效应问题（如果仅在使用一部分存储能量的情况下给电池充电，则下一个放电周期可能会在该点停止）和处置问题（镉是有毒的），因此现在已经过时了。

镍氢电池

镍氢（NiMH）电池已经在很大程度上取代了镍镉电池，而锂离子蓄电池也正在取代镍氢电池。然而，NiMH 蓄电池的工作温度范围很广（–30℃～75℃），因此它们得以继续应用，特别是在汽车应用中——因为它们的可靠性和安全性，又使用非有害材料且预期寿命通常能保证车辆的使用寿命。镍氢电池的化学性质类似于正极的镍镉电池的化学性质，从中可以看到羟基氧化镍［NiO(OH)］的还原，而另一半电池的化学性质（负极）则取决于所用的金属氢化物。最常用的合金是 MN_5，其中 M 为镧、铈或钛，N 为镍、钴、锰或铝。电池涉及的化学反应如下。

合金电极（典型 $LaNi_5$ 电极）：

$$LaNi_5H + OH^- \longrightarrow LaNi_5 + H_2O + e^- \quad E^\circ = +0.83 \text{ V}$$

$$(H_2 + 2OH^- \longrightarrow H_2O + 2e^- \quad E^\circ = +0.83 \text{ V})$$

镍电极：$NiO(OH) + H_2O + e^- \longrightarrow Ni(OH)_2 + OH^- \quad E^\circ = +0.45 \text{ V}$

总反应：$NiO(OH) + LaNi_5H \longrightarrow Ni(OH)_2 + LaNi_5 \quad E^\circ = +1.28 \text{ V}$

化学反应取决于某些金属合金吸收氢的能力，这些合金在系统中充当储氢装置。上面的半反应所表达的，实际上是氢气的氧化产生了可以在半电池中观察到的电势。这些系统中的电解质是氢氧化钾水溶液。

锂离子电池

锂离子电池已成为消费者最常用的电池，并日益受到电动汽车和家用存储设备的青睐。如今能源（包括太阳能和风能）的储存变得方便而廉价起来。与通过阳极（负极）的氧化产生电子并经由电解质向阴极（正极）移动的传统伏打电池不同，锂离子电池是将锂分散在整个晶格中。在放电过程中，一个被称为插层的过程使锂离子从阴极带正电的氧化物表面移动到以碳（石墨）为基础的阳极上，而阴极通常由氧化钴锂（$LiCoO_2$）或氧化锰锂（$LiMn_2O_4$）组成（图 17.13）。

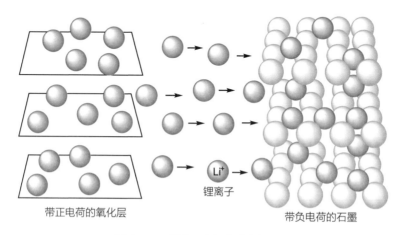

带正电荷的氧化层　　　　　　　　　　带负电荷的石墨

图 17.13　锂离子在锂电池中的迁移

锂离子电池的电解质也不同于常规电池，该电解质是非水性的（锂与水反应），并且不参与反应。另外，由于不存在水，因此防止了氢和氧的产生。与相对原子质量为 59 的镍和相对原子质量为 207 的铅相比，锂的相对原子质量为 7，因此在重量方面具有明显优势。此外，锂的还原电位为 –3.05 V，而镍的还原电位为 –0.25 V，铅的还原电位为 –0.13 V。$LiCoO_2$/石墨电池的半反应如下。

阴极：

$$LiCoO_2 \rightleftharpoons Li_{1-x}CoO_2 + xLi^+ + xe^-$$

（主体锂离子离开基质）

阳极：

$$xLi^+ + xe^- + xC_6 \rightleftharpoons xLiC_6$$

（释放出来的锂离子进入石墨中）

锂离子电池的总反应:

$$LiCoO_2 + 6C \rightleftharpoons xLiC_6 + Li_{1-x}CoO_2 \quad E° = +3.7\ V$$

这种蓄电池具有 100 W·h/kg 的高能量密度、高工作电压和大于 300 W/kg 的高功率密度,同时有较长的使用寿命,且不存在镍镉电池中的记忆效应。2.5 小时内充满电,1 小时充电 80%,30 分钟充电 50%。当充电时间为 6 小时,放电时间为 3 小时,循环的行程效率为 95%——这是非常好的状态。

锂是易燃的!

锂电池曾引起火灾,并被禁止出现在澳大利亚国内飞机的行李舱中。尽管锂的能量不如钾或钠金属的,但它在空气和水中是易燃的,并具有潜在的爆炸性。正常温度下的锂 – 水反应活跃但不剧烈,因为产生的氢通常不会自燃。与所有的碱金属一样,锂火灾很难被扑灭,需要使用 D 类干粉灭火器。和钙一样,锂可以和氮气发生反应。锂焰色反应使火焰呈现出明亮的深红色。锂的其他用途见第 16 章。

电动车电池

1847 年,美国出现了第一辆电动汽车,由摩西·法默(Moses Farmer)制造。它使用的是不可充电电池。加斯顿·普兰特(Gaston Plante)在 1859 年发明了可充电铅酸电池,托马斯·爱迪生(Thomas Edison)在 1901 年发明了镍铁电池。到 1912 年,美国有 34 000 辆电动汽车。有两个发展终结了早期的电动汽车:第一个是亨利·福特 T 型车的价格从 1904 年的 850 美元下降到 1925 年的 265 美元;第二个是 1911 年引入了电动马达(但 T 型车没有),这解决了女性司机需要用手摇曲柄发动汽油车的难题。

1899 年,一辆电动汽车以 105 km/h 的速度创下了世界上陆地最快速度纪录,但早期电池的低能量密度意味着这一纪录在当时再也没有被打破过。一辆小型轿车行驶 100 km 大约需要 36 MJ 的能量。这将需要 10 L（8.6 kg）的汽油供应。当时铅酸电池的比能约是 0.126 MJ/kg，所以同样的距离需要一块质量约为 286 kg 的铅酸电池来驱动。

过去的 10 年里，在减少污染和温室气体排放的相关法律的推动下，蓄电池的研发使二次电池的能量密度大幅增加。能量密度是指单位体积（1 L）能量的量度，而比能是单位质量（1 kg）所含能量的量度。表 17.5 讨论了各种能源，并给出了它们的比能和能量密度。

由于高能量密度电池的发展，澳大利亚已经成功引入了几种混合动力电动汽车。然而，除非给蓄电池充电的电力是通过可再生能源产生的，否则它只是把污染和温室气体排放转移到城市之外。

表 17.5 各种能源的比能和能量密度

来源	比能 / （MJ/kg）	能量密度 / （MJ/L）	能量类型
铀	80 620 000	1 539 842 000	核
气体（液化石油气）	46.4	26.0	化学
汽油	44.4	32.4	化学
煤炭（平均）	24	15 ～ 22[①]	化学
碱性电池	0.67	1.8	电化学
锂离子电池	0.36	0.9 ～ 2.63[②]	电化学
镍氢电池	0.29	0.5 ～ 1.1[②]	电化学
铅酸蓄电池	0.17	0.56	电化学

①取决于煤的种类。

②取决于电池中实际的化学物质，是可变的。

来源：https://en.wikipedia.org/wiki/Energy_density#Energy_density_of_electric_and_magnetic_fields。

原电池

原电池是常见的不可充电电池。2014 年，澳大利亚人使用了约 3.44 亿个电池，其中约 2.79 亿个（占 80%）是一次性电池，其余 6500 万个是二次电池（可充电）。西方世界每年每个男人、女人和孩子大约使用五节 AA 电池或 AAA 电池（锌锰电池，又名勒克朗谢电池）。

这种电池便宜且易于制造。尽管已开发出碱性电池和更具活性的二氧化锰等技术，但勒克朗谢电池的能量密度较低，其放电特性不适用许多应用场景。经典的勒克朗谢电池或改良的碱性锌 – 二氧化锰电池的电压在开始使用后都会下降（图 17.14）。

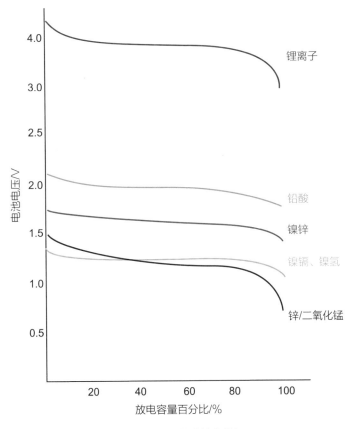

图 17.14　原电池放电特征

燃料电池

第一个燃料电池由威尔士法官和绅士科学家威廉·格罗夫（William

Grove）爵士于1839年制造。在氢燃料电池中，氢气和氧气（空气）通入浸有氢氧化钾溶液的电极，与氢氧化钾溶液发生反应。电池反应如下。

阳极：

$$2H_2 + 4OH^- （催化剂） \longrightarrow 4H_2O + 4e^- \quad E° = +0.83 \text{ V}$$

阴极：

$$O_2 + 2H_2O + 4e^- \longrightarrow 4OH^- \quad E° = +0.40 \text{ V}$$

总反应：

$$2H_2 + O_2 \longrightarrow 2H_2O \quad E° = +1.23 \text{ V}$$

最大理论电压为 1.23 V。因为燃料电池就像蓄电池一样，直接通过受控氧化来发电，而不需要经过中间（热机），所以理论上并不受热机效率的限制。然而，燃料电池是不可充电的。

你的身体，一个燃料电池

你的身体不会将燃料（食物）转化为电能，但会将其转化为其他化学燃料，例如葡萄糖和脂肪酸，然后将其用于受控的氧化过程中以产生能量。我们称为"燃烧脂肪"。

燃料电池可以使用多种燃料——氢气、甲醇、乙醇、天然气和液化石油气。不同类型燃料的特殊用处的技术已经被开发出来，例如军事用途和太空飞行。美国的早期太空计划选择了燃料电池，而非核能和更昂贵的太阳能。燃料电池为"双子座"号和"阿波罗"号航天飞机提供动力，并为航天飞机提供电力和水。它们用于当前的呼吸分析仪，你只需讲话，而不需对着设备吹气，你呼吸中的酒精就可以提供燃料。

氢燃料电池汽车经常被认为是无污染的，因为只产生水，但是这种说法忽略了氢气的来源。氢气的生产使用化石燃料，而且过程中产生二氧化碳并需要能量输入。氢是宇宙中最丰富的元素，但在地球上，氢气会从我们的大气中逸出。它必须按照要求来生产，主要是通过甲烷水蒸气重整反应从天然气中生产。甲烷在高温下分解为氢气和一氧化碳，然后与水蒸气反应将一氧化碳转化为二氧化碳（水煤气变换反应），在该反应中产生了更多的氢气。

另一种产生氢气的方法是电解水。此过程使用电将水分子分解为氢气和氧气。如果通过太阳能或风能等可再生能源发电，就可以为我们的车辆提供清洁的燃料来源。

甲烷水蒸气重整反应：

$$CH_4（天然气）+ H_2O \xrightarrow{高温} CO + 3H_2$$

水煤气变换反应：

$$CO + H_2O \longrightarrow CO_2 + H_2（+ 少量的热量）$$

电解水：

$$2H_2O + 电能 \longrightarrow 2H_2 + O_2$$

燃料的燃烧

热量计算中最重要的参数是燃料的热值——给定数量的燃料完全燃烧，或者当任何能源完全转化为热能时所产生的热量。不同燃料的热值是根据碳和氢的单个值的差异得出的（H=286 kJ/mol 或 142MJ/kg；C=394 kJ/mol 或 32.8MJ/kg）。

不可燃烧的杂质也很重要。所有碳氢化合物的热值都介于纯的氢和碳之间，但由于碳比氢重，热值更接近碳的热值（表 17.6）。

化合物的热化学表列出了燃料的热值（以千焦每摩尔为单位）。例如，对于甲烷，热值为 890 kJ/mol，除以分子量 16.04，得到热值为 55.5 MJ/kg；对于丁烷，热值为 2880 kJ/mol，除以分子量 58.12，得到热值为 49.5 MJ/kg。热化学表中未列出的化合物燃烧热可以通过更广泛的生成热表计算得到，因为化学反应热是累加的（赫斯定律）。

第二个重要参数是加热设备的效率，即所传递的热量（例如传递到房间的热量）占可从热源获得的总热量的百分比。

表17.6　常规燃料的热化学表

燃料	分子量	热值 /(kJ/mol)	热值 /(MJ/kg)
氢	2.02	286	141.6
甲烷	16.04	890	55.5
丙烷	44.01	1560	35.5
乙醇	46.06	1375	29.9
丁烷	58.12	2880	49.5
汽油	110	5010	45.6
煤油	178	8085	45.4
柴油	225	10 125	45.0
煤（无烟煤）	—	—	32.5
干木材	—	—	16.0
碳	12.01	394	32.8

来源：http://en.citizendium.org/wiki/Heat_of_combustion。

油

液体燃料的热值变化很小（煤油 36.7 MJ/L，燃油 37.7 MJ/L，柴油 38 MJ/L）。无烟道燃油加热器的效率约为95%，而有烟道燃油加热器的效率可在60%与75%之间变化。为了进行比较，我们将使用75%作为功能良好的加热器的最佳效率。

固体燃料

焦炭和煤的热值为 24 ～ 33 MJ/kg。对于干木，热值可能高达 16 MJ/kg；但对于潮湿木材，热值则降至 7 MJ/kg 左右。比较供暖成本时未考虑任何固定投资成本（如气瓶的供应或租赁、油箱的安装等）。住户必须考虑资金成本和维护费用。

所有现有的商业能源都产生污染。对空气污染最严重的是煤炭和木材，其次是燃油（包括柴油），然后是液化石油气（LPG）。碳捕获和储存有可能使煤炭的燃烧更清洁，但其成本高得令人望而却步，而且如果没有政府的干预，就不太可能实现。虽然电力在使用时是无污染的，但它的生产会造成污染——空气污染（使用煤炭）、核废料（来自核反应堆和煤炭），以及自然灾害，如河谷洪水泛滥（用来发电）。太阳能和风能是清洁能源，主要的影响是视觉污染。虽然没有科学证据支持这种说法，但关于风力发电对健康的不良影响已经有过报道。

煤炭污染了我们的天空并增加了温室气体的排放量，但是你是否知道燃烧煤炭所产生的废物比核电站所产生的废物更具放射性？据报道，对于发电量相同的煤电厂和核电厂，该煤电厂通过放射性灰分向环境中排放的辐射量是核电厂的100倍（见第18章）。

燃气

无烟道气体加热器的效率约为90%。对于有烟道的液体石油加热器，其效率与燃油加热器的相似，在50%和78%之间变化。瓶装天然气通常按质量出售，但有时也按体积出售，当然这取决于温度。如果你要按体积购买，那么尽量在寒冷的日子购买。液化石油气在20℃时的热值为49 MJ/kg或25.5 MJ/L。

木材

干燥木材中大约70%是碳水化合物，其中40%～50%是纤维素。碳水化合物的热值约为油（作为燃料和食物）的一半。粗略估计，木材燃烧释放的能量中有70%来自燃烧的气体，其余的来自燃烧的煤（木炭燃烧）。对于点燃气体所需的温度，不同气体而有所不同，其中一些气体的起燃温度相当高（一氧化碳600℃、甲烷650℃、乙酸540℃、氢气540℃）。因此，这些气体只有保存在有足够空气（以及足够长的时间）的高温区域，才能够完全燃烧。可以使用带有催化燃烧器的火炉，以降低点火温度。

对于木材来说，非密闭炉的效率为30%～40%，难以控制并且主要依赖表面的热辐射。受控燃烧（气密）加热器是最高效的加热器，在高热量输出时，效率范围为40%～50%。

风能

大量移动的空气会产生巨大的作用力（正如我们在暴风和气旋中看到的那样）。如果天空中风的总功率无损失地转换为电力，那将超过世界上所有发电站总输出能量的1万倍。但是实际上，只有一小部分风的能量可以被捕获并投入使用。空气流动的特性、物理学定律和经济学规律都限制了风作为能源的潜力。

古代的中国人和埃及人都可能使用过某种形式的风力。最早的可靠记录描述了13世纪以前在波斯使用的风车，其与今天在伊朗东部仍然使用的风车非常相似。波斯的风车是由帆组成的，当被风吹动时，它们会转动垂直轴。玉米是用轴转动的磨石磨碎的，该发明从伊斯兰世界传入欧洲。原始的波斯风车演变成堂吉诃德所说的带旋风的巨人。4个世纪前，荷兰有超过2万台风车在运转，它们将莱茵河三角洲的沼泽和湖泊的水抽干，以创造耕地种植谷物。之后将谷物磨成面粉，运转锯木厂，压碎种子来制造植物油。当时，风景如画的荷兰风车就相当于现在的油井和炼油厂，它是这个国家经济的主要来源。

随着蒸汽机的出现，风能的使用开始减少。蒸汽机释放了存储在煤炭中的能量，并引发了工业革命。但是，风车并没有过时。小型风车是20世纪最初几十年分布在北美和澳大利亚的农场的常用工具，它们抽水供庄稼、牲畜以及农民使用。风力发电机最初是作为电池无线电设备的附件销售的，并很快成为一种常见机器，为成千上万的偏远家庭提供了适量的电力。随着配电网覆盖至农村——轻按一下开关即可获得便宜的能源——小型风车都被废弃了。

大约 1900 年，丹麦首次尝试使用大型风车为社区供电。后来，英国、法国、俄罗斯、德国和美国进行了类似的实验。2014 年，丹麦国内约有 40% 的电力来自风能，而美国加利福尼亚州已经拥有数千兆瓦的风能供电，几乎与澳大利亚维多利亚州的燃煤能量相当。

风的规律

风吹过地球表面的速度越快，能利用的功率就越大。风速与功率之间的关系遵循"立方定律"，该定律规定风的功率与风速的立方成正比。因此，风中的大部分能量是由较快速的风携带的。2 的立方是 8，所以风速加倍意味着功率增加了 7 倍，速度减半意味着功率减小了 7/8。

假设微风的速度为 25 km/h，那么它可能会使叶子沙沙作响，路面上扬起灰尘或碎纸屑。以这种速度吹过面积为 1 m² 的窗框的气流，其原始功率约为 200 W。如果其速度略微下降至 20 km/h，则几乎看不到差异——叶子和树枝仍然会以恒定的速度运动，但微风的功率将急剧下降至 100 W，是之前的一半。实际上，在年平均风速超过 20 km/h 的地方，风携带着大量有用的能量。在平均速度远低于此值的地方，风力太弱，无法收集风能。立方定律缩小了最佳能量可选取的范围。

风力涡轮机

本质上，风力涡轮机就像水轮机一样。但是，空气的密度（1.2 kg/m³）大约是水的密度（1000 kg/m³）的千分之一，因此想输出相同的功率，风力涡轮机要比水轮机大得多。

传统的风力涡轮机主要有两种：绕水平轴旋转的风力涡轮机（类似摩天轮）和绕垂直轴旋转的风力涡轮机（类似旋转木马）。风力涡轮机永远无法获得超过其捕集移动空气中原始能量的 50%，如果达到 40%，则认为该风力涡轮机的效率很高。

带有四个木制帆的荷兰风车和农场上看到的抽水风车（每个风车都

装有许多叶片），转动得相当缓慢。尽管它们并没有从风中吸收太多能量，但是它们可以在低速的风中转动，由旋转力或转矩生成有用的机械功，因此非常适合研磨和抽水等工作。

现代螺旋桨式风力涡轮机（图 17.15）具有一些轻巧的流线型叶片。它们被设计成可以快速旋转的形状，其中叶片外端移动的速度是驱使它们转动的风的速度的 5 ~ 6 倍。这种设计旨在用于驱动发电机——大多数发电机都以高速旋转。

图 17.15　加利福尼亚州的一个风力发电场

来源：Greg Randles/Adobe Stock。

风的速度和强度可能超过涡轮机的动力处理能力。如果没有留出多余的处理功率，则涡轮和塔架可能会损坏，发电机也可能会被"烧毁"。有许多控制涡轮速度的方法，例如，一些荷兰风车的风帆中设有百叶窗，它们就像百叶帘一样可以打开使强风通过。现代风车的叶片通常是可以"羽化"的，也就是说，叶片的角度可以调节，从而随着风速的增加，减小受风的表面积。

13世纪前的波斯风车沿垂直轴旋转——这是一种古老的排列方式，一些现代风力涡轮机设计中已重新使用这种结构。这种设计吸引人的地方在于它的机械简单：与水平轴机器不同，垂直轴涡轮不需要随风向的改变而转动。

这种类型的最简单的涡轮机是萨沃纽斯（Savonius）涡轮机，其是以 1931 年获得专利的芬兰发明家的名字命名的。它的制作过程是：沿纵向拆开一个空油桶，然后焊接两个半圆柱面使其围绕中心垂直轴旋转。从上方看，萨沃纽斯涡轮机由两个呈 S 形的气流叶片组成。

达里厄型风力涡轮机看上去有点像一个大型的厨房打蛋器，其每个叶片的两端均与中心轴相连接，形状近似半圆的曲线。在横截面中，每个叶片的形状都像飞机的机翼：围绕它们流动的空气产生的提升力促使涡轮旋转并产生动力。

水力发电

水力发电得到的电力的价格为每千瓦时 0.033 美元（表 17.2）。水力是最便宜的能源形式，可以在一定的地理和气候条件下获得。水力发电指的是依靠下落水的动能来转动涡轮，从而获得电能。但是水力发电真的对环境有利吗？水力发电需要大量蓄水，而这需要大坝和大量水泥。

水泥是用石灰石（$CaCO_3$）生产的，是石灰循环的第一步。将石灰石加热到 825 ℃以上并保持温度 8 ～ 12 小时需要大量能量输入，同时过程中会产生氧化钙（石灰）和释放二氧化碳（CO_2）。

$$CaCO_3 \longrightarrow CaO + CO_2$$

在混凝土硬化过程中，二氧化碳的产生会有一定的平衡，这涉及从空气中吸收二氧化碳的过程，而水泥生产本身会产生大量二氧化碳，是净排放大量二氧化碳的行业。大坝洪水导致有机物死亡，进而腐烂，而这个过程中产生了额外的二氧化碳。除此之外，腐烂的有机物还会产生大量甲烷（CH_4），这是另一种温室气体。

水坝建成后造成的一个可能令人惊讶的结果是，产生了一种被称为甲基汞的极具毒性的化合物，并导致生物富集。汞是一种天然元素，但由于化石燃料的燃烧和金属的冶炼，我们向环境中释放了约 2000 t 汞。大气中的汞被雨水冲刷掉，降落到大地，并冲入水坝，而水坝中的汞会引发某些问题。当然，它最终会出现在海洋、湖泊和其他地方。在新建的水坝中，鱼类中的甲基汞浓度已显著增加。有关加拿大魁北克省詹姆斯湾水库的一项研究表明，所有鱼类体内甲基汞的浓度均增加了6倍。其原因很复杂，包括沉降和腐烂有机物的增加。这促进了细菌的生长，从而将无机汞转化为有毒的甲基汞。

核能

核能安全是一个两极分化的话题。当你询问一群人——教室里的学生、运动队员或参加咖啡早茶会的人——他们是否认为核能是安全的时，答案通常是否定的，并且根据年龄的不同，你会听到三里岛核事故（1979年）、切尔诺贝利核事故（1986年）或福岛核泄漏事故（2011年）。现在问同一群人对核能的了解，要求他们提出意见。经验再次表明，大多数人，不管他们对第一个问题的回答如何，对核能背后的过程都知之甚少。让我们试着纠正这一观念。

核聚变是为我们的太阳提供能量并间接给我们提供太阳能、风能和化石燃料的一种核反应形式。尽管它具有无污染的潜力，但我们目前不具备使用核聚变的技术。

核裂变是大核分裂并释放能量的过程。核电站利用裂变过程产生热量，然后在常规蒸汽机中发电（图17.16）。核裂变目前产生的电力约占13%。

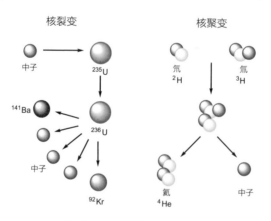

图 17.16　核裂变与核聚变

对核工业而言，有两个重要元素，即钚239（^{239}Pu）和铀的两种同位素——铀 235（^{235}U）和铀 233（^{233}U）。这些元素被称为易裂变材料。奥托·哈恩（Otto Hahn）因发现重核裂变而在 1944 年获得诺贝尔化学奖。他与莉泽·迈特纳（Lise Meitner）、弗里茨·施特拉斯曼（Fritz Strassmann）一起认识到 ^{235}U 会吸收低能中子产生结合能，从而使原子分裂，产生氪和钡（请参见下文中的反应式）。

裂变反应存在质量缺陷，因为裂变产物的总质量小于中子和 ^{235}U 原子的总质量。我们已经知道质量和能量是可转换的，因此缺失的质量必然已经根据爱因斯坦的质能关系 $E = mc^2$ 转换为能量了。^{235}U 约占铀的 0.7%，而 ^{238}U 约占 99.3%。^{239}Pu 和 ^{233}U 是分别由 ^{238}U 和钍 232（^{232}Th）通过吸收中子制成的。1 g 铀的裂变可产生与燃烧 3 000 000 g（3 t）煤一样多的能量。

现代的铀基反应堆有几种类型，最常用的是沸水反应堆、重水反应堆、高温气冷反应堆和压水反应堆。压水反应堆是最常见的，占全世界核反应堆的一半以上。我们将介绍提供核能的成分和化学反应。

燃料生产

压水反应堆中首先需要的是燃料——氧化铀（UO_2）。铀是地壳中相对常见的元素，以多种矿物的形式存在，主要的矿石是铀矿，也称为沥青铀矿。提取和精制过程涉及研磨矿物，然后用一种可以是酸性或碱性的浸出溶液进行萃取。通过离子交换或溶剂萃取工艺进一步纯化该材料，以提供一种被称为黄饼的材料——主要是黄色的八氧化三铀（U_3O_8）。这种材料在自然丰度下仅包含 0.7% 的易裂变 ^{235}U 同位素，但是大多数反应堆都需要其达到 3% ～ 5% 的水平，因此需要富集过程。

当听说某项核计划生产武器级铀时，浓缩过程将继续产生 90% 的 ^{235}U。贫铀通常在军事应用的装甲弹和医疗应用中用作屏蔽材料。铀的密度约为 19.1 g/cm^3。铀金属是具有自燃性的，这意味着其粉末（来自已经击中目标的弹丸）可以自燃。

核反应和创造能量

若要开始进行核反应，需要一个热中子源。元素铍是一个中子倍增器，每吸收一个中子就产生两个中子。更重要的是，它减慢了中子的速度，使它们变成热中子，能量低于 0.03 eV，以至它们能够被其他原子捕获，比如我们的浓缩铀氧化物（UO_2）。核燃料 UO_2 与这些热中子反应，生成钡、氪和三个中子（包括开始时吸收的那个），以及由于质量不足而产生的能量。

$$_{92}^{235}U + _{0}^{1}n(\text{慢}) \longrightarrow _{56}^{141}Ba + _{36}^{92}Kr + 3_{0}^{1}n(\text{快}) + \text{能量}$$

能量输出为 1.92×10^{11} J/mol 的 UO_2（7.18×10^4 MJ/g 的 UO_2）。

钍反应堆

世界上两个新兴工业大国——中国和印度，对能源的需求使其开始考虑建造以钍而不是铀或钚运行的反应堆。钍是可分裂的，但不易裂变（不会像 ^{235}U 那样在被中子撞击后分裂以释放出大量能量）。可分裂意味着它可以被中子撞击以产生裂变材料。^{232}Th 根据以下过程吸收中子，最终产生 ^{233}U：

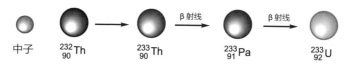

这与铀增殖反应堆的过程（可分裂的 ^{238}U 吸收中子形成易裂变的 ^{239}Pu）相似。

钍反应堆涉及一个增殖循环，因此需要设计出良好的中子经济性。它使用了所有开采出来的重金属，相比之下，铀反应堆只使用了 0.7%（忽略了在低浓度重水反应堆中用于将 ^{238}U 转化为钚的那部分）。

最后，你可能会问：为什么在广岛和长崎投下原子弹后，这些城市会在几年内开始重建，并且对居民来说辐射危险已降至最低。这是因为原子弹中的 ^{235}U 仅经历了裂变。相比之下，^{238}U 反应堆燃料花费数月的时间来吸收中子，从而产生大量寿命长的超铀元素。

在长崎投下的原子弹中的钚也会在不产生超铀的情况下裂变。在这两种情况下，没有长寿命的超铀元素，只有短寿命的裂变产物。并不是说这些炸弹是好的，只是我们需要了解其中的化学、物理原理。相比之下，可再生能源是很好的。

为什么钍核反应堆的废物问题比铀核反应堆的少得多？

铀循环反应堆的辐射废物来自 ^{235}U 的裂变与 ^{238}U 的裂变和核嬗变。这导致两种废物产生：①裂变产物；②超铀元素（镎、钚、镅、锔等）。正是 ^{238}U 加中子产生了这些超铀元素。

钍循环反应堆 ^{233}U 裂变产生的辐射废物只包括裂变产物。从本质上来说，该过程中没有产生超铀元素是因为需要经历几次连续的中子吸收。

裂变产物的半衰期各不相同，只有少数的寿命长达数年。半衰期最长的裂变产物是锶 90（30 年）和铯 137（30 年）。尽管这些同位素仍然令人关注，但它们远不如超铀化合物导致的问题严重。

铀循环反应堆中生产的某些超铀化合物的半衰期更长，例如 ^{241}Am（430 年）和 ^{239}Pu（25 000 年）（请参见核素表）。

正是超铀化合物的长寿命，特别是废铀燃料棒或分离的铀燃料废物中的 Pu，导致了铀循环反应堆废物的长寿命设计要求的推行（在没有任何政治决定要回收的情况下）。

相比之下，钍核反应堆中涉及的 ^{232}Th 或 ^{233}U 在核素表中只比 ^{238}U 少几个中子，但是它们产生的废物完全不同。

拓展阅读

《英国在马拉灵加进行核试验》（*British Nuclear Tests at Maralinga*），https://en.m.wikipedia.org/wiki/British_nuclear_tests_at_Maralinga。

梅里尔·艾森巴德（Merrill Eisenbud）、托马斯·格塞尔（Thomas Gesell）所著《环境放射性：自然、工业和军事来源》（*Environmental Radioactivity, from Natural, Industrial and Military Sources*）第 4 版。

《能源：学校里学生的复习内容》（*Energy: A Revision Lesson for School Students*）。

理查德·马丁（Richard Martin）所著《核能的第二次机会？》（A Second Chance for Nuclear Power?），《宇宙》（*Cosmos*）2017 年 12 月至 2018 年 1 月刊第 52 页，https://www.pressreader.com/australia/cosmos/20161201/282003262023814。

《可再生能源》（*Renewable Energy Resources*），http://www.ga.gov.au/scientific-topics/energy/resources/other-renewable-energy-resources。

《能源使用趋势》（*Trends in Energy Use*），http://www.abs.gov.au/AUSSTATS/abs@.nsf/7d12b0f6763c78caca257061001cc588/a300c2a2b4e0b91fca2571b000197552!OpenDocument。

《锂离子电池为什么会起火》（*Why Lithium-Ion Batteries Catch Fire*），http://cen.acs.org/articles/94/i45/Periodic-graphics-Li-ion-batteries.html?utm_source=NonMember&utm_medium=Newsletter&utm_campaign=CEN。

18 电离辐射里的化学

本章从辐射基础知识开始，然后介绍辐射的生物学效应。辐射的外部来源包括天然放射性物质，例如花园中的矿物质、石灰岩洞穴、矿物沙滩和煤炭。我们对食物和医疗照射中的放射性也进行了讨论。低剂量辐射甚至可能产生积极影响，这一说法并不像人们最初想象的那么离谱。在众多放射性材料的应用例子中，最后一个是来自艺术品的赝品法庭调查。

辐射虽然会导致癌症，但也可以用来治疗癌症。阳光可以使我们保持健康，却也可以让我们受伤，甚至更糟。辐射是科学与技术相冲突的一个典型例子。

辐射可分为两类：非电离辐射和电离辐射。两者有一些重叠。电磁辐射（在中等频率下）属于非电离辐射的范畴。它的频率范围从无线电波、微波、红外线和可见光，一直到 γ 射线（然而，γ 射线的能量非常高，属于电离辐射的范畴，见图 18.1）。所有辐射均以光速（3×10^8 m/s）传播。可见光只覆盖了光谱的很小一部分，由一束叫作光子的无质量粒子组成。

一方面，光子的能量取决于它的波长（或频率）。辐射的波长越短（或频率越高），光子的能量就越大。光子的物理和生物效应取决于它的能量（表 18.1）。

另一方面，辐射量取决于辐射强度（光子的数量）。占太阳光极小比例的紫外线辐射可以在 10 分钟内导致晒伤，而你却可以在玻璃后面待上几个星期而不被晒黑，因为玻璃可以阻挡部分紫外线。

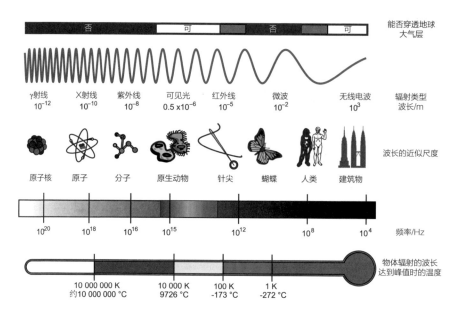

图 18.1　显示不同辐射类型的电磁波谱

来源：Inductiveload，可在知识共享署名 3.0 许可下使用（https://creativecommons.org/licenses/by-sa/3.0/deed.en），来自 https://commons.wikimedia.org/wiki/File:EM_Spectrum_Properties_reflected.svg。

辐射中的能量累积

请考虑以下情形。假设我打你的脸，就能把能量从我的拳头传递到你的脸上。那一记重拳可能会导致流血。能量积累的多少取决于我重复这个过程的频率。一次轻微的拍打几乎没有效果，不管它重复多少次。实际上，多次轻微拍打的能量可能远远超过一次重击，但是它并没有以一种造成伤害的方式被吸收。同样的观点也适用于高能量的紫外线和低能量的可见光对我们皮肤的影响。

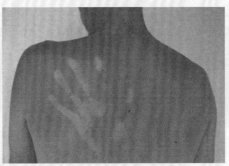

来源：（左）Andrew Blue/Adobe Stock；（右）lavizzara/Adobe Stock。

表 18.1　有关频率、波长和能量的波长方程和普朗克公式

波长方程	普朗克公式
$c=\lambda v$	$E=hv$
这里：c 表示光速（单位为 m/s）；λ 表示波长（单位为 m）；v 表示频率（单位为 s^{-1}）；h 表示普朗克常量，h=6.63×10^{-34} J·s；E 表示能量（单位为 J）	

　　电离辐射由一束具有静止质量的粒子流组成，并根据其动能以不同的速度传播。此类粒子包括 α 粒子（氦原子核）、β 粒子（电子）和中子（是在波粒二象性被理解之后发现的，因此对其辐射没有特殊的称呼）等。

放射性工作者的歌诀

我们不怕 α 射线，

一张纸就能将它阻拦！

β 射线需要更多防护，

必须到处放一些金属。

至于强大的 γ 射线，

（注意我们说的意见），

除非你想长期病倒在床，

否则必须在厚厚的铅墙后躲藏！

快中子可将一切穿透，

蜡板可消除其带来的令人讨厌的刺痛。

这些使它们放慢脚步，

甚至连傻子都知道可以用硼去除。

务必记住我们说过的所有，

因为死后再记没有任何作用。

现在，继续介绍一些你可能想略过但更具有技术性的信息，至少在一开始是这样的！我们不会在这里讨论反应堆的核裂变，因为这在第17章中已经讲过了。

放射性衰变

放射性衰变是一个随机过程。我们不知道样品中的哪个原子会衰变，也不知道什么时候会衰变。实际上，我们可以使用熵游戏中的模型（见附录11）来描述放射性衰变。放射性物质的固定半衰期是一半原子辐射（衰变）的平均时间，这对应于该游戏中每个方格中固定计数器的数量。图18.2显示了铀238随时间变化的衰变情况，横轴是时间，纵轴是当时发射的平均原子数所占百分比。

大量放射性原子核发射粒子的速率称为放射性活度。当放射性元素每秒发生1次衰变时，其放射性活度即为1贝可（Bq）。（原单位"居里"是1.02 g镭的放射性活度，因此相当于3.7×10^{10} Bq。）

辐射生物效应

辐射生物效应取决于辐射在人体内积累的能量。这基本上就是每千克体重积累的射线的平均能量，使用的单位是戈瑞［Gy，对应于旧单位中的100拉德（rad）的辐射吸收剂量］。β粒子的发射伴随着能量可变的反中微子，这种反中微子不会被吸收。能量守恒意味着能量在两个粒子之间可变化地分配。因此β粒子的能量分布范围也很广。相反，

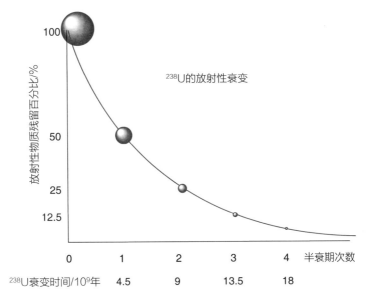

放射性物质残留百分比/%

^{238}U的放射性衰变

半衰期次数	0	1	2	3	4
^{238}U衰变时间$/10^9$年		4.5	9	13.5	18

图 18.2　所有放射性原子核的衰变模式都属于指数衰变

来源：改编自《新科学家》，1988 年 2 月 11 日。

α 射线有一个明确界定的能量值，并且其引用的能量值可直接被使用。注意，戈瑞是辐射能量与每千克体重能量的严格物理转换。

现在，我们可以根据粒子的产生速率来衡量辐射源，并根据沉积的能量来衡量造成的生物损害。难点在于将这两者联系起来。对于相同数量的能量沉积，α 粒子造成的损害是 β 粒子或 γ 射线的 20 倍左右，这主要是因为它们在体内形成离子时效率更高。电离辐射的名称来自这三种辐射的性质。从上面的歌诀中，你可能会觉得 α 射线无害，因为它们很容易被阻挡，但是事实并非如此。如果摄入或吸入 α 粒子，则阻止 α 射线的组织会在此过程中受到严重损害。

　　问题："我有一个 1 kg 的铀矿石样品，含量为 20 Bq/g。这会给我带来多大辐射量？"

　　回答："这取决于你是吃它、吸入它，还是坐在它上面。"

　　放射性活度和剂量只是间接相关。你需要知道剂量传递途径，以及具有特定溶解度的放射性核素的剂量转换系数，这取决于它是被吸入还是被摄入。

评估辐射对健康影响的适当的单位是剂量当量，单位为希沃特（Sv）。它的单位也是焦耳 / 千克体重。能量吸收量（Gy）和剂量当量（Sv）通过一个品质因数（辐射品质）联系起来（见表 18.2，以希沃特计）。

表18.2　辐射类型的品质因数

辐射类型	品质因数
X 射线、γ 射线和 β 粒子	1.0
热中子	3.0
快中子或质子	10
α 粒子或比 $^4He^{2+}$ 重的离子	20

希沃特以 J/kg 计，是一个物理单位，但包含了风险参数。对于中等程度的暴露，最好将其视为癌症风险的一个单位。例如，将 α 射线与 β 射线和 γ 射线进行比较时，品质因数为 20。

总之，根据每秒衰变量（Bq）和每次衰变吸收的平均能量［以兆电子伏特（MeV）为单位］可得出每千克体重积累的能量，经质量因子和组织敏感因子修正后，该能量给出了剂量当量（Sv）。不同的器官对辐射的敏感程度不同，因此在必要时使用另一个组织权重因子 Wt 来进行修正，从而给出有效剂量当量（也可以用 Sv 来测定）。难怪这个数据解释起来如此之难！

内源辐射

人体内的一种天然存在的放射性元素钾 40（^{40}K）的半衰期超过 10 亿（10^9）年。人体（70 kg）平均含有约 140 g 钾。钾 40 的同位素丰度为 0.0117%，人体内平均有 16.4 mg 钾 40 或 2.47×10^{20} 个钾原子。根据原子数 N 和半衰期 $t_{\frac{1}{2}}$ 为 1.28×10^9 年，我们可以计算出每秒的衰变次数：

$$\frac{\mathrm{d}N}{\mathrm{d}t} = kN = \left(\frac{0.6931}{t_{\frac{1}{2}}}\right)N$$

通过计算得到了 4250 Bq，这意味着平均 70 kg 的人体每秒会发生 4250 次放射性衰变。

钾 40 的 β 辐射的平均能量为 0.548 MeV（最大为 1.35 MeV），将其与每千克体重的放射性结合起来，我们每年能获得 0.17 mSv（毫希沃特）的剂量。钾 40 还会释放出高能 γ 射线，从而增加辐射剂量。

将钾 40 与人体内另一种天然放射性同位素碳 14 进行比较会非常有趣。假设 70 kg 人体中含有 1.6×10^4 g 碳，碳 14 的同位素丰度为 10^{-12}，半衰期为 5730 年，我们得到的放射性活度为 3000 Bq，与钾 40 的放射性活度大致相当。然而，由于它们的 β 射线的能量不同（对于碳 14，平均为 0.0441 MeV，最大为 0.156 MeV），其剂量为每年 0.01 mSv，几乎是钾 40 的 1/20。因此，钾 40 是每年全身暴露在 0.2 mSv 的内源辐射 β 射线和 γ 射线的主要来源。

切连科夫辐射与反应堆中的蓝光

钾 40 发射的 β 粒子（电子）具有很大的能量。当然，它在真空中的传播速度小于光速，但在水中的传播速度大于光在水中的传播速度（任何粒子的速度在真空中都不可能超过光速，但在密度更大的介质中却可以超过光速）。

因此，当氯化钾在水中溶解时，电子会立即减速，从而产生冲击波（就像来自超音速飞机的声波冲击波），发出名为切连科夫辐射的蓝色光。光线非常微弱（即使是在 KCl 饱和溶液中），用肉眼看不到，但是可以通过灵敏的光探测器对它进行测量。[作者之一（本·塞林格）曾经使用一种饱和 KCl 溶液，对当时作为 20 世纪 70 年代后期一个研究项目的一部分而开发的新的感光性能非常好的仪器中的单光子计数灵敏度进行绝对校准。] 以 1958 年诺贝尔物理学奖获得者帕维尔·切连科夫（Pavel Cherenkov）的名字命名的切连科夫辐射，即水冷核反应堆堆芯周围水中发出的蓝色辉光。因为这里粒子很多，所以发出的光可以被看见。

外源辐射

现在让我们讨论一些外部放射源，并研究放射性衰变序列，即铀238（其他外部源来自钍232和铀235）。钍232和铀238的简化放射性衰变序列如图18.3所示。

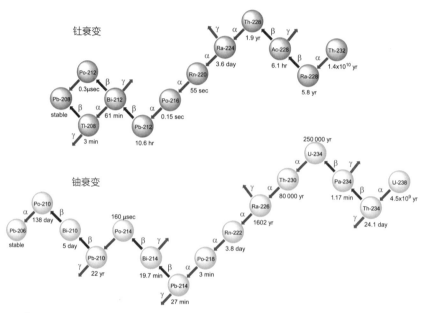

（Stable= 稳定的；μsec= 微秒；sec= 秒；min= 分钟；hr= 小时；day= 天；yr= 年）

图18.3 钍232和铀238的衰变序列[α衰变（红色箭头）、β衰变（蓝色箭头）和γ发射（绿色箭头）]以及原子核的半衰期

铀系列中的8个元素随着 α 粒子（一个 $^4He^{2+}$ 原子核）的损失而衰减，其原子序数减少2，而其相对原子质量（重量）下降了4。另一种衰变模式是 β 粒子（核中的电子）的发射，它将中子转化为质子。这不会明显改变质量，而是把原子序数增加1。γ 射线（光子）的发射不会改变元素种类或其质量。

岩石和土壤的 γ 射线外部来源是钾40（在黏土和长石中）、铀、钍，以及它们的衍生物。宇宙射线在海平面每年贡献约0.3 mSv。在海拔3000 m的地方，辐射剂量增加了2倍，因为那里吸收射线的大气较少。短时间内在高海拔（30 000 m）地区经过，如10次跨太平洋飞行，辐射量相当于在海平面上的全年总量。在高纬度地区旅行（如从布宜诺斯艾利斯到悉尼）的人，受到的辐射会显著增加。岩石会产生氡气及其衍生物，通常被视为内部辐射源。澳大利亚很少有城市建在高花岗岩地基上，因此氡的辐射量远低于世界平均水平。

如果家庭建筑中使用的花岗岩被压碎成砾石，就会出现问题；因为砾石使氡更容易逸出。特别是在寒冷的气候下，人们为了保暖不可避免地减少通风，这就会导致氡及其衍生物的积聚。图 18.4 显示了人类暴露于包含各种来源的电离辐射的环境中（剂量以 mSv 为单位）。

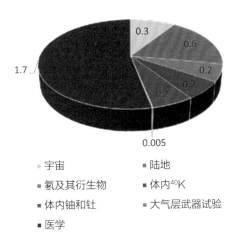

图 18.4　人体暴露于包含各种来源的电离辐射的环境中

来源：http://www.arpansa.gov.au/radiationprotection/Factsheets/is_ionising.cfm。

自然产生的放射性物质

天然放射性物质与几种通常和放射性无关的情形有关。

氦气球

你一定为孩子们开过生日派对吧！用氦气吹起气球，然后吸入一些气体，你的声音会变得尖锐。这很有趣。但你知道每一个氦原子都曾是镭或其衍生物释放的 α 粒子吗？氡是非放射性的，但它是从那些有放射性的天然气井里收集来的。

烟雾探测器

最常见的家用烟雾探测器的核心是一小块合成的放射性元素——镅241。它的放射性为 37 000 Bq（每秒原子衰变量），大约相当于 100 g 贾比卢卡铀矿石。镅是用钚在核反应堆中制造的，而钚又是用铀在核反应堆中制造的。辐射会电离周围的空气并使其导电，除非烟雾干扰这一过程，从而触发警报。

烟雾探测器是核争论的一个缩影。很明显，烟雾探测器带来的安全效益远远大于对健康带来的任何风险效应。烟雾探测器是绝对安全的，而镅241被完全封闭在天花板上的装置中。真正重要的是烟雾探测器超过其使用寿命（大约10～15年）后发生的事情。该装置的半衰期为 430 年，以前必须由供应商回收处理，但现在可以单独被扔到生活垃圾中；因为在稀释状态下，它不会提高填埋场土壤环境的放射性。光电烟雾探测器没有这个问题。它们在对放射性物质的敏感性和价格上都有所不同，但在某些情况下可能更可取。

用煤气做饭

天然气中含有大量的氡，但是，在氡到达厨房煤气灶之前，它会变成放射性很强的固态衰变产物；而这些衰变产物作为放射性垢沉积在从油气田输送石油的管道中。这在全球范围内造成了职业卫生和环境问题——但是由于氡的衰变时间很短，它不会在厨房里对人造成伤害。作者之一（本·塞林格）曾经用盖革计数器测试过几种燃气，并证实其中不存在氡。其他与厨房相关的辐射源是那些时髦的花岗岩厨房柜面和瓷砖。根据放射源的不同，它们可以显示出可测量的放射性水平。对花岗岩的测量结果约为 500 Bq/kg；用于瓷砖釉料的锆石熔块的测量结果约为 3000 Bq/kg。

后院里的同位素

如果你在郊区的一个大房子（1000 m^2）里从土壤顶层 1 m 处提取所有的放射性物质，你将获得约 2 kg 的放射性钾 40（从 1.8 t 钾中获得）、8 kg 的钍 228（假设含量为 5 mg/kg）和 3 kg 的铀 238（假设含量为 2 mg/kg）。放射性物质释放的热量约占一半，这些热量使地球从内部保持温暖，使得大陆漂移甚至更剧烈地运动。

逃到棚子里总可以了吧？如果你用放射性（α 射线、β 射线和γ 射线）测量装置对花园大棚周围进行检查，会发现堆在角落里的那袋钾肥的放射性比大棚环境的高出约 6 倍（过磷酸钙肥料的放射性可能更高）。

放射性童子军

"放射性童子军"一案广受关注。它于 1998 年 11 月首次在《哈珀杂志》（*Harper's Magazine*）上发表。

戴维·哈恩（David Hahn）曾是一名童子军，他试图收集元素周期表中每种元素的样本，并在他位于密歇根州的后院的小棚屋里建造了一个核反应堆。哈恩从家用材料中收集了放射性物质，如烟雾探测器中的镅、野营灯罩中的钍、钟面中的镭和瞄准器中的氚(中子慢化剂)。他的反应堆是一块雕刻的铅块，他希望用它把钍和铀的样品转化成可裂变的同位素。他的反应堆从未达到临界质量，但它确实释放了足够的辐射，以至于遭到美国联邦调查局（FBI）和核管理委员会的调查。这个棚屋是由美国环境保护署清理的。孩子们，千万别在家里试这个！

幸运的是，美国国土安全部再次向我们保证，虽然从家用物品中积累足够的放射性物质来制造脏弹非常可行，但制造原子弹是不可能的。英国当局在测试其原子装置时于澳大利亚南部的马拉灵加制造并爆炸了 5 枚脏弹（见第 17 章）。

露营

当将放射性计数器放在压力灯或煤气灯的灯罩附近（图 18.5），钍氧化后可能会使计数器的数字猛增。不过，现在许多灯罩都使用了非放射性稀土替代品（见第 15 章）。

洞穴

你看过石笋或钟乳石吗？或者两个都看过？人们在石灰岩洞穴中发现了相对较高的辐射水平。其中许多洞穴，如悉尼附近的蓝山杰诺伦洞穴，对公众和热心的洞穴学家开放。开放期间，杰诺伦洞穴的向导们不得不在地下短期工作，并携带检测器；因为地下河流中被冲下的矿物释放出的天然氡含量很高。由于担心洞穴因干燥而破坏地层，洞穴无法通风，这些重型气体也就无法逸出。

关于放射性物质的教训是，无论是收集自家用物品，还是处于没有通风的洞穴中，以及提取自海滩沙子或其他情况下，浓度都是关键所在。

图 18.5　含放射性物质钍 232 的煤气灯罩

来源：Ben Selinger。

澳大利亚辐射最严重的工作

谁是澳大利亚受辐射最严重的工人？铀矿工人？放射科医生？核反应堆技术人员？不，是杰诺伦洞穴的向导和一些石油及天然气钻井塔的工人。

煤矿开采

2012—2013 年，澳大利亚出口了 1.82 亿吨动力煤和 1.54 亿吨炼焦煤，总计 3.36 亿吨煤。这些煤平均含有铀 0.9 mg/kg 和钍 2.6 mg/kg。尽管这些物质因含量太低而无法被提取，但有趣的是，我们在官方记录的出口量的基础上，又增加了 300 t 放射性铀和 870 t 放射性钍。隐秘的采矿业务！公平地说，虽然煤矿中放射性物质实际含量很低，但其总量巨大。

在维多利亚州，每年燃烧 6500 万吨褐煤用于发电，其电量占总发电量的 92%。其中含有约 1.6 mg/kg 的铀和 3.0 ～ 3.5 mg/kg 的钍，因此每年在维多利亚州拉特罗布山谷的垃圾填埋场被泥浆化和掩埋的飞灰中含有约 100 t 铀和 200 t 钍。

如果将粉煤灰与其他材料混合，使平均放射性核素浓度降低到接近背景辐射的水平，则可以将粉煤灰用作混凝土或筑路（以及类似的应用，如矿山修复）中的水泥填充剂。约 30% 的底灰和粉煤灰用于工业用途。在某些地区，在混凝土中使用的灰烬已导致高层建筑内氡的排放达到了令人无法接受的水平，而处理方法是使用厚墙纸（至少）阻挡 α 粒子。在澳大利亚，有人建议可以用纯粉煤灰来制造建筑材料，但这是不可接受的建议。

油气开采

油井的放射性污染水平差别很大。有些油井的放射性污染水平很高，有些则没有污染。这取决于岩石中铀和镭的含量。蒙巴气田（澳大利亚南部怀阿拉以北）含有大量的氡，而艾尔利岛主气田以南的西北大陆架似乎没有受到污染。天然放射性物质管理的 ARPANSA 安全指南（RPS 15）包含关于石油和天然气开采和处理的附件。

碳氢化合物以两相或三相混合物的形式出现在表面，而表面的泡沫被大型分离器破碎。此时存在两个辐射污染问题。镭进入水中，与钙和硫酸钡一起沉淀，在管道、分离器、泵和储罐的内部形成镭垢。这些镭垢需要谨慎管理。如果通过研磨方法去除污垢的话，进入空气中的粉尘则成了一个主要问题。因此在维修、拆卸或回收这些组件时，要尽量减少粉尘产生。镭 226 的半衰期约为 1600 年（图 18.3）；然而，镭 228 的半衰期较短，仅有 6.7 年。镭 228 具有很高的活性，因此对维修工人来说仍然是一个问题；但它的长期处置并不需要担心，因为它的放射性是短暂的。

在 1911 年，受到癌症治疗需求的推动（确实有作用！），镭的价格是每克 20 万美元。到 20 世纪 30 年代中期，在加拿大人购买了镭锭港（埃科贝的旧称）矿场和霍普港炼油厂后，价格降到了每克 5 万美元。

当收集到的石油气被泵送到消费者手中时，第二个问题接踵而至。具有相似的物理性质的氡气与丙烷是通过管道输送的。氡气倾向于在有湍流的地方聚集，如弯头、泵和阀门等地方。虽然氡是一种气体，但其放射性衍生物却是固体。你可以通过钢管测定这些沉积物——铋 214 的强 γ 辐射（609 keV）、半衰期为 22 年的铅 210 的弱 γ 辐射（49 keV）。这种规模的活性可达 20 000 Bq/g。需要再次提醒装配工和钳工，这种管段可能非常危险，而且这些管道需要谨慎处理。

放射性废弃物的处置

那些放射性废弃物都去哪儿了？从全世界来看，有些被埋在含有钻井泥浆的浅层地下（如美国得克萨斯州西部）。在其余的地方，利用钢钻将水泥回填到旧的钻孔中（如美国路易斯安那州）。来自四个大型海底热交换器以及已耗尽的帝汶峡谷油井的 700 m 不锈钢管道上的残渣，里面含有 9 t 的镭 226 和镭 228［以混合拉巴卡（RaBaCa）硫酸盐的形式存在］。这些废弃物的活性接近 4000 Bq/g。作为比较，在地表附近挖出的兰格铀矿的活性范围为 1000 ～ 2000 Bq/g。所以 4000 Bq/g×9×10^6 g= $3.6×10^{10}$ Bq。这相当于 1 g 的纯镭的放射性活度。

在澳大利亚，每个州都有自己的（不同的）处置放射性废弃物的法规。联邦政府通过 ARPANSA 控制国家设施，并向各州提供指导。除低浓度放射性废弃物以外，在澳大利亚大陆上的任何地方都不可以存放其他废弃物。

帝汶峡谷的废弃物没有合法的地方来处理。废弃物被运到美国爱达荷州，这花了 1000 万澳元。来自巴斯海峡油田的一些废弃物，需要对其进行检测，以确保它们是不溶性的物质，然后分散开来以减少其活性，并在未公开地点将其埋入"合适的"土地中。

放射性废弃物往往出现在最意想不到的地方，而且在垃圾填埋场或废金属回收厂放置的检测仪经常会检测到它们。大型的垃圾回收设施的接收地磅上现在都配备了闪烁探测器，以尝试接收天然放射性物质和所谓的"孤立源"（含有天然放射性核素）。由于周围的废弃物会吸收 γ 射线，这些入口探测器能否探测到埋在一车废弃物中的"孤立源"，还存在一些疑问。

更糟糕的是，放射性废弃物最终会被回收到消费品中，例如厨房里的不锈钢锅。然而，放射性核素从锅中与内容物的交换率是可以忽略不计的，而且我们近距离接触锅的时间只是一天的一小部分。因此，只有当钢锅中放射性核素的活性高到足以在短时间内（每天几分钟）释放出显著剂量时，才会成为一个问题。

这为火锅赋予了全新的含义！

放射性与食品

对于普通市民而言，每年从食物中摄入的辐射量约为 0.37 mSv。食物中的放射性主要来自极低水平的 α 粒子钋210。其他来源有铅210和铋210 的 β 射线。

在鱼类肌肉和软体动物等海产品中，发现钋的含量相对较高。因为驯鹿吃地衣，它们的身体中积累了铅210 和钋210，而吃这些动物的亚北极居民每年分别从这些同位素中摄取放射性活度 140 Bq 和 1400 Bq，而"正常量"为 40 Bq。大多数 α 粒子如铅在骨矿物质中积累，而摄入体内的钋则分布在软组织中，只有在其衰变为铅后才会在骨骼中沉积。

食品辐照

一种用 X 射线杀死肉中寄生虫的方法在 60 多年前就已获得专利。在 20 世纪 50 年代，艾森豪威尔（Eisenhower）的"和平利用原子能"计划试验了用于战斗和太空配给的辐照食品，但未能克服口味改变的问题。现在约有 20 个国家批准了约 30 种食品的辐照。在澳大利亚，你会看到一些包装（进口）香料，包装标签上写着辐照声明。

辐照装置的核心要么是放射源——常用的放射源有钴60（能量为 1.17 MeV 和 1.33 MeV 的 γ 射线）或铯137（能量为 0.66 MeV 的 γ 射线），要么是电子束。由于辐照设备受巨大资金成本的限制，它们仅在几个固定的地方使用。

钋中毒

钋元素有 84 个质子，包括 33 种同位素，原子质量从 188 到 220 不等，其中最常见的是钋210。1897 年，玛丽·居里（Marie Curie）和皮埃尔·居里（Pierre Curie）在铀矿中首次发现了它，并以居里夫人的出生地波兰命名。每吨矿石中钋的含量只有约 100 μg。

钋210 第一次被用作毒药是在 2006 年 11 月 23 日的亚历山大·利特维年科（Alexander Litvinenko）被谋杀的案件中。杀手非常粗心，英国当局从他们留下的钋 210 痕迹追踪到他们去了哪里。他们使用了约 10 μg 的钋 210，活性约为 1 GBq，大约是致命剂量的 100 倍。

与大多数常见的辐射源不同，钋 210（半衰期为 138 天）只发射 α 粒子（图 18.3）。正如我们所讨论的，这种粒子不能穿透人体皮肤，以至普通的辐射探测器发现不了它。医院只有检测 γ 射线的医疗设备。钋 210 释放的物质只有被摄入或吸入，像短程武器一样作用于活细胞，才会造成重大伤害。利特维年科在死前几小时接受了专业辐射探测器的测试。钋 210 的半衰期是 138 天，所以毒药一定是在谋杀案发生前不久准备好的。

钋 210 在原子衰变时会产生相当大的热量，所以俄罗斯的月球着陆器使用了大量的钋 210 来保持仪器于夜间在月球上的温度。一些消除静电的商业设备会使用钋，但它通常被电镀到其他金属上，这使得其难以被分离成可用于毒药的形式。

辐射会破坏分子，而且具有二级结构的分子（例如微生物的 DNA）更易受到影响。若微生物以这种方式被消灭，植物的发育和成熟也会受到抑制。设定最大辐射能级可防止食物带有放射性。最易受影响的原子是普通的碳 12 和氧 16。

辐照马铃薯以防止其发芽也会防止叶绿素的产生，而马铃薯发绿通常被视作有毒生物碱茄碱产生的标志。但是，辐照并不能阻止茄碱本身的生成（见第 6 章）。

医疗辐射

当对身体某一部位进行医学 X 射线照射时，所摄入的量相当于全身的有效剂量。单次照射可产生约 0.06 mSv 的全身有效剂量（非有效剂量当量）。因此，一年的自然背景辐射剂量相当于大约 25 次单次胸部 X 射线照射产生的辐射量（表 18.3）。

表 18.3　人类接触电离辐射的情况

辐射源	辐射强度 /mSv	平均预期寿命损失	相当于抽烟量 / 支
切尔诺贝利反应堆旁10 分钟	50 000	50 年	200 000
受辐射者一个月内摄入的半数致死量	5000	5 年	20 000
核工业工人年度接触限值	20	7 天	80
福岛核电站周边最差地区	10～50	4～18 天	40～200
一次胸部 CT 扫描	9	3 天	36
澳大利亚年总自然背景辐射	1.5	13 小时	6
澳大利亚铀矿工人	1	9 小时	4
乳腺 X 射线摄影	0.4	3.5 小时	1.6
从墨尔本到伦敦的回程航班	0.11	1 小时	0.44
事故发生后两周内福岛市政厅接受的近似剂量	0.1	50 分钟	0.4
一次胸片	0.06	30 分钟	0.24
牙齿 X 线片	0.005	3 分钟	0.02（一口）
吃一根香蕉	0.0001	3 秒	0.0004（二手烟）

来源：M. 布拉斯特兰德、D. 斯皮尔格尔哈特所著《规范编年史》；http://www. arpansa.gov.au/radiationprotection/Factsheets/is_ionising.cfm。

在较高的辐射量中，例如小肠的 X 射线的照射剂量从每次 3 mSv 到每次 8 mSv 不等。出于医学原因，X 射线辐射的特征是高剂量率和总体剂量分布不均，这是迄今为止非自然辐射来源的最大贡献者。对于获得重要诊断的人来说，10 mSv 的 CT 扫描是值得的；但是，就美国国家癌症研究所估计，仅 2007 年的 7500 万次 CT 扫描就在美国引发了额外的 29 000 例癌症。

个人接触与全体接触

个人接触辐射的情况可能差异很大，而且平均数字的低值会"稀释"个体的高值。同样的论点也适用于切尔诺贝利核事故或福岛核泄漏事故。切尔诺贝利核事故发生后的 12 个月，世界平均辐射量仅为每人 0.03 mSv——与一人从 4 小时飞行中获得的辐射量大致相同。然而，对于生活在事故发生地下风向地区的人，或那些食用当时出口的突然降价（受污染）的欧洲食品的人来说，情况就不同了。

接触风险

如果辐射影响在接触者本人身上表现出来，则称为"躯体效应"；如果影响到接触者的后代，则称为"遗传效应"。

1.非随机的：这种影响的严重程度随剂量的增加而增加（例如，皮肤变红、白内障、骨髓中的细胞枯竭以及性腺细胞的生育能力受损）。

2.随机的：影响发生的可能性，而不是其严重程度，与剂量成正比。这通常是指晚期癌症或遗传损伤的诱发。

粗略地说，这两者间差异取决于细胞是否被杀死（因此没有长期影响），或者是否只是受损。在此情况下，它们具有在以后造成伤害的潜在能力。因此，与直觉相反的是，在广岛和长崎遭受严重辐射的居民，由于其细胞的高死亡率，其癌症发病率往往低于预期。

这种随机效应与吸烟、肺癌或者和心脏病相关的各种危险因素的效应是同类型的。你看不到每个个体之间的直接因果关系，但受辐射人群中存在一个统计相关性。

例如，氡的风险因素是通过对早期严重接触氡并患有肺癌的铀矿工人进行流行病学研究，进而模拟研究得出的。针对高海拔城市地区，如奥地利蒂罗尔州的乌姆豪森村，在消除吸烟的混杂影响的情况下，得到了其与肺癌发病率在统计学方面具有显著相关性的结论。

正如在第 2 章中所讨论的，慢性风险可以根据微生命进行比较，其中一个微生命是指损失 30 分钟的预期寿命。香蕉中钾的健康营养水平所产生的放射性相当于一个微生命的基本单位。低水平正常背景辐射的好处在"兴奋效应"下受到了质疑。

辐射兴奋效应

辐射兴奋效应是一种假设，即低剂量的电离辐射（在正常背景辐射水平范围内，或略高于正常背景辐射水平）是有益的，它会刺激防御疾病（包括辐射引发的疾病）的修复机制（图 18.6）。如果接受这一点，就会把它归入接触其他毒素的范畴——孩子吃泥土，接种减毒活疫苗，等等。

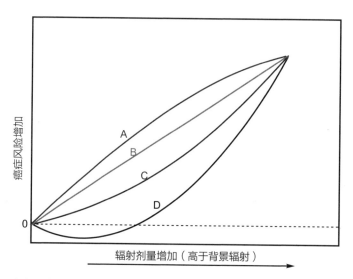

图 18.6　根据已知的高剂量风险，推断癌症风险与辐射剂量的关系 [这些曲线基于一系列假设：超线性（A）、线性（B）、二次线性（C）和兴奋效应（D）。线性（B）假设是大多数卫生法规的现有基础]

来源：https://en.wikipedia.org/wiki/Radiation_hormesis。

这种辐射兴奋效应假说有相当多的支持者以及反对者。鉴于我们生活在一个放射性水平不断变化的"海洋"中，如果我们不能适应它，那才是不可思议的。

艺术品的赝品检测

约翰内斯·维米尔（Johannes Vermeer，1632—1675）可能是 17 世纪荷兰最优秀的画家之一。据记载，维米尔的真迹没有超过 36 幅，因此备受推崇。1937 年，一位著名的艺术家亚伯拉罕·布雷迪乌斯（Abraham Bredius）博士宣布，他发现了维米尔的杰作《以马忤斯的晚餐》（*Supper at Emmaus*）（图 18.7）。这幅画的作者——一个叫汉斯·范·梅赫伦（Hans van Meegeren）的人，从荷兰博伊曼博物馆净得 280 520 美元。范·梅赫伦本人就是一位天才艺术家，但由于他的风格过时而未得到认可。他意识到，消费者购买的是品牌，艺术鉴赏家也不例外。他继续伪造公众想要的东西，并积累了整整 300 万美元的可观收入。1945 年，当赫尔曼·戈林（Hermann Goering）的艺术收藏品在奥地利的阿尔特·奥西（Alt Ausee）的一个盐矿中被发现时，那个男人才停止仿造。那些艺术收藏品中有一幅维米尔的真迹。

图 18.7　汉斯·范·梅赫伦的《以马忤斯的晚餐》

荷兰人很快就追查到了范·梅赫伦，他被当作纳粹合作者而遭受了审判。这在当时是死刑。他迅速改变了态度，辩称他的维米尔作品是伪造的，并通过出售自己的作品，挫败了纳粹的艺术品收购计划。然而，专家们对此提出了疑问（毕竟，一大批数量可观的投资都受到了威胁，更不用说声誉了）。艺术界团结起来，否决了范·梅赫伦的说法，认为他是在不计后果地试图挽救自己的生命。

当时的化学检查结果模棱两可，绝望的范·梅赫伦为了证明自己的技能，在警察的监督下开始绘画，另一幅"维米尔画作"——《少年耶稣和长老》（*Jesus Amongst the Doctors*）诞生了。这使他逃脱了死刑，但是，许多人不承认《以马忤斯的晚餐》和其他作品是伪造的。这场争论在他死后仍在继续，直到 1968 年对铅涂料进行放射性化学分析后才最终得到解决。

铅颜料的生产涉及方铅矿（硫化铅矿）的焙烧。矿石中始终含有铀 238 及其衍生物，它们全部处于平衡状态（尽管使用了这个术语，但严格来说，这并不是一种平衡状态。应准确地称为稳态或长期平衡）。在这种情况下，只要衰变序列中的同位素释放出粒子并转化为子产物，那么它们的浓度就会从衰变序列"链"的上端得到补充。

我们可以将一系列水坝或不同大小的桶（同位素的数量）作为类比对象。一座孤立的水坝的水放空一半所需的时间是固定不变的，这是它特有的"半衰期"。根据大坝的性质，它可以保持细流到洪水的状态（毫秒到千年，时间不等）。然而，任何时候从一座孤立大坝流出来的水的量都不是恒定的，而是与该大坝目前的水量成比例的。随着大坝水量的下降，流出量也随之下降，并呈现出指数衰减的特征（图18.2）。因为大坝是相连的，从一个大坝流出的水流入下游的大坝，形成一条相连的水流。有些水坝会被慢慢填满，有些则会被清空，直到达到稳定状态。

现在再看看铀 238 的放射性序列中镭 226 出现的位置（图 18.3）。它的半衰期为 1602 年，它的"孩子"铅 210 的半衰期只有 22 年。在炼铅过程中，镭和铅的行为有很大的不同。在这个过程中，铅 210 与普通铅一起进行，但大部分镭 226 留在废渣中。铅 210 现在失去了大部分的母体，随着 22 年的半衰期而衰变，并在大约 200 年后与剩余的镭 226

重新平衡时达到一个低含量水平。镭 226 的量是通过其 α 射线（4.78 MeV）来测定的，而铅 210 的量是通过其衍生物（钋 210）的 α 射线来测定的，因为铅 210 的 β 射线太弱。

结果表明，画作《以马忤斯的晚餐》中钋 210 和镭 226 的计数比率分别为 142 Bq/kg 铅和 13.3 Bq/kg 铅。镭含量较低，说明铅已得到适当的净化。然而，为了解释目前的钋含量，17 世纪中叶（大约 13 个半衰期以前）的含量应该是 $142 \times 2^{13} = 1.2 \times 10^6$ Bq；可这个数量高得不切实际。用我们的类比来分析，如果"上游大坝"（镭）在 17 世纪就已经被清空，那么今天"下游大坝"（铅 / 钋）里的水就太多了。所以这幅画被证明是赝品。

艺术品检测方面还有许多其他有趣的化学方面的内容，我们建议你进行拓展阅读。

另一种放射性化学年代测定法

当地球形成时，它的表面因受强烈的陨石撞击而熔化。在冷却过程中，包括锆石在内的矿物质形成，其中一些晶体一直保存到今天。嗯，已经有了一个变化：在锆石晶体中，偶尔有铀原子取代了锆原子。铀 235 的半衰期为 7.04 亿年，衰变为稳定的铅 207；铀 238 的半衰期为 45 亿年，衰变为稳定的铅 206。

2001 年，在澳大利亚西部一个叫杰克山的地方，科廷大学的西蒙·怀尔德（Simon Wilde）领导的一个研究小组分析了一组古老锆石 $ZrSiO_4$ 的同位素。根据铅同位素与铀前体的比值可以确定锆石晶体的形成年代，结果是 44 亿年。他还研究了氧同位素和稀土同位素，发现早期液态水的存在，从而揭示了那个时期海洋的存在。

拓展阅读

克雷格·M. 巴恩斯（Craig M. Barnes）、茱莉亚·M. 詹姆斯（Julia M. James）、斯图尔特·惠特尔斯通（Stewart Whittlestone）所著《在澳大利

亚新南威尔士州杰诺伦旅游洞穴中的氡研究》（*Radon Studies in Jenolan Tourist Caves, New South Wales, Australia*）。

斯图尔特·J. 弗莱明（Stuart J. Flemming）所著《艺术的真实性：对伪造品的科学检测》（*Authenticity in Art: The Scientific Detection of Forgery*）。

克里斯廷·萨顿（Christine Sutton）所著《放射性：内部科学》（Radioactivity: Inside Science），摘自《新科学家》1988 年 2 月 11 日刊。

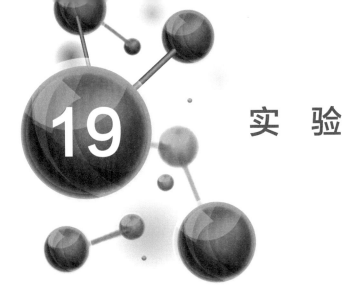

19 实　验

警告

尽管我们已尽一切努力检查实验并提供安全指导，但我们仍然要警告读者，化学实验可能存在危险，在进行化学实验时应始终注意安全。作者不保证书中的任何说明、配方或公式对使用者没有潜在的危险。

不具有资质的人员不得进行注有下面标签的实验：

"本实验只能在有专业人员监督的实验室里进行。"

铜催化丙酮

注意

丙酮极易燃烧，请远离明火［丙酮沸点为 56.2℃，闪点为 –20℃，着火温度为 484℃～538℃，空气中爆炸极限为 2.55%～12.8%（体积比）］。不要去闻其氧化产物，它们含有烯酮。就像许多燃烧产物一样，烯酮对健康是有害的。如果发生火灾，用不易燃的盖子盖住烧杯即可轻易扑灭火。

本实验只能在有专业人员监督的实验室里进行。

说明

丙酮蒸气氧化的催化作用（这个反应的催化剂是两种铜氧化物的混

合物）。

器材

·100 ～ 250 mL 烧杯。
·利用回形针悬挂的铜或合金硬币（不再流通），或用铜线缠绕成的线圈（用铅笔作模具）。
·足够覆盖烧杯底部的丙酮。
·煤气灯。

步骤

1. 在火焰中将铜加热至红色。
2. 将红热的铜悬浮在烧杯中丙酮的上方。
3. 通过将热铜快速地移进、移出烧杯来避免烧杯顶部着火。

讨论

只要有丙酮存在，铜就会保持红热状态。铜表面闪闪发光的颜色是由铜表面发生化学反应维持在铜中的热量，以及铜氧化物（Cu^{2+}，黑色；Cu^+，红色）和铜金属（Cu，橙红色）的颜色共同作用形成的。必要时在温水中加热烧杯以产生足够的丙酮蒸气。

爆炸极限作为指示空气含量的百分比可以转换为蒸气压，如下：

下限：$\frac{2.55}{100} \times 1.013 \times 105 = 2.7$（kPa）

上限：$\frac{12.8}{100} \times 1.013 \times 105 = 13.6$（kPa）

丙酮在 25℃时的实际平衡蒸气压为 26 kPa，远高于爆炸极限上限。从热丙酮开始，它通过反应的热量保持温度，建立了稳定的反应环境，除了蒸气被空气稀释了的烧杯顶部。

醋浸钢丝棉

说明

铁的氧化速度在颗粒较小时会加速，此时比表面积比较大（见第 3 章）。铁的氧化会消耗氧气（见第 1 章，另见本章实验"空气中葡萄糖的氧化"）。醋是一种很好的清洁剂，因为该混合物具有一定的清洁作用。当氧气浓度有差异时铁就会发生反应（见第 5 章）。

器材

·钢丝棉（从五金店购买的特级 0000 钢丝棉最好；不要用厨房的含皂钢丝棉）。

·醋。

·带盖高罐。

·温度计。

步骤

（处理钢丝棉时要戴手套）

1. 将钢丝棉缠绕在温度计底部，用橡皮筋固定。

2. 把钢丝棉与温度计的组合单元放在罐子里。

3. 倒入醋，使其能够淹没钢丝棉。让钢丝棉在醋中浸泡大约 1 分钟。

4. 取出组合单元，挤压钢丝棉，将多余的醋沥干。

5. 如果温度计在罐内还能读出温度，就用盖子盖住罐子；否则，请将钢丝棉与温度计移出片刻，以便在罐外观察温度。

6. 检查初始温度，然后监测约 5 ～ 10 分钟，直到它停止升温。组合单元周围的温度会逐渐升高，在我们的实验中，温度从 24℃ 上升到

32℃。注意，热的钢丝棉会迅速地生锈。

讨论

当你把钢丝棉浸泡在醋里时，醋会除去钢丝棉的保护油层，降低铁周围的 pH 值，使其与氧气发生反应而生锈。生锈(或氧化)是铁和氧之间发生了化学反应。然而，它只会发生在金属上氧浓度不同的位置。这是可以保证的，因为挤出醋意味着有一些部分是湿的，只有一些氧溶解，而其他部分暴露在空气中。这种化学反应产生的热量使温度计周围的温度升高。

粉末燃烧

说明

表面积对燃烧的影响。

器材

·"龙息"粉末（可从实验室和魔术师的道具间获得）。
·本生灯（煤气喷灯）。

步骤

将"龙息"粉末喷入火焰中，会燃烧成一团巨大的火焰。

讨论

这种微黄色的粉末是由石松的孢子组成的，它不会大量燃烧。在空气中燃烧的固体或液体需要其表面与空气接触，接触面越大，热量越大。因此，细粉末和分散的液滴燃烧的速度和强度都比体积大的要快得多。

保险反应

注意

本实验只能在有专业人员监督的实验室里进行。

说明

表面特性随颗粒尺寸变化而变化。

器材

·高锰酸钾。

·甘油或乙二醇（防冻剂）。

步骤

1. 用高锰酸钾做一个金字塔状的小堆，并在顶部留一个凹陷。

2. 小心地向凹陷中倒入一些甘油或乙二醇。退后，不要靠近，直到反应结束。不要吸入产生的蒸气。

3. 用不同细度的高锰酸钾做实验，观察反应开始前的时间和剧烈程度与颗粒大小的关系。

讨论

这种反应是用于控制森林火灾的空投灭火弹的基础，是所谓的"预防措施反应"之一，即灭火人员不在场的情况下，利用延迟反应烧毁一些无关紧要的东西。

跳动的心脏

注意

本实验只能在有专业人员监督的实验室里进行。

汞蒸气是有毒的。熔融镓毒性相较更低，因此使用时更安全。

说明

表面电荷对表面能的影响。

器材

· 汞（水银）。

· 稀酸。

· 培养皿。

· 钉子。

步骤

将一滴水银滴入含有稀酸的培养皿中。拿一根钉子靠近水银液滴，以便与水银液滴表面接触。观察水银液滴。

讨论

水银液滴会产生一种表面电荷。这些电荷相互排斥，从而降低液滴的表面张力。接触的钉子释放电荷，水银的表面张力增加，液滴聚集而且其与钉子的接触被打破。电荷重新产生，表面张力下降，液滴重新与钉子接触，当循环重复时发生振荡。

乳浊液的电导率

说明

确定乳浊液中的外部连续相。

器材

- 两枚合金硬币（不再流通）。
- 塑料纽扣。
- 超强力胶水。
- 测量电阻的万用表（欧姆表）。
- 测试溶液（例如水、糖水、盐水、奶油、黄油、面霜）。

步骤

1. 通过超强力胶水将塑料纽扣夹在两个合金硬币之间来制作一个导电单元。

2. 将导电单元连接到万用表上，用万用表的两个夹子分别夹在两枚硬币上。

3. 将导电单元浸入测试溶液中。以水作为测试对照，比较添加糖的水和添加盐的水的情况。然后尝试奶油和黄油、水性面霜和油性面霜。

4. 观察每种溶液的电阻。

讨论

测试某种乳浊液最简单的方法是测量电阻。w/o 型乳浊液的导电性比 o/w 型乳浊液的差。另一种测试方法是使用染料。水溶性染料（如大多数食用色素或甲基橙）只会让 o/w 型乳浊液上色。油溶性染料或油漆会使 w/o 型乳浊液着色。

泡沫的颜色

注意

本实验只能在有专业人员监督的实验室里进行。

保证良好的通风。

说明

改变泡沫的颜色（主要是好玩！）。

器材

· 洗洁精。

· 过氧化氢。

· 重铬酸钾。

步骤

1. 在一个 250 mL 的圆筒底部倒入大量的洗洁精。

2. 加入 50 mL 的 3% 或 6% 的双氧水（H_2O_2），混合均匀。

3. 加入一匙重铬酸钾。

4. 将圆筒放在托盘中以接住溢出物。

讨论

加入重铬酸钾后，反应混合物立即变成深蓝色。过一会儿，由于六价铬离子的作用，洗洁精中产生了泡沫，其颜色变成了浅蓝绿色。

$$Cr_2O_7^{2-} + H_2O_2 + 8H^+ \longrightarrow 2Cr^{3+} + 5H_2O + 2O_2$$

福克兰泡沫

注意

本实验只能在有专业人员监督的实验室里进行。

说明

爆炸性的泡沫。

器材

· 气体／空气混合物（例如产生于煤气喷灯或氧乙炔喷灯出口处）。

· 皮管。

· 浅塑料碗。

· 肥皂水（用洗洁精）。

· 蜡烛。

· 火柴。

步骤

1.将皮管的一端连接到煤气喷灯出口处，并将另一端放入装有肥皂水的浅塑料碗中。

2.打开煤气阀门，把煤气鼓入肥皂水里，使其产生泡沫。

3.用一根燃烧的蜡烛点燃泡沫。

讨论

泡沫被按照一定比例混合的气体／空气充满，以维持火焰。当泡沫被点燃时，就会爆炸。1982年，在英国军队与阿根廷发生战争后，使用这种方法在福克兰群岛（马尔维纳斯群岛）引爆地雷。泡沫可以吸收高达 90% 的爆炸压力。显然，这项技术的进一步发展产生了各种各样的结果。

果酱中的化学成分

注意

不要吃你加了硫酸铜的果酱，因为它可能会使你呕吐。

说明

金属离子对果酱黏度的影响。

器材

· 水果。
· 硫酸铜。

步骤

1. 将一些切碎的水果（如橘子）煮约 1 小时。
2. 将样品一分为二，其中一份加入 1 g 硫酸铜。
3. 静置并注意黏度的变化。

讨论

铜会螯合从熟水果中释放出来的果胶，这有助于果酱变稠。

盐对铜锅的影响

说明

氯离子对氧化铜的影响。

器材

· 铜锅。

· 盐。

· 醋。

步骤

1. 在铜锅的底部分开滴两滴醋。
2. 在其中一滴上面加一粒盐。

讨论

盐覆盖的铜的颜色会迅速变亮。随着盐粒溶解，醋滴覆盖的整个区域最终变亮了。为什么？因为酸性的盐会溶解暗沉的不溶的氧化铜表层，使其变成可溶的氯化铜，并露出明亮的铜金属。

$$CuO + 2Cl^- + H_2O \longrightarrow CuCl_2 + 2OH^-$$

使失去光泽的银恢复色泽

说明

如何利用化学反应去除银的污点。

器材

· 铝箔。

· 变色的银。

· 碳酸氢钠（小苏打）。

步骤

1. 在平底锅（可以是铝制锅或铝制馅饼盘）里放一些热水，然后在水里加几茶匙碳酸氢钠（$NaHCO_3$，即小苏打）。

2. 把要清洗的银器用铝箔包起来，但在铝箔上留一个小口。

3. 将铝箔纸包裹的银器放入溶液中。确保铝箔被溶液完全覆盖，铝箔内部没有气泡（否则这些气泡与银接触的地方将不会被清洗）。所有的银器都必须在一定程度上接触到铝箔。银器将在 1 ～ 5 小时内被清洗完，时间视其光泽程度而定。

讨论

自然和人类的活动导致硫化物大量存在。与银碰到一起，它们形成黑色的硫化银，并牢固地附着在银的表面。硫化银可以被抛光，或者被含氨的溶液溶解掉，但这会造成银的损失。本实验采用氧化 – 还原反应的方法，根据以下反应式对腐蚀过程进行逆转：

$$3Ag_2S + 2Al \longrightarrow 6Ag + Al_2S_3$$

向溶液中加入碳酸氢钠以提高 pH 值，从而去除铝箔上的氧化保护层。

感应，亲爱的瓦特

注意

钕磁铁必须远离其他强磁铁，否则它们会卡住你的手指，且很难被分开。

本实验只能在有专业人员监督的实验室里进行。

说明

通过移动附近的强磁铁，在非磁性材料中产生感应涡电流。

器材

· 铝制馅饼盘。
· 盛满水的塑料碗。
· 强磁铁（例如旧电脑硬盘驱动器上的钕磁铁）。
· 磁棒。

步骤

1. 将一个圆形的铝制（非磁性的）馅饼盘放在一个盛满水的塑料碗中央。
2. 把强磁铁接到磁棒上。
3. 握住磁棒，使强磁铁位于馅饼盘中心上方几厘米处。
4. 向一个方向快速转动磁棒，使强磁铁旋转。

讨论

强磁铁与铝制馅饼盘感应产生微弱的电流，电流反过来又与磁体的磁场相互作用。结果是馅饼盘（缓慢地）朝同一个方向旋转。强磁铁转动越快，电流越大，馅饼盘旋转得越快。改变转动方向，馅饼盘旋转方向随之改变。

虽然你可以通过手握强磁铁来做到这一点，但把强磁铁绑在一根棒上，从更高的地方开始这样做会更有效，因为这样避免了旋转导致的空气运动所带来的影响。你可以用同样大小的非磁铁重复检验。

冰箱和冰柜性能

说明

冰箱 / 冰柜的温度控制质量。

器材

· 冰箱 / 冰柜。
· 温度传感器（确定它是可浸入式的）。
· 塑料瓶。

步骤

1. 将温度传感器的检测端浸泡在装有水的塑料瓶中。
2. 把塑料瓶放在冰箱 / 冰柜里的冷冻食品包装之间。
3. 把温度传感器的显示端放在冰箱 / 冰柜外面。
4. 监控冰箱 / 冰柜保持温度的紧密程度（温度随时间改变而发生的变化有多小）。
5. 当厨房温度变化时，监控冰箱 / 冰柜温度的恒定程度。

高糖量

说明

测量普通软饮料和无糖软饮料之间的密度变化。

器材

· 罐装的普通软饮料和无糖软饮料。

步骤

1.将一罐普通软饮料和等量的无糖软饮料（人工甜味剂）放入一桶水中。

2.观察会发生什么。

讨论

一般来说，普通软饮料的罐子会下沉（如果没有太多的空气留在罐子里的话），无糖软饮料的罐子会浮起来。普通的软饮料中溶解了足够的糖，使其整体的密度远远超过 1。总而言之，约 2 kg 的糖会溶解在 1 kg 的水中，其浓度约为 65%。这种溶液重 3 kg，其密度约为 1.3 kg/L。

虽然软饮料中有很多糖，但没有上述那么多！

检测硼砂

注意

姜黄粉被用作芥末、食物和衣服的着色剂。它很难从衣服上被洗掉！有人建议将衣服先浸泡在酒精中，然后再暴露在阳光下。

说明

硼砂（在食品中用于代替味精）的检测。

器材

· 硼砂。

· 姜黄粉。

· 1 mol/L 盐酸。

· 滤纸或其他吸水纸。

步骤

1.将姜黄粉溶解在乙醇中。将滤纸（或报纸边缘）浸泡在溶液中，待其干燥。

2.将硼砂晶体分散在纸上，然后滴入酸。或者，将纸放入经酸酸化的硼砂中。

讨论

在硼砂存在的情况下，试纸上会出现粉红色。当置于氨蒸气中时，姜黄纸从黄色变成粉红色，而粉红色的硼砂污点则变成蓝色。

空气中葡萄糖的氧化

说明

溶液中的葡萄糖被空气中的氧通过可逆的中间产物氧化的过程。

器材

· 加塞的试管或螺盖罐。

· 亚甲基蓝固体或溶液。

· 葡萄糖。

· 碳酸钠（洗涤碱）。

步骤

1.在螺盖罐（或试管）中加入一半水。

2.加入一茶匙葡萄糖和两茶匙碳酸钠。

3.盖上盖子，摇动溶解。

4.加入少量亚甲基蓝，使溶液呈深蓝色（如果需要的话，事先在亚甲基蓝中加入一点甲基化的酒精，以帮助溶解）。轻轻摇匀，直到溶液变成无色。

5. 再次摇动溶液，它会变成蓝色，然后随着溶液的沉淀逐渐变成无色。

讨论

葡萄糖是一种还原糖，而普通糖（蔗糖）不是。（不幸的是，吃还原糖不会让你减肥！）亚甲基蓝是一种染料，当它溶解在水中时，会使溶液的颜色变为蓝色。在实验的第一阶段，当溶液的所有成分混合时，溶液中的葡萄糖被氧化，亚甲基蓝被还原成无色状态。在实验的第二阶段，摇动溶液会引入氧气，使亚甲基蓝氧化回到蓝色状态。当溶液沉淀后，溶液又变成无色。在我们的身体里，ATP 通过葡萄糖的氧化为身体活动储存能量。能量是由 ATP 转化为 ADP 释放出来的。在本实验中，指示剂染料亚甲基蓝具有蓝色和无色两种状态，并被用于 ATP/ADP 生化系统的简单模型中。

有关亚甲基蓝的更多信息，请参见：乔·施瓦茨所著《正确的化学：亚甲基蓝震撼了医学界》（The Right Chemistry: Methylene Blue Shakes Up the Medical World），摘自《蒙特利尔公报》（*Montreal Gazette*）2016 年 8 月 12 日刊。

有关此实验向更安全配方过渡的讨论，请参见：惠特尼·E. 韦尔曼（Whitney E. Wellman）、马克·E. 诺布尔（Mark E. Noble）所著《蓝瓶变绿》（Greening the Blue Bottle），摘自《化学教育杂志》（*J. Chem. Educ.*）2003 年第 80（5）期第 537 页。

别惹药剂师！

作为一名学生（住在欧洲学生宿舍内），作者之一（本·塞林格）发现有人从公用冰箱里偷了他的牛奶。然后他在牛奶中加入了一些亚甲基蓝，牛奶很快就变成原来的颜色了。第二天早上，一个同学进来了，他歇斯底里地尖叫着，以为自己得了某种可怕的疾病（他的尿液变成了蓝绿色）。经过深思熟虑的拖延以后，作者让他摆脱了痛苦。从那以后牛奶就安全了。牛奶中的糖是乳糖，它和葡萄糖一样，也是一种还原糖。

注意

虽然从理论上讲是安全的，但是绝对不建议进行"偷奶贼检测"实验，特别是如果偷奶量是"少量"的话。认真地说，这种方法已被用于检查痴呆患者是否在服药。

测试止汗剂的油性

说明

止汗剂的成分。

器材

· 止汗剂喷雾。
· 一张纸。

步骤

在纸上喷大量的止汗剂。

讨论

抛射剂通常是液化石油气（可用于燃气烧烤炉），很快就蒸发了。然后注意纸上留下的一个半透明的油渍（有点像黄油或脂肪污渍）。这是硅油——就和那些用于护发素、润滑油和汽车发动机润滑油添加剂的硅油一样。出现的白色盐状活性成分通常是氯化铝。用你的手指在纸上搅拌这种混合物，感觉有点脏，但效果很好！

消失的把戏

说明

区分当前的和早期的派热克斯耐高温玻璃炊具。

器材

· 新、老耐热玻璃制品。
· 甘油或植物油。
· 玻璃滴管。

步骤

将几滴甘油或植物油滴到玻璃表面的刻字区域内。注意字母是否消失，消失表示折射率匹配。

讨论

派热克斯耐热玻璃是康宁公司使用的硼硅酸盐玻璃的商标，该玻璃具有热特性，可以直接放置在炉子的热板上或放入冰箱中。在某些阶段，它被用于窗户的钢化钠钙玻璃所取代。没有明显的方法可以指出两者有任何区别。然而，这些玻璃有不同的折射率。

当一种与玻璃折射率匹配的液体覆盖了一些带有浮雕文字的玻璃区域时，这些文字就会消失；如果不匹配，就不会发生这种情况，而且实际上，文字的显示效果还可能会得到增强。康宁硼硅酸盐 7740 玻璃的折射率为 1.474，而钠钙玻璃的折射率为 1.523。纯甘油的折射率为 1.4746（20℃）。大多数植物油（花生油、红花油、葵花籽油）的折射率与硼硅酸盐耐热玻璃的相近，所以它们可以达到相同的效果。这意味着，如果甘油滴在耐热玻璃器皿上，而看不见玻璃上的刻字，那它就是最初的硼硅酸盐玻璃。

做一个有弹性的聚合物球

说明

如何制造硅基聚合物。

器材

- 乙醇（95%）。
- 硅酸钠溶液 $[Na_2O \cdot nSiO_2]$（37%）。
- 塑料杯。
- 搅拌棒。
- 量筒。

步骤

1. 用量筒向塑料杯中倒入 20 mL 硅酸钠溶液。

2. 将量筒冲洗干净，然后用它向塑料杯中倒入 10 mL 乙醇并用搅拌棒搅拌开。

3. 当混合物聚合时，搅拌棒周围会出现固体，并产生水。一旦一个相当大的团块形成后，就把它从杯子里拿出来，挤出一些液体，把团块捏成一个球。

4. 在水龙头下冲洗这个球。

5. 继续塑造你的球。如果它破了，再在水龙头下洗一遍它就会粘在一起。

讨论

你用到的这两种化学物质——硅酸钠（在那些小干燥剂袋子里）和乙醇，连接在一起形成了一条链，每个硅上连着两个 OCH_2CH_3 基团，这些片段通过氧在硅上连接。链终止于硅上的一个额外的 OCH_2CH_3。水是这种缩聚反应的产物，被锁定在聚合物基体中。这种聚合物依靠水来提供"弹性"。这种聚合物如果变干了，就会变脆、断裂，失去弹性。链的长度和链间交联的数量也会影响聚合物的弹性。添加更多的乙氧基会缩短链长，减少交联，从而增强弹性，但也使聚合物更加脆弱。

测试聚合物

注意

本实验只能在有专业人员监督的实验室里进行。

说明

不同聚合物的特性。

器材

· 各种来源的塑料样品（试纸）。

· 用一块软木塞固定便于手握的铜线。

· 盛有水的烧杯。

· 钳子或木钉。

· 刮刀。

·不易燃的垫子。

步骤

1. 触感怎么样？

清洁试纸表面的所有油脂，用手指触摸各试纸。其中只有聚乙烯和聚四氟乙烯有蜡的触感。

2. 密度

有些聚合物的密度比水的小，可以漂浮在水上。将聚乙烯、聚丙烯、苯乙烯－丁二烯共聚物和某些类型的丁腈推到水面以下然后释放，它们会在彻底润湿后漂浮在水面上。（不能用这个测试来评估泡沫塑料。）注意：有些塑料含有影响密度的添加剂。

3. 热塑性或热固性塑料实验

将一根铜线加热，使其颜色略淡于红色，然后将其压入试样中。金属线能穿透热塑性塑料，但不能穿透热固性塑料。

4. 塑料燃烧实验

小心！用钳子把小块样品放在通风橱或通风良好的地方。

将燃烧器固定在一定角度。用软木塞固定住铜线，用煤气喷灯加热，直到铜线任何黄色、绿色或红色都消失。将热铜线压入塑料样品中，然后将带有熔融塑料的一端放至火焰中燃烧。观察火焰的颜色（通常为黄色）、点燃的难易程度、熔化情况、残留物、烟雾和气味。将燃烧的塑料从火焰中移出，并注意它是否仍在燃烧。如铜线上附有绿色，表示塑料中含有卤素，如聚氯乙烯（PVC）或聚偏二氯乙烯（PVDC）中的氯。

在用另一种塑料重复测试之前，再次加热铜线直到绿色消失。

确定土壤类型

说明

土壤样品的土壤类型。

器材

·土壤样品。

步骤

试着把土滚成蛇形，然后把它弯成一个圆圈。

讨论

如果土壤保持松散，只能堆成一堆，它就是沙土。如果能把土壤卷成一个易碎的球，说明其中含有一些淤泥和黏土，它就是沙质壤土。如果球可以滚成一个短圆柱体，它就是粉质壤土。如果土壤能卷成一个长（约 15 cm）的圆柱体，它就是壤土。如果长圆柱体可以弯曲成"U"形而不断裂，那它就是黏性壤土。如果圆柱体可以进一步弯曲成一个圆圈，但出现一些裂缝，那它就是细黏土。如果圆圈能被塑造成一个光滑的圆，它就是一种重黏土。

花卉的生命维持

说明

不同添加剂对切花寿命的影响。

器材

- 一系列相同的花瓶（例如干净的、消过毒的玻璃瓶）。
- 添加剂：切花营养液、糖、阿司匹林、小苏打（碳酸氢钠）等。
- 切花，以其茎长和叶数相匹配。

步骤

为每个花瓶添加不同配方的添加剂，但别忘了给它们贴上标签！你需要观察相同的物质在不同的浓度和混合物中的情况。在一个对照花瓶里添加清水和切花营养液，在另一个花瓶里添加清水和糖，在第三个花瓶里添加清水和阿司匹林。一次只用一种类型的花，并决定用什么来衡量切花的存活率（例如枯萎、边缘卷曲或颜色变化的迹象）。每个实验重复几次，以确保答案的一致性。

制作墨水

注意

1. 过氧化氢（H_2O_2）可以从药店买到，被用来清洁伤口。它是一种强氧化剂，应小心处理。吞食它也会导致中毒，所以必须小心使用。在向溶液中加入过氧化氢之前，确保溶液已经冷却到接近室温。不要把过氧化氢洒出来，因为它是强力的漂白剂。

2. 单宁酸－铁离子络合物可能会染色，所以要小心避免它接触你的衣服。

说明

如何制作一种简单的墨水。

器材

· 茶叶或茶包。

· 平底锅。

· 两个玻璃瓶。

· 钢丝棉。

· 100 mL 醋。

· 1 mL 3% 的过氧化氢溶液。

· 过滤漏斗。

· 棉花。

步骤

1. 将开水倒入装有新鲜的茶叶或茶包的玻璃瓶中，以制备含有单宁酸的溶液。确保溶液的浓度与浓红茶的相当。一杯溶液就足够了。

2. 制备含有三价铁离子的溶液：在少量（约 100 mL）煮沸的醋中加入一片钢丝棉（非含皂钢丝棉），并煮沸溶液 5 ~ 10 分钟，然后通过一个加有松散棉花塞的过滤漏斗进行过滤。

3. 待溶液冷却后，加入约 1 mL 的 3% 过氧化氢溶液。溶液的颜色现在应该是暗棕红色，这表示存在三价铁离子。

4. 要制备单宁酸 – 铁离子络合物，需加入适量的单宁酸溶液（比如 10 mL）到等量的铁离子溶液中。随着络合物的产生，溶液会变黑。

讨论

发生的反应是：

$$2H^+ + Fe \longrightarrow Fe^{2+} + H_2$$

$$2H^+ + 2Fe^{2+} + H_2O_2 \longrightarrow 2Fe^{3+} + 2H_2O$$

$$Fe^{3+} + 单宁酸 \longrightarrow 单宁酸 – 铁离子络合物$$

烹饪中的黄金

说明

硫化铁的形成。

器材

- 花椰菜。
- 韭菜。
- 铝箔。

步骤

1. 把花椰菜和韭菜一起煮 1 小时左右，做成汤。
2. 用铝箔纸盖住汤，静置一夜。

讨论

从热汤中释放的硫化物似乎与铝箔中通常残留的微量铁（0 ～ 1%）发生反应，形成铁硫化物（二价铁），并在铝箔上形成金色。本·塞林格在准备这本书的当前版本时，碰巧在他的厨房里观察到了这种反应。

拓展阅读

有很多网址可以提供有关简单的实验的说明，建议访问这些网站：
http://www.arvindguptatoys.com/arvindgupta/simsciexpts.pdf。

在联邦政府的支持下，澳大利亚各地儿童使用的地方图书馆的网址：
http://www.childrensdiscovery.org.au/about-us/our-board。

附录 1 化学术语

玫瑰中含有什么？我们称为 (E)-1-(2,6,6 – 三甲基 –1,3– 环己二烯 –1– 基)-2– 丁烯 –1– 酮的物质。即使含有其他任何物质，它的香味同样存在（这里要向莎士比亚道歉）。

来源：（左）Brian Jackson/Adobe Stock。

使玫瑰芳香宜人的化学物质之一是 (E)–1–(2,6,6– 三甲基 –1,3– 环己二烯 –1– 基)-2– 丁烯 –1– 酮，也称为 β – 大马烯酮或玫瑰酮。

朱丽叶（Juliet）说得对，一朵玫瑰，不管你怎么称呼，它依然有一种怡人的甜美香味。但是为了便于交流，我们需要用名字来称呼每一个事物，这对化学物质和花来说都是一样的。本附录介绍了一些化学术语和速记符号，它们将帮助你理解本书中出现的名称和结构。

分子可以分为有机分子和无机分子。与任何分类系统一样，有些分子处于很模糊的边界处，可以被视为符合这两个类别；但一般来说，将分子分类为有机分子和无机分子是相对简单的。作为指导原则，有机分子是含碳分子，通常与活的有机体联系在一起，而且碳经常与氢、氮和氧等原子结合；无机分子通常不含碳。国际纯粹与应用化学联合会（IUPAC）是负责编写命名规则的组织，这些规则包含在《有机分子命名》（蓝皮书）和《无机分子命名》（红皮书）中。

有机化学

有机化学最初是指由生物体产生的化学物质。所有有机分子中的关键元素是碳，相比其他任何元素（可能氢除外），它能形成更多的化合物。在其稳定的化合物中，碳的化合价始终为四价，这意味着它可以形成四个键。这些键可以是单键、双键或三键，并且根据键的数量而具有不同的形状。当它与其他四个原子键合时，它们围绕碳原子呈四面体排列；当它与其他三个原子键合时，形成的结构为三角形；当它与两个原子键合时，其形状呈线形（附图 1.1）。

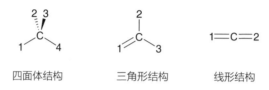

四面体结构　　　　三角形结构　　　　线形结构

附图 1.1　碳成键时呈现出的三种几何构型

碳还呈现出成链的性质，也就是说，许多碳原子可以键合在一起形成链或环。第一类碳氢化合物是这些分子中最简单的一组，即烷烃（如石蜡），其通式为 C_nH_{2n+2}，存在于天然气和石油中。这些都是碳氢化合物，它们仅包含碳和氢。$C_1 \sim C_{10}$ 分别为甲基、乙基、丙基、丁基、戊基、己基、庚基、辛基、壬基、癸基。该系列的"第一批"成员是甲烷（CH_4）、乙烷（C_2H_6）、丙烷（C_3H_8）和丁烷（C_4H_{10}）（附图 1.2）。丙烷和丁烷是瓶装燃气的主要成分，而汽油则包含具有七个或八个碳原子（庚烷或辛烷）的分子。润滑油中主要成分的分子链要长得多。

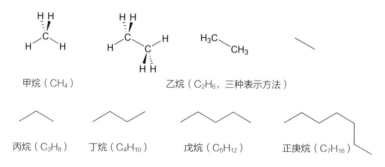

甲烷（CH_4）　　　　　　乙烷（C_2H_6，三种表示方法）

丙烷（C_3H_8）　　丁烷（C_4H_{10}）　　戊烷（C_5H_{12}）　　正庚烷（C_7H_{16}）

附图 1.2　几种烷烃及其表示形式

乙烷的三种不同表示法逐渐显示出化学家的速记用法。

假设:

① 除非另有说明,否则假定键的末端是碳。

② 碳有四个化学键,除非另有说明,否则与碳相连的其他原子均被认为是氢。

在所有烷烃化合物中,碳原子周围都是呈四面体排列的,这是碳与四个其他原子键合的结果。这就表示每个碳原子仅具有单键,而这些键被称为饱和键。

然而,在与另一个原子形成双键或三键时,四个共价键中的两个或三个可能会被消耗掉。二氧化碳($O = C = O$)和氰化氢($HC \equiv N$)是双键和三键的常见例子。

第二类碳氢化合物称为烯烃(也称为烯烃类),与烷烃密切相关,但每种物质都有一个双键,因此比相应的烷烃少两个氢原子。烯烃是最简单的不饱和化合物,这意味着它们至少具有一个双键。为什么说是"不饱和"?因为有可能向碳中添加更多的原子,从而使其饱和。烯烃的通式为 C_nH_{2n}。附图 1.3 给出了用于制造聚乙烯的基本分子 C_2H_4(乙烯)和用于制造塑料聚丙烯的基本分子 C_3H_6(丙烯)的结构。(参见第 10 章)

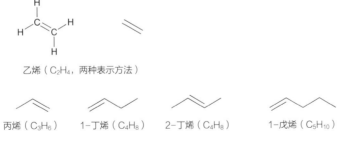

乙烯(C_2H_4,两种表示方法)

丙烯(C_3H_6)　　1-丁烯(C_4H_8)　　2-丁烯(C_4H_8)　　1-戊烯(C_5H_{10})

附图 1.3　几种烯烃及其表示形式

乙烯的不同表示法也显示了化学家的速记用法。

与之前的假设相同:

① 除非另有说明,否则假定键的末端是碳。

② 碳有四个键,其他与碳相连的原子被认为是氢,除非另有说明。

第三类碳氢化合物是含有三键的化合物（因此不饱和），即炔烃（例如乙炔，$HC \equiv CH$，焊接用气体）。炔烃的通式为 C_nH_{2n-2}。

第四类重要的碳氢化合物是那些含有环状分子的化合物，如苯、甲苯和萘（附图1.4）。这类化合物被称为芳香烃，最初命名的原因是它们闻起来有香味。但是，在现代化学中，芳香化合物必须满足一系列规则，这里不再赘述。

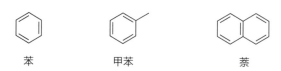

苯　　　　　　　甲苯　　　　　　　　萘

附图 1.4　一些芳香烃

到目前为止，我们只考虑含有碳和氢的有机分子——碳氢化合物；但是，通过用其他原子取代一些氢原子，有可能根据取代原子的性质制造出具有不同性质的全新化合物。在这一阶段需要注意的是，分子的微小变化可能会在物理、化学和生理特性上产生重大的变化。因此，通过甲烷（CH_4），我们可以制备 CH_3Cl（一氯甲烷）、CH_2Cl_2（二氯甲烷，用于脱漆剂）、$CHCl_3$（三氯甲烷，是除酒精以外的第一种麻醉剂），以及 CCl_4（四氯化碳，曾经广泛用于干洗，直到被确认具有毒性才被禁止使用）（见附表1.1）。

附表 1.1　氯代烃（IUPAC 命名）

甲烷	一氯甲烷	二氯甲烷	三氯甲烷	四氯化碳
CH_4	CH_3Cl	CH_2Cl_2	$CHCl_3$	CCl_4
气体 沸点 -262℃	气体 沸点 -24℃	液体 沸点 40℃	液体 沸点 61℃	液体 沸点 77℃
燃料 （天然气）	—	脱漆剂	除酒精外的第一种麻醉剂	原用于干洗液、灭火剂
无毒	有毒	相对无毒	损害肝脏	比三氯甲烷毒性更大

由分子的微小变化而导致性质变化的另外一些例子，可以从乙烷

（C_2H_6）、乙醇（C_2H_5OH，即酒精）和乙酸（CH_3COOH，即醋酸），以及苯（C_6H_6）、苯甲酸（C_6H_5COOH）和 2-（乙酰氧基）苯甲酸（$CH_3COOC_6H_4COOH$）的不同结构中看到（附图 1.5）。另外，用氟连续取代醋酸的氢原子，可以使生成的物质的酸性依次增强。醋中的乙酸相对无毒，而氟乙酸盐被用在"1080"毒药中，对人体有剧毒。三氟乙酸的酸性是醋酸的 30 000 倍以上。

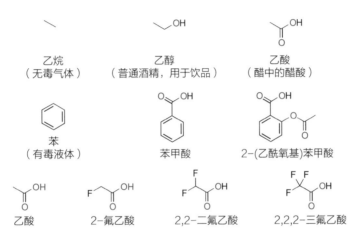

附图 1.5　分子变化会引起物质性质变化

伴随这些取代物而来的许多物理和化学性质的变化是可以预测的，但生理性质的变化往往出乎意料。同样，已知分子中原子的某些几何构型会产生某些生理效应，许多药物研究致力于修改这些基本结构，以期增强其药理活性，同时减少不良副作用。

可以根据取代了基本分子中氢原子的官能团的性质，来对有机化合物进行分类。三个重要的类别是醇、羧酸和酯。

醇的通式为 R—OH，其中 R 代表碳氢化合物骨架的其余部分。最简单的醇，是衍生自甲烷的甲醇（CH_3OH）。这种物质通常被称为"木醇"，因为它是通过加热木材获得的，比我们熟悉的乙醇（CH_3CH_2OH）的毒性大。

羧酸含有特征基团—COOH。一些例子如附图 1.5 所示。

酯是由醇类和羧酸在酯化反应中结合而成的（附图 1.6）。乙酸乙酯是涂料和胶黏剂工业中的一种重要溶剂。许多天然的香味和其他气味是由花和水果中的挥发性酯类物质所致的，而动物脂肪则由长碳链酯组成，通常是固体。

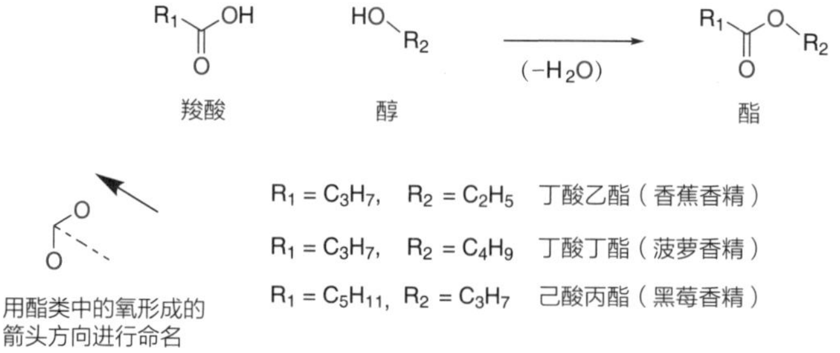

R₁ = C₃H₇, R₂ = C₂H₅ 丁酸乙酯（香蕉香精）
R₁ = C₃H₇, R₂ = C₄H₉ 丁酸丁酯（菠萝香精）
R₁ = C₅H₁₁, R₂ = C₃H₇ 己酸丙酯（黑莓香精）

用酯类中的氧形成的箭头方向进行命名

附图 1.6　醇、羧酸和酯的形成

酸和碱

酸是根据它们提供氢离子（H^+）的能力来定义的，而碱是可以接受氢离子的分子。常见的酸是硫酸（H_2SO_4）和盐酸（HCl），而氢氧化钠（$NaOH$，即苛性钠）是常见的碱。

如果将氢氧化钠和盐酸按适当的比例混合，则两种溶液的腐蚀性都会被中和。酸碱度概念的化学基础相当复杂，因此我们将从一个简化的方法开始。我们视为酸的所有物质，例如盐酸、硫酸、硝酸（HNO_3）和乙酸（CH_3COOH），都是包含一个或多个活性氢原子的分子，这些氢原子在中和过程中会被取代。分子中的活性或酸性氢原子如附图 1.7 所示。

盐酸　　　　硫酸　　　　硝酸　　　　乙酸

附图 1.7　各种常见酸中的活性或酸性氢原子

常见的碱包括：氢氧化钠、氢氧化钙［$Ca(OH)_2$，熟石灰］、氢氧化铵（NH_4OH）。有一个普遍的原理，如附图 1.8 中所示，当酸和碱混合时，会反应生成盐和水。

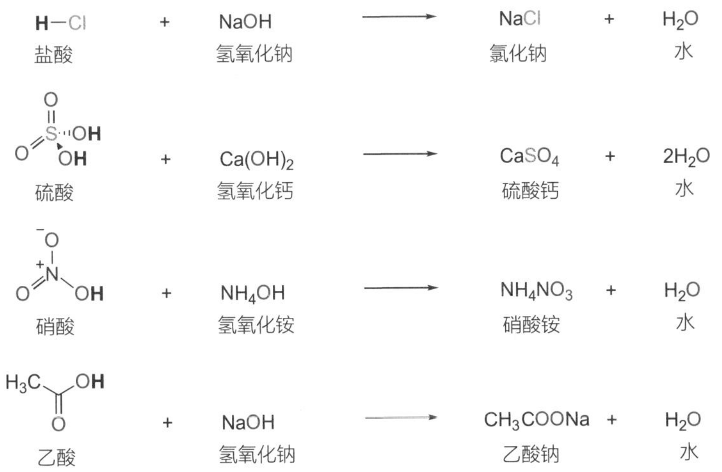

H—Cl	+	NaOH	→	NaCl	+	H₂O

(图示化学反应)

H—Cl　　　　+　　NaOH　　　→　　　　NaCl　　+　　H₂O
盐酸　　　　　　氢氧化钠　　　　　　　　氯化钠　　　　水

硫酸　　　　　　+　　Ca(OH)₂　　　→　　　CaSO₄　　+　　2H₂O
硫酸　　　　　　氢氧化钙　　　　　　　　硫酸钙　　　　水

硝酸　　　　　　+　　NH₄OH　　　　→　　NH₄NO₃　　+　　H₂O
硝酸　　　　　　氢氧化铵　　　　　　　　硝酸铵　　　　水

乙酸　　　　　　+　　NaOH　　　　→　　CH₃COONa　+　　H₂O
乙酸　　　　　　氢氧化钠　　　　　　　　乙酸钠　　　　水

附图 1.8　酸碱反应

简单的酸有一个重要的性质：当溶解在水中时，活性氢原子可以转移到水分子上，从而在一定程度上形成水合氢离子（H_3O^+）。强酸（如 HCl）完全转移其活性氢离子，而一些弱酸（如 CH_3COOH）仅部分转移其氢离子（25℃时乙酸转移约 4% 的氢离子）。

当给定的酸溶解在水中时，所产生的 H_3O^+ 的量或浓度，可以用称为 pH 值的标度表示（附图 1.9）。纯水的 pH 值为 7（中性）。单位浓度（1 mol/L）的强酸水溶液的 pH 值为 0，而单位浓度的强碱的 pH 值为 14。

H—Cl　　+　　H₂O　　→　　H_3O^+　　+　　Cl^-
盐酸　　　　　水　　　　　　水合氢离子　　氯离子
　　　　　　　　　　　　　　（H⁺）

乙酸　　+　　H₂O　　→　　H_3O^+　　+　　乙酸根离子
乙酸　　　　　水　　　　　　水合氢离子
　　　　　　　　　　　　　　（H⁺）

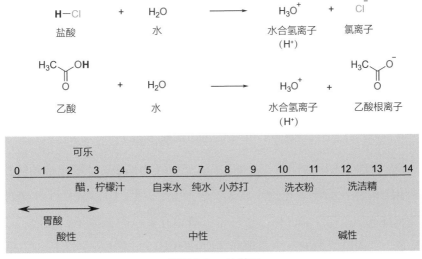

0	1	2	3	4	5	6	7	8	9	10	11	12	13	14

可乐
醋，柠檬汁　　自来水　纯水　小苏打　　洗衣粉　　　洗洁精
胃酸
酸性　　　　　　　　　　　中性　　　　　　　　　　碱性

附图 1.9　pH 范围

化学术语的其他方面

在学校时，你可能已经学习过无机化学，例如卤素（包括氟）的化学反应性。那么在教室之外的世界中，你更有可能听过饮用水中含有氟化物。像氟这样的剧烈反应的元素为什么会对牙齿发挥有益作用呢？因为这种化学物质是氟化物，而不是氟。这就是化学家如此苛刻地命名（命名法）的原因：一字之差可能会导致生与死的差别！

接下来的内容将引导你尽可能轻松地了解当今使用的各种命名惯例。即使这样还不足以让你读懂化学名称（更不用说写下它们了），但是你将知晓其基本逻辑。

任何系统命名法的目的都是用文字来描述化学结构。语言构成模块可以从一种物质转移到另一种物质，从而保留特定的化学信息。每种命名约定都有自己的作用。如前所述，IUPAC 建立了系统的命名程序（其中包括数本规则）。

DDT——用于消灭蚊子和控制疟疾传播的杀虫剂——是分子式为 $(C_6H_4Cl)_2CHCCl_3$ 的化学物质的简称。它有一个俗称，是二氯二苯基三氯乙烷。但是，这个名字有些含糊不清。附图 1.10 显示了二氯二苯基三氯乙烷的三种结构。根据 IUPAC 的规定，我们感兴趣的 DDT 的明确名称是 1,1,1- 三氯 -2,2- 双 (4- 氯苯基) 乙烷。

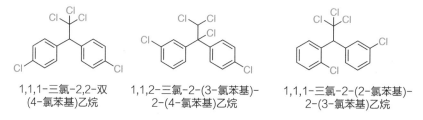

1,1,1-三氯-2,2-双
(4-氯苯基)乙烷

1,1,2-三氯-2-(3-氯苯基)-
2-(4-氯苯基)乙烷

1,1,1-三氯-2-(2-氯苯基)-
2-(3-氯苯基)乙烷

附图 1.10　DDT 的 IUPAC 命名

在名称的末尾，词根"乙烷"构成了一个由两个碳原子组成的链，其他结构部分都建立在这个链上。一开始，"1,1,1- 三氯"（三氯即"trichloro"，拉丁语"tri"指三个）表示存在三个氯原子，取代了乙烷的一个碳原子上的三个氢原子（Cl_3C—CH_3）。然后，"2,2- 双"表示有两个相同的基团替换了另一个碳原子上的两个氢原子（双即"bis"，希腊语的"bis"表示两次）。然后，"(4- 氯苯基)"说明这两个基团是什么。每一个基团都是一个苯环，它与乙烷上的碳有一个键相连（一个相连的苯环被称为苯基），并且在位置 4（连接点的对位）有一个氯原子取代一个氢原子。乙烷上第二个碳原子处的第三个氢原子没有被取代。

让我们再举一个例子——药物巴比妥（附图 1.11）。一旦化合物出现在化学文献中，就需要对其进行分类。这项工作由化学文摘社（CAS）负责。CAS 摘录了全世界的化学文献，并坚持为已编入索引（截至 2013 年 11 月 11 日）的大约 7500 万种化学品中的每一种都规定一个唯一的名称。尽管 IUPAC 的名字贯穿始终，但是 CAS 设计了一个适合检索的系统，因此名称通常以母体复合词的形式出现，而后面加括号的短语表示特定衍生物的性质。比如巴比妥：

CAS（索引形式）：2,4,6(1H,3H,5H)– 嘧啶三酮，5,5– 二乙基 –。

CAS 注册号为（57-44-3）。（编号对于此化合物是唯一的，但一个化合物可能有多个不同形式的编号。）

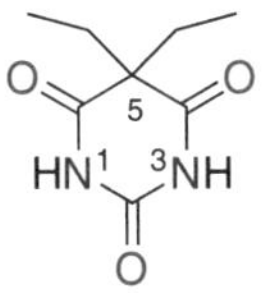

INN（国际非专有药名）：巴比妥
BAN（英国药典委员会批准的非专利药品名称）：巴比通
IUPAC名称：5,5-二乙基嘧啶-2,4,6(1H,3H,5H)-三酮
CAS名称：嘧啶-2,4,6(1H,3H,5H)-三酮，5,5-二乙基-

附图 1.11　巴比妥的 INN、BAN、IUPAC 和 CAS 名称

利用 CAS 检索体系，我们现在可以列出包含 5,5– 二乙基化合物等类似的物质。这种倒置的表示符合索引的概念。而按照字母顺序排列的 IUPAC 名称不会将同一化学类别的化合物排列在一起。例如，溴苯在"b"下面，而二溴苯在"d"下面。因为巴比妥是一种药物，它会以英国认可的名字（BAN）出现在《英国药典》（*British Pharmacopoeia*）上。世界卫生组织同意使用国际非专有药名。

国际非专有药名由几个音节组成，旨在区别于已经使用的名称。该名称可告诉医生或护士有关药物的信息。因此，各种巴比妥类药物在名称上都是"一般"相关的，例如苯巴比妥和戊巴比妥。澳大利亚遵循《英国药典》，并在不同情况下优先使用 BAN，而不是 INN。因此，澳大利亚的巴比妥类药物的名称是巴比通而不是巴比妥。

国际标准化组织设置了推荐与批准供国际使用的通用名称，而澳大利亚标准局也在本地使用相同的名称。IUPAC 名称是替代名称。

对于染料和染色剂，国际公认的来源是颜色索引（CI）：这是由英国染色师和染色师协会（UK Society of Dyers and Colourists）与美国纺织化学家和染色师协会（American Association of Textile Chemists and Collosts）联合制定的。CI 数字用于食用色素。索引包含 CI 通用名称、商业名称和 CI 编号。颜色指数给出了结构（如果有结构的话），或以其他方式描述制造方法。食用色素由国家监管机构给予另外的名称和说明。

对于食品添加剂，美国国家科学院制定的《美国食品化学法典》（US Food Chemical's Codex）给出了系统的名称（和 / 或结构）。麦卡琴的乳化剂和洗涤剂（Mc Cuteheon's Emulsifiers and Detergents）是一种商品名称索引，包括制造商名称、类别和配方、类型分类和进一步说明。

在工业上常用的名称是与性质（如苛性钠、熟石灰、白酒）、用途（如漂白粉、热油、电池酸）或来源（如盐酸）有关的。当只使用首字母时，它变得更加复杂，比如 DDT、MEK、RDX、BHT、KIOP、TDI、DNA、PVC、QUAT、ABS、SAN 和 PCB。TCP 可指三氯酚、三氯苯乙酮或磷酸三甲苯酯，还有其他物质。BHC 是六氯化苯的意思，但事实上，它的结构是六氯环己烷。

一旦你知道了某些代号的逻辑，它们就会非常有用。例如，在讨论氟利昂对臭氧层的消耗时，我们注意到：

氟利昂 11	三氯一氟甲烷	CCl_3F	（75－69－4）
氟利昂 12	二氯二氟甲烷	CCl_2F_2	（75－71－8）
氟利昂 22	二氟一氯甲烷	$CHClF_2$	（75－45－6）
氟利昂 115	五氟一氯乙烷	$CClF_2CF_3$	（76－15－3）
氟利昂 132	1,2- 二氯 -1,2-二氟乙烷	$CHClFCHClF$	（413－06－1）

在氟利昂的名字里，最后一个数字代表氟原子的数量；倒数第二个数字是氢原子数加 1；再前一位数字是碳原子数减 1；配位平衡后剩余的就是氯原子的数量。代号"氟利昂 11"等名称，是为了避免使用品牌名称而产生的。

IUPAC 命名的一些规则

我们已经列举了一些简单示例来解释化学名称，现在我们来看看它们是如何组合的。好几本书都有介绍化合物命名的相关内容，因此我们在这里所能做的就是给出一些简单的规则——先介绍线形（非环状）化合物，再介绍环状化合物。

线形（非环状）化合物

第一步：确定存在的所有官能团。根据附表 1.2 中给出的优先级顺序选择主官能团（PFG）。

附表 1.2　官能团的优先顺序

优先顺序	名称	官能团化学式
1	羧酸	COOH
2	磺酸	SO_3H
3	酯	COOR
4	酰氯	COCl
5	酰胺	$CONH_2$
6	腈	CN
7	醛	CHO
8	酮	CO
9	醇	OH
10	酚	OH
11	硫醇	SH

优先顺序	名称	官能团化学式
12	胺	NH₂
13	醚①	OR
14	硫化物①	SR

①简单的醚和硫化物通常是用官能团体系来命名的，如乙基甲醚，而不是甲氧基甲烷。但更复杂的化合物，如 2- 乙氧基丙烷，则不这样命名。

第二步：检查碳键的不饱和度［是否存在双键（$C = C$）或三键（$C \equiv C$）］。

第三步：选择含有主官能团（附表 1.2）和最大不饱和键数的最长碳链（主链），给出词干的名称（附表 1.3）。

附表 1.3　简单词干名称

烃链（碳原子数）	词干名称	烷烃 / 基团	烷烃 / 基团的名称
1	甲基	CH₄/CH₃—	甲烷 / 甲基
2	乙基	C₂H₆/C₂H₅—	乙烷 / 乙基
3	丙基	C₃H₈/C₃H₇—	丙烷 / 丙基
4	丁基	C₄H₁₀/C₄H₉—	丁烷 / 丁基
5	戊基	C₅H₁₂/C₅H₁₁—	戊烷 / 戊基
6	己基	C₆H₁₄/C₆H₁₃—	己烷 / 己基
7	庚基	C₇H₁₆/C₇H₁₅—	庚烷 / 庚基
8	辛基	C₈H₁₈/C₈H₁₇—	辛烷 / 辛基

第四步：从一端到另一端对碳链进行编号，使主官能团的编号尽可能低。

第五步：现在，主官能团给出了名称的后缀，任何其他存在的官能团被引作前缀。

第六步：使用附表 1.4 中的名称，插入所有优先级较低的官能团和支链烷基作为前缀。为了排序，这些前缀名按字母顺序排列，忽略了多重性修饰术语［多重性术语有二或双（×2）、三或三个（×3）、四（×4）、五（×5）、六（×6）等，例如双（二甲氨基）］。表示顺着主链位置（定位作用）的数字，放在它们所定位的官能团或支链烷基的前面。

附表 1.4　后缀和前缀

序号	名称	官能团结构	前缀	后缀
1	羧酸	COOH	羧基	酸
2	磺酸	SO$_2$—OH	磺基	磺酸
3	酯	CO—OR	R-氧羰基	烷基-酸酯
4	酰氯	CO—Cl	卤代甲酰	卤代烃
5	酰胺	CONRR	氨甲酰	甲酰胺
		NR—COR	酰胺	
6	腈	CN	氰基	腈
7	醛	CH＝O	甲酰基	醛
8	酮	COR	酮	酮
9	醇	OH	羟基	醇
10	苯酚	C$_6$H$_5$OH	羟基	醇
11	硫醇	SH	巯基	硫醇
12	胺	NRR	氨基 .	胺
13	烯烃[①]	C＝C	烯基	烯
14	炔烃[①]	C≡C	炔基	炔
仅作为前缀引用的官能团				
15	氟化物	F	氟代	
16	氯化物	Cl	氯代	
17	溴化物	Br	溴代	
18	碘化物	I	碘代	
19	叠氮化物	N$_3$	叠氮基	
20	亚硝基	NO	亚硝基	
21	硝基	NO$_2$	硝基	
22	醚	OR	R-氧基	
23	硫化物	SR	R-硫基	

①烯、炔仅在不存在主官能团时作为后缀。

第七步：将全名组合成一个词（也有一些例外），使用逗号将数字与数字分开，使用半字线将数字与汉字分开。例如：

2,2- 二氯代庚烷 -3- 烯醇

为了命名而将分子分解

使用 IUPAC 系统命名有机化合物时，请遵循以下步骤。附表 1.4 给出了选择后缀的优先顺序。例如，思考下面所显示的分子：

记住每个碳原子都有四个键。如果有帮助的话，画出其他原子。

第一步：确定官能团。

OH——羟基官能团将确定为后缀（请参阅附表 1.4）。

OCH$_3$——甲氧基；Br——溴。

第二步：是不是不饱和的？是的，它同时包含双键（C＝C）和三键（C≡C）。

第三步：选择主链。

粗线显示了主官能团、羟基（OH）与包含双键和三键的最长链。

选择的词干包括主官能团及最大数量的双键和三键。主链（词干）名称：癸 - 烯 - 炔。其按这个顺序保持下来。

第四、第五步：添加主官能团的后缀和相应数字。

数字显示取代基和不饱和键所在的位置。

简写为：癸烷 -9- 烯 -5- 炔 -2- 醇。

如果一个后缀以元音字母（或 y）开头，那么当将后缀添加到一个碳氢化合物名称中时，最后的"e"就会被去掉。因此，戊醇（pentanol）、戊酸（pentanoic acid）、戊醛（pentanal）等是由戊烷（pentane）衍生出来的。当组合词干名称时，如果双键和三键都存在，那么烯和炔之间的"e"就被省略，因此，戊烯炔就写为 pentenyne。

第六步：将低优先级官能团和支链作为取代基。

CH$_3$CH$_2$CH$_2$——丙基

CH$_3$O——甲氧基

Br——溴

这些取代基按字母顺序列为前缀。

第七步：IUPAC 将其命名为 4- 溴 -3- 甲氧基 -8- 丙基癸烷 -9- 烯 -5- 炔 -2- 醇。对于这种化合物，CAS 的命名规则并不完全相同。该化合物的 CAS 名称是 4- 溴 -8- 乙烯基 -3- 甲氧基十一烷 -5- 炔 -2- 醇。CAS 命名规则的应用顺序（忽略杂原子和环）如下：

1. 主要化学官能团的最多数量。

2. 索引标题母本（最长链）的最大数量。

3. 不饱和键的最大数量。

4. 主官能团的最少数量。

5. 全部不饱和键的最少数量。

6. 双键的最低数量。

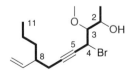

在化学文摘体系中，数字显示含有取代基和不饱和键的最长的链。

环状化合物

芳香族化合物与苯有关，可以用取代基取代氢原子，也可以将环融合在一起得到萘、蒽等，如附图 1.12 所示。

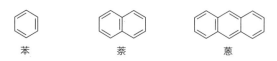

苯　　　　　　　萘　　　　　　　蒽

附图 1.12　三种芳香烃

注意：大多数简单的芳香族化合物都以俗名而为人所知，例如，C_6H_5OH，苯酚；$C_6H_5NH_2$，苯胺；$C_6H_5CH_3$，甲苯；$C_6H_5CH = CH_2$，苯乙烯；$C_6H_5(CH_3)_2$，二甲苯；$(C_6H_5)_2CO$，二苯甲酮。

芳香族化合物的半系统名称如附图 1.13 所示。

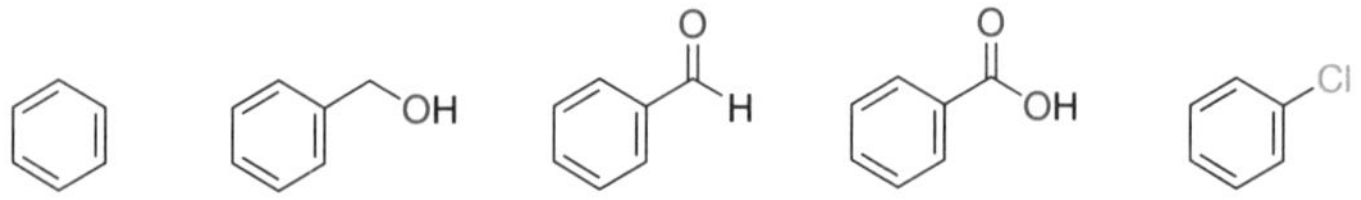

苯　　　苯甲醇　　　苯甲醛　　　苯甲酸　　　氯苯

附图 1.13　一些芳香族化合物的半系统名称

苯环上相邻位置 1，2 的两个取代基标记为邻位；位置 1，3 处标记为间位；位置 1，4 处标记为对位。IUPAC 更倾向于使用数字，而不是这些仅适用于苯的名称。

同样，PFG 引用的数量最少，如下所示：

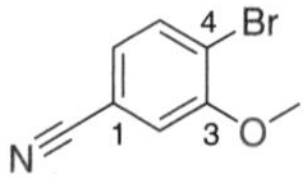

4-溴-3-甲氧基苯甲腈

非芳香族环系物质遵循类似的规则。因此，环己烷是一个六碳环，其编号与苯相同。

拓展阅读

J. D. 科伊尔（J. D. Coyle）、E. W. 戈德利（E. W. Godly）所著《化学命名》（*Chemical Nomenclature*）。

关于命名的有意思的讨论，请参阅：https://www.youtube.com/watch?v=u7wavimfNFE。

当你想了解你的物质命名时，请打开该网站：http://www.openmolecules.org/name2structure.html。输入名称，系统将给出结构，但前提是系统了解你所选的化学物质。这实在是另一种语言！

附录 2　物质数量表示法（单位）

不同的科学文化成果的展示方式各不相同。这是历史的必然性，并且常常反映出学科方向的特殊需要。这会让人特别难以理解。

质量 / 体积基准

如果每升啤酒中含有 2 mg 的维生素 C，那么维生素 C 的浓度就是 2 mg/L。因为 1 L 啤酒（基本上是水）的重量为 1 kg，所以维生素 C 的浓度也可以被描述为 2 mg/kg 或百万分之二（2 ppm）。使用 ppm 时假设以重量比重量（w/w）为基础进行测定（有时不正确）。严格来说，质量 / 质量比重量 / 重量更正确，但用符号 w/w 表示。

现在再考虑 2 μg/ L。μg 是 g 的百万分之一；1 kg 等于 1000 g；100 万乘 1000 就是 10 亿。因此，假设以质量比表示，浓度也可以被描述为十亿分之二（2 ppb）。

不要将 ppt（万亿分率，万亿分之一）这一术语与海洋科学家使用的 ppt（千分之一，用来表示盐度）相混淆。

摩尔 / 体积基准

化学家也用摩尔（mol）来衡量物质的数量。1 摩尔就好比化学家眼中的"一打"。一打西瓜和一打柑橘都含有相同数量的水果，但它们的质量不同。1 摩尔碳和 1 摩尔氢含有相同数量的原子。1 摩尔胆固醇和 1 摩尔糖含有相同数量的分子。每摩尔的质量不同，但数量相同。为什么要用摩尔表示呢？因为化学反应是基于原子对原子或分子对分子而发生的。在形式上，1 摩尔物质的质量是该物质的摩尔质量 M，单位是克每摩尔（g/mol）。

体积 / 体积基准

空气中的气体和蒸气还可以通过每体积的体积量来计量：每立方米（m^3）空气中的毫升量（mL），给出污染物分子与空气分子的比率。此结果不取决于当天的气温或气压，也不取决于目标化合物的摩尔质量。那些为空气污染物设定安全阈值（TLV）的人使用 ppm（百万分之几，V/V）。

大气污染物的 TLV

·TLV 是对普通健康工人可能接触的烟雾 / 蒸气浓度的建议性限制。

·TLV 是由非官方机构（美国政府工业卫生学家会议）制定的。

·TLV 被定义为"可确信几乎所有工人反复或连续暴露于空气环境中而没有不利影响的某种物质浓度"。

·TLV 是根据人类经验（流行病学研究）或对动物暴露于化学物质中的短期影响进行测试的数据而确定的。它可以用不同的方式表示：以质量 / 质量［ppm（mg/kg）］表示或以密度 m/V（mg/m^3 为单位）表示。这些单位之间是相互联系的（请参阅下文）。

· 有三种 TLV。

①时间加权平均阈值：每天"平均"允许接触时间为 8 小时（每周 40 小时）。

②短期接触阈值（瞬时阈值）：工人每天接触最大浓度的时间不应超过 15 分钟，而且每天不应超过 4 次。

③最高限制：即使在瞬间，也不应超过的最大浓度。

质量 / 质量基准

在液体和固体混合物中，浓度通常以质量 / 质量（mg/kg）为单位，也被称为 ppm（w/w）。如果应用于气体，该测量值与该化合物的分子质量无关，而取决于当天空气的温度和压力。空气的平均摩尔质量为

29 g，在正常温度和压力下，1摩尔空气所占的体积为24.5 L。因此，每升空气的质量为29/24.5=1.18 g/L（1.18 kg/m³），适用以下换算系数：

1 ppm（w/w）= 1 mg/kg = 1.18 mg/m³，所以 1 mg/m³ = 0.85 ppm（w/w）。

因此，在报告空气中的污染物时，在不能保证高精度的情况下（大多数时候），ppm（w/w）和 mg/m³ 往往可以互换使用。

单位换算

通常需要用到单位体积采样空气中污染物的质量，以 mg/m³ 计。要将数据从 ppm（V/V）转换为 mg/m³，请乘以化合物的平均摩尔质量，然后除以空气的摩尔体积。

因此，对于六氯苯（$M = 285$），转换系数为 285/24.5 = 11.6。

因此，1 ppm（V/V）= 11.6 mg/m³，换算为 1 mg/m³ = 0.09 ppm（V/V）。

分子基准

在阅读有关物质浓度的报告时，需要格外小心。要明确该报告中的质量是以活性成分的质量或是以配方中的质量还是以残渣主要成分的质量来表示的。残渣是按灰分、干重（如何干燥？）、鲜重（含或不含体液？）、湿重、脂（脂肪）重分别进行描述的吗？在比较母乳中的六氯苯含量时，可以说，这一点至关重要。对于空气污染，其结果是用收集的颗粒物的浓度表示，还是用收集的颗粒物的空气体积表示？

数据可能与样本中预先选定的部分（牛奶脂肪中的残留物）有关，或者测定结果可能在随后被标准化（调整），以反映更广泛的情况（全脂牛奶）。在进行分析之前，必须对土壤、沉积物和淤泥进行萃取；萃取过程的效率差异很大，可能无法进行比较。例如，美国环保局规定：地下水作为饮用水时，其中硝酸盐（NO_3^-）的限量为 10 mg/L。欧洲人根据自身情况制定了硝酸盐（NO_3^-）相关含量标准，其数值大约是美国的4倍（44 mg/L）。最重要的是，美国的这一含量标准仅是基于蓝婴病制定的，而不是根据潜在的致癌因素。

澳大利亚肥料中镉的含量曾经被指定为每千克肥料所对应的镉的毫克数，但现在被指定为每千克磷（肥料中磷的含量）所对应的镉的毫克数。这些数字之间不具有直接可比性。

所以读者要注意哦！

附录 3　对数标度的普遍性

为了更加广泛讨论对数标度，本附录以声音的测定和其他生物感知的量度为基础进行展开。该概念与第 1 章（pH 值范围）、第 2 章（LD_{50}）和第 15 章（防晒霜的 SPF）相关。接着我们进行理性认知，即经济边际效用，然后谨慎提出一种新的观点，作为衡量我们对风险认知程度的标准——这把我们带回到了第 2 章。

声音科学——是不是分贝？

我们的感官，如听觉（声音）和视觉（光线），可以跨越非常大的动态范围。我们既可以听到低至比分子随机运动水平稍高的微弱声响，又能接受飞机和手提钻产生的噪声，至少在短时间内如此。我们不仅可以在最昏暗的月光下看到东西，而且在强烈的阳光下也能。这些动态范围从零到数万或数百万不等（取决于是否利用波的振幅或强度）。触觉和味觉也涵盖了一个很大的动态范围。我们怎么能覆盖这么大的范围呢？

声音的对数

根据韦伯－费希纳定律（Weber-Fechner Law），一项心理观察表明，人们感知到的声音的响度随着物理强度的增加呈对数变化。外面的一辆汽车可能会产生一定程度的噪声。如果有 10 辆车，我们感知到的响度就会加倍。从 10 辆增加到 100 辆，感知到的响度增加了 2 倍。这是使用对数来测量声音的原因。

声音的测定

声压（振幅）和声强（振级）不同，但是两者以相同的单位贝尔（B）[以亚历山大·格雷厄姆·贝尔（Alexander Graham Bell）的名字命名]在同一标尺上进行测定。比较测量交流电压的峰值或均方根值。贝尔的定义涉及"之后"与"之前"的比率，使用以 10 为底的对数，它没有单位。1 贝尔等于 10 分贝（dB）。实验表明，感知响度增加 1 倍相当于声压增加 20 分贝（声压增加 10 倍）。感知响度增加 2 倍相当于声压增加 40 分贝（声压增加 100 倍）。感知响度增加 3 倍相当于声压增加 60 分贝（声压增加 1000 倍）。相反，声压增加 1 倍相当于增加 6 分贝。

物理和生物科学中也有许多其他把信息作为数量的对数来处理的例子。查尔斯·里克特（Charles Richter）坚持用对数来测定地震强度。

里氏震级

地震强度在地震仪（校正的）上是通过振幅来测量的，然后以 1935 年查尔斯·里克特引入的以 10 为底的对数标度来描述，即震级。

因此，里氏震级上每增加一个整数（附表 3.1），对应于测量振幅增加 10 倍，对应于释放的能量增加约 31.6 倍。相反，里氏震级每增加 0.2 级，释放的能量就增加 1 倍。

附表 3.1　里氏震级与一些事件的比较

里氏震级	能量	事件
3.9	4.0×10^{13} J	1986 年切尔诺贝利核电站爆炸
6.0	6.3×10^{13} J	1945 年广岛原子弹爆炸
6.1	8.9×10^{13} J	$E = mc^2$ 对于 1 g 物质转化的能量
6.3	1.8×10^{14} J	2011 年新西兰克赖斯特彻奇地震
7.0	2.0×10^{15} J	2010 年海地地震
7.5	1.1×10^{16} J	流星撞击美国亚利桑那州形成的陨石坑，可能与恐龙灭绝有关
8.0	6.3×10^{16} J	1556 年中国陕西地区的地震，死亡人数超过 83 万，这是有史以来造成死亡人数最多的地震
8.3	1.5×10^{17} J	1883 年印度尼西亚喀拉喀托火山爆发
8.3	1.8×10^{17} J	每秒到达地球的太阳总能量
8.4	2.5×10^{17} J	1961 年 10 月，苏联的"沙皇炸弹"（核聚变炸弹，相当于 60 Mt 的 TNT）试爆，这是有史以来最大规模的爆炸
9.0	2.0×10^{18} J	2011 年日本东北部地震
9.5	1.1×10^{19} J	2009 年美国的电能消耗

经济合理化

与所有的数学逻辑相反，经济学家们也不得不采用对数测量法。如果你在一包 4.5 美元的咖啡上省下 1 美元，你会觉得特别值；而如果你在一套 600 美元的西装上省下 1 美元，你会认为这是个笑话。为什么？从逻辑上讲，从家庭预算的角度来看，每种情况下都会节省 1 美元，但从经济学角度来看不是这样的。

圣彼得堡悖论

边际效用概念的发展始于 1738 年物理学家丹尼尔·伯努利（Daniel Bernoulli, 1700—1782）。在一篇后来被称为《圣彼得堡悖论》（"St. Petersburg Paradox"）的论文中，他提出，一小笔钱对一个人的价值或效用与他已经拥有的钱数成反比。因此，应用比率 dx/x 来衡量效用。我们不可避免地被引向（现代）经济学概念中的边际效用递减规律，因此我们承认，我们的主观心理对于精神刺激的感知是符合对数规律的，就像我们对几乎所有生理感官刺激的感知一样。

风险感知

从效用的经济度量到我们认为的人类对风险的感知，这看起来仅是感知方面的一个小小的跨越。这种感知必须涵盖多个数量级上的概率。这一思想扩展了第 2 章讨论的公认的方法。

我们所有的生理感官的反应大致是对数响应。一种主要的智力反应（经济效用）也是如此。其他的为什么不是，比如风险感知？因为我们对风险的感知似乎与我们已经面临的风险的背景水平成正比。

此建议针对风险（或安全）表，该表可反映出声音响度（dB）情况，称为 sels（dB）。我们用有代表性的实例，使用同样的方法进行测试。有趣的是，dB 刻度（对数）没有实际的零值。对于声音，在听不到声音的临界点（刚好高于分子撞击耳膜的随机运动），我们可以武断地将其设置为 0 dB。当然也没有最大值，但超过 140 dB，你的耳膜就会穿孔。140 dB 似乎是停止噪声伤害的一个有用的数值。对于 pH 值，同样也可以随意地设置零值（并且有负值）。

在一生中，百万分之一的死亡或受伤概率（微死亡）对于 0 dB 的 sels 来说，也同样是一个合理的零值。在某些死亡或伤害事件发生时，最大值为 120 dB sels（高于此值，即为过度杀伤！）。我们与其引用风险事件的概率，不如引用对数数据来压缩风险等级，以一种更符合我们感知的方式，来描述风险降低的资源分配的有关看法，也更易于接受。

拓展阅读

伊恩·斯图尔特（Ian Stewart）所著《一本脏书的半衰期》（The Half Life of a Dirty Book），摘自《新科学家》1993 年 5 月 8 日刊第 12 页。

附录4 多少是安全的?

每日允许摄入量

每日允许摄入量(ADI)是根据体重计算得出的食品添加剂、农药或兽药的摄入量,它们可以每天被摄入,而不会产生不利影响。如果特定的 ADI 为 y mg/kg 体重,则平均体重为 86 kg 的人一生中每天可以吃该物质 $86y$ mg。如果假定一个体重为 10 kg 的小孩对该物质的代谢与成年人的相同(新陈代谢的差异是分开考虑的),则他每天可以负担得起 $10y$ mg 该物质。

建立每日允许摄入量的方法是对啮齿动物、狗、猴子等进行实验——通过增加化学物质的量,以确定任何动物在何种水平上会发生急性和慢性中毒(观察到的立即毒性作用的程度和发生长期毒性作用的程度)。至少使用两种动物,并选择最敏感的物种来确定该水平。

然后将获得的数值除以一个因子(通常为 100),以考虑不同物种之间和同种物种内部存在的可能性差异。如果数据非常好,则有时因子取值为 10;而如果数据不足,则因子可设为 1000。考虑的这些因素即为"不确定因素"。

这些因素在毒理学方面包含许多不确定性。有趣的是,必需元素的不确定性系数被设定得要低得多(一般为 3 ~ 10),因为有益和有害物质之间的范围通常没有那么大。我们在化学"汤汁"中进化了成千上万年,土壤中的矿物质含量已经发生了很大的"自然"变化。

另外,婴儿和儿童也不能被看作缩小版的成人。他们每千克体重摄入的食物比例更高。由于排毒机制欠发达,他们通常对化学物质更敏感。

我们不需要在食物说明中明确有人工合成的农药残留物摄入量;当食用植物时,农药没有任何积极(类似维生素)的作用,因此不需要最低摄入量!但是,有必要设定一个最大值,以保护人体健康免受潜在的毒性影响。现代农药经研发设计可在使用后降解。食用前去皮和蒸煮可进一步降低非内源性农药的含量。

兽医治疗所用药物也会在动物体内留下残留物，尤其是在注射的地方。对于食用动物来说，残留物的问题与植物残留化学物质的问题相同。自从同类相食消亡后，人类的药物监管就不存在这些问题了！

对于有些金属，比如铅、镉和汞，要像对待杀虫剂一样处理它们——应设定其最高含量，而不是最低值。而对于其他的金属，如铜、铁和锌，由于它们是必需的矿物质，因此要像对待维生素一样来对待它们，即需要设定其最低和最高含量。缺乏必要的矿物质，例如大量饮用纯蒸馏水，意味着会对健康构成潜在的危害。

确定每日允许摄入量的方法基本上是建立在动物研究的基础上的，通过核实一系列重要但有限的影响以后可得出数值。这是监管链中一个始终需要加强的环节。每日允许摄入量是根据对实验室动物进行长期喂养研究，以及对人类进行观察所得出的结果。这些研究使用了广泛的动物研究中可用的安全性数据。每日允许摄入量系列数据由国家的公共卫生局制定，在国际上是由联合国粮食及农业组织（FAO）/世界卫生组织等联合国机构进行制定的。

在确定了某种化学品的每日允许摄入量后，现在有必要进一步研究消费者与喷洒了某种杀虫剂的作物的接触情况。研究所涉及的因素包括产品、可能含有的成分、在喷洒农药之后多长时间收获作物，以及如何加工、烹调和食用它们。产品中可接受的上限称为最大残留限量（MRL），其在美国称为"容限"。

急性参考剂量

化学品的急性参考剂量（ARfD）是食物和/或饮用水中某种物质含量的估计值——在24小时或更短的时间内摄入，而不会对消费者造成明显的健康风险（通常以体重为基础）。

治疗药物管理局网站上有一张由化学安全办公室制定的急性参考剂

量表。在 APVMA 风险评估中，ARfD 被用作监管的"界限"——绝不能越过或超出。

APVMA 短期接触评估着眼于儿童或成人在一顿饭或超过 24 小时内通过特定食物上的残留物摄入的化学物质的量。所使用的信息包括特定水果或蔬菜中的残留物水平以及从澳大利亚新西兰食品标准局获得的消费价值。

那些无法通过短期测试的化学品通常是：

· 急性参考剂量低（毒性更大）的。

· 在喷洒和收获之间的短时间内施于水果和蔬菜上的。

· 在一顿饭中大量食用的。

如果计算出的儿童或成人的接触量大于急性参考剂量，那么对现有化学品审查时，就不允许对其进行登记或重新登记。

高摄入、高残留的物品未能通过短期暴露试验，因此很少发现它们的含量超过每日允许摄入量。短期暴露试验通常可以最大限度地控制注册数量。

相较而言，有人可能会问，谁会担心并用如此谨慎的程序检查"有机"食品中的天然毒素（见第 6 章和第 12 章）。

最大残留限量

为了满足最大残留限量（或容限）的要求，使用农药的农业必须坚持良好的质量控制。这被称为良好农业规范（GAP）。良好农业规范是一种"质量保证方法"，由注册机构确定并被设定为使用条件。最大残留限量是相应的质量保证参数，以确保良好农业规范已被使用。良好农业规范是一项复杂的业务，包含以下因素：

· 应用技术。

· 施药速率及喷药频率。

· 农作物种植方法。

· 化学品的生物降解特性。

良好农业规范包括：

·仅在安全条件下和实际条件下使用所建议的控制害虫最低水平的有效且可靠的授权农药。

·设置停药期和其他措施，以确保实际残留量最小。

·确保职业健康、安全以及对环境的影响三者兼顾。

因此，最大残留限量是衡量产品使用和质量控制的一种手段，而不是衡量公众（消费者）健康风险的指标。在"农场门口"对农产品进行残留调查时，它被用作一个指标，以表明最佳做法实际上已经到位。但它有一个缺点：没有考虑一起使用或由于连续使用而在农产品上同时发生的农药混合物可能产生的残留效应。根据良好农业规范，在批准销售新的农业或兽用化学品之前，制造商有义务确定，按照建议使用该产品时，在原农产品中预计可能产生的残留物的性质和水平。

如果设置了最大残留限量，那么有关健康不会因偶尔少量摄入违反最大残留限量的农产品而受到损害的说法在道德上就是错误的。这种产品虽然被禁止出口到外部市场，但偶尔会被允许进入澳大利亚国内市场。尽管健康不太可能受到损害，但这种行为严重破坏了人们对于地区的信任。这就好比在一个奇怪的场合闯红灯是可以的，且这个场合看起来"显然"是安全的。这是一条滑向深渊的道路，不可接受。

虽然在设置最大残留限量时也考虑了相当多的安全因素，但系统的性能和用户遵循标签指示的意愿一样重要。在澳大利亚，对化学品的使用监管仍然是州司法机构的职能。

各种各样的农药用在多种作物中，其中有些农药使用得比其他农药更广泛。人们对于有些食物的食用量比其他食物的多，而且各地区的饮食差别很大。将来可能会有更多的农作物使用农药；所以设置最大残留限量时，必须在每日允许摄入量中留有"空间"，以考虑农药在新应用中可能出现的潜在残留物。

最终要考虑的是食物中的农药残留总量。在为每种农药／农作物组合设定最大残留限量（例如增加储留时间）时，有一定的灵活性，但应受到实际情况的限制。如果残留量接近每日允许摄入量（美国已建议婴儿采用），则产品的某些注册用途可能要从标签上删掉。

在农产品类别之间分配最高残留量，意味着你应尽可能合理地压低每一类农产品的残留水平，以尽可能保持加权总数的低水平。这涉及价值判断。尽管人们做出了最坏的假设，但在现实生活中，情况会在以下因素的影响下有所缓解：

· 当种植者使用农药时，并不总是以最快速度或在最临近收获的允许时间内施用。

· 大量农产品在超市里混在一起，因此消费者购买的有经过处理和未经处理的农产品。

· 某些农作物的成熟需要较长时间，比如黄瓜和西红柿，残留物会因此进一步减少。

· 部分农作物，例如马铃薯及谷类，会在出售前被储存起来。

澳大利亚新西兰食品标准局开展了澳大利亚总膳食研究（ATDS），包括对通常在家中准备的食物中残留的农药进行的分析。

以上这些因素一般都有可能减少食物中的农药残留量。

相反，不遵守良好农业规范、没有充分遵守观察储留期、过量使用农药和误用农药（故意或不理解说明），都可能会增加农药残留量。在购买了农药使用时间较短的物品后，例如在临近收获时被喷洒了农药的水果或蔬菜，如果在食用前未清洗它们，则更易受到每日允许摄入量的影响。

另外，谷物即使经过农药处理，也可能在消费者饮食中占很大的比例，但大多数谷物在到达消费者手中之前都会被加工成面粉、面包等常见商品。数据监测了被加工成不同商品后残留物的减少情况。

如果一种农药没有通过短期暴露试验（涉及 ARfD），那么这种农药就不能用于该作物，这是防止滥用的最佳保护措施。

最重要的是，根据实际膳食调查计算出的在不同年龄层的人群中各种膳食中所有食物的农药残留量之和，必须保持远低于健康确定的该化学品的每日允许摄入量。

附录 5　相图

下面在不同的章节中讨论的四个例子均与相图有关。它们在概念上密切相关，但通常却被分开来讲。我们先从低共熔物开始，然后讨论水蒸气蒸馏，接着是迪安–斯塔克蒸馏，最后以亨利定律的一个环境实例结尾。

锡铅共熔

此部分涉及不同种类的消费产品，例如溶解含油废物的洗涤剂、把萘和樟脑丸分隔开的包装、让巧克力保持美味特性的物质以及五金店中的焊料。

为了理解固体（和液体）混合物的行为，我们必须了解平衡相图。在化学意义上，相是一种在物理上不同的均匀的物质形式，可以存在于一个系统中。我们所说的冰、水和蒸汽是一个单一成分的不同相，而每个相在物理性质上具有均匀性。在这种情况下，它们也具有相同的化学性质（如 H_2O），但这并不是必要的。

我们将研究金属锡和铅的混合物的平衡相图与温度的函数关系。在附图 5.1 中，横轴显示锡在混合物中所占的质量比例，纵轴是温度。你会注意到纯铅在 327℃（左侧）熔化，纯锡在 232℃（右侧）熔化。

如果你观察图中的任何一点，该点将对应于一个特定的温度（读取纵轴刻度）和样品中总材料的一个特定的总成分（读取横轴刻度）。图中的曲线可以告诉你总成分是如何在不同的相（液态、气态或固态）之间进行分配的。这需要一些时间来适应，其中包含很多有用信息。相图在腐蚀研究、土壤和河流中不同种类元素的分布等领域有着广泛的应用（见第 1 章中的与海洋盐蒸发相关的内容）。

相图是由含锡量从 0 到 100%（相当于含铅量从 100% 到 0）的一

系列混合物绘制而成的——把每种混合物加热到完全熔化，然后让其非常缓慢地冷却。图中所示的温度是两个相同时存在（对于每种成分）的温度，微观检验表明了相的性质。

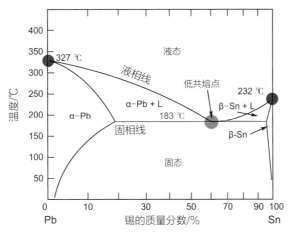

附图 5.1　锡铅体系相图

首先，我们要注意的是，向铅中添加锡会降低铅的熔点，而向锡中添加铅也会降低锡的熔点。其次，这两条下落的曲线在 183℃ 处相遇，其成分包含约 60% 的锡。这是最低温度，称为低共熔温度。相应的成分称为锡铅低共熔物。

低共熔点左边的区域 α–Pb+L 为固相 α–Pb 与液相 L 共存的区域，右边的区域 β–Sn+L 为固相 β–Sn 与液相 L 共存的区域。两个区域内的任意一点都同时存在固体和液体。

最左侧的区域 α–Pb 中只存在固相 α–Pb，同样地，最右侧（小的）区域 β–Sn 中只存在固相 β–Sn。低共熔点以下区域是锡与铅的固态混合物（固溶体）。溶液被定义为两种或两种以上物质的均匀混合物。虽然我们习惯于用这个术语来描述液体，但把固体的均质混合物作为溶液描述也同样有效。α–Pb 相为铅中"溶解"了一些锡的固溶体，β–Sn 相为锡中"溶解"了一些铅的固溶体。

α–Pb 相的组成是什么？在此阶段，铅中溶解了多少锡？嗯……这取决于固相 α–Pb 形成的温度。从图的左侧看，在 25℃ 左右时，α–Pb

相中的锡含量仅为2%；在低共熔温度183℃时，锡含量最多增加到19%。当保持在α-Pb相中但温度升高时，锡含量再次下降，在327℃时达到零。（类似的论点适用于最右边被"挤压"的β-Sn相。）总体而言，锡溶于固体铅比铅溶于固体锡更容易。

现在，标记出在250℃下锡铅比为3:2的混合物对应的那个点。温度慢慢降低，液体冷却，并在183℃时全部固化，且其凝固速度很快。也就是说，在183℃以下，它是固体；在183℃以上，它是液体。锡和铅的低共熔物比例为3:2。电工的焊料正是由这种锡和铅的混合物构成的。

电工需要一种低熔点的导电金属，它能够"润湿"铜线并迅速凝固，这样电子元件就不会过热。但要强调的是，虽然低共熔物的行为表现得像一种纯物质（因为它有一个尖锐的熔点），但实际上它是两个相（α-Pb、β-Sn）的固态混合物——可以在显微镜下的切割和抛光样品中看到不同的晶体。

现在，标出在250℃下锡和铅比例为3:7的混合物的所在位置。当该液体冷却时，它开始在250℃的温度下凝固，但现在凝固点不再是"尖锐的"了；因为此时液体和固体（α-Pb）共存，且在持续下降约70℃的情况下仍保持共存。直到温度降到183℃，混合物才完全凝固，没有液体残留。这种固体是α-Pb（在冷却过程中已经结晶）和羽毛状共晶体（在温度达到183℃时突然凝固）的混合物。在显微镜下观察时，可以看到"突然凝固的固体"包裹在α-Pb相晶体之间。羽毛状共晶体是α-Pb相和β-Sn相的固态混合物。

比例为3:7的锡铅混合物是水管工常用焊料的基本构成物。当水管工用250℃的熔融焊料焊接接头时，焊料需要很长时间才能冷却到183℃，到那时液态和固态的糊状物才能完全凝固。这样就给了水管工安装接头的时间。糊状物的机械特性为水管工提供了时间（比较而言，电工没有那么多时间）。冷却糊状物很有意思，因为它不是一种液体，越来越多同样的晶体可以从中生长。如果你观察左边包围α-Pb相的线，含锡量从183℃的19%到327℃的接近0（纯铅），你会明白固相的组成是如何随温度变化的。你可以看到，温度越高，α-Pb包含的锡就越少。

当液态的管道焊料在250℃以下开始形成晶体时，晶体的构成随着焊料的冷却而发生变化。每一批新形成的晶体含锡量也更多，留下的液体中也含有更丰富的锡。实际上，从低共熔点（约60%锡，183℃）到熔化的铅［含锡量接近0（纯铅），327℃］，可以观察到液相组成的变化。

因此，在250℃下，水管工的焊料中锡含量为30%。相同温度下，向左作一条水平线与α–Pb相曲线相交，可以获得该固体（α–Pb相）的含量及组成；共存的液体的含量及组成可以通过向右作一条水平线与液相线相交而获得。这条完整的水平连接线表示了该温度下共存的固体和液体。随着混合物冷却，连接线水平下移，固体和液体中都将含有更丰富的锡！我们应该开始研究金铅合金！哎，我们只考虑了每个阶段的组成，而没有考虑其中的含量。从液体开始冷却时，我们获得越来越多的固体和越来越少的液体。因此，即使两相都富含锡，但总体上锡含量较低［固体α–Pb的数量增加，但总体上含锡较多的相（液相）的含量则在减少］。将所处的位置（温度、总体组成）设置为一个假想"支点"，并通过连接线"平衡"液体和固体的量，从而可描述每个相的量的变化情况（附图5.2）。

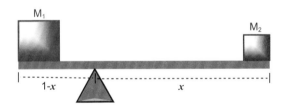

为达到平衡：$M_1(1-x) = M_2x$

附图5.2　杠杆法则

随着温度的变化，杠杆会水平移动。这就是所谓的杠杆法则。

每个相中量的变化和成分的变化结合起来使得整体组成保持不变（在这个例子中锡是30%），所以"贤者之石"还没有被找到。

我们可以继续看附图5.1的右边，在此将铅溶解在锡中，使其熔点降低40℃，用以生产锡铅合金。

在第 17 章中，我们提到，商用太阳能热系统使用硝酸钠和硝酸钾的固体混合物作为传热体系，也可以加入钙和硝酸锂，所形成的相图更加复杂。

文献中关于相位分界线的描述虽有一些变动，但总体效果显而易见。这些盐的热容高达 93～95 J/(mol·K)，且低共熔温度适宜。

如果你对相图还不熟悉，那么还有很多更有趣的图表可以研究，比如铜和镍的相图、铁和碳形成钢的相图，以及添加其他金属对钢的影响的相图。相图给出了在平衡状态下进行的实验的结果。当材料被加热然后迅速冷却时，会发生什么样的更复杂的情况，特别是材料如果是可以具有多种晶体结构的金属。

想一想，当你在路上撒盐时会发生什么，这在寒冷的气候下常常发生。下面的相图（附图 5.3）在某种程度上有助于你理解冰融化的原因。

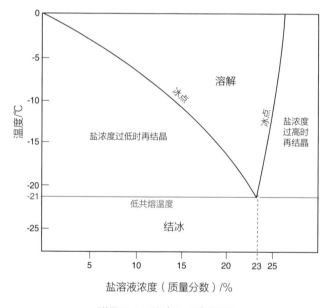

附图 5.3　盐（NaCl）相图

也许有人警告过你，不要把萘和樟脑放在一起。为什么？因为蒸气会与固体相遇，形成熔融的共晶体滴到衣服上。附图 5.4 显示了萘和樟脑的相图。

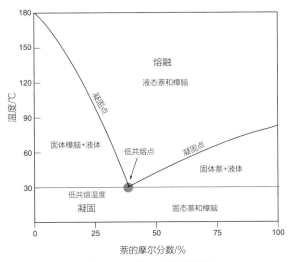

附图 5.4　萘和樟脑的相图

当然还有巧克力，它的相图极其复杂。如果想要查看这个图表，你可以直接访问巧克力科学网站。相比本书而言，在那里，所有这些东西都被解释得更详细。

最后一个相图是关于钢铁生产方面的。钢是铁碳合金，含碳量为0.02%～6.5%。其他金属，比如镍、铬、钴或锰，经常被合金化，但这里我们只考虑铁和碳的相图。纯铁在室温到912℃的温度下有一种晶格，我们称为铁素体。随着温度和碳浓度的变化，它会经历不同的相变，如附图5.5所示。

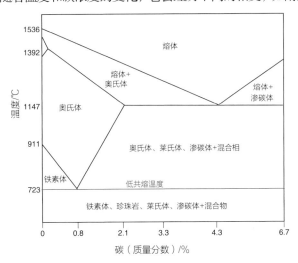

附图 5.5　铁碳相图（钢铁工业的基础）

油和水不相溶

关于液体和蒸汽相图的应用是在一个叫作水蒸气蒸馏的过程中发现的。以桉树叶为原料生产的桉树油的主要成分为桉油精（1,8- 桉叶油素），其产油率为 1% ～ 3%。这种油可用于制造止咳药片、漱口水、含漱剂、牙科制剂、吸入剂、室内喷雾剂和药皂，同时还是一种有效的消毒剂。

由于桉树油在沸腾时会分解（沸点为 176℃），因此从叶子中提取并纯化桉树油的方法是用蒸汽蒸馏。蒸汽携带的油量取决于油的挥发性。使用这种蒸汽蒸馏方法，油的温度永远不会超过 100℃，并且油的性质也不会被破坏。虽然该方法经常在实验室环境中被使用（附图 5.6），但由于简单，它也使得 20 世纪早期在澳大利亚灌木丛中利用安装的粗制锅炉提取有价值的油类成为可能。

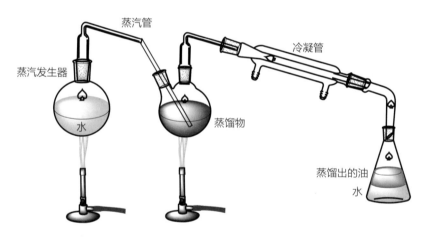

附图 5.6　实验室的蒸汽蒸馏

在厨房里，有一个涉及水蒸气蒸馏的有趣的例子，其发生在用于煎炸的植物油和抗氧化剂 BHA（图 5.21）之间——抗氧化剂被包含在油中，以延长其使用寿命。当油炸湿的食物时会产生蒸汽，同时也会使抗氧化剂从油中被蒸馏出 (从而缩短油的使用寿命)。有趣的是，天然抗氧化剂 α - 生育酚因链长而具有较小的挥发性，因此更有效用。

水和油也不相溶

水蒸气蒸馏（见上文）的双重目标是把挥发性物质和非挥发性物质分开，并降低沸点，以减少热分解。本节案例的重点则是相反的——挥发性有机载体在水中蒸馏。

迪安－斯塔克装置如附图 5.7 所示。它用于测定液体和粉状的洗涤剂、油、肉、奶酪及宠物食品等各种材料中的含水量。

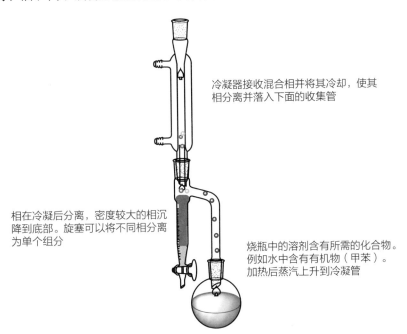

冷凝器接收混合相并将其冷却，使其相分离并落入下面的收集管

相在冷凝后分离，密度较大的相沉降到底部。旋塞可以将不同相分离为单个组分

烧瓶中的溶剂含有所需的化合物。例如水中含有有机物（甲苯）。加热后蒸汽上升到冷凝管

附图 5.7　实验室中使用的迪安－斯塔克装置

它还可通过分离和蒸发甲苯来测定产品中有机物的含量。实验的原理是：在甲苯（沸点 110℃）和水（沸点 100℃）的混合物中，在 85℃发生沸腾时，水和甲苯都在蒸气中释放出来。冷凝时，形成两层液体——下层为水（溶解 0.06% 甲苯），上层为甲苯（溶解 0.05% 水）——相对体积约为 20% 的水和约为 80% 的甲苯。过量的甲苯流回烧瓶，再蒸馏出来时，带着更多的水。

附图 5.8 显示了甲苯－水系统的相图（放大了互溶性）。在低于 85℃的温度下，两种液相共存。在 85℃时，各个蒸气压（水和甲苯）

之和等于外部压力（1个大气压，约100 kPa），并发生沸腾。

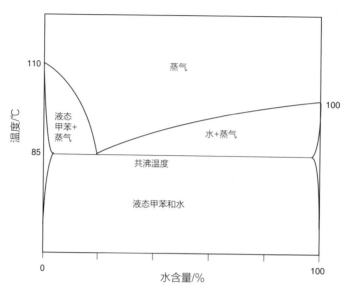

附图5.8　甲苯–水系统的相图

来源：改编自赛林格所著《水、水、无处不在》（Water, Water, Everywhere），摘自《化学教育》（Education in Chemistry）第16期第125页。

由于存在三相两组分和固定的压力，相律（P + F = C + 2）告诉我们该体系是不变的。气相组成固定，各组分的摩尔分数与该温度下的蒸气压成正比。在85℃时，水的饱和蒸气压为57.7 kPa，甲苯的蒸气压约为50.6 kPa，因此水的组成（按质量计）为（水的摩尔质量 / 甲苯的摩尔质量）×（水的饱和蒸气压 / 甲苯的蒸气压）= 0.22 或 22%——略高于实际情况。

甲苯蒸馏时所需时间短，水分回收比率较高，因此它通常被用作载体。共沸蒸气由20%左右的水组成，馏出物下层的组成为99.94%的水。上层含有0.06%的水；这是一个小误差，随着收集的水的增加，误差逐渐减小，而上层甲苯含量也通过甲苯回流到烧瓶中而减小。当所有的水都被转移后，蒸馏过程就结束了。当蒸馏体系进入附图5.8中的液态甲苯+蒸气区时，蒸馏温度升高。

尽管烷基醚似乎是乙醇–水混合物的理想载体，使下层几乎不含载体，但它们能生成过氧化物，因此在（学生）实验室中不可用。

水与空气之间——亨利定律的应用

有机化合物在水体和大气之间的迁移是环境扩散的一个关键因素。亨利定律（见第 1 章）中常数（H）实际上是空气 / 水的分配系数，它描述的是低浓度（x）的中性有机化合物水溶液与空气中蒸气压 P 之间的平衡。

亨利定律：$P=Hx$。其指代的是线性关系。

亨利定律的常数变化超过六个数量级。高的 H 值表示离开水体的趋势很大（与理想行为有很大的正偏差）。

对于在水中只有微弱溶解性的有机物质，蒸气压与摩尔分数的线性关系图仅在摩尔分数标尺两端的微小范围内有意义，而中间的"间隙"非常大。与其试着测量斜率，不如按如下步骤轻松操作。

纯苯中只能溶解少量的水，当水的摩尔分数为 0.0023 时就饱和了。毫不奇怪，被如此少量的水饱和的苯的蒸气压实际上与纯苯的蒸气压相同，即 1.27×10^4 Pa。

纯水也只能溶解少量的苯，在苯的摩尔分数为 0.000 41 时就饱和了。这种水（苯含量很少）中苯的蒸气压与纯苯的蒸气压相同。真的令人惊讶！

可以仅根据有机成分的数据来计算亨利定律的常数 H，但人们需要有其在水中的最大溶解度和蒸气压。

对于苯，计算公式为：

$1.27 \times 10^4 / 0.000\ 41 \approx 3.10 \times 10^7$（Pa）

这与直接测量蒸气压为 3×10^7 Pa 左右的苯的 H 值非常吻合。

附录6　金属箔

把玩一些不同的金属，如铜、软铁、锌、铝和镁。它们外观看起来不一样：镁、铝和锌是银色的，铁是黑色的，而铜是紫红色的。但真正显著的区别在于：当我们敲打、拉伸或扭曲它们时，它们的自身变化不同。为什么？答案始于我们对商店商品的好奇心。

在超市，我们可以买到铝箔。在五金店，我们可以买到铅箔和铜箔，但不能买到锌箔，即使锌比铜便宜！镍、铬和铁可以加工成金属丝，但它们的"近邻"——钴却不可以。有一种黄铜可以用机器加工，而另一种却必须像青铜一样被铸造。

可以使用一些橘子、乒乓球或台球、聚苯乙烯球或弹珠来获得这些具有特性的答案。给自己准备一个浅的塑料容器（高度不超过一个球）或障碍物，以防止球散开，并把球紧紧地排成一层，就像台球比赛开始时那样。然后，利用第一层形成的凹穴，在第一层之上放置第二层。这两层当然不是直接叠加在一起的。然后在第二层之上放置第三层。等等！你知道吗？这里有两种放置方式：一种是第三层与第一层完全一致，另一种是三层都不同。在第一种情况下，我们每两层重复一次；而在第二种情况下，我们会每三层重复一次。我们称这两种不同的放置方式为AB和ABC。AB和ABC放置方式的堆积效率是相同的，而且是最有效的。在这两种情况下，每个球体周围都会有12个相邻球。对于大小相等的球体，几何结构显示，在这两种情况下，球体的体积占总体积的74%。如果你的几何结构没能证明这一点，则可以使用你的弹珠，并把它们装进一个空的冰激凌桶（或其他大容器）内，然后向其中添加水直到接近弹珠顶部。然后倒出水，测量其体积，并将结果与相同高度的空桶体积进行比较（底部、侧面和顶部存在"边缘效应"，数值会有一定的误差，如果单个弹珠体积远小于容器容积，则该误差会很小）。

获得这种结构的最佳方法是准备一些球体，把它们排列成三角形状，并将它们粘在一起（聚苯乙烯球可以用胶水粘住）。用少一些的球，制作小一些的三角形；再用更少的球制作更小的三角形……然后把"三角形"由大到小逐层堆叠起来。如果把这些三角形按 ABC 形式排列起来，将形成一个锥体。事实上，它是一个四面体，其中三个面上的"原子"都分层排列，与锥体最底层的结构一样（附图 6.1），因此四个方向上的球均是分层的。另外，如果你像附图 6.1 那样按 AB 形式排列，那么这些层会交替地向内凹和向外凸。如果从顶部向下看，在位置 C 时，你会看到"通道"穿过整个结构，且一直通透无物。不会有新的原子层形成，只有你所放置的那些水平层。

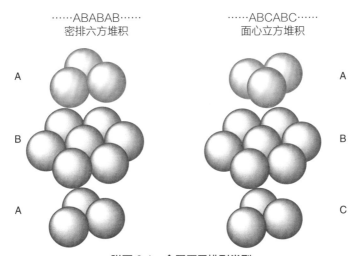

附图 6.1　金属原子排列类型

相比以 AB 形式排列的金属，以 ABC 形式排列的金属（或合金）容易成型；因为正是原子的平面运动使金属具有延展性和可锻性。在金属箔和金属丝中发现的金属，几乎都是以 ABC 形式进行排列的。但钨是个例外。

ABC 结构称为面心立方晶格（FCC），AB 结构称为密排六方晶格（HCP）。起这些名字的原因，可通过仔细研究这些模型看出来。附表 6.1 显示了不同金属的原子排列方式。

还有一种效率稍低的球体排列方法，即用八个球体包围一个球体。几何图形显示，同样大小的球体空间利用率仅为 68%。这种排列方式称为体心立方晶格或 BCC。这种排列方式的滑动面没有面心立方晶格那么多，但比密排六方晶格多很多。在金属中，面心立方晶格与密排六方晶格几乎一样常见，而体心立方晶格的常见度大约只有一半。其他结构约占总数的 10 %。

附表 6.1　常见金属的晶体结构及原子间距（298 K）

金属	结构	原子间距 /nm
Ag	FCC	0.408 57
Al	FCC	0.404 96
Au	FCC	0.407 82
Cd	HCP	0.297 93
Co	HCP	0.250 71
Co	FCC（＞417℃）	0.354 47
Cr	BCC	0.388 48
Cu	FCC	0.361 46
α-Fe	BCC（＜912℃）	0.286 65
γ-Fe	912℃＜FCC＜1400℃	0.364 67
Mg	HCP	0.320 94
Mo	BCC	0.314 70
Ni	FCC	0.314 70
Pb	FCC	0.495 02
Pt	FCC	0.392 36
Sn[①]		
α-Ti	BCC（＜880℃）	0.295 06
β-Ti	BCC（＞880℃）	0.330 65
W	BCC	0.316 52
Zn	HCP	0.266 50

①锡（Sn）有三种同素异形体（具有晶体结构）：

13.2℃　161℃　232℃

α-Sn ⇌ β-Sn ⇌ γ-Sn ⇌ Sn (l)

α-Sn："灰锡"（金刚石结构）。

β-Sn："白锡"（金属－四方晶系），也具有金属性。

γ-Sn：正交晶系锡。

附录 7　金属合金

金属合金出现在许多消费产品中，我们在这里介绍一些常见的合金。金属混合物通常非常复杂。一种金属在另一种金属中的溶解度有限，因此我们经常在一块金属中处理多个固相。通过平衡相图研究合金，附录5给出了锡铅合金的例子。经常对金属进行淬火（骤冷）处理，以防止其达到平衡状态。

下面利用附表6.1（给出了原子间距和晶体结构）来讨论合金。原先我们为了描述纯金属行为的球体而留下的凹穴，现在被其他金属所填充。这两种金属的原子越接近，它们的互溶性就越强。两种金属原子之间的尺寸差异越大，较小的原子就越容易插入较大原子堆积留下的凹穴中。

黄铜

黄铜是铜和锌的合金。虽然铜是面心立方晶格结构，锌是密排六方晶格结构，但在不改变铜的面心立方晶格结构的情况下，可以向铜中加入高达35%的锌。

约含5%的锌的合金颜色金黄，被用来做廉价珠宝。澳元1分和2分的硬币的成分是97%的铜、2.5%的锌和0.5%的锡，英镑1分和2分的硬币的成分也是这样。自1982年以来，1美分硬币的成分包括锌（和0.8%铜），然后上面覆盖一层薄铜壳。该硬币的质量刚好为2.5 g，总成分中含有2.5%的铜。

・10%的锌合金被称为商用青铜合金（比真正的锡青铜便宜）。

・15%的锌合金是红色的，被称为红黄铜。

・30%的锌合金（7∶3）具有良好的力学性能，是军方最喜爱的黄铜，因为它可以通过冷压成型为弹药筒和弹壳。

青铜

青铜是铜和锡或铜和铝的合金。锡原子排列结构既不是面心立方晶格结构，也不是密排六方晶格结构。锡在高温下最多有近 14% 能溶于铜中，而在室温下只有 2%。在 2% 以上，一般有两相存在。大多数铸造的青铜器含有约 10% 的锡。

铜原子和铝原子的排列结构都是面心立方晶格结构，但铝原子比铜原子大。溶入铜中的铝高达 10%，形成铝"青铜"，其看起来像一块令人欣喜的有 18 Ct（克拉，1 Ct=0.2 g）重的黄金。氧化铝会抑制铜的氧化。澳元的 1 元和 2 元的硬币含 92% 的铜、6% 的铝和 2% 的镍，而 1 英镑和 2 英镑的硬币含 70% 的铜、24.5% 的锌和 5.5% 的镍。1 英镑的硬币有一个由镍黄铜制成的金色外圈。该外圈含 75% 的铜、20% 的锌和 5% 的镍。硬币中心为银色，由 75% 的铜和 25% 的镍的合金制成。欧元的 2 元硬币的成分与此相似，但合金含量相反；10 分、20 分和 50 分的硬币含有 89% 的铜；1 分、2 分和 5 分的硬币则是由镀铜钢制成的。

钢铁铸造

在整个历史中，金属的使用顺序取决于从矿石中获取金属的难度，也就是说，其顺序与它们的热化学性质相符。青铜在 900℃～1000℃（普通的炭火可以达到的范围）熔化，而纯铁却是在 1535℃时熔化——在很长一段时间里，这是人类技术无法企及的温度。

当铁矿石在炭火中加热时会发生两种反应，人类开启铁器时代正是依赖于这两种反应。

矿石中的氧以一氧化碳气体的形式被除去，铁反应生成碳化铁（渗碳体），这是一种碳含量为 6.7% 的化合物。同时这个过程会形成一些纯铁。

$$3Fe_2O_3 + 11C \longrightarrow 2Fe_3C + 9CO$$

$$Fe_2O_3 + 3C \longrightarrow 2Fe + 3CO$$

现在问题的关键是铁和铁碳化合物（渗碳体）两者互溶，并形成共晶。如附录 5 所述,这两种物质的混合物的熔点比每种组分的熔点都低。纯铁熔点为 1535℃,而含有 4% 的总碳的混合物,其熔点只有 1150℃。

"铸铁"约含有 4% 的碳,这是铁所能容纳的碳含量。因为原矿不纯,所以除了碳之外,还含有其他杂质。通过添加石灰石这种"助熔剂"可以将杂质除去,而该"助熔剂"与其他金属结合会形成低熔点的玻璃渣。有时将这种材料制成纤维(岩棉)用于住宅保温隔热。

因此,粗制铸铁是金属和非金属晶体的混合物,冷时易脆,但在 250℃ 以上时可锻造;因为在该温度下,晶体位错可以移动。铸铁通过锤击在 800℃ ~ 900℃ 下锻造,锤击可以机械地挤出大部分的熔渣和固体杂质,也可以燃烧掉大部分的碳。被加热的铁在表面形成氧化层(FeO)。当铁像面团一样被挤压折叠时,表层就会和其他部分发生反应。

$$Fe_3C + FeO \longrightarrow 4Fe + CO$$

将这一漫长而费力的过程重复大约 1000 次以后,得到的物质接近纯铁,但其中含有一些杂质,如炉渣,这些杂质形成了传统的锻铁波浪图案。为了生产剑,锻铁必须经过"表面硬化",但只能通过在表面再引入一定量的碳。

可以通过淬火来使钢的效果达到最佳,我们现在已经充分理解该过程的机理,即与原子的堆积有关。

低于 912℃,金属铁是体心立方晶格结构。这种形式的铁被称作铁素体,并且具有磁性。高于 1400℃ 时,它再次具有类似的铁素体结构。但是在 912℃ ~ 1400℃ 时,铁却是面心立方晶格,而非磁性奥氏体结构。

大量的金属结构可以在小原子与大原子所提供的空间相匹配的基础上合理化。碳原子可以溶入铁原子之间的空隙中,并且也可以与铁进行化学结合,形成复合渗碳体(Fe_3C)。与低温形式的铁(铁素体)相比,高温形式的铁(奥氏体)中可以溶解更多的碳。

如果奥氏体钢缓慢冷却,则会形成由纯铁(铁素体)和碳化铁(渗碳体)组成的带状组织。这种钢坚韧有余,但硬度不足。但是,如果奥氏体钢冷却得非常快，固溶的碳原子则来不及在铁原子之间的凹穴中移动，从而与铁原子反应并形成渗碳体。因此，它们现在虽留在铁素体结构中，但没有足够的空间。这意味着位错无法移动的结构已经形成。这种淬火过程称为马氏体硬化，可生产硬度非常高的铁素体钢。

生物流体曾经比水更适合用作淬火剂。例如，据称囚犯的血液曾用于生产日本武士刀，而在欧洲则使用尿液。此类技术创新通常需要很长时间才能得到化学解释。

为了防止碳原子移动，尽快冷却钢铁相当重要。当把水倒在热的金属上时，就会形成蒸汽；它阻止了液体接触金属，并且从金属传导到水的热量也很少。

尿液中的氮（如尿素）也与铁发生反应，形成坚硬的针状氮化铁晶体（Fe_2N）；而氮分子以和碳原子一样的方式进入凹穴，帮助其固定位错。现在的方法是对铁水进行数天的尿素或氨水处理。

在220℃和450℃之间回火，会使钢中的碳氧化，从而使钢软化，更具韧性。淬火和回火交替进行的技术目的是达到所要求的硬度和延展性的平衡。当科学地理解某一过程时，熟练的工匠会被自动化机械所取代。

不锈钢

钢铁生锈是因为形成了易碎的氧化层。这意味着生锈的过程将无限期地继续下去。

铬原子与铁原子大小基本相同，而且形成的晶体结构（体心立方晶格）也相同。当合金化后，铬原子取代了一些铁原子。与铁相反，铬形成了一层连续的氧化层，可防止进一步被侵蚀；为使铁具有抗腐蚀性，至少需要12%的铬，通常为18%。铬对铁还有另一种作用——即使在高温下也可以稳定低温体心立方晶格（铁素体）结构。当铬添加量远高于12%时，面心立方晶格奥氏体结构在任何温度下都不会形成，因此铁铬钢与大多数有色合金相似（淬火后没有相变硬化，通过热处理没有晶粒细化，并且是非磁性的）。不含碳的二元铁铬合金实际上是不锈铁而不是不锈钢。

为了再制造一种真正的钢，镍被添加了进去。当具有面心立方晶格结构的镍也与铁合金化时，它的存在使铁的面心立方晶格（奥氏体）结构更加稳定。常用的不锈钢餐具通常是 302 钢或 18/8 钢（18% 的铬，8% 的镍）。

形状记忆合金

镍钛诺是一种镍钛合金，具有"记忆效应"。当温度高于转变温度（Tc）时，合金会变硬，而低于此温度时会变软。为了使合金具有形状记忆，必须让其具有能够在马氏体（如已讨论过的铁）结构中来回转变的晶体结构。

当温度加热到 Tc 以上时，晶体堆积会发生变化。当迅速冷却时，它会形成马氏体结构。在这种形式下，金属可以扭曲成新的形状，并且只要温度低于 Tc，就会保持这种形状。当温度高于 Tc 时，马氏体结构会恢复为原始晶体结构，且形状恢复为原始形状。通过改变镍钛比并添加少量其他元素，可以将 Tc 设置在 –100℃～ 140℃ 的任何温度下。

尽管人们在许多合金中（包括黄铜）都已注意到此类转变，但直到研究镍钛后，才真正对其感兴趣。镍钛诺的名称来自美国海军实验室。

液态金属合金

汞是唯一常见的液态金属吗？嗯，是的，但是有些合金的熔点低于热水的温度，如附表 7.1 所示。

它们出现在诸如房间天花板洒水系统等产品中，这些产品在中等热量下会熔化并释放出高压水。在热茶或咖啡中熔化的搞笑勺，就是用这些合金制成的。考虑到它们的成分，熔化勺子的饮料最好不要再喝！

合金	熔点/℃	是否共晶	铋	铅	锡	铟	镉	铊	镓	锑
铋锡铅易熔合金	98	否	50%	25%	25%	—	—	—	—	—
低熔点非共晶合金	74	否	42.5%	37.7%	11.3%	—	8.5%	—	—	—
伍德合金	70	是	50%	26.7%	13.3%	—	10%	—	—	—
菲尔德合金	62	是	32.5%	—	16.5%	51%	—	—	—	—
136 号易熔合金	58	是	49%	18%	12%	21%	—	—	—	—
117 号易熔合金	47.2	是	44.7%	22.6%	8.3%	19.1%	5.3%	—	—	—
Bi-Pb-Sn-Cd-In-Tl	41.5	是	40.3%	22.2%	10.7%	17.7%	8.1%	1.1%	—	—
镓铟锡合金	-19	是	< 1.5%	—	9.5% ～ 10.5%	21% ～ 22%	—	—	68% ～ 69%	< 1.5%

来源：改编自 https://en.wikipedia.org/wiki/Wood%27s_metal（可在知识共享署名相似许可下使用）。

贵金属合金

贵金属（如 Au、Ag、Pt 和 Pd）都含有尺寸非常相似的面心立方晶格结构。它们都可形成固溶体。

澳元的 100 元硬币中使用的 24 Ct 黄金是 99.99% 的黄金。1995 年未流通的 100 元硬币中，22 Ct 黄金的组成为 91.67% 的金、4.17% 的银和 4.17% 的铜；而 200 元硬币中的 22 Ct 黄金，含有 91.67% 的金、8.33% 的银和微量铜。这两个 22 Ct 黄金中的金含量相同。

铝合金

消费品中有大量的铝合金。这里我们只想说，即使是"纯"铝箔也是一种偶然得到的合金！（见第 19 章的"烹饪中的黄金"实验。）

附录8　美拉德反应

美拉德反应是烹饪中相当重要的化学反应之一。在 140℃～ 165℃ 的温度下，在食品加工和制备过程中，受热的糖和蛋白质之间会发生这种反应。这种反应在很大程度上解释了许多棕色食品（如烤面包、烤牛排和烤土豆）为什么会具有令人满意的味道。因为其所涉及的温度远高于水的沸点，所以该反应不会发生在食物含水多的区域，故美拉德反应主要局限于食物表面。

食物加工过程中可以形成数百种化学物质，其中一部分可以增进食物的风味和香味，附图 8.1 详细介绍了这些化合物的一些种类。美拉德反应的复杂性提供了多种可能的风味。烹饪条件的不同,如温度和 pH 值,会改变其成分。

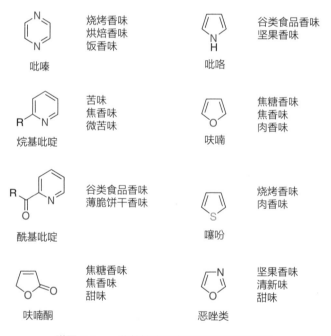

附图 8.1　一些美拉德反应产物及其相关特征

但是，美拉德反应的产物并非全是有益的。它也会产生致癌化合物丙烯酰胺（附图8.2），并且随着食物加热时间延长，其含量也会上升，而快餐食品中丙烯酰胺的含量尤其高。在很多情况下，这种致癌化合物在烹饪时会自然产生。对于少量的致癌物质，无论是天然的还是合成的，我们的身体几乎都可以代谢掉它们。

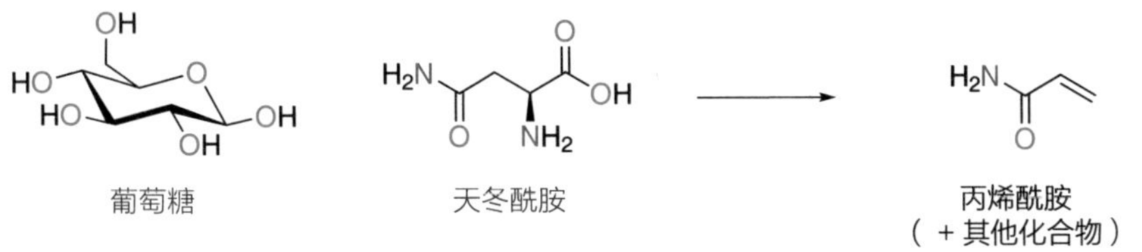

葡萄糖　　　　　　　　天冬酰胺　　　　　　　　　　　丙烯酰胺
（ + 其他化合物）

附图8.2　葡萄糖和天冬酰胺发生美拉德反应产生丙烯酰胺

但是，美拉德反应不仅仅发生在我们的厨房里，还会以非常缓慢的速度发生在我们身体内。在病理学检查中，常把几个月内葡萄糖和血红蛋白之间形成的产物——糖化血红蛋白（HbA1c）的平均水平作为指标，并与那一刻的空腹血糖水平相比较。含量高则表明糖尿病有造成长期危害的风险，如失明、肾衰竭和四肢血液循环恶化。

附录 9　折射率

　　T恤被弄湿后瞬间变得半透明，当棉花被水浸湿时，你也可以立刻看到它变透明了。为什么会这样呢？当黄油涂在卫生纸或餐巾纸上时，虽然不那么诱人，但你也能看到同样的效果。

　　实际上，纸和棉花中的纤维是透明的。它们之所以看起来不透明，是因为单个纤维被空气包围，而空气和纤维折射光线的方式截然不同——它们有不同的折射率（RI）。这种折射率差异可阻碍光在纤维之间的传播，从而使整张纸不透明。光通过散射从四面八方反射到你的眼睛，因此纸和棉花看起来是白色的。

　　脂肪和油恰巧与纤维有着几乎相同的折射率，所以在纤维被脂肪包围的地方，光可以穿透脂肪，从一根纤维传播到另一根纤维上。因为光没有散射，所以纸上的油渍所在的地方就变得透明了。水的折射率没有纤维的高，但是穿T恤的人的身体相当于一个不透光的背衬，有助于提高透明度！

折射率差异最小化

　　将固体和液体之间的折射率差异最小化有很多应用。将一种混合纤维织物放在一系列不同的液体中，其成分会依次"消失"，织物从而被一一识别出来。宝石研究者和珠宝商还将宝石（及其仿制品）放在一系列不同的液体中，直到宝石"消失"——显示出它的折射率（附表9.1）和"身份"。

附表 9.1　普通宝石折射率

宝石	折射率	宝石	折射率
钻石	$2.41 \sim 2.417$	翡翠	$1.565 \sim 1.602$
锆石	$1.810 \sim 2.024$	紫水晶	$1.544 \sim 1.553$
红宝石	$1.762 \sim 1.778$	蛋白石	$1.37 \sim 1.52$
蓝宝石	$1.762 \sim 1.778$	黄玉	$1.609 \sim 1.643$

法医在匹配玻璃碎片时（例如在犯罪现场和犯罪嫌疑人身上），利用了这样一个事实，即液体的折射率随温度变化而略有变化。因此，他们可以分辨出折射率非常接近的玻璃碎片。他们将玻璃碎片浸入单一液体中并加热，直到每个碎片都消失。方法可以变得更加复杂。

　　此方法也可用于区分硼硅酸盐玻璃和钠玻璃（附图 9.1，见第 19 章的实验"消失的把戏"）。

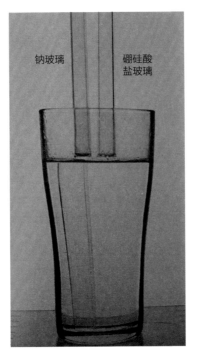

钠玻璃　　硼硅酸盐玻璃

附图 9.1　硼硅酸盐玻璃棒似乎消失了（该玻璃的折射率与其所浸入
的液体折射率相匹配）

来源：Ben Selinger。

　　热沥青路面上方空气的波动，也是由路面上方不同距离处的折射率随温度的变化而变化引起的，只不过这次的"液体"是空气。

　　牙膏制造商将研磨剂的折射率与支撑液的折射率相匹配，从而使其隐藏起来。塑料模具生产商要确保他们使用的廉价填料的折射率与昂贵的聚合物基料的折射率相匹配。

折射率差异最大化

相比于最小化，折射率差异最大化也非常有用。在玻璃中添加铅会增加其折射率，并使这种"水晶"玻璃更加闪耀。钻石的折射率最高。

涂料制造商会选择具有较高折射率的白色颜料，以及具有较低折射率的塑料黏合剂，以使折射率差异达到最大。这样做的目的是用最少的涂料就可以获得最大的白度。其中也可能包括充满空气的小球体，因为空气的折射率比塑料的低得多，并且还有助于使涂料不透明。当你刚打开水龙头，放出的水中夹有大量气泡时（水因此暂时看起来浑浊），也会产生这种效应。

光纤与其护套（或空气）之间的折射率差异最大化，可以让光在光纤内保持方向。同样的原理也适用于带有长长的光纤"花瓣"的艺术吊灯。洗碗机分配器或割草机油箱中的液位测量也采用类似的方法。它也被用于某些密封的铅酸电池中，因为酸会随着充电状态改变其折射率。

水的折射率随着含糖量的增加而增加。种葡萄的人可以根据葡萄汁的折射率知晓葡萄中糖的含量，并确定采摘时间。

牡蛎壳、鱼鳞和珍珠指甲油的制造者还利用了另外一种效果：折射率随光的颜色（波长）变化而变化。

折射率释义

为什么不同的材料折射光线的方式不同呢？如果你低头看安静的池塘或游泳池水面，会发现表观底部 A 要高于实际底部 A。这是因为到达你眼睛的光线在水面弯折，远离垂直方向。将一个物体放在一杯水中，由于折射，你会看到物体出现明显的错位（附图 9.2）。

在附图 9.2 中，铅笔在玻璃杯中出现了明显的错位，这种效果也可以在部分浸入水中的船桨上看到。在它入水的地方，似乎弯折了，水下部分的位置似乎被抬高到它的实际位置之上。

附图 9.2 "错位"的铅笔

来源：Russell Barrow。

最小作用量原理

光可以被描述为遵循最小作用量原理。这个原理非常强大，可用于描述物质和光的波粒二相性，以及其他许多东西。

> 物理定律有一个共同的形式，叫作最小作用量原理。许多物理定律都可以由这个原理推导出来。

光选择了从 A 到 B 的时间最短的路线。因为光以直线传播，在空气中比在水中传播得更快，所以选择的路径使光在水中花费的时间更少，在空气中所花的时间更多。也就是说，光会选择在水中有一条较短的路径，从而在空气中有一条较长的路径。两种介质的速度差异越大，路径长度的差异也就越大，弯折角度也越大。光在不同介质中的传播速度实际上是通过光从一种介质到另一种介质的折射程度来衡量的，这种折射的能力可以用折射率表示。

还是不清楚吗？那想象一下你坐在海滩上，在你的右边海面上有人喊救命（附图9.3）。你可以采用直线的方式向他冲去，即触到水面时跳进海中，并游过去；或者你可以沿着海滩跑，直到来到一个与他正对面的地方，然后直着游过去，以便在水里游最短的距离。

附图9.3　别担心，我会走最省力的路

来源：Michael Selinger。

最快的路应在这两条路中间，也就是在海滩上跑大部分路程，然后以中间的角度游过去。你进入水中的位置取决于你在陆地上的相对速度和在水中的相对速度。与跑步相比，你游的路径越长，跑步路径和游泳路径间的夹角就越大。

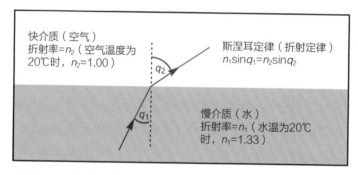

附图9.4　斯涅耳定律（传播速度快的介质总是对应较低的折射率）

出发前，你将迅速在脑海中"尝试"各种路径。光的做法是让它的波同时尝试所有可能的路径，然后对于所有非最佳路径，波会发生干涉相消，仅留下"最快"的路径。斯涅耳定律表示折射率和光在两种介质（例如空气和水）内传播路径与界面法线之间夹角存在的关系（附图9.4）。

用日常语言描述量子力学有其局限性！

附录10 玻璃化转变温度

玻璃化转变温度的概念在第10章、第11章和第13章中提到过。原子会聚集成球状，形成具有明确熔点的有序晶体。对于不同形状的分子，它们有时很难对称地堆积成整齐的晶体。蔗糖的分子有点细长，但要不是因为它的羟基具有与水形成氢键的高度倾向，有序排列就不是问题了。这就是为什么糖的浓缩溶液会形成黏稠的糖蜜，而生长糖晶体是相当困难的。对于长链聚合物分子，晶体的形成可能会更加困难。有时，在冷却过程中的突然拉伸至少可以使一些长链分子的部分链段有序排列。一个分子要移动，必须与它的相邻分子"合作"。

如果塑料是冷的，这种协同运动就是不可能的，聚合物看起来像普通玻璃一样坚硬而易碎。随着温度升高，分子的运动加剧，最终聚合物可以充分地"熔化"。这时的温度称为玻璃化转变温度（Tg）。但它不是真正的熔体，只是黏度明显下降。部分结晶的聚合物都有真正的熔点MP（对于晶体）和Tg（对于非晶区）。

来自树胶的天然口香糖是基于杜仲胶制成的，而杜仲胶是由三萜类物质在自然界中塑化而成的。人造口香糖是由聚醋酸乙烯酯制成的。要把口香糖从地毯上拿下来，首先要用冰块冷却它，使温度低于它的Tg，然后它会作为固体块脱落，而不是像柔软的黏合剂那样粘在地毯上。

由回收材料制成的简单塑料桶通常具有较高的Tg，因为材料的混合物阻碍分子运动。然而，在寒冷的天气下，当温度降到Tg以下时，塑料桶和垃圾箱会变得易碎和易裂。相比之下，市政府提供的垃圾桶是为这项任务量身定做的，不会发生如此情况。

如果涂刷时的环境温度低于最低成膜温度，则塑料涂料不会从刷子上流下。第13章进一步讨论了这一机制。

Tg 的应用

要检查天然橡胶的弹性体性质，可以给标准气球充气，然后放气。你将看到气球基本上恢复到其先前的形状。现在重复膨胀过程，这会"解开"聚合物分子链，让它膨胀几天。在这段时间里，被拉伸的聚合物分子会结晶，这样当你给气球放气时，它就不会缩回。把这个皱褶的样本放在一个光滑的未充过气的气球旁边，并比较它们。

把气球放在一杯热水中以加热分子，可以使晶体"熔化"，聚合物恢复正常形状。

来源：（左）Winai Tepsuttinum/Adobe Stock；（右）nito/Adobe Stock。

附录 11　熵的游戏

第 17 章的开篇已经讨论过熵了。下面的游戏演示了另一种情况：熵的统计方法。虽然不像化学家对《魔兽世界》（World of Warcraft）这种网络游戏的回答，但网格上的计数器不仅向你介绍了统计热力学，还介绍了大量其他看似无关的学科。

在网格上放置计数器

你可以这样做：设置一个网格，比如 6×6，然后在上面放置任意数量的计数器，比如 108 个（给出包含 3 个计数器的方格占比）。但你可以把它们随机或均匀地放在每个方格中，或全部放在一个方格中，或选择你自己的方案。然后，以包含 0 个、1 个、2 个等计数器的方格数量为纵坐标，以 0 个、1 个、2 个等计数器数量为横坐标绘制直方图。随机放置是通过掷一对骰子的方式将计数器放在一个特定的方格中（对于 6×6 的网格，骰子是 6 个面的；对于其他网格，骰子是 4 面、8 面、10 面的，等等），就像城市地图一样。一个骰子定义水平坐标，另一个定义垂直坐标。某次尝试的结果如附图 11.1 所示。

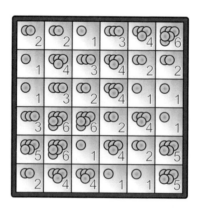

附图 11.1　每个网格中的计数器数量（随机放置）

掷三次骰子

现在再次掷骰子，但按以下方式得出结果。第一次掷骰子时，你从掷出的方块中拿出一个计数器。如果你碰到一个空白方块，就再扔一次。在下一次投掷时，你再次将计数器放回投掷所选择的方块上。重复这个过程成百上千次，并注意直方图形状的变化。

有趣的事情发生了。无论你如何开始，总是会得到相同的结果：一个波动的近似指数下降的分布。从 108 个随机放置在 6×6 网格中的计数器开始，你很快就会得到一个中间有一个"驼峰"的直方图，如附图 11.2 所示（计数器与方格的高比率接近正常）。

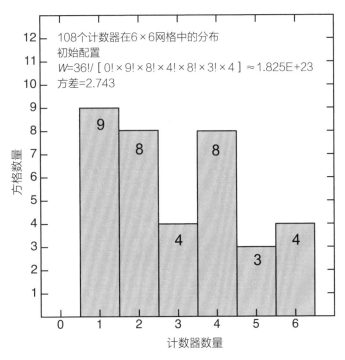

附图 11.2　有 0, 1, 2, …个计数器的方格数；108 个计数器在 36 个方格中的分布（$W \approx 1.825\text{E+23}$；方差 = 2.743）

掷骰子的随机实验（比如 1000 次）使直方图的形状呈指数分布。

如果在 1000 次迭代之后消除波动并显示几个分布的平均值（比如500），这一点就会变得更加明显（附图 11.3）。

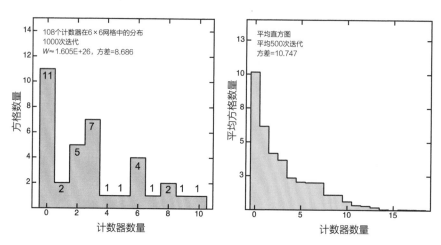

附图 11.3　1000 次迭代后的直方图（左）；在 1000 次迭代后，再 500 次迭代的平均直方图（右）

如果我们计算出每种分布的可能性数量，就可以在附表 11.1 中看到这些变化的解释。

附表 11.1　有 0, 1, 2 ⋯ 个计数器的方格数量 q

投掷数	n_0	n_1	n_2	n_3	n_4	n_5	n_6	$W = \dfrac{N!}{n_0! n_1! n_2! \dots}$	方差
一致的	0	36	0	0	0	0	0	1	0
5	5	26	5	0	0	0	0	6×10^{10}	0.29
10	13	12	9	2	0	0	0	2×10^{17}	0.57
20	18	9	4	2	2	1	0	1.67×10^{18}	1.83
40	16	9	7	3	1	0	0	1.62×10^{18}	1.26
60	15	11	6	3	1	0	0	1.65×10^{18}	1.17
80	15	10	8	2	1	0	0	9.72×10^{17}	1.14
100	19	9	3	2	1	1	1	7×10^{17}	2.29
全在一个方格里	0	0	0	0	$\dots n_{36}=1$			36	36

这是问题的核心。对于每种方格中的计数器分布数量，有许多可能的方法来做到这一点，而且所有这些方法都会给出相同的结果，如附图

11.2 所示。随机洗牌会使分布向具有最大可能分布的方向移动。结果在这个分布上下波动。

考虑一个一致的起始位置，并计算每个后续位置的可能性。N 是方格数量，而如 n_0、n_1 等是包含有 0，1，2…个计数器的方格数量。W 是在不改变直方图的情况下，在方格之间分配计数器的可能性的数量。样本方差的计算公式：

$$S^2 = \frac{\sum(y_i - y)^2}{(N-1)} = \frac{[\sum y_i^2 - (\sum y_i)^2/N]}{(N-1)}$$

式中，y_i 为样本值；y 为均值。因此，比如在表的第五行中

n_0	n_1	n_2	n_3	n_4
16	9	7	3	1

$$S_2 = 1.26$$

最大可能数意味着使 W_0 表达式底线上数字的乘积尽可能小（即使数字本身尽可能小），它受到两个约束：

1. $(n_1 \times 1) + (n_2 \times 2) + (n_3 \times 3) + \cdots =$ 计数器数量。

2. $n_0 + n_1 + n_2 + n_3 + \cdots =$ 方格数量。

请注意以下事项：

1. 原分布变化很小，导致 W 迅速增加。

2. W_{max} 是最可能分布的 W 值，其阶数为 10^{18}。

3. 当 W 值接近 W_{max} 时，分布在平衡状态下波动。

$W_总$ 是所有可能的分布的和，由下式计算：

$$W_总 = \frac{(N+q-1)!}{(N-1)! \, q!}$$

相当于所有分布的 W 之和。

$N = 36$，$q = 36$，$W_{max} = 1 \times 10^{18}$，$W_总 = 2 \times 10^{20}$。

当你考虑设置"魔方"的可能性数量时，可以得到一些有关可能性数量的概念。霍夫施塔特（Hofstadter）估计这一值是 4.3×10^{19}（精确来说是 43 252 003 274 489 856 000）。你可以想象，通过掷骰子选择移动使一个随机被打乱的"魔方"分布恢复到初始状态有多难。

热力学第二定律

然而，上述就是热力学第二定律的基本原理：系统趋向于尽可能多的可能性或不可区分的微观状态组成的分布。

通常的类比是，一个男孩的卧室从整洁自然地发展到不整洁。这说明他大量的个人物品的分布大致上看起来同样不整洁，但很少有物品的分布可以被认为是同样整洁的。

从二项分布到泊松分布到几何分布到正态分布

关于这些分布，还有一些其他有趣的观察。当你开始在网格中一次随机放置一个计数器时，就会产生一个二项分布。对于 36 个方格和 36 个计数器（使用常用的统计符号），$n = 36$，$p = 1/36$。这意味着 $np = 1$，期望方差为 $np(1-p)$。在这些条件下，二项分布近似为泊松分布，其中平均值为 μ（等于期望方差），原因是 $np(1-p) \approx np$。此外，当 μ 很小时，泊松分布变成几何分布。另外，保持 p 不变但增大 n，可得到较大的 np（$\geqslant 20$），我们发现二项分布向泊松分布的转变，趋向于正态分布（仍然具有相等的均值和方差）。对于 36 个方格上有 108 个计数器，我们是朝着这个极限前进的。

随机的倾向是有倾向性的

当在 36 个方格上布置 108 个计数器的游戏开始时，我们很快就会发现随机分布的概率不是最大的，因此分布会随着游戏的进行而改变。既然我们是从一个随机位置开始的，那么说分布的改变是被一种随机的趋势所主导的，是没有帮助的，除非我们解释当我们改变规则时约束是如何改变的。我们先按二项分布来布置计数器，这将使期望方差固定在 $np(1-p) = 3$ 处。然而，随着游戏的进行，方差不再受约束，而是在增加，开始另一种分布。对于爱好这种游戏的人来说，实际上可以得到这个分布趋向的平衡。对于每个方格中有 i 个计数器，其概率分布 $\prod(i)$ 由下式计算：

$$\prod (i) = \frac{(N+q-i-2)C(N-1)}{(N+q-1)C(N)}$$

式中，C 为组合符号。

在极限 $N \to \infty$，$q \to \infty$ 时（或取大量运行的平均值），分布变为几何分布。期望平衡概率 $\prod (i)$ 在这种极限情况下以下式计算：

$$\prod (i) = \frac{1}{1+\theta} \cdot \left(\frac{q}{1+\theta}\right)^i$$

式中：$\theta = q/N$

$$方差 V = \frac{\theta}{1+\theta} \bigg/ \left(\frac{1}{1+\theta}\right)^2$$

因此，36 个计数器在 36 个方格中的平衡分布由 $(1/2) \times (1/2)^i$ 计算，然而 108 个计数器在 36 个方格中的平衡分布 $\prod (i)$ 以 $1/4 \times (3/4)^i$ 计算。（期望的平衡方差分别为 2 和 12。尝试一些实验来证明这一点。）

呈指数变化

这些几何分布在大样本（或平均样本）的极限下是离散指数分布。

这个游戏说明了热力学第二定律的基本概念。作家 C. P. 斯诺（C. P. Snow）在他的瑞德演讲中宣称，对热力学第二定律的理解是对科学素养的检验——这相当于能够欣赏莎士比亚的戏剧。有趣的是，他后来退出了检验。"这个定律，"他后来说，"是颇具深度和普遍性的一种；它有它自己阴郁的美；就像所有主要的科学规律一样，它令人敬畏。当然，让不是科学家的人通过百科全书中的标准来了解它是没有价值的。它需要被理解，但除非你学会了一些物理语言，否则无法理解。这种理解应该成为 20 世纪共同文化的一部分。"

回顾往事

"尽管如此，我还是希望我选择了另一个学科。"他接着说他可能会选择分子生物学。但他补充道："这门科学的思想并不像热力学第二定律的思想那么深刻或具有普遍意义。热力学第二定律是适用于宇宙的普遍规律。"

一个游戏，许多化学应用

方格上的计数器是一个提供熵的概率解释的小型模拟游戏，类似化学应用如爱因斯坦固体模型、以玻尔兹曼分布为极限的玻色－爱因斯坦统计。事实上，对任何只受限于常数平均值的大规模分布（或者说其唯一的信息就是这个常数平均值），其极限都趋于玻尔兹曼分布。

例如：通过吸收溶液的光的强度（恒定吸光度）；一级动力学（恒定速率常数）；放射性或荧光衰变（恒定寿命）；s 轨道电子密度径向分布（固定的玻尔半径）；等等。

然而，非常有趣的是，热力学第二定律背后的思想绝不局限于这些物理例子。

一个游戏，许多日常实例

只要把计数器比作财富，把方格比作人，你就会发现一个真理。在一个"自由"的经济模式中，如果货币在个人之间自由地兑换为商品和服务，没有任何限制（特别是通过税收和社会福利再分配施加的限制），那么大多数人最终只得到很少的钱，少数人最终得到大部分的钱。即使将每个方格的平均计数器数量从小于 1 增加到大于 1，最终分布在形状上也不会发生显著变化，因此这种相对性几乎不会改变，即使在绝对条件下情况已有所改善。

玩轮盘游戏

一种更接近的模式是，数百人带着同样数量的赌注进入赌场，在晚上结束时，他们的口袋或被掏空或被填满。他们整体输赢情况的分布非常接近指数分布。我们无法预测谁会富有，谁会贫穷。在不影响整体分布的情况下，人们之间分配金钱的可能性越大，这种分布的概率越高。

设置彩票奖金

更有趣的是，即使人们自己控制结果，例如组织者有意地设置分配彩票奖金的方式，也总是有少量大奖、适量中等奖和大量小奖。在奖金数额和奖的数量固定的情况下，他们设置统一的起始位置（所有的彩票价值相等），将奖的分布洗牌为指数分布。这是最自然的奖金安排方式。

你会买一张无聊的彩票吗？

在一定的奖金总额内，这种彩票提供了许多价值相近的奖，这些奖相对较"小"，没有大奖。可笑的是，奖的数量可能与彩票的数量相同，而每个奖的价值与彩票的成本相同！组织者无意地做了自然的事情，并提供了大致呈指数分布的奖。

从不赌博？

你说你不喜欢赌博。赌博是不幸的，因为它会让你陷入财务危机，而你显然没有保险单！

作为任何保险计划（汽车、健康、住房等）的投保人，你都要缴纳一笔小额保险费，以保护自己免受自然事件的不确定性影响，它会导致少数人需要大额赔付，而更多人则需要小额赔付。保费收入将以索赔的形式重新分配，大致遵循指数分布。

因此，保险公司对索赔金额的分配非常感兴趣。这些索赔范围从非常多的小索赔到非常少的灾难性索赔，如洪水、火灾等。把这种分布称为指数分布是比较省事的，因为这种分布有一个相当长的"伸展尾巴"。因此，灾难性尾部的任何小幅增长（罕见的大额索赔）都将变得非常昂贵。例如，人为引起的气候变化很可能会增加洪水、干旱和飓风的发生次数。保险公司雇用的精算师正在非常仔细地研究这种分布。

齐夫定律

从本文中单个字出现的概率，到一个国家城市的分布，或全球油田的分布，或星系中恒星的分布，都是由热力学第二定律所使用的相同统计决定的。进一步讲，可以从一家私人公司在向公众分配股份时失去控制权的例子中看到这个现象（看看一家大公司股东的股份分配）。

如果我们稍微横向地类比一个组织中权力和影响力的随机交换，那么它的分布遵循的是相同的模式。任何级别的人数都随着级别的升高而减少。等级制度的行为就像真实的氛围一样，其原因是一样的，即管理层越高，人数就越少。

为什么把车开走更容易？

热力学第二定律思想的背后还有其他日常的类比。比如，在交通拥挤的地方停车比再把车开走难得多的根本原因是什么？我们可以将道路上允许车开走的车位数量与合法的、不造成碰撞的空车位数量相对比。

有人可能会引申这一论点，说缺乏对教学创新支持的原因是热力学第二定律。将资金分配到一个小范围内，提出更引人注目的项目来填写年度报告供议员们发表演讲，比统一改善整个领域要自然得多。为高科技医院奠定基础，比全面改善公共卫生方面那些不起眼的小进步更有效。

即使是化学元素也无法逃脱

宇宙中化学元素的丰度也有同样的分布，除了基于核稳定性的一两个例外。元素的对数丰度与原子序数大致呈线性关系。

关于团簇

对于我们的最后一个例子，我们回到附图 11.1 和附图 11.2，观察在设置游戏时使用的随机分布，并对其进行更详细的研究。我们利用这种分布来研究流行病学——疾病在社区的发病率。每当某一特定地区出现一组病例时，人们就会指出可能的病因。团簇在什么时候是随机的，什么时候值得仔细研究呢？

当期望值很低时，团簇的统计发生率可以通过计数器在网格上的随机分布来说明。

选择一个 12×12 的网格，随机输入 72 个计数器。每方格的平均计数器数是 0.5。但是，请注意网格的占用情况。在附图 11.4 所示的特定投掷中，94 个方格有 0 个计数器，35 个方格有 1 个计数器，9 个方格有 2 个计数器，5 个方格有 3 个计数器，1 个方格有 4 个计数器。尽管每个方格的平均计数器数为 0.5，但其中 1 个方格包含 4 个计数器（平均值的 8 倍）。一个团簇的期望值由泊松分布给出：

$$N(x) = \frac{\mu^x \exp[-\mu]}{x!}$$

式中，μ 的平均值为 0.5；x 表示每个方格中的计数器数。因此 $N(x)$ 是具有 x 个计数器的方格数。

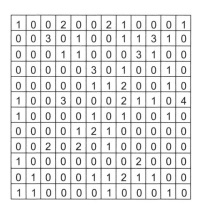
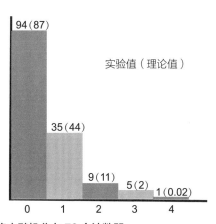

附图 11.4　144 个方格内随机分布 72 个计数器

根据泊松分布预测，87 个方格中没有计数器，44 个方格中有 1 个计数器，11 个方格中有 2 个计数器，2 个方格中有 3 个计数器，0.02个方格中有 4 个计数器。我们的结果和预期的一致（可以通过拟合优度的统计检验来证明这一点）。我们注意到，在一个方格中，平均每 $1/0.02 = 50$ 次投掷就会出现 4 个计数器。

尽管平均而言，2/3 的方格是空的，但这显然不是获得空方格的概率，因为不可能用 72 个计数器覆盖 144 个方格。找到一个或多个空方格的概率为 100%。多次占用发生的频率为 (9+5+1)/144 或 10%，但至少有 1 个方格具有多次占用的概率为：

$$1-(144/144) \times (143/144) \times (142/144) \times \cdots \times (73/144)$$

最终得出结果，即超过 99.9%。

为了实现数字化，你需要一个计算机程序，因为你每次需要掷骰子（或选择）72 次。然而，你可以玩一个模拟游戏，把一个浅盘（比如培养皿）的底部装上 400 颗白色珠子和 50 颗（1/8）彩色珠子。把这些球从一个盘子倒到另一个盘子里，然后放平。如果这些球非常密集，那么分布将看起来非常均匀，每个球将被大约 6 个其他的球包围（附图 11.5）。然而，这种随机分布导致颜色的分布很不均匀，平均会显示出几个颜色团簇。随机分布不是均匀的。

每次混合都会形成团簇。对于随机混合，它们会在不同地方形成。流行病学家寻找因果关系意味着他们正在寻找在同一时间或同一地点出现的团簇。

用果冻和糖豆试一试

在一个大罐子里装满软糖、聪明豆或巧克力豆，颜色的深浅比例为 8：1。摇动罐子，注意颜色团簇。特别要注意的是，每次摇动时，团簇都出现在不同的位置。

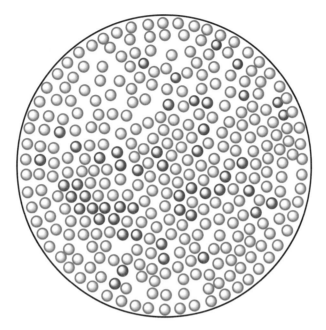

附图 11.5 混合彩色珠子总是形成团簇，这些团簇遵循泊松分布

改划选区

如果将国家划分为更小的区域，则可以生成或多或少的具有团簇的区域，这取决于你如何划分边界。公平地说，你应该在摇球之前划出分区，而不是在摇球之后！产生"诚实的选民"是流行病学的中心问题。

这个游戏也可以用来说明日常生活中另一件有趣的事情。

交通中断

当你在一个繁忙的十字路口等着过马路时，最终会有机会通过。假设交通状况是随机的（没有明显的红绿灯或其他阻碍交通的障碍物），你穿过路口所需要的 10 秒间隔可以被等效地分为 4 个相邻的空方格。在我们的示例中，计数器的数量平均是方格的一半，所以平均每秒钟应该占据 1 个方格。在这个基础上，你应该永远不能通过十字路口！

然而，如附图 11.4 所示，一次沿着一行移动，出现了几个由 4 个空方格组成的团簇，因此你可以穿过路口。这几个团簇解释了为什么公共汽车会聚集在一起，而不是从一开始就以均匀的时间间隔出现。

结论

一开始这只是一个简单的游戏，用来说明化学中颇令人讨厌的领域之一，但后来证明，这是值得一试的，因为它能让你对其他领域有更深入的了解。

拓展阅读

下面的每一条定律在本质上都是一致的：

齐夫定律指出，给定的自然语言语料中，任何单词的频率与它在频率表中的排名成反比。http://en.wikipedia.org/wiki/Zipf's_law。

帕累托原则指出，收入/财富的分配是许多异质因素相互作用的结果，因此可以被类比于统计力学中许多粒子的相互作用。http://en.wikipedia.org/wiki/Pareto_principle。

本福特定律指出，在许多自然产生的数字集合中，小数位经常不成比例地作为前导有效数位出现。例如，在遵循定律的集合中，数字 1 在大约 30% 的时间里显示为最有效的数字，而较大的数字在那个位置出现的频率较低——9 在 5% 的时间里显示为最有效的数字。这一定律的背离行为常常用来检查欺诈。http://en.wikipedia.org/ wiki/Benford's_law。另请参阅伊恩·斯图尔特所著《一本脏书的半衰期》，摘自《新科学家》1993 年 5 月刊第 12 页。

致　谢

这本书是由联邦科学与工业研究组织出版社的朱莉娅·斯图（Julia Stuthe）发起的，不过在我作为合著者加入，以及我的澳大利亚国立大学的前同事拉塞尔·巴罗提供了非常必要的额外的专业性化学知识后，才有了结果。

劳伦·韦伯（Lauren Webb）承担了本书的重新编写任务，以使本书适应于互联网时代背景。她用一种超越早期版本的技巧填补了技术性和可读性之间的鸿沟。还要感谢特蕾西·米伦（Tracey Millen），她处理了编辑和制作过程中的细节问题。文字编辑彼得·斯托勒（Peter Storer）承担了融合两位作者的内容和风格、迥然不同的章节以及极其广泛复杂的材料的艰巨任务。此外，他还对材料本身提出了成熟的看法。笔者在这里强调制作团队的重要性。

我也感谢制作本书早期版本的编辑们，包括帕特里夏·克罗夫特（Patricia Croft）——澳大利亚国立大学出版社，第一版和第二版；达拉斯·考克斯（Dallas Cox）和卡罗尔·纳齐斯（Carol Natsis）——哈考特·布雷斯·约万诺维奇（Harcourt Brace Jovanovich）出版公司，分别是第三版和第四版；彭妮·马丁（Penny Martin）和肯·泰特（Ken Tate）——哈考特·布雷斯·约万诺维奇出版公司，第五版。朱迪·巴哈尔（Judy Bahar）在本书早期阶段就迅速而专注地检查了所有章节和附录的草稿，并提出了许多改进意见。对于这一点，再多感谢也不为过。

我与大学时代的同学——已故的丹尼斯·伦纳德（Dennis Leonard）度过了许多难忘的时光。在我们穿越悉尼盆地的旅行中，我们那富有激情的讨论与他在化学、计算、消费和工业考古学方面对我的帮助让我记忆犹新。在他突发疾病去世之前，我们在悉尼体验了所有的火车线路和大部分的公共汽车线路。这本书中有许多统计学论点，它们都归功于已故的彼得·加文·霍尔（Peter Gavin Hall）教授，他是我在澳大利亚国立大学的同事。我非常感激他这几十年来对我这样一个数学学习缓慢的人解释这些统计学问题。我们都在悉尼最后一个大都会南郊长大，彼此相距不到 1 公里，却毫不知情。感谢伊恩雷（Ian Rae）教授在本书的许多版本中涉及的文化、历史、哲学，当然还有化学讨论等方面的贡献。

位于新南威士州兰德威克的伊曼纽尔学院（Emanuel College）科学系的主任珍妮·塞林格（Jenny Selinger）女士，为一些针对学生的材料带来了想法和现实检验。我的儿子亚当·塞林格在儿童探索博物馆工作，对于适合儿童的实验提出有益的意见。迈克尔（Michael）也为这个版本和早期版本画了漫画。

最受欢迎的电视连续剧《伯克的后院》（*Burke's Backyard*）的制片人，以及主持人唐·伯克（Don Burke）和玛丽娅·伯克（Marea Burke），不仅鼓励我为他们的杂志撰写专题文章，而且允许我在本书中使用这些素材。

作为一个作家，我知晓其他作家对本书的贡献，希望我已公平地处理了这个问题。在消费化学领域 40 多年的工作中，我已经成为一名趣味片段和拓展内容的"守门人"。其中许多片段和拓展来自我在堪培拉澳大利亚广播公司电视台主持的互动访谈节目《致电科学家》（*Dial-a-Scientist*），以及数十年来为《堪培拉时报》写的定期专栏和专题文章与为《伯克的后院》杂志写的专题文章。

作为《新科学家》近 50 年的读者，我一直很喜欢《代达罗斯》（*Daedalus*）和《最后一句话》（*Last Word*）。许多趣闻已被收录在本书中，没有一一记录，在此一并感谢。

对于特定帮助和蒙允的致谢如下：

第 1 章

沃尔·斯特恩博士提出了纵火部分的内容。

第 3 章

当时来自澳大利亚国立大学的里克·帕什利（Ric Pashley）教授和我分享了他对表面化学的观点，这有助于形成这一章内容。

第 4 章

已故的彼得·斯特拉瑟博士作为这本书早期版本的指导者提供了当时第 1 章"洗衣房里的化学"的原始材料。

A. P. 赫伯特的《泡沫之歌》一诗，是经 A. P. 瓦特有限公司（A. P. Watt Ltd）代表克里斯特尔·黑尔（Crystal Hale）和乔斯林·赫伯特（Jocelyn Herbert）善意许可后，改写而成的。

第 5 章

芭芭拉·桑蒂奇（Barbara Santich）教授建议在本章中列入一些项目。

第 6 章

芭芭拉·桑蒂奇教授和戴维·托平（David Topping）博士建议的项目也在本章中出现。

第 8 章

伊丽莎白·芬克尔（Elizabeth Finkel）博士——《宇宙》杂志主编，同意我大量使用她在《宇宙》杂志中所述的"科学肤浅"。

特别感谢德拉戈科（Dragoco）的约翰·兰贝思（John Lambeth）先生和迈克尔·爱德华兹（Michael Edwards）先生在香水方面的帮助。

感谢澳大利亚化妆品化学家协会的里克·威廉斯（Ric Williams）提供了一些未发表的材料。

第 9 章

感谢杰奎琳·波尔迪（Jacqueline Poldy）博士对本章内容的讨论和评论。

第 10 章

汤姆·斯普林（Tom Spurling）教授给了我一个关于澳大利亚聚丙烯钞票故事的简要总结——一个值得更广泛传播的故事。

第 11 章

米凯伊·赫森（Mikey Huson）耐心地带我了解了这片辽阔和不断扩张的领域中的一些错综复杂的地方。

第 12 章

唐·伯克允许我使用《伯克的后院》中的素材。

格雷厄姆·斯特林（Graham Stirling）向我指出了有效的堆肥。

感谢澳大利亚农药和兽药管理局的拉吉·布拉（Raj Bhula）对澳大利亚使用农用化学品的评论，包括对附录 4、最大残留限量和每日允许摄入量的评论。

第 14 章

许多人对游泳池提出了建议，包括罗德·麦克唐纳（Rod McDonald）博士和鲍勃·塞林格（Bob Selinger）。朱迪·巴哈尔在早期版本中发现了一个重大的化学错误。

第 15 章

澳大利亚皮肤测验私人有限公司（Dermatest Pty, Ltd）的首席执行官约翰·斯坦顿（John Staton）花了很多时间与我讨论防晒霜性能测试和达标这一相当困难的话题。

第 17 章

与无数朋友和同事就本章内容进行了许多有益的讨论。我特别感谢堪培拉圣玛丽麦基洛普学院（St Mary MacKillop College）的教师弗朗西斯·萨吉安特（Frances Sargeant）对本章的关注。

第 18 章

我非常感谢马克·桑德（Mark Sonter）所付出的时间和努力，他也是我早期的工业辐射化学的导师。

感谢澳大利亚辐射防护与核安全机构的罗伯特·吉尔福伊尔（Robert Guilfoyle）协调指派专门的员工提供评论。

感谢澳大利亚地球科学院的克里斯·博勒姆（Chris Boreham）博士对本章的投入。

第 19 章

几十年来参加科学教师工作坊，使我对科学教师以创新精神满足自身需要有了一定的体会。现在经过我的调整，实验已经可以在厨房中完成，而不需要实验室了。